『十二五』國家重點圖書出版規劃項目

二〇一一—二〇二〇年國家古籍整理出版規劃項目

國家古籍整理出版專項經費資助項目

中國古農書集粹

王思明——主編

鳳凰出版社

ISBN 978-7-5506-4077-1

圖書在版編目（CIP）數據

農桑輯要、農桑衣食撮要、種樹書、居家必用事類全集（農事類）、便民圖纂 /（元）司農司等撰. -- 南京 : 鳳凰出版社, 2024.5
（中國古農書集粹 / 王思明主編）
ISBN 978-7-5506-4077-1

Ⅰ. ①農… Ⅱ. ①司… Ⅲ. ①農學－中國－古代 Ⅳ. ①S-092.2

中國國家版本館CIP數據核字(2024)第042535號

書　　名　農桑輯要 等
著　　者　(元)司農司 等
主　　編　王思明
責任編輯　孫　州
裝幀設計　姜　嵩
責任監製　程明嬌
出版發行　鳳凰出版社(原江蘇古籍出版社)
　　　　　發行部電話025-83223462
出版社地址　江蘇省南京市中央路165號,郵編:210009
印　　刷　常州市金壇古籍印刷廠有限公司
　　　　　江蘇省金壇市晨風路186號,郵編:213200
開　　本　889毫米×1194毫米　1/16
印　　張　30
版　　次　2024年5月第1版
印　　次　2024年5月第1次印刷
標準書號　ISBN 978-7-5506-4077-1
定　　價　280.00圓
　　　　　(本書凡印裝錯誤可向承印廠調換,電話:0519-82338389)

序

中國是世界農業的重要起源地之一，農耕文化有着上萬年的歷史，在農業方面的發明創造舉世矚目。中國幾千年的傳統文明本質上就是農業文明。農業是國民經濟中不可替代的重要的物質生產部門，在傳統社會中一直是支柱産業。農業的自然再生産與經濟再生産曾奠定了中華文明的物質基礎。在漫長的歷史進程中，中華農業文明孕育出南方水田農業文化與北方旱作農業文化、漢民族與其他少數民族農業文化等不同的發展模式。無論是哪種模式，都是人與環境協調發展的路徑選擇。中國之所以能够在十九世紀以前的一兩千年中，長期保持着世界領先的地位，就在於中國農民能够根據不斷變化的人口狀況以及自然、經濟環境作出正確的判斷和明智的選擇。

中國農業文化遺産十分豐富，包括思想、技術、生産方式以及農業遺存等。在傳統農業生産過程中，形成了以尊重自然、順應自然，天、地、人『三才』協調發展的農學指導思想；形成了以種植業爲主，種植業和養殖業相互依存、相互促進的多樣化經營格局；凸顯了『寧可少好，不可多惡』的農業經營策略和精耕細作的技術特點；藴含了『地可使肥，又可使棘』『地力常新壯』的辯證土壤耕作理論；總結了輪作復種、間作套種和多熟種植的技術經驗；形成了北方旱地保墒栽培與南方合理管水用水相結合的農業生産模式。與世界其他國家或民族的傳統農業以及現代農學相比，中國傳統農業自身的特色明顯，既有成熟的農學理論，又有獨特的技術體系。

世代相傳的農業生產智慧與技術精華，經過一代又一代農學家的總結提高，涌現了數量龐大、種類繁多的農書。《中國農業古籍目録》收録存目農書十七大類，二千零八十四種。閔宗殿等學者在此基礎上又根據江蘇、浙江、安徽、江西、福建、四川、臺灣、上海等省市的地方志，整理出明清時期二百三十六種『新書目』。〔一〕隨着時間的推移和學者的進一步深入研究，還將會有不少沉睡在古籍中的農書被不斷地揭示出來。作爲中華農業文明的重要載體，這些古農書總結了不同歷史時期中國農業經營理念和傳統農業科技的精華，是人類寶貴的文化財富。

中國古代農書豐富多彩、源遠流長，反映了中國農業科學技術的起源、發展、演變與轉型的歷史進程與發展規律，折射出中華農業文明發展的曲折而漫長的發展歷程。這些農書中包含了豐富的農業實用技術、農業經濟智慧、農村社會發展思想等，覆蓋了農、林、牧、漁、副等諸多方面，廣泛涉及傳統社會中農業生產、農村社會、農民生活等主要領域，還記述了許許多多關於生物學、土壤學、氣候學、地理學、水利工程等自然科學原理。存世豐富的中國古農書，不僅指導了我國古代農業生産與農村社會的發展，也包含了許多當今經濟社會發展中所迫切需要解決的問題——生態保護、可持續發展、農村建設、鄉村振興等思想和理念。

作爲中國傳統農業智慧的結晶，中國古農書通過各種途徑傳播到世界各地，對世界農業文明産生了深遠影響，例如《齊民要術》在唐代已傳入日本。被譽爲『宋本中之冠』的北宋天聖年間崇文院本《齊民要術》被日本視爲『國寶』，珍藏在京都博物館。而以《齊民要術》爲对象的研究被稱爲日本『賈學』。江户時代的宮崎安貞曾依照《農政全書》的體系、格局，撰寫了適合日本國情的《農業全書》十

〔一〕閔宗殿《明清農書待訪録》，《中國科技史料》二〇〇三年第四期。

卷，成爲日本近世時期最有代表性、最系統、水準最高的農書，被稱爲『人世間一日不可或缺之書』。據不完全統計，受《農政全書》或《農業全書》影響的日本農書達四十六部之多。〔一〕中國古農書直接或間接地推動了當時整個日本農業技術的發展，提升了農業生産力。

朝鮮在新羅時期就可能已經引進了《齊民要術》。〔二〕高麗宣宗八年（一〇九一）李資義出使中國，宋哲宗（一〇八六—一一〇〇）要求他在高麗覆刊的書籍目錄裏有《氾勝之書》。高麗後期的一三四九年與一三七二年，曾兩次刊印《元朝正本農桑輯要》。朝鮮太宗年間（一三六七—一四二二），學者從《農桑輯要》中抄錄養蠶部分，譯成《養蠶經驗撮要》，摘取《農桑輯要》中穀和麻的部分譯成吏讀，並以此爲底本刊印了《農書輯要》。朝鮮的《閒情錄》以《陶朱公致富奇書》爲基礎出版，《農政會要》則主要引自《授時通考》。《農家集成》《農事直説》以及姜希孟的《四時纂要》主要根據王禎《農書》等多部中國古農書編成。據不完全統計，目前韓國各文教單位收藏中國農業古籍四十種，〔三〕包括《齊民要術》《農政全書》《授時通考》《御製耕織圖》《江南催耕課稻編》《廣群芳譜》《農桑輯要》等。

中國古農書還通過絲綢之路傳播至歐洲各國。《農政全書》至遲在十八世紀傳入歐洲，一七三五年法國杜赫德（Jean-Baptiste Du Halde）主編的《中華帝國及華屬韃靼全志》卷二摘譯了《農政全書》卷三十一至卷三十九的《蠶桑》部分。至遲在十九世紀末，《齊民要術》已傳到歐洲。達爾文的《物種起源》和《動物和植物在家養下的變異》援引《中國紀要》中的有關事例佐證其進化論，達爾文在談到人

〔一〕韓興勇《〈農政全書〉在近世日本的影響和傳播——中日農書的比較研究》，《農業考古》二〇〇三年第一期。

〔二〕［韓］崔德卿《韓國的農書與農業技術——以朝鮮時代的農書和農法爲中心》，《中國農史》二〇〇一年第四期。

〔三〕王華夫《韓國收藏中國農業古籍概況》，《農業考古》二〇一〇年第一期。

工選擇時說：『如果以爲這種原理是近代的發現，就未免與事實相差太遠。……在一部古代的中國百科全書中，已有關於選擇原理的明確記述。』〔一〕而《中國紀要》中有關家畜人工選擇的内容主要來自《齊民要術》。〔二〕中國古農書間接地爲生物進化論提供了科學依據。英國著名學者李約瑟（Joseph Needham）編著的《中國科學技術史》第六卷『生物學與農學』分册以《齊民要術》爲重要材料，說它『即使在世界範圍内也是卓越的、傑出的、系統完整的農業科學理論與實踐的巨著』。〔三〕

世界上許多國家都收藏有中國古農書，如大英博物館、巴黎國家圖書館、柏林圖書館、聖彼得堡（列寧格勒）圖書館、美國國會圖書館、哈佛大學燕京圖書館、日本内閣文庫、東洋文庫等，大多珍藏有《齊民要術》《茶經》《農桑輯要》《農書》《農政全書》《授時通考》《花鏡》《植物名實圖考》等早期刻本。不少中國著名古農書還被翻譯成外文出版，如《齊民要術》有日文譯本（缺第十章），《天工開物》與《茶經》有英、日譯本，《農政全書》《授時通考》《群芳譜》的個别章節已被譯成英、法、俄等文字，《元亨療馬集》有德、法文節譯本。法蘭西學院的斯坦尼斯拉斯·儒蓮（一七九九—一八七三）翻譯的法文版《蠶桑輯要》廣爲流行，並被譯成英、德、意、俄等多種文字。顯然，中國古農書已經是全世界人民的共同財富，也是世界了解中國的重要媒介之一。

近代以來，有不少學者在古農書的搜求與整理出版方面做了大量工作。晚清務農會於光緒二十三年（一八九七）鉛印《農學叢刻》，但是收書的規模不大，僅刊古農書二十三種。一九二〇年，金陵大學在

〔一〕[英]達爾文《物種起源》，謝蘊貞譯。科學出版社，一九七二年，第二十四—二十五頁。

〔二〕《中國紀要》即十八世紀在歐洲廣爲流行的全面介紹中國的法文著作《北京耶穌會士關於中國人歷史、科學、技術、風俗、習慣等紀要》。一七八〇年出版的第五卷介紹了《齊民要術》，一七八六年出版的第十一卷介紹了《齊民要術》中的養羊技術。

〔三〕轉引自繆啓愉《試論傳統農業與農業現代化》，《傳統文化與現代化》一九九三年第一期。

全國率先建立了農業歷史文獻的專門研究機構，在萬國鼎先生的引領下，開始了系統收集和整理中國古代農業歷史文獻的研究工作，着手編纂《先農集成》，從浩如煙海的農業古籍文獻資料中，搜集整理了三千七百多萬字的農史資料，後被分類輯成《中國農史資料》四百五十六册，是巨大的開創性工作。

民國期間，影印興起之初，《齊民要術》、王禎《農書》、《農政全書》等代表性古農學著作均有石印本或影印本。一九四九年以後，爲了保存農書珍籍，曾影印了一批國内孤本或海外回流的古農書珍本，如中華書局上海編輯所分别在《中國古代科技圖錄叢編》和《中國古代版畫叢刊》的總名下，影印了《天工開物》（崇禎十年本）、《便民圖纂》（萬曆本）、《救荒本草》（嘉靖四年本）、《授衣廣訓》（嘉慶原刻本）等。上海圖書館影印了元刻大字本《農桑輯要》（孤本）。一九八二年至一九八三年，農業出版社以《中國農學珍本叢書》之名，先後影印了《全芳備祖》（日藏宋刻本），《金薯傳習錄、種薯譜合刊》（前者刊本僅存福建圖書館，後者朝鮮徐有榘以漢文編寫，内存徐光啓《甘薯蔬》全文），以及《新刻注釋馬牛駝經大全集》（孤本）等。

古農書的輯佚、校勘、注釋等整理成果顯著。萬國鼎、石聲漢先生都曾對《四民月令》《氾勝之書》等進行了輯佚、整理與深入研究。到二十世紀末，具有代表性的古農書基本得到了整理，如夏緯瑛的《管子地員篇校釋》和《呂氏春秋上農等四篇校釋》，石聲漢的《齊民要術今釋》《農桑輯要校注》《農政全書校注》等，繆啓愉的《齊民要術校釋》和《四時纂要》，王毓瑚的《農桑衣食撮要》，馬宗申的《授時通考校注》等。特别是農業出版社自二十世紀五十年代一直持續到八十年代末的《中國農書叢刊》，先後出版古農書整理著作五十餘部，涉及範圍廣泛，既包括綜合性農書，也收錄不少畜牧、蠶桑、水利等專業性農書。此外，中華書局、上海古籍出版社等也有相應的古農書整理著作出版。

一些有識之士還致力於古農書的編目工作。一九二四年，金陵大學毛邕、萬國鼎編著了最早的農書簡目《中國農書目錄彙編》，存佚兼收，薈萃七十餘種古農書。但因受時代和技術手段的限制，規模較小。一九四九年以後，古農書的編目、典藏等得以系統進行。一九五七年，王毓瑚的《中國農學書錄》出版（一九六四年增訂），含英咀華，精心考辨，共收農書五百多種。一九五九年，北京圖書館據全國二十五個圖書館的古農書書目彙編成《中國古農書聯合目錄》，收錄古農書及相關整理研究著作六百餘種。一九九〇年，中國農業歷史學會和中國農業博物館據各農史單位和各大圖書館所藏農書彙編成《農業古籍聯合目錄》，收書較此前更加豐富。二〇〇三年，張芳、王思明的《中國農業古籍目錄》收錄了古農書存目二千零八十四種。經過幾代人的艱辛努力，中國古農書的規模已基本摸清。上述基礎性工作爲古農書的搜求、彙集、出版奠定了堅實的基礎。

目前，以各種形式出版的中國古農書的數量和種類已經不少，具有代表性的重要農書還被反復出版。但是，仍有不少農書尚存於各館藏單位，一些孤本、珍本急待搶救出版。部分大型叢書已經注意到古農書的彙集與影印，《續修四庫全書》『子部農家類』收錄農書六十七部，《中國科學技術典籍通匯》『農學卷』影印農書四十三種。相對於存量巨大的古代農書而言，上述影印規模還十分有限。可喜的是，在鳳凰出版社和中華農業文明研究院的共同努力下，《中國古農書集粹》被列入《二〇一一—二〇二〇年國家古籍整理出版規劃》。本《集粹》是一個涉及目錄、版本、館藏、出版的系統工程，工作於二〇一二年啓動，經過近八年的醞釀與準備，影印出版在即。《集粹》原計劃收錄農書一百七十七部，後根據時代的變化以及各農書的自身價值情況，幾易其稿，最終決定收錄代表性農書一百五十二部。

《中國古農書集粹》填補了目前中國農業文獻集成方面的空白。本《集粹》所收錄的農書，歷史跨度時間長，從先秦早期的《夏小正》一直至清代末期的《撫郡農産考略》，既展現了中國古農書的萌芽、形成、發展、成熟、定型與轉型的完整過程，也反映了中華農業文明的發展進程。明清時期是中國傳統農業發展的巔峰，它繼承了中國傳統農業中許多好的東西並將其發展到極致，而這一階段的農書恰是本《集粹》收録的重點。本《集粹》還具有專業性強的特點。古農書屬大宗科技文獻，而非傳統意義的歷史文獻，本《集粹》更側重於與古代農業密切相關的技術史料的收録。本《集粹》所收農書覆蓋面廣，涵蓋了綜合性農書、時令占候、農田水利、農具、土壤耕作、大田作物、園藝作物、竹木茶、植物保護、畜牧獸醫、蠶桑、水産、食品加工、物産、農政農經、救荒賑災等諸多領域。收書規模也爲目前中國農業古籍集成之最。

《中國古農書集粹》彙集了中國古代農業科技精華，是研究中國古代農業科技的重要資料。同時，中國古農書也廣泛記載了豐富的鄉村社會狀況、多彩的民間習俗、真實的物質與文化生活，反映了中國古代農民的宗教信仰與道德觀念，體現了科技語境下的鄉村景觀。不僅是科學技術史研究不可或缺的第一手資料，還是研究傳統鄉村社會的重要依據，對歷史學、社會學、人類學、哲學、經濟學、政治學及其他社會科學都具有重要參考價值。古農書是傳統文化的重要載體，是繼承和發揚優秀農業文化遺産的主要文獻依憑，對我們認識和理解中國農業、農村、農民的發展歷程，乃至整個社會經濟與文化的歷史脉絡都具有十分重要的意義。本《集粹》不僅可以加深我們對中國農業文化、本質和規律的認識，還可以鑒古知今，把握國情，爲今天的經濟與社會發展政策的制定提供歷史智慧。

本《集粹》的出版，可以加強對中國古農書的利用與研究，加深對農業與農村現代化歷史進程的必然性和艱巨性的認識。祖先們千百年耕種這片土地所積累起來的知識和經驗，對於如今人們利用這片土地仍具有指導和借鑒作用，對今天我國農業與農村存在問題的解決也不無裨益。現代農學雖然提供了一些『普適』的原理，但這些原理要發揮作用，仍要與這個地區特殊的自然環境相適應。而且現代農學原理並不否定傳統知識和經驗的作用，也不能完全代替它們。中國這片土地孕育了有中國特色的傳統農業，積累了有自己特色的知識和經驗，有利於建立有中國特色的現代農業科技體系。人類文明是世界各個民族共同創造的，人類文明未來的發展當然要繼承各個民族已經創造的成果。中國傳統的農業知識必將對人類未來農業乃至社會的發展作出貢獻。

王思明

二〇一九年二月

目錄

農桑輯要

（元）司農司　編撰

《農桑輯要》，（元）司農司編撰。司農司，元朝中央官署名，至元七年（一二七〇）二月始置，時罷時立。負責掌管全國的農桑、水利、鄉學、義倉等事務；同年十二月，改爲大司農司。至元十年（一二七三），司農司纂成此書，刊刻進呈；至元二十三年（一二八六），下詔以此書頒行各路。該書是中國現存最早的官修農書，一般認爲，其編修者有孟祺、暢師文、苗好謙等人。

本書分作七卷十篇：典訓、耕墾、播種、栽桑、養蠶、瓜菜、果實、竹木、藥草、孳畜、禽魚、歲用雜事。《典訓篇》是用歷史資料來説明農本思想，爲全書總論。《耕墾篇》是土地整理利用綜述。《播種篇》是穀物、油料、纖維三類基本農作物的耕作栽培各論。《栽桑篇》《養蠶篇》是指導蠶桑生産的專篇。《藥草篇》包括染料、藥材、特種作物。《孳畜篇》《禽魚篇》《歲用雜事篇》包括家畜、家禽、魚和蜜蜂及日常生活雜事。《農桑輯要》全書的主體材料，『博采經史諸子』，農業技術資料近一半出自《齊民要術》，其餘的來自《氾勝之書》《四民月令》等多種農書。對有些資料，如苧麻、木棉（即棉花）、西瓜、胡蘿蔔、茼蒿、人莧、莙薘、甘蔗、養蜂等引入中原不久的作物或比較特異的農業技術，則注明是『新添』。

該書具有明顯的特點，一是極爲重視蠶桑，栽桑、養蠶雖各衹一卷，但兩卷篇幅占全書的三分之一；同時也大力提倡種植苧麻、棉花，書中除詳述其栽培技術外，還對過分強調風土不宜，妨礙新引進作物傳播的唯風土説作了批判。二是所引資料一律標明來歷，而且各項文獻都嚴格地依照時代次序排列，使人易於瞭解到各種技術知識的演進過程。三是取材嚴謹，迷信内容幾乎全部刪除，實用價值較高。《四庫全書總目提要》説它『詳而不蕪，簡而有要，於農家之中最爲善本』。

此書在元至元年間刊行，元仁宗延祐年間又刊於江浙行省，英宗、明宗、文宗朝也都申令頒布，至順三年（一三三二）刊行達到萬册之多，流傳很廣，版本頗多。元代刊本約可分爲元初刻本與延祐以後刻本兩個系列，但存者甚少。目前海内外僅存的元刻本是上海圖書館搜集到的元刻大字本。後世有《田園經濟》《格致叢書》《漸西村舍》等刊本，最通行的是清乾隆年間的《武英殿叢書》聚珍本，以及據此本覆刻或排印的版本。一九八三年農業出版社出版石聲漢的《農桑輯要》校注本，一九八八年該社又出版了繆啓愉的《元刻農桑輯要校釋》，二〇〇九年上海古籍出版社出版了馬宗申《農桑輯要譯著》。今據一九七九年上海圖書館元刊大字本影印。

（惠富平）

皇帝聖旨裏江浙等處行中書省准
中書省咨禮部呈奉判大司
農司據承發架閣庫呈照得
本庫收掌農桑輯要叁阡部
栽桑圖叁伯部本庫收貯節
次蒙各處官員并各道廉訪
司関支將欲盡絶若不具呈
預為印造誠恐闕悮支持呈
乞照詳得此照得始自延祐
元年奏奉
聖旨江浙行省開板印造農桑輯要
給散隨朝并各道廉訪司勸
農正官天曆二年江浙行省
又行印造到農桑輯要叁阡
部栽桑圖叁伯部既是節次
給散將欲盡絶具呈照詳得
此批奉都堂鈞旨送禮部照
擬呈省奉此施行間又據大

司農司經歷司呈奉大司農司
劄付照得近據承發架閣庫
呈本庫收掌農桑輯要節次
給散將欲盡絶已於至元五
年正月二十二日具呈中書省
照詳去訖為此大司議得農
桑輯要先於天曆二年差委
本司管勾周元亨前赴江浙
省印造到今一十餘年節次
給散將欲盡絶若不預為印
造恐闕悮各官支付除已選差
到本司提控掾史周文郁前
去江浙省監督印造外大司合
下仰照驗就呈合干部分照驗
施行承此具呈照詳得此行據
左右部架閣庫呈依上於送架
卷内撿尋到上項文卷一宗隨呈前
去具呈照詳得此照得承奉中

書省判送江浙行省咨准中書
省禮部呈大司農司經歷司呈
天曆二年二月十三日
奏過事內一件在先欽奉
普顏篤皇帝聖旨
英宗皇帝聖旨教江浙省兩遍印了
農桑輯要三千部栽桑圖三百
部有來這幾年各道廉訪司
家有司家節續都散了俺商
量來如今呈與省家文書依先
例交江浙省印造農桑輯要栽
桑圖呵怎生奏呵奉
聖旨這文書是百姓有益的勾當教省
家印造了將來各道廉訪司有
司閑了的農桑輯要著交割歷
道
聖旨了也欽此照得延祐三年八月二十八日
奏過事內一件為散與多人農書不
敷的上頭交江浙省印造將來
的大司農司奏了與了俺文書裏
照呵從至元二十三年遞旋印了
八千五百部給散了來如今轃
一萬冊交印造與他每一千五百
部怎生奏呵那般者麼道
聖旨了也欽此除欽遵外今據見呈本部
議得大司農司經歷司呈印造
農桑輯要即係奏奉
聖旨事理宜咨江浙行省欽依印造施
行具呈照詳得此咨請欽依
施行准此照得先於延祐三
年十月二十八日准中書省咨該
奏過事內一件印造農書一千五百部行
據杭州路申印造裱褙打角
完備差宣使布伯管押赴中
書省交割去訖今准前因本
省劄付杭州路欽依印造農

桑輯要三千部栽桑圖三百部
裒補完備起解外咨請照驗批
奉都堂鈞旨送禮部依例施行
奉此於至順三年三月二十一日
行下大司農司經歷司依例施
行令據見呈本部議得大司農
司呈元印農桑輯要即目銷用
將欲盡絶誠恐缺悞支付參詳
即係奏奉
聖旨事理宜從都省移咨江浙行省欽依
印造據差去提控掾史周文郁
合騎鋪馬劄付合干部分依例
應付相應具呈照詳得此除
外都省咨請依上施行准此

承事郎杭州西北隅録事臣陳也速荅兒

至元五年　月

中議大夫杭州路總管兼管內勸農事臣太不花
差來監印造官大司農司提控臣周文郁

農桑輯要目録

【農桑輯要】

農桑輯要卷第一

典訓

農功起本

周書曰神農之時天雨粟神農遂耕而種之

白虎通古之人民皆食禽獸肉至於神農因天之時分地之利制耒耜教民農作神而化之使民宜之故謂之神農

典語神農嘗草別穀烝民乃粒食

世本倕作耒耜倕神農之臣也

周本紀棄為兒時其遊戲好種植麻麦及為成人遂好耕農相地之宜宜穀者稼穡之民皆法之堯舉以為農師

漢食貨志后稷始甽田以二耜為耦 甽同畎也

藝文志農九家百四十一篇農家者流蓋出農稷之官播百穀勸耕桑以足衣食

蠶事起本

漢食貨志嘉穀布帛二者生民之本興自神農之世

易繫辭神農氏沒黃帝堯舜氏作通其變使民不倦垂衣裳而天下治蓋取諸乾坤（疏黃帝已上衣鳥獸之皮其後人多獸少事或窮乏故以絲麻布帛而制衣裳使民得宜也）

通典周制享先蠶先蠶天駟也蠶與馬同氣

漢制祭蠶神曰苑窳（羊主反）婦人寓氏公主

北齊先蠶祠黃帝軒轅氏如先農禮一

後周祭先蠶西陵氏

經史法言

書洪範八政一曰食（教民使勤農業也人不食則死食於人最急故教為先也）二曰貨（教民使求資用也衣食則勤農以求之則蠶績以求之）

無逸周公曰嗚呼君子所其無逸先知稼穡之艱難乃逸則知小人之依（稼穡農夫之艱難事先知之乃謀逸豫則知小人之所依怙）

禮記王制國無九年之蓄曰不足無六年之蓄曰急無三年之蓄曰國非其國也三年耕必有一年之食九年耕必有三年之食以三十年之通雖有凶旱水溢民無菜色

孝經庶人章用天之道（春則耕種夏則耘苗秋則穫刈冬則入廩）分地之利（分別五土之高下隨所宜而播種之）謹身節用（身恭謹則遠恥辱用節省則免飢寒）以養父母此庶人之孝也

史記太史公曰居之一歲種之以穀十歲樹之以木百歲來之以德德者人物之謂也今有無秩祿之奉爵邑之入而樂與之比者命曰素封故曰陸地牧馬二百蹄（漢書音義曰五十疋）牛蹄角千（漢書音義曰百六十七頭也馬貴而牛賤以此為率）千足羊澤中千足彘（韋昭曰二百五十頭）水居千石魚陂（徐廣曰魚以斤兩為計也）山

居千章之材安邑千樹棗燕秦千樹栗蜀漢江陵千樹橘淮北常山已南河濟之閒千樹萩陳夏千畝漆齊魯千畝桑麻渭川千畝竹及名國萬家之城帶郭千畝畝鍾之田（徐廣曰六斛四斗也）若千畝巵茜（徐廣曰巵音支鮮支也茜音倩一名紅藍其花染繒赤黃也）千畦薑韭（徐廣曰千畦二十五畝駰按韋昭曰畦猶壠也）此其人皆與千户侯等然是富給之資也不窺市井不行異邑坐而待收身有處士之義而取給焉豈非所謂素封者耶

前漢食貨志周制種穀必雜五種以備災害（種即五穀謂黍稷麻麥豆也）還廬樹桑菜茹有畦瓜瓠果蓏殖於疆場雞豚狗彘毋失其時女脩蠶織則五十可衣帛七十可以食肉入者必持薪樵輕重相分班白不提挈冬民既入婦人同巷相從夜績女工一月得四十五日（服虔曰一月之中又得夜半為十五日凡四十五日也）必相從者所以省費燎（力嘯反）火同巧拙而合習俗也

管子民無所游食必農民事農則田墾田墾則粟多粟多則國富

齊民要術傳曰人生在勤勤則不匱古語曰力能勝貧謹能勝禍蓋言勤力可以不貧謹身可以避禍庸人之性率之則自力縱之則惰窳耳稼穡不修桑果不茂畜產不肥鞭之可也杝落不完垣墻不牢掃除不淨笞之可也此督課之方也且天子親耕皇后親蠶況夫田父而懷窳情乎

先賢務農

孟子后稷教民稼穡樹藝五穀五穀熟而民人育

氾勝之書湯有旱災伊尹作為區田教民糞種負水澆稼（氾扶嚴反水名又姓出燉煌濟北二望本姓凡氏避地於氾水因改焉）

史記管仲相齊與俗同好惡其稱曰倉

廪實而知禮節衣食足而知榮辱

猗頓魯窮士聞陶朱公富問術焉告之曰欲速富養五牸乃畜牛羊子息萬計貲擬王公

莊子長梧封人曰昔予爲禾稼而鹵莽種之其實亦鹵莽而報予芸而滅裂之其實亦滅裂而報予來年深其耕而熟耰之其禾繁以滋予終年厭飧

前漢食貨志李悝爲魏文侯作盡地力之教師古曰李悝文侯臣也悝音恢以爲地方百里提封九萬頃除山澤邑居叄分去一爲田六百萬畮治田勤謹則畮益三升服虔曰與之三升也臣瓚曰當言三斗謂治田勤則畮加三斗也師古曰計數而言字當爲斗瓚説是也增減輒爲粟百八十萬石矣又曰糴甚貴傷民韋昭曰此民謂士工商也甚賤傷農民傷則離散農傷則國貧故甚貴與甚賤其傷一也

漢文帝時賈誼說上曰管子曰倉廪實而知禮節民不足而可治者自古及今未之嘗聞漢之爲漢幾四十年矣公私之積猶可哀痛世之有飢穰天之行也禹湯被之矣即不幸有方二三千里之旱國胡以相恤卒然邊境有急數十百萬之衆國胡以餽之夫積貯者天下之大命也苟粟多而財有餘何爲而不成以攻則取以守則固以戰則勝懷敵附遠何招而不至今敺民而歸之農使天下各食其力末技游食之人轉而緣南畮則蓄積足而人樂其所矣

前漢宣曲任氏楚漢相距於滎陽米石至萬而豪傑金玉盡歸任氏以此起富折節爲儉力田畜人爭取賤賈任氏獨取貴善富者數世然任公家約非田畜所生不衣食公事不畢則身不得飲酒食肉以此爲閭里率故富而主上重之

趙過爲搜粟都尉能爲代田以故田多
墾闢用力少而得穀多
黄霸爲潁川使郵亭鄉官皆畜雞豚以
贍鰥寡貧窮者及務耕桑節用殖財種
樹畜養去浮淫之費治爲天下第一
龔遂爲渤海勸民務農桑令口種一株
榆百本薤五十本葱一畦韭家二母彘
五雞民有帶持刀劍者使賣劍買牛賣
刀買犢曰何爲帶牛佩犢春夏不得不

趣田畝秋冬課收斂益蓄果實蔆芡吏
民皆富實
何武爲刺史行部必問墾田頃畝五穀
美惡
召信臣爲南陽好爲民興利務在富之
躬勸耕農出入阡陌止舍離鄉亭稀有
安居時行視郡中水泉開通溝瀆起水
門提閼凡數十處以廣溉灌歲歲增加
多至三萬頃民得其利蓄積有餘信臣

爲民作均水約束刻石立於田畔以防
分爭禁止嫁娶送終奢靡務出於儉約
郡中莫不耕稼力田吏民親愛信臣號
曰召父
後漢王丹家累千金好施與周人之急
每歲時農收後察其強力收多者輒歷
載酒肴從而勞之便於田頭樹下飲食
勸勉之因留其餘有而去其惰嬾者獨
不見勞各自恥不能致丹其後無不力

田者聚落以至殷富
杜詩爲南陽省愛民役廣拓土田郡内
比室殷足爲之語曰前有召父後有杜
母
任延爲九真太守九真俗以射獵爲業
不知牛耕每致困乏延乃令鑄作田器
教之墾闢歲歲開廣百姓充給
茨充爲桂陽令俗不種桑無蠶織絲麻
之利類皆以麻枲頭貯衣民惰窳少麤

履足多剖裂血出盛冬皆然火燎炙充
敎民益種桑柘養蠶織履復令種苧麻
數年之間大賴其利衣履温煖今江南
知桑蠶織履皆充之教也
張堪拜漁陽太守開稻田八千餘頃勸
民耕種以致殷富百姓歌曰桑無附枝
麥穗兩岐張君爲政樂不可支
樊重字君雲謚壽張敬侯世善農稼好
貨殖重性温厚有法度三世共財子孫

朝夕禮敬常若公家其營理產業物無
所棄課役童隸各得其宜故能上下戮
力財利歲倍至乃開廣田土三百餘頃
其所起廬舍皆有重堂高閣陂渠灌注
又池魚牧畜有求必給嘗欲作器物先
種梓漆時人嗤之然積以歲月皆得其
用向之笑者咸求假焉貲至巨萬而賑
贍宗族恩加鄉閭外孫何氏兄弟爭財
重恥之以田二頃解其忿訟縣中稱美

其素所假貸人間數百萬遺令焚削文
契責家聞者皆慚爭往償之常戒其子
曰富貴盈溢未有能終者吾非不喜榮
埶也天道惡滿而好謙前世貴戚皆明
戒也保身全己豈不樂哉
王景爲廬江太守百姓不知牛耕致地
力有餘而食常不足景乃教民用犁耕
墾闢倍多境內豐給又訓令蠶織爲作
法制著于鄉亭

王符曰一夫不耕天下受其飢一婦不
織天下受其寒今舉俗舍本農趍商賈
是則一夫耕百人食之一婦桑百人衣
之以一奉百孰能供之
崔寔爲五原土宜麻枲而俗不知織績
民冬月無衣積細草卧其中見吏則衣
草而出寔爲作紡績織紝之具以教民
得以免寒苦
劉陶曰民可百年無貨不可一朝有飢

故食爲至急也
仇覽爲蒲亭長勸人生業爲制科令至於果菜爲限雞豕有數農事既畢乃令子弟羣居就學其剽輕游恣者皆役以田桑嚴設科罰躬助喪事賑恤窮寡朞年稱大化
杜畿爲河東勸耕桑課民畜牸牛草馬下逮雞豚皆有章程家家豐實然後興學校舉孝悌河東遂安
童恢除不其令若吏稱其職人行善事皆賜酒肴以勸勵之耕織種收皆有條章一境清靜
齊民要術皇甫隆爲燉煌燉煌俗不曉作耬犂及種人牛功力既費而收穀更少隆乃教作耬犂所省傭力過半得穀加五又燉煌俗婦女作裙攣縮如羊腸用布一疋隆又禁改之所省復不貲
僮种爲不其令率民養一猪雌雞四頭以供祭祀死買棺木
顏裴爲京兆乃令整阡陌樹桑果又課以閑月取材使得轉相教匠作車又課民無牛者令畜豬投貴時賣以買牛始者民以爲煩一二年間家有丁車大牛整頓豐足
譙子曰朝發而夕異宿勤則菜盈傾筐且苟有羽毛不織不衣不能茹草飲水不耕不食安可以不自力哉
李衡於武陵龍陽洲上作宅種甘橘千樹敕兒曰吾州里有千頭木奴不責汝衣食歲上一疋絹亦可足用矣橘成歲得絹數千疋
仲長子曰天爲之時而我不農穀亦不可得而取之青春至焉時雨降焉始之耕田終之簠簋惰者釜之勤者鍾之時及不爲而尚乎食也哉
北魏韋纂拜河內刺史增勸農桑親自

撿視勤者資以物帛惰者加以罪

魏陳思王曰寒者不貪尺玉而思短褐飢者不顧千金而美一食

晉桓宣鎮襄陽勸課農桑或載鉏耒於軺軒或親芸穫於壠畝

唐張全義爲河南尹經黄巢之亂繼以秦宗權孫儒殘暴居民不滿百户四野俱無耕者全義招懷流散勸之樹藝數年之後都城坊曲漸復舊制諸縣户口率皆歸復桑麻蔚然野無曠土全義明察人不能欺而爲政寬簡出見田疇美者輒下馬與僚佐共觀之名田主勞以酒食有蠶麥善收者或親至其家悉呼出老幼賜以茶綵衣物民間言張公不喜聲伎見之未嘗笑獨見佳麥良繭則笑耳有田荒穢者則集衆杖之或訴以乏人牛乃召其隣里責之曰彼誠乏人牛何不助之衆皆謝乃釋之由是隣里有無相助故比户皆有蓄積凶年不飢遂成富庶焉

李襲譽嘗謂子孫曰吾負京有田十頃能耕之足以食河内千樹桑事之可以衣能勤此無資於人矣

農桑輯要卷第一

農桑輯要卷第二

耕墾

耕地

齊民要術春耕尋手勞（郎到反古曰耰今曰勞說文曰耰摩田器今人亦名勞曰摩）秋耕待白背勞（春既多風若不尋勞地必虛燥秋田㙲實濕勞令地硬諺曰耕而不勞不如作暴蓋言澤難遇喜天時故也桓寬鹽鐵論曰茂木之下無豐草大塊之間無美苗〇㙲直輒反田實也暴音曝耗也）凡秋耕欲深春夏欲淺犂欲廉勞欲再（犂廉耕細牛復不疲再勞地熟旱亦保澤也）秋耕𢡳（掩同）青者為上（比至冬月青草復生者其美與小豆同）初耕欲深轉地欲淺（耕不深地不熟轉不淺動生土也）菅茅之地宜縱牛羊踐之（踐則根浮）七月耕之則死（非七月復生矣）凡美田之法綠豆為上小豆胡麻次之悉皆五六月中穊（美懿反澇穠也）種七月八月犂稀殺之為春穀田則畝收十石（一石大約今二斗七升十石今二石七斗有餘也後齊民要術中石斗做此）其美與蠶矢熟糞同〇氾勝之書曰凡耕之本在於趣時和土務糞澤早鋤早穫春凍解地氣始通土一和解夏至天氣始暑陰氣始盛土復解夏至後九十日晝夜分天地氣和以此時耕田一而當五名曰膏澤皆得時功春地氣通可耕堅硬強地黑壚土輒平摩其塊以生草草生復耕之天有小雨復耕和之勿令有塊以待時所謂強土而弱之春候地氣始通土塊散陳根可拔此時二十日以後和氣去即土剛以時耕一而當四和氣去耕四不當一杏始華榮輒耕輕土弱土望杏花落復耕耕輒勞之草生有雨澤耕重勞之土甚輕者以牛羊踐之如此則土強此謂弱而強之也〇雜說凡人家營田須量己力寧可少好不可多惡凡地有薄者即須加糞糞之其踏糞法秋收治田後場上所有穀穰等並須收貯一處每日布牛腳下三寸厚（古一尺大約今一尺三寸有餘後齊民要術尺寸做此）每平旦收聚堆

積之還依前布之經宿即堆聚至十二月正月之間即載糞糞地

種蒔直說古農法犂一耮六令人只知犂深為功不知耮細為全功耮功不到土麤不實下種後雖見苗立根在麤土根土不相着不耐旱有懸死蟲咬乾死等諸病耮功到土細又實立根在細實土中又碾過根土相着自耐旱不生諸病

韓氏直說為農大綱一則牛欺地二則人欺苗牛欺地則所種不失其時人欺苗則省力易辦反是則徒勞無益矣凡地除種麥外並宜秋耕先以鐵齒耮縱橫耮之然後插犂細耕隨耕隨撈至地大白背時更耮兩徧至來春地氣透時待日高復耮四五徧其地爽潤上有油土四指許春雖無雨時至便可下種秋耕之地荒草自少極省鋤工如牛力不及不能盡秋耕者除種粟地外其餘黍豆等地春耕亦可大抵秋耕宜早春耕宜遲秋耕宜早者乘天氣未寒將陽和之氣掩在地中其苗易榮過秋天氣寒冷有霜時必待日高方可耕地恐掩寒氣在内令地薄不收子粒春耕宜遲者亦待春氣和暖日高時依前耕耮

播種

收九穀種（黍 稷 稗 稻 麻 大麥 小麥 大豆 小豆）

齊民要術凡五穀種子浥鬱則不生生者亦尋死種雜者禾則早晚不均春復減而難熟糶賣以雜糅見疵炊爨失生熟之節所以特宜存意不可徒然粟黍穄粱秫常歲別收選好穗絶色者劁（才彫反）刈高懸之以擬明年種子將種前二十許日開水淘（浮秕去則無莠）即曬令燥種之○氾勝之書曰牽馬令就穀堆食數口以馬踐過為種無虸蚄等蟲也又種傷

濕鬱熱則生蟲也又薄田不能糞者以原蠶矢雜禾種種之則禾不蟲又取馬骨剉一石以水三石煮之三沸漉去滓以汁漬附子五枚三四日去附子以汁和蠶矢羊矢各等分撓（呼毛反擾也）令洞洞如稠粥先種二十日時以溲（疏有反）種如麥飯狀常天旱燥時溲之立乾薄布數撓令乾明日復溲天陰雨則勿溲六七溲而止輒曝謹藏勿令復濕至可種時以餘汁溲而種之則禾稼不蝗蟲無馬骨亦可用雪汁雪汁者五穀之精也使稼耐旱常以冬藏雪汁器盛埋於地中治穀如此則收常倍取麥種候熟可穫擇穗大強者斬束立場中之高燥處曝使極燥無令有白魚有輒揚治之取乾艾雜藏之麥一石艾一把藏以瓦器竹器順時種之則收常倍取禾種擇高大者斬一節下把懸高燥處苗則不敗

欲知歲所宜以布囊盛粟等諸物種平量之埋陰地冬至日窖埋冬至後五十日發取量之息最多者歲所宜也○崔寔曰平量五穀各一升小罌盛埋墻陰下餘法同上○師曠占術曰五木者五穀之先欲知五穀但視五木擇其木盛者來年多種之萬不失一也○雜陰陽書曰禾生於棗或楊大麥生於杏小麥生於桃稻生於柳或楊黍生於榆大豆生於槐小豆生於李麻生於楊或荊又凡種禾宜寅午申忌乙丑壬癸秋忌寅晚禾忌丙大麥宜亥卯辰忌子丑戊己小麥忌與大麥同稻宜戊己四季日忌寅卯辰甲乙黍宜巳酉戌忌寅卯丙午穄忌未寅大豆宜申子壬忌卯午丙子甲乙小豆忌與大豆同麻忌四季日戊己凡五穀大判宜上旬次中旬○史記曰陰陽之家拘而多忌止可知其梗概

不可委曲從之諺曰以時其澤爲上策也

種穀

齊民要術凡穀成熟有早晚苗稈有高下收實有多少質性有彊弱米味有美惡粒實有息耗早熟者苗短而收多晚熟者苗長而收少彊苗者短黃穀之屬是也弱苗者長青白黑者是也收少者美而耗收多者惡而息也地勢有良薄良田宜種晚薄田宜種早良田非獨宜晚早亦無害薄地宜早晚必不成實也崔寔曰美田欲稠薄田欲稀山澤有異宜山田

種彊苗以避風霜澤田種弱苗以求華實也順天時量地利則用力少而成功多任情返道勞而無獲凡穀田菉豆小豆底爲上麻黍胡麻次之蕪菁大豆爲下常見瓜底不減菉豆本既不論聊復記之凡春種欲深夏種欲淺凡種穀雨後爲佳遇小雨宜接濕種遇大雨待薉音穢生小雨不接濕無以生禾苗大雨不待白背濕輾則令苗瘦薉若盛者先鋤一徧然後納種乃佳也春若遇旱秋耕之地得仰壟待雨春耕者不中也夏若仰壟匪直盪汰

不生兼與草薉俱出凡田欲早晚相雜防歲道有所宜有閏之歲節氣近後宜晚田然大率欲早早田倍多於晚早田淨而易治晚者蕪薉難出其收在多少從歲所宜非關早晚然早穀皮薄米實而多晚穀皮厚米少而虛也苗生如馬耳則鏃初角反鋤諺曰欲得穀馬耳鏃稀豁之處鋤而補之凡五穀唯小鋤之爲良小鋤者非直省功穀亦倍勝大鋤者草根繁茂用功多而收益少苗出壠則深鋤鋤不厭數周而復始勿以無草爲暫停鋤者非止除草乃地熟而實多糠薄米息鋤得十徧

便得八米也春鋤起地夏爲除草故春鋤不用觸濕六月已後雖濕亦無嫌春苗既淺陰未覆地濕鋤則地堅夏苗陰厚地不見日故雖濕亦無害矣子曰爲圃者使農寒耕而熟芸芸除草也○呂氏春秋曰苗其弱也欲孤弱小也苗始生小時欲得孤特疏數適則茂好也其長也欲相與俱言相依阻不偃仆其熟也欲相扶相扶持不傷折是故三以爲族乃多粟族聚也吾苗有行故速長弱不相害故速大橫行必得從行必術正其行通其風行行

列也。凡種，欲牛遲緩行，種人令促步以足躡壠底（牛遲則子勻，足躡則苗茂。足跡相接者，亦不煩撻也）。熟速刈，乾速積（刈早則鐮傷，刈晚則穗折，遇風則收減；濕積則藁爛，積晚則損耗，連雨則生耳）。○孝經援神契曰：黃白土宜禾。○氾勝之書曰：種禾無期，因地為時。三月榆莢時雨，高地強土可種禾。稙禾夏至後八九十日，常夜半候之，天有霜若白露下，以平明時令兩人持長索相對，各持一端，以槩禾中，去霜露，日出乃止。如此禾稼五穀不傷矣。○漢食貨志曰：種穀必雜五種，以避災害。田中不得有樹，用妨五穀。力耕數耘，收穫如盜寇之至。董仲舒曰：春秋他穀不書，至於麥禾不成則書之，以此見聖人於五穀最重麥禾也。趙過為搜粟都尉，過能為代田，一畮三甽，歲代處，故曰代田（師古曰：代，易也）。古法也。后稷始甽田，以二耜為耦（師古曰：併兩耜而耕）。廣尺深尺曰甽，長終畮。一畮三甽，一夫

三百甽，而播種於甽中。苗生葉以上，稍耨壠草（師古曰：耨，耕也），因隤其土以附苗根（師古曰：隤謂下之也，音頹）。比盛暑，壠盡而根深，能風與旱（師古曰：能讀曰耐）。其耕耘下種田器，皆有便巧。率十二夫為田一井一屋，故畮五頃（鄧展曰：九夫為井，三夫為屋，夫百畮，於古為十二頃。古百步為畮，漢時二百四十步為畮，古千二百畮，得今五頃）。用耦犂，二牛三人，一歲之收常過縵田畮一斛以上（師古曰：縵田謂不為甽者也。○縵，莫幹反），善者倍之（師古曰：善為甽者，又過縵田二斛已上也）。過使教田太常、三輔（蘇林曰：太常主諸陵，有民，故亦課田種）。大農置工巧奴與從事，為作田器。二千石遣令長、三老、力田及里父老善田者受田器，學耕種養苗狀（蘇林曰：為法意狀也）。民或苦少牛，亡以趨澤（師古曰：趨讀曰趍，趍，及也。澤，雨之潤澤也）。故平都令光教過以人輓犂（師古曰：輓，引也，音晚）。過奏光以為丞，教民相與庸輓犂（師古曰：庸，功也，言換功共作也。義亦與庸賃同）。率多人者田日三十畮，少者十三畮，以故田多墾闢。是後

民皆便代田用力少而得穀多〇崔寔曰趙過教民耕殖其法三犁共一牛一人將之下種挽耬皆取備焉日種一頃據齊地大畝一頃為三十五畝也至今三輔猶賴其利今遼東耕犁轅長四尺迴轉相妨既用兩牛兩人牽之一人將耕一人下種二人挽耬凡用兩牛六人一日纔種二十五畝其懸絶如此案三犁共一牛若今三腳耬矣今自濟州巳西猶用長轅犁兩腳耬長轅耕平地尚可於山澗之間則不任用且回轉至難費力未如齊人蔚犁之柔便也兩腳耬種壠概亦不如一腳耬之得中也

種蒔直說　芸苗之法其凡有四第一次曰撮苗第二次曰布第三次曰擁第四次曰復俗曰添米一功不至則稂莠之害秕穮之雜入之矣今之器以〻鋤營州之東以〻鏟孌有一器出自海壖號曰耬鋤耬棌一如下種耬但獨腳無耬斗爾於獨腳下端但後向上斜鑿一竅兩轅中央近後舊安耬斗處鐵桄中亦鑿一竅鋤制柄頂彎曲一如芸苗鋤但其柄純以鐵為之麁細上下各一鋤刃尖圓如杏葉棌用時將鋤柄於耬腳下端斜竅中穿過其柄末上出橫桄竅中其鋤刃橫冒於耬腳下端撮苗後用一驢帶籠觜挽之初用一人牽慣熟不用人止一人輕扶入土二三寸其深痛過鋤力三倍所辦之田日不啻二十畝今燕趙多用之名曰劐子劐子之制又少異於此鏟子第一徧即成溝子穀根未成不耐旱耬鋤刃在土中故不成溝子第二徧加擁土木鷹翅刀成溝子其土分壅數根擁土用木厚三寸闊三寸長七寸取成三角樣前為尖中鑿一竅長一寸闊半寸穿於鐵鋤柄上麼鋤刃上

韓氏直說　如耬鋤過苗間有小豁不到處用鋤理撥一徧如種黍粟大小豆等田當用一尺三寸寬腳種蒔下種易使鋤耬故也如種麻麥用狹腳種蒔則可

大小麥青稞附

齊民要術　大小麥皆須五月六月暵地不暵地而種者其收倍薄崔寔曰五月六月菑麥田也〇孝經援神契云黑墳宜麥〇氾勝之書曰種麥得時無不善早種則蟲而有節晚種則

穗小而少實當種麥若天旱無雨澤則薄漬麥種以酢（且故反與醋字同）漿并蠶矢夜半漬向晨速投之令與白露俱下酢漿令麥耐旱蠶矢令麥忍寒麥生黃色傷於太稠稠者鋤而稀之○崔寔曰凡種大小麥得白露節可種薄田秋分種中田後十日種美田唯穬（古猛反大麥類）麥早晚無常正月可種春麥盡二月止○青稞（苦禾反麥名）麥（治打時稍難唯快日用碌碡碾）與大麥同時熟麪堪作麨及餅飥甚美磨總盡無麩（鋤一徧佳不鋤亦得）

四時類要 曬大小麥今年收者於六月掃庭除候地毒熱眾手出麥薄攤取蒼耳碎剉拌曬之至未時及熱收可以二年不蛀（音注蟲也）若有陳麥亦須依此法更曬須在立秋前秋後則已有蟲生恐無益矣

必用 古農語云彭祖壽年八百不可忘了植蠶植麥又云社後種麥爭回耧又云社後種麥爭回牛言奪時之急如此之甚也

韓氏直說 五六月麥熟帶青收一半合熟收一半若過熟則拋費每日至晚即便載麥上場堆積用苫繳覆以防雨作（苫須於以前農隙時備下）如般載不及即於地內苫積天晴乘夜載上場即攤一二車薄則易乾碾過一徧翻過又一徧起稭下場揚子收起雖未淨直待所收麥都碾盡然後將未淨稭稈再碾如此可一日一場比至麥收盡已碾訖三之二農家忙併無似蠶麥古語云收麥如救火若少遲慢一值陰雨即為災傷遷延過時秋苗亦誤鋤治

水稻

齊民要術 稻無所緣唯歲易為良選地欲近上流（地無良薄水清則稻美也）三月種者為上

時四月上旬爲中時中旬爲下時先放水十日後曳輴軸十徧徧數唯多爲良地既熟淨淘種子浮者不去秋則生稗漬經三宿漉出內草篅市專反判竹圓以盛穀中裛之復經三宿牙長二分一畝三斗擲三日之中令人驅鳥稻苗長七八寸陳草復起以鐮侵水芟之草悉膿死稻苗漸長復須薅拔草曰薅虎高反薅訖決去水曝根令堅量時水旱而溉之將熟又去水霜降穫之早刈米青而不堅晚刈零落而損收北土高原

本無陂澤隨逐隈曲而田者二月冰解地乾燒而耕之仍即下水十日塊既散液持木斫平之納種如前法既生七八寸拔而栽之既非歲易草稗俱生芟亦不死故須栽而薅之溉灌收刈一如前法畦畤音劣堤厓也大小無定須量地宜取水均而已藏稻必須用箪此既水穀窖埋得地氣則爛敗也舂稻必須冬時積日燥曝一夜置霜露中即舂若冬舂不乾即米青赤脉起不經霜不燥曝則米碎矣秫稻法一切同○周官曰稻人掌稼下地以水澤之地種穀也謂之稼者有似嫁女相生以瀦畜水以防止水以溝蕩水以遂均水以列舍水以澮寫水以涉揚其芟作田鄭司農說瀦防以春秋傳曰町原防規偃瀦以列舍水列者非一道以去水也以涉揚其芟以其水寫故得行其田中舉其芟鉤也杜子春讀蕩爲和蕩謂以溝行水也玄謂偃瀦者畜流水之陂也防瀦旁隄也遂田首受水小溝也列田之畦畤也澮田尾去水大溝作猶治也開遂舍水於列中因涉之揚去前年所芟之草而治田種稻凡稼澤夏以水殄草而芟夷之殄病也絕也鄭司農說芟夷以春秋傳曰芟夷蘊崇之今時謂禾下麥爲夷下麥言芟刈其禾

下種麥也玄謂將以澤地爲稼者必於夏六月之時大雨時行以水病絕草之後生者至秋水涸芟之明年乃稼澤草所生種之芒種鄭司農云澤草之所生其地可種芒種芒種稻麥也○氾勝之書曰種稻春凍解耕反其土種稻區不欲大大則水深淺不適冬至後一百一十日可種稻始種稻欲溫溫者缺其塍食陵反畦畔也令水道相直夏至後大熱令水道錯○崔寔曰三月可種粳稻稻美田欲稀薄田欲稠

旱稻

齊民要術旱稻用下田白土勝黑土非言下田勝高原但夏停水者不得禾豆麥稻四種雖澇亦收所謂彼此俱獲不失地利故也下田種者用功多高原種者與禾同等也凡下田停水處燥則堅垎胡格反土乾也濕則汙泥難治而易荒墝口交反埆音殻而殺種其春耕者殺種尤甚故宜五六月暵之以擬大麥時水澇不得納種者九月中復一轉至春種稻萬不失一春耕者十不收五蓋誤人耳○凡種下田不問秋夏候水盡地白背時速耕杷勞頻煩令熟杷白駕反過燥則堅過雨則泥所以宜速耕也二月半種稻為上時三月為中時四月初及半為下時漬種如法裛令開口耧耩掩種之耩故項反掩烏感反掩種者省種而生科又勝擲者即再徧勞若歲寒早種慮時晚即不清種恐牙焦也其土黑堅彊之地種未生前遇旱者欲得令牛羊及人踐履之濕則不用一迹入也稻既生猶欲令人踐壠背踐者茂而多實也苗長三寸杷勞而鋤之鋤唯欲速稻苗性弱不能扇草故宜數鋤之每經一雨輒欲杷勞苗高尺許則鋒古農器天雨無所作宜冒雨薅之科大如概者五六月中霖雨時拔而栽之栽法欲淺令其根鬚四散則滋茂深而直下者聚而不科其苗長者亦可拔去葉端數寸勿傷其心也入七月不復任栽七月百草成時晚故也其高田種者不求極良唯須廣地過良則苗折廣地則無草亦秋耕杷勞令熟至春黃場始章反納種不宜濕下餘法悉與下田同

黍穄穄附

齊民要術凡黍穄田新開荒為上大豆底為次穀底為下地必欲熟再轉乃佳若春夏耕者下種後再勞為良一畝用子四升三月上旬種者為上時四月上旬為中時五月上旬為下時夏種黍穄與稙穀同時非夏者大率以椹赤為候諺曰椹釐釐種黍時燥濕候黃場種訖不曳撻令時屯子也常記十月十一月十二月諫樹日種之萬不失一諫樹者凝

霜封著木條也。假令月三日諫樹還以月三日種黍，他皆倣此。十月諫樹宜早，黍十一月諫樹宜中，黍十二月諫樹宜晚，黍若從十月至正月皆諫樹者，早晚黍悉宜也。刈穄欲早，黍欲晚。穄晚多零落，黍早米不成。諺曰：穄青喉，黍折頭。皆即濕踐。久積則浥鬱，燥踐多兜牟。穄踐訖即蒸而裛，於劫反。之。不蒸者難舂，米碎，至舂又土臭，蒸則易舂，米堅，香氣經夏不歇也。黍宜曬之令燥。濕聚則鬱。凡黍黏者收薄，穄味美者亦收薄，難舂。○孝經援神契云：黑墳宜黍。○氾勝之書曰：黍者暑也，種者必待暑。黍心未生，雨灌其心，心傷無實。黍心初生，畏天露，令两人對持長索槩去其露，日出乃止。凡種黍，覆土鋤治，皆如禾法。○稗既堪水旱，種無不熟之時，又特滋茂，宜種之備凶年。稗中有米，熟時擣取米炊食之，不減粱米，又可釀作酒。酒勢美釅，尤踰黍秫。魏武使典農種之，頃收二千斛，斛得米三四斗。大儉可磨食之，若值豐年，可以飯牛馬豬羊。

務本新書 種糯不換，糯米價直比黃米價高。今有與糯米相類者，白黃米是也，舊呼糯不換，宜多種之，造酒爲佳。

粱秫

齊民要術 粱秫並欲薄地而稀，種與植穀同時。晚者全不收也。燥濕之宜，杷勞之法，一同穀苗。收刈欲晚。性不零落，早刈損實。

大豆 豍豆附

齊民要術 春大豆，次植穀之後，二月中旬爲上時，三月中旬爲中時，四月上旬爲下時。歲宜晚者，五六月亦得，然稍晚稍加種子。地不求熟。地過熟者，苗茂而實少。收刈欲晚。此不零落，刈早損實。鋤不過再。葉落盡，然後刈。葉不盡則難治。刈訖則速耕。大豆性澀，秋不耕則無澤也。○孝經援神契曰：赤土宜菽也。○氾勝之書曰：大豆保歲易爲，宜古之所以備凶年也。謹計家口數種大豆，率人五畝，此田之本也。三月榆莢時有雨，高田可種大豆。土和無塊，畝五升；土不和則益之。種大豆，夏至後二十日尚可種，戴甲而生不用深耕大豆須均而稀豆花憎見日見日則黄爛而根焦也穫豆之法莢黑而莖倉輒收無疑其實將落反失之故曰黑豆熟於場○崔寔曰正月可種䄍豆二月可種大豆又曰三月昏參夕杏花盛桑椹赤可種大豆四月時雨降可種大小豆美田欲稀薄田欲稠

小豆 菉豆白豆附

齊民要術 小豆大率用麥底然恐小晚有地者常須兼留去歲穀下以擬之○氾勝之書曰小豆不保歲難得椹黑時注雨種豆生布葉鋤之生五六葉又鋤之大豆小豆不可盡治也古所以不盡治者豆生布葉豆有膏盡治之則傷膏傷則不成而民盡治故其收耗折也

菉豆白豆種法與小豆同

豌豆

務本新書 豌豆二三月種諸豆之中豌豆最為耐陳又收多熟早如近城郭摘豆角賣先可變物舊時疰農往往獻送此豆以為常新蓋一歲之中貴其先也又熟時少有人馬傷踐以此校之甚宜多種

蜀黍

務本新書 蜀黍宜下地春月早種省工收多耐用人食之餘擸碎多拌麩糠以飼五牸外稭稈織箔夾籬寨作燒柴城郭貨賣亦可變物

蕎麦

齊民要術 凡蕎麦五月耕經二十五日草爛得轉并種耕三徧立秋前後皆十日内種之假如耕地三徧即三重著子下兩重子黑上一重子白皆是白汁滿似如濃即須收刈之但對梢答鋪之其白者日漸盡變為黑如此乃為得所若待上頭總黑半已下黑子盡落矣

胡麻（本草衍義曰止是脂麻也）

齊民要術　胡麻（漢書張騫外國得胡麻子今俗人呼為烏麻非也案今世有白胡麻八稜胡麻白者油多而又可以為飯）此宜於白地種二三月為上時四月上旬為中時五月上旬為下時（月半前種者實多而成月半後種者少子而多秕也）種欲截雨脚（若不緣濕融而不生）一畝用子二升漫種者先以耬耩然後散子空曳勞（勞土加人則土厚不生）耬耩者炒沙令燥中半和之（不和沙下不均壟種若荒得用鋒耬）鋤不過三徧刈束欲小（束大則難燥打手復不勝）以五六束為一叢斜倚之（不爾則風吹倒損收也）候口開乘車詣田抖擻（倒豎以小杖微打之）還叢之三日一打四五徧乃盡耳（若乘濕橫積蒸熱速乾雖曹裛無風吹虧損又慮裛者不中為種子然油無損也）

四時類要　每科相去一尺為法

麻子（附蘇子）

齊民要術　止取實者種斑黑麻子（斑黑者實饒崔寔曰苴麻子黑又實而生擣治作燭不作麻）耕須再徧一

畝用子三升二月種者為上時四月為中時五月初為下時大率二尺留一根（概則不成）鋤常令淨（荒則少實）既放勃拔去雄（若未放勃去雄者則不成子實）凡五穀地畔近道者多為六畜所犯宜種胡麻麻子以遮之（胡麻六畜不食麻子齧頭則科大收此二實足供美燭之費也）慎勿於大豆地中雜種麻子（扇地兩損而收並薄）六月中可於麻子地間散蕪菁子而鋤之擬收其根

○氾勝之書曰樹高一尺以蠶矢糞之無蠶矢以溷中熟糞亦善樹一升天旱以流水澆之無流水曝井水殺其寒氣以澆之雨澤時適勿澆澆不欲數霜下實成速斫之其樹大者以鋸鋸之

務本新書　凡種五穀如地畔近道者亦可另種蘇子以遮六畜傷踐收子打油燃燈甚明或熬油以油諸物

麻

齊民要術　凡種麻用白麻子（白麻子為雄麻顏色

雖白鬣破枯燥無膏潤者秕子也亦不中種市糴者口含少時顏色如舊者佳如變黑者裛麻欲得良田不用故墟故墟亦良有點葉夭折之患不任作布也○點丁破反草葉壞也地薄者糞之糞宜熟無熟者用小豆底亦得崔寔曰正月糞疇疇麻田也耕不厭熟縱橫七徧以上則麻無葉也田欲歲易抛子種則節高良田一畝用子三升薄田二升概則細而不長稀則麤而皮惡夏至前十日為上時至日為中時至後十日為下時麥黃種麻麻黃種麥亦良候也諺曰夏至後不沒狐但雨多沒橐駝又諺曰五月及澤父子不相借言及澤急說非辭也夏至後者匪唯淺短皮亦輕薄此亦趁時不可失也父子之間尚不相假借而況他人者也澤多者先漬麻子令芽生取雨水浸之生芽疾用井水則生遲浸法著水中如炊兩石米頃漉出著席上布令厚三四寸數攪之令均得地氣一宿即芽出水若滂沛十日亦不生待地白背耬耩漫擲子空曳勞截雨脚即種者地濕麻生瘦待白背者麻生肥澤少者暫浸即出不得待生不勞曳撻麻生數日中常驅雀葉青乃止布葉而鋤頻須再徧止高而鋤者便傷麻纖弱不堪老拔去勃如灰便刈刈拔各隨鄉法未勃者收皮不成放勃不收而即驪穊古典反小束也欲小穛音胡反欲薄為其易乾一宿輒翻之得霜露則皮黃也穫欲淨有葉者喜爛漚欲清水生熟合宜濁水則麻黑水少則麻脆生則難剝大爛則不任暖泉不冰凍冬日漚者寫為柔韌也○氾勝之書曰種枲太早則剛堅厚皮多節晚則皮不堅寧失於早不失於晚夏至後二十日漚枲枲和如絲

苧麻

圖經苧根舊不載所出州土今閩蜀江浙有之其皮可以績布苗高七八尺葉如楮葉面青背白有短毛夏秋間著細穗青花其根黃白而輕虛二月八月採又有一種山苧亦相似謹按陸璣草木疏云苧一科數十莖宿根在地中至春自生不須栽種荊揚間歲三刈官令諸園種之剝取其皮以竹刮其表厚處自脫得裹如筋者煮之用緝今江浙閩中尚復如此孕婦胎損方所須又主白丹

濃煮水浴之日三四、兒卑宙瘡癰疽者背初覺未成膿者以苧根葉熟擣傅上日夜數易之腫消則差矣〇陶隱居云苧即今績麻也

【新添】栽種苧麻法三四月種子者初用沙薄地爲上兩和地爲次園圃内種之如無園者瀕河近井處亦得先倒斸土一二徧然後作畦闊半步長四步再斸一徧用脚浮躡或杴背浮按稍實不然

著水虛懸再把蒲巴反平隔宿用水飲畦明旦細齒杷浮耧起土再杷平隨時用濕潤畦土半升子粒一合相和勻撒子一合可種六七畦撒畢不用覆土覆土則不出於畦内用極細稍杖三四根撥刺令平可畦搭二三尺高棚上用細箔遮蓋五六月内炎熱時箔上加苫重蓋惟要陰密不致曬死但地皮稍乾用炊箒細洒水於棚上常令其下濕潤緣子未生芽成苗出力弱而不禁注水徒澆故也遇天陰及早夜撤去覆箔至十日後苗出有草即拔苗高三指不須用棚如地稍乾用微水輕澆約長三寸却擇比前稍壯地别作畦移栽臨移時隔宿先將有苗畦澆過明旦亦將做下空畦澆過將苧麻苗用刃器帶土掘出轉移在内相離四寸一栽務要頻鋤三五日一澆如此將護二十日之後十日半月一澆至十月後用牛驢

馬生糞蓋厚一尺預選秋耕擺熟肥土更用細糞糞過來年春首移栽地氣已動爲上時芽動爲中時苗長爲下時栽法掘區成行方圍相去一尺五寸將畦中科苗移出栽於區内攤土區中以水漥之若夏秋移栽須趁雨水地濕分根連土於側近地内分栽亦可其移栽年深宿根者移時用刀斧將根截斷長可三四指栽時成行作區方圍各離一尺

五寸每區卧栽三二根碁盤相對擁土畢然後下水侯三五日復澆苗高勤鋤旱則澆之若地遠移栽者須根科少帶元土蒲包封裹外復用席包掩合勿透風日雖數百里外栽之亦活栽培法如前初年長約一尺便割一鐮麻未堪用再候長成所割即堪績用至十月即將割過根楂用驢馬糞蓋厚一尺不致凍死至二月初杷去糞令苗出以後歲歲

如此壓條滋胤如桑法移栽亦可第三年根科交胤稠密不移必漸不旺即將本科周圍稠密新科再依前法分栽每歲可割三鐮每割時須根傍小芽出土約高五分其大麻即為可割大麻既割其小芽榮長便是下次再割麻也若小芽過高大麻不割不唯小芽不旺又損已成之麻大約五月初一鐮六月半一鐮八月半一鐮唯中間一鐮長疾麻亦最好刈倒時隨即

用竹刀或鐵刀從梢分批開用手剝下皮即以刀刮其白瓤其浮上皺皮自去縛作小束搭於房上夜露晝曝如此五七日其麻自然潔白然後收之若值陰雨即於屋底風道內搭涼去聲恐經雨黑漬故也所剝之麻春夏秋溫暖時分績與常法同若於冬月用溫水潤濕易為分劈不然乾硬難分其績既成纏作纓子於水甕內浸一宿紡車紡訖用桑柴

灰淋下水內浸一宿撈出每纑五兩可用一淨水盞細石灰拌勻置於器物內停放一宿至來日擇去石灰却用黍稭灰淋水煮過自然白軟曬乾再用清水煮一度别用水擺拔極淨曬乾逗成纑鋪經胤織造與常法同此麻一歲三割每畝得麻三十斤少不二十斤目今陳蔡間每斤價鈔三百文已過常麻數倍善績者麻皮一斤得纑一斤細者有一斤織布一疋次一斤半

一疋又次二斤三斤一疋其布柔肕潔白比之常布又價高一二倍然則此麻但栽植有成便自宿根可謂暫勞永利矣

木綿

新添 栽木綿法擇兩和不下濕肥地於正月地氣透時深耕三徧擺蓋調熟然後作成畦畛每畦長八步闊一步內半步作畦面半步作畦背深斸二徧用杷耬平起出覆土於畦背上堆積至穀雨前後揀好天氣日下種先一日將已成畦畛連澆三水用水淘過子粒堆於濕地上瓦盆覆一夜次日取出用小灰搓得伶俐看稀稠撒於澆過畦內將元起出覆土覆厚一指再勿澆待六七日苗出齊時旱則澆溉鋤治常要潔淨概則移栽稀則不須每步只留兩苗稠則不結實苗長高二尺之上打去衝天心旁條長尺半亦打去心葉葉不空開花結實直待綿欲落時為熟旋熟旋摘隨即攤於箔上日曝夜露待子粒乾取下用鐵杖一條長二尺麤如指兩端漸細如趕餅杖樣用梨木板長三尺闊五寸厚二寸做成床子逐旋取綿子置於板上用鐵杖旋旋趕出子粒即為淨綿撚織毛絲或綿裝衣服特為輕暖

區田

齊民要術 氾勝之書區種法曰湯有旱災伊尹作為區田教民糞種負水澆稼區田以糞氣為美必須良田也諸山陵近邑高危傾阪及丘城上皆可為區田區田不耕旁地庶盡地力

務本新書 夫豐儉不常者天之道也故君子貴於思患而豫防之湯有七年之旱伊尹製此法大槩與今時種瓜相類區當於閑時旋旋掘下正月種春大麥二三月種山藥芋子三四五月種穀大

小江菉豆八月種二麦豌豆節次爲之亦不可食多穀豆二麦各料百餘區山藥芋子各一十區通約收四五十石數口之家可以無飢矣壬辰戊戌之際但能區種三五畝者皆免飢殍

農桑輯要卷第二

論九穀風土時月及苧麻木綿　孟祺

九穀風土及種蒔時月

穀之爲品不一風土各有所宜種藝之時早晚又各不同按書禹貢兾州厥土惟白壤厥田惟中中兗州厥土黑墳厥田惟中下青州厥土惟白墳厥田惟上下徐州厥土赤埴墳厥田惟上中揚州厥土惟塗泥厥田惟下下荆州厥土惟塗泥厥田惟下中豫州厥土惟壤下土

墳壚厥田惟中上梁州厥土青黎厥田惟下上雍州厥土惟黄壤厥田惟上上又周禮職方氏揚州其穀宜稻豫州其穀宜五種（黍稷菽麦稻）青州其穀宜稻兗州其穀宜四種（黍稷稻麦）雍州其穀宜黍稷幽州其穀宜三種（黍稷稻）兾州其穀宜黍稷并州其穀宜五種合二經觀之雖幽并徐梁互闕所載而九州風土之宜其大凡可見矣然一州之内風土又各有所

不同但條目繁多書不盡言耳觸類而求之苟泥塗所在厥田中下稻即可種不必拘以荊揚土壤黄白厥田中上黍稷粱菽即可種不必限於雍冀墳壚黏埴田雜三品麦即可種又不必以并青兖豫為定也若夫時之早晚按齊民要術有上中下三時大率以洛陽土中為準此亦舉一隅之義爾以周公土圭之法推之洛南千里其地多暑洛北千里其地多寒暑既多矣種藝之時不得不加早寒既多矣種藝之時不得不加遲又山川高下之不一原隰廣隘之不齊雖南乎洛其間山原高曠景氣凄清與北方同寒者有焉雖北乎洛山隈掩抱風日和昫與南土同暑者有焉東西以是為差苟比而同之殆類夫膠柱而鼓瑟矣氾勝之有言種無期因地為時此不刊之論也表而出之庶覽者有所折衷焉

苧麻木綿

大哉造物發生之理無乎不在苧麻本南方之物木綿亦西域所産近歲以來苧麻藝於河南木綿種於陝右滋茂繁盛與本土無異二方之民深荷其利遂即已試之效令所在種之悠悠之論率以風土不宜為解盖不知中國之物出於異方者非一以古言之胡桃西瓜是不産於流沙葱嶺之外乎以今言之甘蔗茗芽是不産於牂柯邛笮之表乎然皆為中國珍用奚獨至於麻綿而疑之雖然託之風土種藝之不謹者有之抑其種植之方於右庶勤於生業者有所取法焉他日功效有成當暑而被纖絺之衣盛冬而服麗密之服然後知其不為無補矣

農桑輯要卷第三

栽桑 栝附

論桑種

齊民要術 桑椹熟時收黑魯椹 黃魯桑不耐久 諺曰魯桑百豐綿即言其桑好功省用多

博聞錄 白桑少子壓枝種之若有子可便種須用地陰處其葉厚大得繭重實絲倍每常

士農必用 桑之種性惟在辨其剛柔得樹蓺之宜使之各適其用 桑種甚多不可徧舉世所名者荊與魯也荊桑多椹魯桑少椹葉薄而尖其邊有瓣者荊桑也凡枝幹條葉堅勁者皆荊之類也葉圓厚而多津者魯桑也凡枝幹條葉豐腴者皆魯之類也荊之類根固而心實能久遠宜為樹魯之類根不固而不實不能久遠宜為地桑然荊桑之條葉不如魯桑之盛茂當以魯條接之則能久遠而又盛茂也魯為地桑而有壓條接根之法傳轉無窮是亦可以長久也荊桑之類宜飼大蠶其絲堅紉中紗羅書禹貢厥篚檿絲注曰檿山桑此荊之類而尤者也魯桑之類宜飼小蠶

種椹

齊民要術 收黑魯椹即日以水淘取曬燥仍畦種 治畦下種一如葵法 常薅令淨○氾勝之書曰種桑法五月取椹著水中即以手漬之以水洗取子陰乾治肥田十畝荒田久不耕者尤善好耕治之每畝以黍椹子各三升合種之黍桑當俱生鋤之桑令稀踈調適黍熟穫之桑生正與黍高平因以利鎌摩地刈之曝令燥後有風調放火燒之桑至春生一畝食三箔蠶

四時類要 種桑如種葵法土不得厚厚即不生待高一尺又上糞土一徧

務本新書 四月種椹 二月種椹亦同 東西掘畦熟糞和土耬平下水水宜濕透然後布子或和黍子同種椹藉黍力易為生發又遮日色或預於畦南畦西種蒜後藉蒜陰遮映夏日長至三二寸旱則澆之若不雜黍種須旋搭矮棚於上以箔覆蓋晝舒夜捲處暑之後不須遮蔽至

十月之後桒與黍稭同時刈倒順風燒
之仍糝糞土菽灰春暖榮茂次年移栽
○一法熟地先耩黍一壠另搓草索截
約一托以水浸軟麫飯湯更妙索兩頭
各歇三四寸中間匀抹濕椹子十餘粒
將索卧於黍壠内索兩頭以土厚壓中
間糝土薄覆隔一步或兩步依上卧一
索四面取齊成行久旱宜澆十月刈燒
加糞如前冬春擁雪蓋糞清明前後掃

去霖雨時覷稀稠移補比之畦種旋移
省力决活早二年得力如舊有椹春種
更妙後宜築園牆固護○或慮索繁碎
以黍椹相和於葫蘆内點種過處用箒
掃匀○或慮天旱宜就黍壠内撥土平
匀順壠作區下水種之○又法春月先
於熟地内東西成行匀稀種蘇次將桒
椹與蠶沙相和或炒黍穀亦可趁逐雨
後於蘇壠單耩或點種比之搭矮棚與

黍同種緣蘇陰髙密又透風露雖種十
數畝亦不甚委曲費力

士農必用（畦種與前法同）種子宜新不宜陳（新椹種之為上隔年春種多不生蔭畦搭棚為上蘇麻次之黍又次之）桒芽
出間令相去五七寸（營造尺寸也他倣此）頻澆過
伏可長至三尺（割去蘇麻）至十月内附地割
了撒亂草走火燒過（火不可大恐損根）糞草蓋
至来春杷耬去糞草澆每一科自出芽
三數箇留旺者一條（已成根則不須蔭可頻澆）至秋
魯桒可長五七尺荆桒可長三四尺（魯桒可移為地桒荆桒可移入園養之）

地桒

務本新書　夫地桒本出魯桒若以魯桒
葥條如法栽培揀肥旺者約留四五條
鋤治添糞條有定數葉不繁多衆葉脂
膏聚於一葉其葉自大即是地桒○栽
地桒法秋後於熟白地内深耕一犂就
壠加糞撥土為區如蕪牛掘區亦可春

分前後取臘月所埋桑條（埋條法如後）楝有萌芽處各盤七八寸或一尺鍬區下水臥條栽之覆土約厚三四指深厚則難生（以手按勻）區東南西種蒜五七粒五月之後芽葉微高旋添糞土已後條高便作地桑或楝魯桑箪兒秋間埋頭深栽更疾得力

士農必用　地桑之功惟在治之如法不致荒燥（無樹桑之家純用地桑則人力倍省有樹桑兼地桑之家樹葉既成地桑可止而勿用加澆鋤之功使之滋長至其蠶大眠之後或斵桑不能時至則可就取地桑補之蠶至終老不致闕食）

○布地桑法　牆圍成園將園內地或牛犂或钁斸熟方五尺內掘一阬（每地一畝合栽一百四十科）方深各二尺阬內下熟糞三外（生糞不中壯地不用）和土勻下水一桶調成稀泥將畦內種成魯桑連根掘出一科自根上留身六七寸其餘截去截斷處火鐵上烙過每一阬栽一根將根坐於泥中（欲疾見功者栽二根）按至

阬底提三五次（欲令根須舒順）按桑身項與地平攤周圍熟土令阬滿次日築實（匝阬四邊築下土至半阬根下土自實不實則根土不相著多懸死）上半阬攤熟土輕築令平滿（附身土不可築實實則芽難生）用虛土封堆如大鐵子樣可厚五七寸周圍自成環池（水澆於內）芽出虛土四五指每一根止留一二條（澆鋤如法當年可長五尺餘）次年附根割條葉飼蠶（須用厚背剛鐮一割要斷鈍鐮一割不能斷則條樁不齊雨浸傷根地桑不宜放出身只要條從土中長出身出土名為腳樹身上所長條不旺又多被風雨摧折）割過處每一根盤周圍數芽出每一科可計留四五條餘者間去年年附地割之根漸旺留條漸多野魯桑根科栽之亦可（全如前法地桑三年後正長旺五年後根相交根交則不旺春時將相交根所斷掘去添上糞土或澆過或得雨即栽長旺次後斟酌其根欲大將壓成栽子園別園如前法栽之三年後新桑茂盛養蠶所桑時將舊桑根上只留一條隔年自成一樹分小栽為行桑如此傳轉無有盡期然急桑所飼蠶其絲少堅韌可斟酌栽荊桑樹於大眠後取葉間飼之）

【韓氏直說】地桑須於近井園內栽之有草則鋤無雨則澆比及蠶生可澆三次其葉自然早生（桑種自有早生者遲生者須擇其早生者為地桑則可）

移栽

【齊民要術】桑椹畦種明年正月移而栽之（仲春季春亦得）率五尺一根（大都種椹長遲不如壓枝之速無栽者乃種椹也）其下常斸掘種菉豆小豆（二豆良美潤澤益桑）栽後二年慎勿採沐（小採者長倍遲）

【務本新書】桑生一二年脂脈根株亦必微嫩春分之後掘區移栽區北直上下裁成土壁壁底旁鍬其土下水三四升將桑草兒靠壁栽立根科須得勻舒以土堅覆土壁比區地約高三二寸大抵一切草木根科新栽之後皆惡搖擺故用土壁遮禦北風迎合日色○今時移栽小桑微帶根鬚上無寸土但經路遠風日耗竭脂脈栽後難活縱活亦不榮旺却稱地法不宜此係拙謬今後應栽小樹若路遠移多約十餘樹通為一束於根鬚上蘸沃稀泥泥上糝土上以草包（或席蒲包）包內另用淳泥固塞仍擗夾車廂兩頭不透風日中間順卧樹身上以席草覆蓋預於栽所掘區下糞樹到之時晝便下水依法栽培○秋栽法平昔栽桑多於春月全樹移栽春多大風吹擺加之春雨艱得又天氣漸熱芽葉難禁故多不活（活亦遲得力）若是斫去元榦再長樹身桑間鐵腥愈旺地桑是其驗也迤南地分十月埋栽河朔地法頗寒故宜秋栽（霖雨內為上時）區深一尺之上平地約留樹身一二指餘者斫去栽罷地須堅築以土封瘞比及地凍於上約量添糞春暖之後就糞撥為土盆雨則可聚旱則可澆樹南春先種蒜比及霖雨以來芽條蕃茂就作地桑或削去細條存留旺者一二枝次年便可成樹或是就壓傍條一樹又亂十餘比之全樹

栽者樹樹必活桒亦榮茂○十月木迷宜栽埋頭桒截去桒身栽如秋栽法冬月根脉下行桒春併撥一年之間長過元樹○栽二年之上桒榖雨其間但有芽葉不旺者以硬木貼樹身去地半指一斧截斷快鑰更妙糁土封其樹瘢樹南種黍五七粒十餘日始出芽條旱則頻澆立夏之後不宜此法○一歲之中除大寒時分不能移栽其餘月分皆可農桒要旨法平原懋

壤土地肥厓荆桒魯桒種之俱可若地連山陂土脉赤硬止宜荆桒○又初栽後成科時中心長條上葉勿採其餘在傍脚科止捋其葉且勿劓斫盖令枝葉繁密就為藩蔽以防牛畜咽咬犁耙抗之患後中心枝既麁即可劓斫在傍科條本根既盛脂脉盡歸中心枝便可長成大樹堅久茂盛不生蠹心

農必用

種藝之宜惟在審其時月又合地方之宜使之不失其中栽培所宜春分前後十日十月內並為上時春分前後以及發生也十月號陽月又曰小春木氣長生之月故宜栽培以養元氣此洛陽方佐千里之所宜其他地方隨時取中可也桒者易生之物雖於長安試地桒除十一月不生活餘月皆可然春時及寒月必於天氣晴明巳午間觧其陽和如其栽子已出元土忽遇天寒風雨以熱水調泥栽培之熱月則必待晚涼仍預於園內稀種蒜或麻黍為蔭○養樹桒法牆圍成園大小隨人所欲將園內地耕斷熟方三尺許掘一阬阬之方深下糞水與栽地桒法同將畦內種出荆桒全條連根掘出栽培亦如前法但所築實土與地平上復用土封身一二尺周圍自成環池無雨則澆待桒身長至一大人高割去稍子則橫條自長任令滋長休科去斬條當春不宜科科了數年

不旺十二月內或次年正月科則不妨如澆治有功至秋可長六如壯椽十月內或次年春可移為行桒若不如此於園內養成從小便栽為行桒者多被風雨孳畜損栽野荆桒不成身者移根於園內養之亦同栽培如地桒法芽出留旺者一條長至如大人高其科養法如前

壓條

齊民要術

須取栽者正月二月中以鉤栈壓下枝令著地條葉生高數寸仍以燥土壅之土濕則爛明年正月中截取而種

之住宅上及園畔者固宜即定其田中種者亦如移栽法先概種二三年然後更移

務本新書寒食之後將二年之上桒全樹以兜橛祛定掘地成渠條上已成小枝者出露其餘條樹以土全覆樹根周圍擻作土盆旱宜頻澆如無元樹止就桒下脚窠依上掘渠埋壓六月不宜全壓

士農必用春氣初透時將地桒邊一條稍頭截了三五寸屈倒於地空處多用栽了多屈栽條隨人所欲地上先兜一渠可深五指餘卧條於内用鉤橛子攀釘住條短則二箇長則三箇懸空不令著土其後芽條向上生如細杷齒狀橫條上約五寸留一芽其餘剗去可飼小蠶至四五月内晴天巳午時間橫條兩邊取熱溏土擁橫條上成壠橫條即為卧根至晚澆其根科當在卧根生須至秋其芽條皆為條身至十月或次年春分前

後際卧根根頭截斷取出土隨間空處斫斷一如栽子樣每一根為一栽此法出亂栽子無窮

栽條

務本新書秋暮農隙時分預掘下區藉地氣經冬藏濕又分減栽時併忙區方深各二尺之上熟糞一二升與土相和納於區内土宜北高南下以留冬春雨雪餘區準此臘月内揀肥長魯桒條三二枝通連為一窠快斧斫下即將楂頭於火内微微燒過每四十五條與稈草相間作一束卧於向陽阬内阬深長三四尺當預掘下防冬深地凍難掘以土厚覆春分已後取出卻將元區跑開下水三四升布粟三二十粒將條盤曲以草索繫定卧栽區内覆土約厚三四指如或出露條尖三二寸覆土宜厚尺餘俱當堅築仍以虛土另封條尖已後芽生虛土自兌先於區南種蒜地宜陰濕時時澆之若全卧栽者已

後逐旋添土芽條長高斫去傍枝三年
可以成樹或就作地桑○栽桑梢擫埋
頭栽桑斫下桑梢相連三二枝為一窠
栽如前法或於蘿蔔內穿過一枝假借
氣力更妙掘區堅埋依前法○攏種桑
條秋耕熟地二月再擺勻東西起暢約
量遠近撥土為區將臘月元埋桑條栽
依前法或是單根肥長桑條依上栽之
亦可○栽種桑條者若舊桑多處可以

多斫萌條若是少處又慮斫伐太過次
年悞蠶故具種椹壓條栽條之法三者
擇而行之

士農必用 插條法牆圍成園掘阬如地
桑法大葉魯桑條上青眼動時科條長
一尺之上截斷兩頭烙過每一阬內微
斜插三二條栽培如地桑法待芽出封堆虛土
三五寸每一根科止留一條至秋可長
數尺次年割條葉飼蠶止怕當年三伏日澆澄不闕無

不活者畦內插亦可如當處無可採之條預於他
處擇下大葉魯桑臘月割條藏於土穴如藏花果接頭透風則乾了
候至桑樹條上青眼微
動時開穴取藏條上眼亦動但黃色截烙
栽培用度如前

布行桑齊民要術士農必用種椹而後移栽移栽而後布行務本新書畦種之後即移為行桑無轉盤之法

齊民要術 桑栽大如臂許正月中移之

亦不須髡率十步一樹陰相接則妨禾豆行欲小掎
角不用正相當相當則妨犁

士農必用 園內養成荊魯桑小樹如轉
盤時於臘月內可去不便枝梢小樹近
上留三五條椀口以上樹留十餘條長
一尺以上餘者皆科去至來春桑眼動
時連根掘來於濕地內闊八步一行行
內相去四步一樹相對栽之栽培澆灌如前法桑
行內種田闊八步牛耕一繖地也行內相去四步一樹破地四步已久可成大

樹相對則可以橫耕故田不廢墾桑不致荒荊棘園護當年橫枝上所長條至臘月科令稀勻得所至來春便可養蠶野桑成身者即可移栽留橫枝如前法一名一生桑其根平淺故不久自死轉盤換根則長旺又久遠也農家為移栽為轉盤桑同果樹一移一旺舊根斫斷新根即生新根不平生向下生也以此故長旺久遠

修蒔治蟲等法附

齊民要術凡耕桑田不用近樹傷桑破犁所謂兩失其犁不著處斸地令起斫去浮根以蠶矢糞之去浮根不妨耬犁令樹肥茂也又法歲常繞樹一步散蕪菁子收穫之後放豬啖之其地柔軟有勝耕者種禾豆欲得逼樹不失地利田又調熟遶樹散蕪菁者不勞逼也

務本新書桑隔內修蒔宜淨使透風日則桑決榮茂萬一有步屈等蟲又易捕打冬春之際免野火延燒○備春旱者秋深預於桑下約量擁糞經冬地氣蔵濕桑亦榮旺春月撥作土盆雨則可聚旱則可鋤鋤治桑隔自然耐旱又辟蟲傷瀕河近

井若能一澆亦不失節○備霜災者三月間儻值天氣陡寒北風大作先於園北覷當日風勢多積糞草待夜深發火燠熅假借煙氣順風以解霜凍花果倣此

士農必用樹桑退病自變革之後桑田不治積有歲年荀就其久荒之桑為一時之計荒桑晚生其蠶則稀稀蠶老遲則科桑亦遲故明年之桑其生也又晚矣積年愈多則與蠶生之日愈不能相及為蠶事者必當開墾其田科斫其桑使之滋長成條其次年所生之葉與蠶生之時自不相遠也

韓氏直說桑樹腳耕并浮根依時皆可斸去可做栽子者依法栽之不妨耕種其桑自然根深耐旱葉早生榮茂農桑要旨云害桑蟲蠹不一蠦蛛步屈麻蟲桑狗為害者當生發時必須於桑根周圍封土作堆或用蘇子油於桑根周圍塗掃環打既下令不得復上即踐撲之或張布幅下承以篩之野蠶為害者其蟲與家蠶同眠起小時不為害欲大眠時將應有五六日內飼蠶桑葉併力收斫連枝積貯不令日氣曬炙其野蠶當斫時自然振落蛻有留者亦因積貯蒸死一二日桑葉萎軟當旋旋剉下切細以鹽鹽才拌飼之不唯其葉生新抑鹽性涼於蠶有益不然遲於蛻所三日內野蠶

大眠起桑葉必盡爲所食家蠶又何望手又有蟯蝝蟲性如蠷螋晝潛於上夜出食葉必須上用大棒振落下用布幅承聚於上風燒之桑間蟲聞其氣即自去以上蟲蓋食葉者也又有蠹根食皮而飛者名曰天水牛於盛夏時生皆以樹身匝地生子其子形類蛆吮樹膏脂到秋冬漸大蠹食樹心大如蠐螬至三四月間化成樹蟯卻變天水牛故其樹方秋先發黃葉經冬及春必漸枯死除之之法當盛夏食樹皮時必樹身有流出脂液處離地都無三五寸即以斧削去打死其子其害自絕若已在樹心者宜以鑿剔除之凡諸害桑蟲蠹皆因桑隔荒蕪而生以致累及熟桑使盡修桑下爲熟地必無此害桑蠹盡也○又桑間可種田禾與桑有宜與不宜如種穀必揭得地脈亢乾至秋桑葉先黃

到明年桑葉澀薄十減二三又指天水牛生蠹根吮皮等蟲若種蔔黍其稍葉與桑等如此叢雜桑亦不茂如種菉荳黑荳芝蔴瓜芋其桑鬱茂明年葉增二三分種黍亦可農家有云桑發黍黍發桑此大槩也

科斫 採葉附

齊民要術 剶桑十二月爲上時正月次之二月爲下 白汁出則損葉 大率桑多者宜苦斫桑少者宜省剶秋斫欲苦而避日中 觸熱樹焦枯苦斫春條茂 冬春省剶竟日得作春採者必須長梯高杌數人一樹還條復枝務令淨盡要欲旦暮而避熱時 梯不長高枝折人不多上下勞條不還枝仍曲採不淨鳩脚多旦暮採令潤澤不避熱條葉乾 秋採欲省裁去妨者 秋多採則損條

農必用 樹桑惟在稀科時斫 依時斫也 使其條葉豐腴而早發不致蠶之稱也 稀則條自豐葉自腴今年科不過時則長條豐美明年之葉自然早發而又腴潤也

○又科斫之利 惟在不留中心之枝容立一人於其內轉身運斧條葉偃落於外比之擔負高几遶樹上下科有心之樹者一人可敵數人之功條不可冗冗則費芟科之功葉薄而無味是故科斫爲蠶事之先務時人不

知蠶治於蠶隙之時而徒費功力於蠶忙之日人則倍勞蠶亦失所如得其法使樹頭易得其條條上易得其葉蠶不待食葉以時至又其葉潤厚農語云鋤頭自有三寸澤斧頭自有一倍桑秦中一法名曰剝桑臘月中悉去其冗所存之條甚疎又於所存條根之上僅留四眼餘皆去之其所留者明年則爲柯其眼中所發青條可長三數尺其葉倍常光澤如沃蠶遍老而手採之獨留一向外之條滋長及秋其長以至尋丈臘月復科之如前歲久則所留之柯重繁復從下斫去既周而復始洛陽河東亦同山東河朔則異於是多留明條疑風土所宜然欲一試此剝桑之法而未果也

○斫樹法自移栽時 長五七尺高 便割去梢既不留中心其條

自向外長樹長大中心可容立一人如長成樹者當中有身及枝者亦可斫去

○科條法凡可科去者有四等一瀝水條（向下垂者）一刺身條（向裏生者）一駢指條（相併生者選去其一）一宂脞條（雖順生却稠宂）臘月爲上正月次之（臘月津液未上又歲陰人家春科凡圖容易剝皮却損了津液也欲用桑皮將臘月正月科下條向陽土內培了至二月中取之自可剝）

接換

士農必用接換之妙（判桑根株接魯桑條也）惟在時之和融手之審密封繫之固擁包之厚使不至疎淺而寒凝也（春分前十日爲上時前後五日爲中時然取其條眼襯青爲時尤好此不以地方遠近皆可準也然必待晴暖之日以藉其陽和也接不密則氣液難通擁包不固厚則風寒入而害生氣也果之一生者質小而味惡既一接之則質碩大而味美桑亦如是故接換之功不容不知也且木之生氣冬則藏於骨肉之際春則行於肌肉之間生氣既行津液隨之亦如人之生脉夜沈晝浮而氣血從之皮膚之內堅骨之外青而潤者木之肌肉也今乘發生之時即其氣液之動移精美之條芽以合其鄙惡之幹使之功相附屬二氣交通通則變變則化向之所謂鄙惡者而潛消於冥冥之中蓋精美之至其用乃神山谷道人接花之什有云雍也本犂子仲由元鄙人升堂與入室都在一揮斤可謂善形容造化之妙者也）

接廢樹

廢樹老樹也謂枝幹豐大條短葉薄不能復滋長者（接法可傳者有四一插接二劈接三靨接又名貼接又名神仙接四批接又名搭接其法度各具本條廢樹可插接又可劈接）

○插接法附地鋸斷於砧盤上肌肉內附骨用竹篦子插下可深一寸半（或插或釘竹篦子大小比接頭劈半樣一面蒲背一面平也削成馬耳狀用時噙養溫和插時平面附骨鋸過處爲砧盤堅木爲骨皮內骨外青嫩者爲肌肉鋸用細齒者齒麁傷肌肉）接頭可長五寸之上（其眼襯青者）根頭一寸半用薄刃子刻下中半刻成判官頭樣餘半削其骨成馬耳狀又與刻下處相照蒲背上用刃子遏斷浮皮剝去顯露肌肉（輕過不可傷肌肉）又將馬耳尖頭薄骨割去半分青肌肉自長於骨尖半分也將接頭噙養溫暖假借人之生氣易活（人於其時不可喫酒及濃厚滋味物）取出篦子就用青肌肉半分裏接頭馬耳尖插下極要

嵌窨每一砧盤上插二條或三條令接頭之骨與樹之骨相著肌肉與樹之肌肉相著木之津液行於肌肉之間如不相對著又不緊窨多不活如不用半分肌肉裹馬耳尖則擦了肌肉缺亦多有不活者用新牛糞和土為泥封漉了濕土封堆大小斟酌其樹盤接頭頂上可留一二眼土厚三四寸周圍棘刺遮護接頭生芽條出土長高一二尺約量留三二條其餘劃去傍埋橛子一條為依柱芽條漸長用繩子或葛條摠繫在柱上不如此被風雨擺折

芽條漸長壯止可留二條後為雙身樹也當年可長八九尺一丈至大人高時截去梢其橫枝自長勿採剝至臘月內科截橫條每一身可留三四枝各長一尺然不可拘定或可長可短取其樹勢圓也明年為柯柯上起條採令稀匀至秋成樹劈接亦可其法如後

○又法掘土見根將橫根周圍一遭斧斫斷掘去中間正根將周圍根楂細鋸子截成砧盤每一砧盤或劈接或插接二三接頭斟酌砧盤大小細根不堪接者勿用封堆等如前法芽條出土若太稠密則間令得所至來年止留一條大者於本地其餘分出為栽子於別地栽之用依柱如前

○劈接法先附地平踞去身幹於砧盤傍向下一寸半皮肉上用快刀子尖向上左右斜批豁兩道至平面其下尖其上闊一指中間批豁斷者剔去其批豁了處如一鴉子橛渠子也兩壁有斜面無平底其失淺向上漸深至平面可深至半指許接頭可長五

寸其麤細如一指許者於根頭一寸半內量留一半將其外一半左右削兩刀子成喬麥楞樣令頭尖口內噙養溫暖嵌於砧盤傍所批渠子內極要緊窨須使老樹肌肉與接頭肌肉相對著於一砧盤上如此接至數箇斟酌砧盤大小用新牛糞和土成泥封泥其接頭周遭又用新桑皮纏繳牢固上又用牛糞土泥封泥了所繫桑皮然後用濕土封堆接頭上

可厚五寸（大小斟酌其樹豎）周圍棘刺遮護接頭生條芽出土長高一二尺約量留三二條用依柱如前○接大小樹（大樹宜劈接插）（接小樹宜搭接靨接）附地接者封泥擁培如前半身截成砧盤接者但其縫罅上用紙封又用破席片包裹如仰盆子樣內盛潤土培養其接頭勿令透風（用無底瓦罐盆子代席片亦可）土乾則洒水所包土上條芽長出其所包土亦休取去至秋條長成接處長

定所包土不用也（如接頭都活則斟量橫枝多少樹之氣力留之）靨接者可就於橫枝上截了留一尺許（然尺寸不可定惟取樹勢圓也）於接頭上眼外方半寸刀尖刻斷皮肉至骨款揭下帶眼皮肉一方片（其眼底骨上一小心子如未粒此是一芽生氣之根揭時用指甲尖剔起令其小心子帶於皮肉之上）口噙少時取出印濕痕於橫枝上復噙養之用刀尖依濕痕四圍刻斷皮肉揭去露骨將接頭上靨皮嵌貼上（其眼向上勿令顛倒）上下兩頭用

新細薄桑皮繫了（斟酌其緊慢太緊則生氣不通太慢則不相附著俱難活也）用牛糞和泥眼四邊泥了其所貼之靨多少可量其樹之大小○接小芽條（可用搭接法）就畦內將已種出荊桑隔年芽條去地三寸許向上削成馬耳狀將一般麄細魯桑接頭亦削成馬耳狀兩馬耳相搭細桑皮繫了牛糞泥封濕土擁培其芽條出土可留一二芽至秋長如一大人高明年可移入園中養

之其法如前（接諸果木亦同）取藏接頭側近有接頭者臨接時取遠處有者預先於臘月節氣內割取其條（其採取培養之法全如柿條法內所說如取接頭處過遠者可於未留藏油新柿婁中與蒲棒穰一處揞了外寄封不透雖行千里不致凍傷果木宜二年條其藏及接法亦同）

義桑

務本新書假有一村兩家相合低築園牆四面各一百步（若戶多地寬更甚省力）一家該築二百步牆內空地計一萬步每一步

一桑計一萬株一家計分五千株若一家孫另一轉築牆二百步牆內空地止二千五百步依上一步一桑止得二千五百株其功利不倍如此恐起爭端當於園心以籬界斷比之獨力築牆不止桑多一倍亦遞相藉力容易句當

桑雜類

齊民要術椹熟時多收曝乾之凶年粟少可以當食魏略曰楊沛為新鄭長興平末人多飢窮沛課民益蓄乾椹收豋豆閱其有餘以補不足積聚千餘斛會太祖西迎天子所將千人皆無糧沛謁見乃進乾椹太祖甚善及太祖輔政超為鄴令賜生口十人絹百疋既欲勵之且以報乾椹也今自河以北大家收百石少者尚數十斛故杜葛亂後飢饉薦臻唯仰以全軀命數州之內民死而生者乾椹之力也

務本新書桑椹平時以桑椹拌餡餺餅食之甜而有益○椹子煎採熟椹盆內微研以布紐汁磁器盛頓晝夜露地放之四十九日以湯點服明耳目益水藏和血氣或加蜜少許石器內煎亦可病諸瘡疾作膏藥貼神効○桑螵蛸桑根白皮皆入藥用○桑皮抄紙春初剝斫繁枝剝芽皮為上餘月次之○桑木為弓弩胎則耐挽拽○桑蛾素食中妙物又五木耳桑槐榆柳楮是也桑槐者為良野田中者恐有毒不可食

柘

齊民要術種柘法耕地令熟耬耩作壟柘子熟時多收以水淘汰令淨曝乾散訖勞之草生拔却勿令荒沒三年間斸去堪為渾心扶老杖十年中四破為杖任為馬鞭胡床十五年任為弓材亦堪作履裁截碎木中作錐刀靶二十年好作犢車材欲作鞍橋者生枝長三尺許以繩繫旁枝木橛釘著地中令曲如橋十年之後便是渾成柘橋欲作快弓材者宜於山石之間北陰中種之其高原山田土厚水深之處多掘深阬中種桑

柘者隨根深淺或一丈丈五直上出阮乃扶疎四散此樹條直異於常材十年之後無所不任○柘葉飼蠶絲好作琴瑟等絃清鳴響徹勝於凡絲遠矣

博聞錄 柘葉多叢生幹疎而直葉豐而厚春蠶食之其絲以冷水繰之謂之冷水絲柘蠶先出先起而先繭柘葉隔年不採者春再生必毒蠶如不採夏月皆要打落方無毒

農桑輯要卷第三

農桑輯要卷第四

養蠶

論蠶性

齊民要術 春秋考異郵曰蠶陽物大惡水故蠶食而不飲

士農必用 蠶之性子在連則宜極寒成蟻則宜極暖停眠起宜溫大眠後宜涼臨老宜漸暖入簇則宜極暖

收種

齊民要術 收取種繭必取居簇中者（近上則絲薄近地則子不生也）

務本新書 養蠶之法繭種為先今時摘繭一概併堆箔上或因繰絲不及有蛾出者便就出種罨壓熏蒸因熱而生決無完好其母病則子病誠由此也今後繭種開簇時須擇近上向陽或在苫草上者此乃強梁好繭（農桑要旨云繭必雌雄相半簇中在上者多雄下者多雌○陳志弘云雄繭尖細緊小雌者圓慢厚大）另摘

出於通風涼房內淨箔上一一單排日數既足其蛾自生免熏罨鑽延之苦此誠胎教之最先若有拳翅禿眉焦脚焦尾熏黃赤肚無毛黑紋黑身黑頭先出末後生者揀出不用止留完全肥好者勻稀布於連上擇高明涼處置箔鋪連箔下地須洒掃潔淨蠶連厚紙為上薄紙不禁浸浴○野語云連用小灰紙更妙候蛾生足移蛾下連屋內一角空處豎立紫草散蛾於上至十八日後西南淨地掘阬貯蛾上用紫草搭合以土封之庶免禽蟲傷食蓋有功於人理當如此○農桑要旨云將蛾作三阬埋種田地內能使地中數年不生刺芥

士農必用蠶事之本惟在謹於謀始使不為後日之患也眠起不齊由於變生之不一變生不一由於收種之不得其法故曰惟在謹於謀始○擇繭出種者取簇中暨東南明淨厚實繭蛾第一日出者名苗蛾不可用屋中置紫草上放不用蛾次日以後出者可用每一日所出為一等蛾各於連上寫記後來下蛾時各為一等第二日相次為一等猶可次三日者則不可為將來成蠶眠起不能齊極為患害另作一等養則可末後出者名末蛾亦不可用鋪連於槌箔上雄雌相配當日可提掇連三五次去其尿也至未時後款摘去雄蛾放在苗蛾一處將母蛾於連上勻布稀稠得所所生子如環成堆者其蛾與子皆不用其餘者生子數足更當就連上令覆養三五日不覆養則氣不足然後將母蛾亦置在雄蛾苗蛾末蛾處十八日後埋之

浴連收貯蠶連附

歲時廣記集正曆凡浴蠶種了小繩子搭掛上元日浴畢掛一七日却收於清涼處著一甕盛貴得清涼令生遲也又臘日取蠶種籠掛桑中任霜露雨雪飄凍至立春收謂之天浴蓋蠶蛾生子有實有乗者經寒凍後不復狂生惟實者生蠶則強健有成也

務本新書農家自蟻在連直至臘月內三八日浴連三次太過不及前倨後恭比及此時

蛾溺毒氣先熏汙八九月甚違胎養之方今後自蟻在連即於無煙通風涼房内桒皮索上單掛不得見日若遇天氣炎熱於午未間將連鋪在涼房淨地上申時却掛起至十八日後遇天色晴明日未出時汲深井甜水浴連約一頓飯間浸去便溺毒氣依上單掛孕婦并未滿月產婦不得浴連勿用厚衣綿絮包裹勿近銅鐵鹽灰不得用麻繩繫掛如或不忌後多乾死不生本草陳藏器云苧麻近蠶種則蠶不生當遠之三伏内再浴至秋高時兩連用線長綴通作一連索上搭挂庶免秋風磨擦七八月不宜收起早収蠶子不旺至十月天晴收卷桒皮索繫懸之冬至日臘八日依前浴挂長流水為上井花水次之比及月望數連一卷桒皮索繫定庭前立竿高挂以受臘天寒氣又採辰精月華至歲除夜用五方草同桃符木相以水同煎放冷元日五更浴連辟諸惡解獻魅宜蠶五方草者馬齒莧是也五月五日於牆頭并屋上或人跡少到處採者佳若春早遲生至天社日晝九日採亦同立春後無煙屋内置淨籠一隻細切乾芻草襯底另貯黑豆一二斗上立一絲簍惕卷蠶連三紙桒皮繫之遶簍竪立以紗蓋籠每十數日將連取出略見風日又蟻連大忌煙熏農家少有避煙房舍日值煙氣熏蒸胎先蘊熱桒春必變為見病葉未生多以土豆埋壓蟻遺因苦後必消耗蓄此病源決合多於欵護謂如一村十數家蠶連各自封記社長斂集於無烟處寄放庶免熏煙之苦

士農必用　浴畢掛時須蠶子向外恐有風相磨損其子冬節日及臘八日浴時無令水極凍浸二日取出水極凍則不能出連每節後籠内竪連須使玲瓏每十數日須日高時一出每陰雨後即便曬曝恐傷濕潤然見風亦不可多時

蠶事預備

收乾桒葉

務本新書 秋深桑葉未黃，多廣收拾曝乾，擣碎，於無煙火處收頓，春蠶大眠後用。

士農必用 桑欲落時捋葉。未欲落捋傷來年桑眼，已落者短津味，況封收固。至臘月內擣磨成麪。臘月內製者能消蠶熱病，甕罌內可多收。飼蠶餘剩餵牛，牛甚美食。

製豆粉米粉

務本新書 臘八日新水浸菉豆，每筋約半升。薄攤曬乾。○又淨淘白米，每筋約半升。控乾。以上二物背陰收頓。野語：去臘月內造仙蠶房內點燈，諸蟲不入。

收牛糞

務本新書 冬月多收牛糞，堆聚。春月旋拾，恐臨時闕少。春暖踏成墼子，曬乾，苫起。燒時香氣宜蠶。

士農必用 臘月曝乾，至春碾搥碎。一半收起，一半用水拌勻，杵築為墼。

收蓐草

務本新書 臘月刈茅草作蠶蓐，則宜蠶者。亦可。

收蒿梢

士農必用 收黃蒿、豆稭、桑梢。其餘梢乾勁不良氣。

修治苫薦

士農必用 穀草、黃野草皆可。但必令緊齊，一頭截齊，一頭留梢者為苫，兩頭齊截者為薦也。○野語云：苫用茅草，上簇輕快，又不蒸熱。

治蠶具 蠶粮附

齊民要術 崔寔曰：三月清明，令蠶妾具槌椽箔籠。

士農必用 蠶具及繅絲器皿，務要寬廣。槌箔椽、切刀、鍘斧、缸釜等。熱絲則釜宜大，冷絲則釜宜小，盆欲大，具寬。臨時治之。春磨米麪。蠶忙時不及也。

修治蠶室等法

蠶室

齊民要術 修屋欲四面開窗，紙糊，為籬。崔寔曰：三月清明，治蠶室，塗隙穴。

務本新書蠶屋正屋為上，南屋西屋次之，大忌東屋（為西照日色，又西風非長養之氣）。至穀雨日，先須泥補熏乾，竪槌了畢，勿透風氣。若逼蠶生旋泥者，牆壁濕潤，多生白醭貼沙之病。蠶屋正門須重挂葦簾草薦（蓋外不必以箔攔夾，令時通風日故也）。屋內東間另用席箔擗夾一間，於內生蟻，留小門出入，上挂蒲簾，蓋屋小則容易收拾火氣，停眠前後拆去（蟻或於小屋內生之，熱火易為烘暖，停眠後移入寬仗屋）。

內

蠶屋須要寬快潔淨，通風氣，映日陽。屋前不宜有大樹密陰。南北屋相去宜遠。宜安南北窗，大忌西窗。南北窗上各糊捲窗，一眠之後，但遇白日晴明，若是南風，却捲北窗；若有北風，却捲南窗。蓋倒溜風氣宜蠶故也。假有一家蠶屋三間，止養蠶十數箔，雖無北窗，亦不須揭開，蓋為蠶少屋寬，必無太熱。若至二十箔以上，決當揭開北窗，近下安置。但是窗上須挂葦簾草薦。南簷外先架立搭棚，欀柱，大眠時搭蓋，以隔臨簷熾熱。西山牆外另搭趄棚（今時多用蜀黍稭薜），以避滿牆西照。蠶屋西南角從柱向南高壘牆壁四五步，或夾厚籬障，以泥泥飾，防大眠之後剪開窗紙，恐有西南風起，此風大傷蠶，陝西河南尤甚，趙地以北頗緩（要自云：蠶屋地基須高一尺，擇地不必以陰陽形勢為法〻。陳道弘云：屋基新土〻慎乾，於上用泥重覆）。

士農必用修屋宜高廣（低則鬱過多熱），勿棲欀（厚則耐寒）厦（南欀隔陽氣，北厦助陰氣）。蠶生前一月泥飾（熱）。除正門外，每周圍可徧安窗，無西窗不妨，宜高大（可間可辟更好，如辟內有通山柱者，一辟上分安兩）欀（座力不及者，勻立直柴枝亦可）。欀椽之間，每一間內各開三照窗（長闊皆五六寸許）。兩山壁窗近上亦各如椽上開照窗（大窗先用故紙全糊，外各用草薦密封蓋了，照窗亦糊捲窗密封）。窗臺高不過二尺五寸。每一間附地透開三風眼（如貓竇），却用塼坯

盖塞了泥封固密

火倉

齊民要術 屋内四角著火（火若在一處則冷熱不均）

務本新書 生蠶有小屋者四壁挫壘空龕（或八或六）頭類參星樣一高一下頓藏熱火庶得火氣匀停如大屋内生蠶一遍難就壁龕當於箔査外挫壘土臺或釘木椺上安火盆盆外另夾帷箔收拾火氣蠶小時將牛糞墼子燒令無烟移入龕内頓放如無壁龕等止於槌箔四向約量頓火（近兩眠則止）若寒熱不均後必眠起不齊又今時蠶屋内素無僳寒熟火止是旋燒柴薪煙氣籠熏太甚蠶蘊熱毒多成黑薦

士農必用 治火倉屋當中握一阬闊狹深淺量屋大小（謂如一三間四椽屋四方一面可闊四尺隨屋大小加減）阬周圍墫坯接壘高二尺長粘泥泥了通計深四尺細碎乾牛糞阬底上鋪攤一層厚三四指（臘月所收搥碎者）帶根節麤乾柴於糞上鋪一層（五寸以上徑者凡桑榆槐等堅硬者皆可）柴上又鋪糞一層於柴空隙處築得極實（慎不可虛虛則火焰起傷屋又熱大不能長久）糞柴相間椿阬滿上復用糞厚盖了約蠶生前七八日糞上煨熟火黑黃煙五七日於蠶蟻生前一日少開門出盡煙即閉了（不暖氣出）其柴糞陷下已成熟火（蠶小喜暖怕煙不可用生火又生火氣驟或歇不能均匀此火既熱純無煙氣一兩月不滅不動便如無火用桑枝劄攏便暖氣熏騰也上承壘高二尺者欲使火氣上騰至空中散布均匀又防竇夜人行誤陷入亂）其屋乾透其壁皆暖黑婆等諸蟲盡熏了牛糞熏屋大宜蠶也（蠶喜牛糞牛善蠶少）糊窓窓上故紙却用淨白紙替換糊了（外糞換草薦旋扯故紙糊新紙不使熱氣出去了）每一窓上嵌四大捲窓（宜寒）

安槌

齊民要術 比至再眠常須三箔中箔上安蠶上下空置（下箔障土氣上箔防塵埃）

【必用】上下二箔上皆鋪切碎稈草，中一箔用切碎擣軟稈草爲蓐，鋪蘂平勻，仍須四邊留箔楂五七寸，揉淨紙粘成一段，可所鋪蓐大，鋪於中箔蓐上。揉紙極軟如綿。○要白云：底箔須鋪二領，蠶蟻生後，每日日高捲出一領，曬至日斜，復布於生蠶箔底。明日又將底箔撤出，晒曝如前，翻覆襯藉，使受自然陽和之氣。停眠起食，然後撤去。

變色生蟻下蟻等法

變色

【務本新書】清明將甕中所頓蠶連遷於避風溫室酌中處懸挂，太高傷風，太下傷土。殼兩日，將連取出，通見風日，那表爲裏，左捲者却右捲，右捲者却左捲，每日交換捲那捲羅，依前收頓。比及蠶生，均得溫和風日，生發勻齊。要白云：清明後，種初變紅，和肥滿；再變尖圓，微低，如春柳色；再變蟻周遭，其中如遠山色。此必收之種也。若頂平焦乾，及蒼黃赤色，便不可養，此不收之種也。

【士農必用】蠶子變色，惟在遲速由己，不致損傷自變。視桒葉之生以定變子之日，須治之三日，以色齊爲准。農語云：蠶欲三齊，子齊、蟻齊、蠶齊是也。其法：桒葉已生，自辰巳間於風日中將甕中連取出舒卷提掇，舒時連背向日，曬至溫，不可熱。凡一舒一捲時，將元捲向外者却捲向裏，元向裏者却捲向外，橫者豎捲，豎者橫捲，以至兩頭捲來中間相合。舒捲無度數，但要第一日十分中變灰色者，變至三分收了；次二日變至七分收了。此二日收了後，必須用紙密糊封了，如法還甕內收藏。至第

三日於午時後出連，舒卷提掇。展連手提之，凡半日十數徧。須要變十分。第三次必須至午時後出連者，悉第一次先變者先生蟻也。蟻生在己午時之前，過午時便不生。

【桒蠶直說】欲疾生者，頻舒卷，卷之須展慢；欲遲生者，少舒卷，卷之須緊實。

生蟻

【士農必用】生蟻惟在涼暖知時，開揞得法，使之莫有先後也。生蟻不齊，則其蠶眠起至老俱不能齊也。其法：變灰色已全，以兩連相合鋪於

一淨箔上緊捲了兩頭繩束卓立於無煙淨涼房內第三日晚取出展箔蟻不出爲上若有先出者雞翎掃去不用（名丹馬蚿苗則蠶不齊）每三連處捲爲一卷放在新暖蠶屋內（槌匾下隔箔上）併東方白將連於院內一箔上單鋪（如有露於涼房中或棚下）待半頓飯時移連入蠶房就地一箔上單鋪少間黑蟻齊生（並無一先一後者）和蟻秤連記寫分兩

下蟻

齊民要術 蠶初生用荻掃則傷蠶

博聞錄 用地桑葉細切如絲髮搽淨紙上却以蠶種覆於上其子聞香自下切不可以鵞翎掃撥

務本新書 農家下蟻多用桃杖翻連敲打蟻下之後却掃聚以紙包裹秤見分兩布在箔上已後節節病生多因此弊今後比及蟻生當勻鋪薦草（薦宜捲軟）熓火內燒隶一二枚先將蠶連秤見分兩次將細葉摻在薦上續將蠶連翻搭葉上蟻要勻稀連必頻移生盡之後再秤空連便知蠶蟻分兩依此生蠶百無一損今時謂如下蟻三兩往往止布一席重疊密壓不無損傷今後下蟻三兩決合勻布一箔（若分兩多少驗此差分）又慎莫貪多謂如己力止合放蟻三兩因爲貪多便放四兩以致桑葉房屋椽箔人力柴薪俱各不給因而兩失

士農必用 下蟻惟在詳款稀勻使不至驚傷而稠疊（是時蠶母沐浴淨衣入蠶屋蠶屋內焚香又將院內雞犬孳畜逐向遠處恐驚新蟻也）蟻生既齊取新葉用快利刀切極細（須下蟻時旋切則葉查上有津若鈍刀預切下則查乾無津）用篩子篩於中箔薦紙上務要勻薄（須用篩子能勻不勻則食偏篩用竹編葦子亦可林秦藕亦可如小枕大篩底方眼可穿過一小指也）將連合於葉上蟻自緣葉上或多時不下連及緣上連背翻

過又不下者並連弃了此殘病蟻也一箔蔟上下鋪三兩蠶至老可分三十箔每鋪一錢可老蠶一箔也係長一丈闊七尺之箔如箔小可減鋪下鋪多則蠶稠為後患也養蠶過三十箔者可更加下鋪箔養蠶少者用笆可也蔟如前法

涼暖飼養分擡等法

涼暖總論

齊民要術 調火令冷熱得所熱則焦燥冷則長遲

務本新書 春蠶時分一晝夜之間比類言之大概亦分四時朝暮天氣頗類春秋正晝如夏深夜如冬既是寒暄不一雖有熱火各合斟量多寡不宜一體自蟻初生相次兩眠蠶屋內正要溫暖蠶母須著單衣以身體較若自身覺寒其蠶必寒便添熟火若自身覺熱其蠶亦熱約量去火一眠之後但天氣晴明巳午未之間時暫捲起門上薦簾以通風日免致大眠起後飼罷三頓投食剪開窗紙時陡見風日乍則必驚後多生病古人云貧家悟得養子法蓋是多在露地慣見風日之故蠶亦如此至大眠後蠶長十分葉增十倍蔟廣沙多自然發熱加之天氣炎熱蠶屋內全要風涼三頓投食罷宜捲起簾薦剪開窗紙門口置甕旋添新水以生涼氣儻遇猛風暴雨或夜氣太涼却將簾薦時暫放下

士農必用 加減涼暖蠶成蟻時宜極暖是時天氣尚寒大眠後宜涼是時天氣已暄又風雨陰晴之不測朝暮晝夜之不同一或失應蠶病即生惟蠶屋得法則可以應之屋制周置捲窗中伏熱火謂如蠶欲暖而天氣寒閉苫窗爐火則外寒不入和氣內生若遇大寒屢撥熱火不能勝其寒則外燒糞墼絕煙置屋中四隅和氣自然熏蒸寒退則去餘火蠶欲涼而天氣暄閉火而捲苫窗則火氣內息而涼氣外入若遇大熱盡捲苫窗不能解其熱則去其窗紙上捲照窗下開風眼窗外搥下洒澆新水涼氣自然透達熱退則糊補其窗閉塞風眼使其蠶自初及終不知有寒熱之苦病少繭成一室之功也然寒不可驟加暖熱當漸漸益火寒而驟熱則黃軟多疾熱不可驟加風涼當漸漸開窗熱而驟風涼則變殭又不可不知也又正熱猛著寒便禁口不食即用鐵子盛無煙熟牛糞火用托大鐵於抛箔下往來擗去寒氣蠶自食

婁也

飼養捴論

務本新書：蠶必晝夜飼。若頓數多者，蠶必疾老；少者遲老。（二十五日老，一箔可得絲二十五兩；二十八日老，得絲二十兩；月餘或四十日老，一箔止得絲十餘兩。）飼蠶者慎勿貪眠，以懶為累。每飼蠶後，再宜遶箔巡覷，若有薄處，必再摻令勻。若值陰雨天寒，比及飼蠶，先用去葉稈草一把，點火遶箔四向照過，逼去寒濕之氣，然後飼蠶，蠶不生病。一眠候十分眠，纔可住食；至十分起，方可投食。若八九分起，便投食，直到蠶老，決都不齊，又多損失。停眠至大眠，蠶欲向眠，若見黃光，便合擡解住食；直候起時，慢飼葉，宜輕摻。若蠶白光多，是困餓，宜細細飼之；猛則多傷。若蠶青光，正是蠶得食力，勿令少葉，急須勤飼。（今時農家停眠，眠蠶太半，蠶母猶自摻葉，直候都眠，或有起者，纔方住食。不知先眠之蠶，蠶葉蓋多時，以漸不能退皮，至大眠）

起後多是往來進走，直到入簇，決都不齊。

葉忌濕忌熱。蠶食濕葉多生瀉病，食熱葉則腹結、頭大、尾尖。（當盖小屋，或趄棚，頓放雨露濕葉，控去濕潤，然後飼蠶。）

士農必用：飼養之節，惟在隨蠶所變之色而為之加減厚薄，使無過不及也。（後擘黑及三眠條內，隨色加減食法，具此條註內。）（蠶生色黑，三日後漸變白，則向食，宜少加厚；變青則正食，宜益加厚，雖飽亦不傷；復變白則傷食，宜少減；變黃則短食，謂之向眠，宜愈減；純黃則住食，謂之正眠。眠起自黃而白，自白而青，復白，自白而黃，又一眠也。凡眠起變色，例如此。時當減食，飼之過則傷，傷一則禁口不食，生病而眠遲；時當正食，飼之不及則餓，餓則氣弱而生病，亦眠遲而又論薄也。）○用葉（蠶不可食之葉有三：一承帶雨露，既濕又寒，食則變褐色，生水瀉，臨老則浸破絲囊，不可抽繅。製之之法：良葉實積，苦席覆之，少時內蒸熱，害其得所，啟苦覆而攤之，濕隨氣化，葉亦不寒，即可飼之也。二為風日所蔫乾者，生腹結。三泥臭者，即生諸疾。斯二者無可製之法，棄之可也。）

韓氏直說：抽飼斷眠法。蠶向眠時，量黃白分數，抽減所飼之葉，漸次細切薄摻頻飼。（如十分中有三分黃光者，即十分中減葉三分，比尋常稍宜細切薄摻，頻頓數亦宜稍頻。如十分中有五分黃光，即減五分，比先次又細切薄摻，其頓）

數更宜加頻如十分中有八分黃光即減去八分比先次切令極細摻令極薄共頓亦令極頻候十分黃光不問陰晴早夜急須擡過預備箔蓆可無失悞擡過時住食起齊時投食與為抽飼斷眠之法謂抽減眠蠶之葉不致覆壓專飼未眠之蠶使之速眠不惟眠起得齊且無葉罨熓熱之病前人謂學取抽飼斷眠法年年歲計得絲蠶不可不知也

分擡總論

務本新書擡蠶須要眾手疾擡若箕內堆聚多時蠶身有汗後必病損漸漸隨擡減耗縱有老者簇內多作薄皮蠶沙宜頓除不除則久而發熱熱氣熏蒸後多白殭每擡之後箔上蠶宜稀布稠則強者得食弱者不得食必遶箔遊走又風氣不通忽遇倉卒開門暗值賊風後多紅殭布蠶須要手輕不得從高摻下如或高摻其蠶身遊相擊撞因而蠶多

不旺已後簇內懶老翁赤蛹是也要旨云蠶有白殭是小時陰氣蒸損天晴急用簸箕三四具轉蠶中庭使日氣煦照擡一箔則後布一箔得日氣則晝解矣○野語云蠶熓乾縣者其蠶無病蠶熓成片濕潤白積者蠶為有病速宜擡解如正可擡卻遇陰雨風冷則不敢擡用茅草細切如豆每一箔可用一斗或二斗勻撒蠶上上再摻葉移時蠶因食葉沿上其茅草能隔熓熱天晴再擡如無茅草稈草次之

士農必用分擡之便惟在頻款稀勻使不致蒸濕損傷也蠶滋多必須分之沙熓厚必須擡之失分則不勝稠疊失擡則不勝蒸濕故宜頻蠶者柔軟之物不禁觸弄小而分之猶能愛護大而擡之莫能顧惜也未免久堆亂積遠擲高拋生病損傷實由於此故宜妥款而稀勻或有不齊頻飼以替其後者使之相及而各取其齊也蠶眠不齊病原於初今既然矣當從此治之如於純黃之中雖見其退白而向黃者是與純黃不相懸遠頻飼以替之則猶得相及飼頻則可速其眠故爾如已見純黃又多青白與純黃既遠雖飼之之頻則亦莫及蠶之變色為變之小其眠則絕食退膚為變之大也為蛹為蛾則變之尤大而至於化也凡至純黃則結嘴不食而眠如人之大病周身之氣血一為變換一晝夜靜安不擾則眠為得所今以青白者尚多飼而亂之動而跡之則眠者失其所矣比其青白者變黃而向眠則此已

避眠而動起動起之初欲得少食亦如人之病起欲得少食以接氣血也以後者方眠勒其食而不投以餌又必待後者動起而飼之多病少絲端為可惜故蠶經云眠起不齊絲減半良謂此也

初飼蟻

務本新書初飼蟻法宜旋切細葉微篩切刀宜快快則桑細勻停不住頻飼一時辰約飼四頓一晝夜通飼四十九頓或三十六頓懶者頗疑煩冗予曰新蟻止食桑葉脂脉若頓數不多譬如寸乳嬰兒小時失乳後必羸弱病生蟻初生須隔夜採東南枝肥葉甕中另頓旋取細切

士農必用飼蟻之法當宿洗其桑旋摘其葉宿洗則多液旋摘則不乾利刀以細切之疎篩以薄布之非利刀則無液非細切則蓋蟻非篩則不勻非勻則偏食然葉稙之微液不能久存少頃之間即成枯濇故須旋切而頻篩也第一日飼一復時可至四十九頓第二日飼至三十頓葉微加厚第三日飼至二十餘頓又稍加厚宜極暖宜暗大凡初蠶宜暗眠宜暗將眠及眠起宜微明向食宜明後皆倣此

辟黑

士農必用辟黑法第三日巳午時間於別槌上安三箔如前初安槌法微帶燠薄揭蟻款手辟如小碁子大布於中箔可盈滿可漸漸加葉飼早晴可捲東窗苫不器槌也蠶喜東照及當日背風窗自此後常日宜如此天陰早暮且不宜至夜則開凡近風窗苦及西照窗戶不可開蠶是風也後皆倣此雖大眠後喜涼亦可以避其猛風也漸漸變色隨色加減食至純黃則不飼是謂頭眠不以早晚擡過

頭眠擡飼

士農必用擡頭眠蠶眠結背不食皮膚退換蠶之一大變也別槌上鋪四箔上下隔塵網中二箔安蠶用蓐如前薄帶沙燠揭蠶分如大碁子大布滿中二箔沙燠厚則蒸蠶生病一復時可六頓次日可漸漸加葉可開捲窗一半初向黃時宜極暖眠定宜暖起齊宜微暖○擡頭眠飽食正食時擡名擡飽食分如小錢大布滿三箔辨色加減食

停眠擡飼

士農必用　擡停眠分如小錢微大布滿六箔起齊頭食宜薄一復時可四頓次日可漸加葉（辨色加減）或全開捲窓（惟避當風窓）初向黃時宜暖眠定宜微暖起齊宜溫〇擡停眠飽食（如前法）蠶可撥可摻不須分揭可布滿十二箔（然不可高拋遠擲恐損蠶身辨色加減食）

大眠擡飼

務本新書　大眠起燠宜頻除蠶宜頻飼或西南風起將門窓簾薦放下此際不宜擡解箔上布蠶須相去一指布蠶一箇取臘月所藏菉豆水浸微生芽曬乾磨作細麵（臘月所藏白米蒸熟作粉亦可）第四頓投食拌葉勻飼解蠶熱毒絲多易繰堅韌有色（如葉少去秋所收桑葉再擣為末水洒新葉微摻上拌勻接闕飼蠶比食豆麵係本食之物又為甚亦可接闕）蠶屋南簷外先所架立搭棚檁柱此時搭蓋

士農必用　擡大眠分如折二錢大布滿二十五箔起齊投食一復時可三頓第一頓宜薄（但可覆白）第二頓比前又薄（不覆白）第三頓如第一頓（覆白此三頓食如不短則其蠶至老食慢）次日可漸加葉（辨色加減頻數）可全開捲窓照窓（過熱則更劉開窓紙但不至熱則不拘此例）初向黃時宜微暖眠定宜溫起齊宜涼〇落蓐（大眠起投食後第六七頓可落蓐全去沙燠蓐草也即是擡飽食）可分至三十箔（辨色加減食）正食時每飼後可挾葉筐遶槌巡之但見箔上有斑黎處即摻葉

補合（蠶至大眠後正食時闕一分葉即減一分絲也但見有斑黎處是蠶先食葉透也即當補合不如此則後來多有薄繭也）〇拌米粉（臘月內成造者）至第七八頓食後於巳午時間將切下葉攤在箔上新水灑拌極勻待少時細羅白粉子拌令極勻（每葉一筐用新水一升粉子四兩如無止用新水）一筐可飼一箔（所有之蠶皆可飼一頓）〇拌桑麵（今蠶體充實為繭堅厚為絲堅韌也）切葉洒拌新水極勻羅桑麵拌勻于大眠後間飼三五頓（假令每頓飼葉二筐今止用一筐減葉一半如蠶盛葉闕

大眠後間飼之五頓亦無妨蠶食不關不可用○擡沙於大眠
後飼食第十一二頓間可擡擡如前法全去沙換
不如此則不禁蒸鬱臨老生病難以抽繅蠶欲老飼之宜細
薄宜頻養老如養小亦如人老頓食則傷著不如此則食葉不淨共葉
蒸濕帶葉入簇所結繭亦濕潤如經鹽水此名簇汗繭難抽繅宜微暖
如人老不禁寒涼然亦可相度當如天氣涼暖消息斟酌大意比大眠後未老時宜微暖也旋按其吐絲自蛾至老不過二十四五日過此日數愈多桒愈費而絲愈少也

韓氏直說 蠶自大眠後十五六頓即老
得絲多少全在此數日葉足則絲多不足則絲少見
有老者依抽飼斷眠法飼之俟十蠶九
老方可就箔上撥蠶入簇如是則無簇
汗蒸熱之患繭必早作硬而多絲養蠶無巧食到便老

養四眠蠶

桒蠶直說 此蠶別是一種與養春蠶同
但第三眠止擡開十五箔擡飽食二十
箔大眠擡三十箔

蠶事雜録

稙蠶之利

韓氏直說 稙蠶疾老少病省葉多絲不
惟收却今年蠶又成就來年桒稙蠶生
於穀雨不過二十三四日老方是時桒
葉發生津液上行其桒所去比及夏至夏至後一陰生津液不上行可長月餘其條葉長盛
過於往歲至來年春其葉生又早矣積
年既久其桒愈盛蠶自早生

晚蠶之害

韓氏直說 晚蠶遲老多病費葉少絲不
惟晚却今年蠶又損却來年桒世人惟
知蛾多為利不知趨早之為大利壓覆
蠶連以待桒葉之盛其蠶既晚明年之
桒其生也尤晚矣

十體

務本新書 寒熱飢飽稀密眠起緊慢謂飼時緊慢也

三光

蠶經 白光向食青光厚飼皮皺爲飢黄光以漸住食

八宜

韓氏直說 方眠時宜暗眠起以後宜明蠶小幷向眠宜暖宜暗蠶大幷起時宜明宜涼向食宜有風（避迎風窗開下風窗）宜加葉緊飼新起時怕風宜薄葉慢飼蠶之所宜不可不知反此者爲其大逆必不成矣

三稀

蠶經 下蟻上箔入簇

五廣

蠶經 一人二桒三屋四箔五簇（謂苫席蒿梢等）

雜忌

務本新書 忌食濕葉○忌食熱葉○蠶初生時忌屋内掃塵○忌煎煿魚肉○不得將煙火紙撚於蠶房内吹滅○忌

側近舂擣○忌敲擊門窗槌箔及有聲之物○忌蠶屋内哭泣叫喚○忌穢語淫辭○夜間無令燈火光忽射蠶屋窗孔○未滿月產婦不宜作蠶母○蠶母不得頻換顏色衣服洗手長要潔淨○忌帶酒人切桒飼蠶及擡解布蠶○蠶生至老大忌煙熏○不得放刀於竈上箔上○竈前忌熱湯潑灰○忌產婦孝子入家○忌燒皮毛亂髮○忌酒醋五辛羶腥麝香等物

士農必用 忌當日迎風窗○忌西照日○忌正熱著猛風驟寒○忌正寒陡令過熱○忌不淨潔人入蠶室○蠶屋忌近臭穢

簇蠶繰絲等法

簇蠶

齊民要術 蠶老時值雨者則壞繭宜於屋内簇之薄布薪於箔上散蠶訖又薄

以薪覆之一椽得安十箔

務本新書　簇蠶地宜高平內宜通風勻布紫草布蠶宜稀密則熱熱則繭難成絲亦難繅東北位并養六畜處樹下阬上糞惡流水之地不得簇（野語如天氣晴熱不宜日午簇蠶蠶老不禁日氣曬暴故也）

士農必用　治簇之方惟在乾暖使內無寒濕（簇中繭病有六一簇汗二落簇三進走四壓赤蛹五變壇六黑色簇汗之病蠶老食葉不淨其葉蒸濕帶葉入簇故繭亦濕潤與為簇汗其餘五病皆地濕天寒所致）蠶欲老可簇地盤燒令極乾除掃灰淨於上置簇

韓氏直說　安圓簇於阜高處打成簇脚一簇可六箔蠶十分中有九分老者宜少摻葉（名上馬赤）就箔上用簸箕般去宜款手摻於簇上（自東南起頭不令落地）務令稀勻上復覆梢蒿（或豆藍）復摻蠶如前至三箔覆梢倒根在上（如此則簇圓又穩）自後蠶可近上摻至六箔覆蒿令簇圓上用箔圍苫繳簇頂如亭子樣（防雨）至晚又用苫將簇從下繳至上苫相接日出高時捲去至晚復繳三日外繭成不用（馬頭簇亦依上苫繳柴薪要廣）

（簇又玲瓏中間宜架杆蠶多宜馬頭簇簇脚宜南北）○曬簇上蠶後第三日辰巳時間開苫箔日曬。至未時復苫蓋如前如當日過熱上稭單箔遮日色○翻簇上蠶時被雨霑濕雨纔止纔晴即選一簇地盤（如雨濕了則取乾牆土厚復治簇之法如前）不以成繭不成繭翻騰還移別

簇封苫如前小雨則不須但可曝曬（又有一法臨簇有雨只於蠶屋中本椽下地而上安簇關了門窓使透風氣早夜或陰雨變寒則閉門窓燒牛糞火旦翻簇之法又為妙也又一法椽箔上壓撒蒿椽周圍簇梢與蒿箔苫圍之蠶自作繭猶勝於雨中簇也○稭音文）

擇繭

務本新書　繭宜併手忙擇涼處薄攤蛾自遲出免使抽繅相逼

繅絲

士農必用　繅絲之訣惟在細圓勻緊使

無褊愓節楱（接頭為節疙瘩為楱）麤惡不勻也（生繭繅為上如人手不及殺過繭愓愓繅殺繭法有三一日晒二鹽浥三蒸蒸最好人多不會日曬損繭鹽浥者穩）○熱釜（可繅麤絲單繳者雙繳亦可但不如冷盆所繅者潔淨光瑩也）釜要大置於竈上（如蒸竈法）釜上大盆甑接口添水至甑中八分滿甑中用一板欄斷可容二人對繅也繭少者止可用一小甑水須熱宜旋旋下繭（多下則繅不及煮損）○冷盆（可繅全繳細絲中等繭可繅雙繳比熱釜者有精神而又堅韌雖曰冷盆亦是大溫也）盆要大先泥

其外（口徑二尺五寸之上者預先翻過用長黏泥泥底并四圍至唇厚四指將至唇漸薄曰爐甑名為串盆）用時添水八九分滿（水宜溫暖常勻無令乍寒乍熱）釜要小（口徑一尺以下者小則下繭少）（繭欲頻下多下則煮過又不勻也）○突竈半破塼坯圍壘一遭中空（直桶子樣）其高比繅絲人身一半其圓徑相盆之大小當中壘一小臺（徑比盆底小）坐串盆於小臺上其盆要比圓壘高一唇靠元壘安打絲頭小釜竈比圓壘低一半撩火透圓壘（竈子後火煙過處名撩火）與

撩火相對圓壘匝近上開煙突口做一卧突長七八尺已上先於安突一面壘一臺比突口微低又相去七八尺外安一臺高五尺（或就用廧或用木為架子）用長一丈椽二條斜磴在二臺上二椽相去闊一塼坯許用塼坯泥成一卧突（二椽上平鋪塼坯一層兩邊側立上從平蓋泥了便成一卧突也須與竈口相背謂如竈口向南突口向北是也繅盆居中火衝盆底與盆下臺煙焰遶盆過煙出則突中故得盆水常溫又勻也又得煙火與繅盆相遠其繅絲人不為煙火所逼故得安詳也）○

軠車床高與盆齊軸長二尺中徑四寸兩頭三寸（用榆槐木）四角或六角䡾通長一尺五寸（六角不如四角軠角少則絲易解解者輻脩也或雙輻或單輻雙輻者穩）須脚踏又繅車竹筒子宜細（細似纖梢積筒子）鐵條子串筒兩樁子亦須鐵也（兩樁子上橫串鐵條條穿筒子既輕又利也不如此則不能成絕妙好絲古人有言工欲善其事必先利其器餘如常法）○打絲頭（用一人）小釜內添水九分滿竈下燃麤乾柴（柴細旋添大不停勻）候水大熱下繭於熱水內（下繭宜少不宜

多多則煮過綠絲少用筯輕剔撥令繭滾轉盪勻挑惹起囊頭衆絲頭名囊頭手捻住於水面上輕提掇數度復提起其囊頭下即是清絲摘去囊頭如要手攬撥囊頭又於手扔子纏遶遍可長五七尺將繭上好絲十分中去了三二分實為可惜如輕手剔撥起囊頭長不過一尺也一手撮捻清絲一手用漏杓窃繭款送入溫水盆內杓底上多鑽眼子為漏杓漏水更好將清絲挂在盆外邊絲老翁上盆邊釘插一橛子名絲老翁

○綠絲用一人將絲老翁上清絲約十五絲之上黃絲條減繭數捻為一處穿過錢眼錢下繭攢聚名絲窩又名絮鹽繳過筩頭蛾眉杖子上兩繳杖子下兩繳挂於軖上又取絲老翁上清絲如前挂於軖上兩箇絲窩其頭齊行右腳踏軖右轉長切照覷撥掠兩絲窩於內有繭絲先盡蛹子沈了者繭絲斷了繭浮出絲窩者其絲窩減小即取清絲約量添加務要兩絲窩大小長均眼專覷手頻搯頻添添不過三四絲失添則細了多添則麤了如欲手添不迭腳慢踏軖其絲較爭麄如或手添得多了腳緊踏軖其絲較爭細手腳相應亦可取勻也添絲搭在絲窩上便有接頭將清絲用指面捏在絲窩內自然帶上去便無接頭也此名全繳絲圓緊無疙瘩上等也中作紗羅上等疋段如蛾眉杖上只兩繳名雙繳絲不甚圓緊有小疙瘩中等也不中紗羅中中等段疋如鐵眉杖上只一繳名單繳絲又名缺口絲綸愓有大疙瘩不中疋段只中綃帛亦不堅壯此單繳歇口絲多只是熱釜中繰也

蒸餾繭法

韓氏直說如蠶成繭硬紋理麤者必繰快此等繭可以蒸餾繰冷盆絲其繭薄紋理細者必繰不快不宜蒸餾此止宜繰熱盆絲其蒸餾之法用籠三扇用軟草扎一圈加於釜口以籠兩扇坐於上其籠不以大小籠內勻鋪繭厚三四指許頻於繭上以手背試之如手不禁熱可取去底扇卻續添一扇在上亦不要蒸得過了過了則軟了絲頭亦不要蒸得不及不及則蛾必鑽了如手背不禁熱恰得合宜於蠶房槌箔上從頭合籠內繭在上用手微撥動如箔上繭滿打起更攤一箔候冷

定上用細柳梢微覆了其繭只於當日都要蒸盡如蒸不盡來日必定蛾出如此繰絲一月一般繰快釜湯內用鹽一兩油半兩所蒸繭不致乾了絲頭（如餡繭多油鹽旋旋入）

夏秋蠶法

【齊民要術】淮南子曰原蠶一歲再登非不利也然王者法禁之為其殘桑也

【務本新書】凡養夏蠶止須些小以度秋種處恐損壞蔚條有悮明年春蠶桑葉今時養熱蠶以紙糊窗囙避飛蠅遮盡往來風氣天晴罨熱病生陰則濕生白醭陰晴俱不便當以紗糊窗陳稈草作薦（紙條先貼紗邊餘紙就糊窗上中間以線繫紗在窗櫺上蠶罷以水潤紙揭下明年再用）或用荻簾（麁麻線繫織）可窗繫定不嵓泥之遮蔽飛蠅透脫風氣另擗一房不令雜人出入（決安南北窗）以剪翦葉旦暮擡分兼夜頻飼○秋蠶初生時去三伏猶近暑氣仍存蠶屋多生濕潤正要四通八達風氣往來盖初生却要涼快以陳稈草作薦勿用麦稭一日一擡失擡多生白醭一眠宜溫再眠如春門窗俱挂薦簾屋內須用無烟熟火大眠全要暄暖大忌北風寒氣勿飼雨露冷葉春秋蠶法首尾顛倒深宜體測○簇蠶時相次秋高恐值夜寒風冷不能作繭可於簇西北埋柱繫椽箔遮禦北風寒氣三兩夜之間便可作繭

【士農必用】夏蠶（此別是一等俗謂三生蠶春養出夏種夏養出秋種秋養出來春種不可間關則絕其種）自蟻至老俱宜涼忌蠅蟲先於蠶生前用麦糠攤於蠶房壁脚燒之（去濕氣及諸蟲子）壁黑後須一日早晨一擡其餘並與養春蠶同（此蠶不可多養止欲收秋蠶種多則損葉然只可科採桑中冗條取葉也）○秋蠶（一名原蠶捋葉不無傷桑春蠶不幸遇天災不得已養之以補歲計然不宜積宜稀也）初宜涼漸漸宜暖與養春蠶正相反

其間饑飽須欲得所初可摘葉蠶大則捋葉初用紗糊窗漸漸天寒上復用紙糊留捲窗

簇與繰絲法如前要白熟蠶梃底亦宜用麥糠麥䅲燒之又大路上踏踐起乾壓土收三四石生蠶日於梃底攤平可辟暑濕簇秋蠶多於簇心用熟火或致焚燒不若止於映北風處為簇簇底用麦䵃均鋪簇則用乾桑柴為捎新乾黍䵃為草得自然溫暖之氣不須用火矣經雨則倒簇

農桑輯要卷第四

農桑輯要卷第五

瓜菜

種瓜 黃瓜附

齊民要術 收瓜子法常歲歲先取本母子瓜截去兩頭止取中央子本母子者瓜生數葉便結子子復早熟用中輩瓜子者蔓長二三尺然後結子用後輩子者蔓長足然後結子子亦晚熟種早子熟速而瓜小種晚子熟遲而瓜大去兩頭者近蒂子瓜曲而細近頭子瓜短而喎又收瓜子食瓜時美者收取即以細糠拌之日曝向燥挼而簸之淨而且速也良田小豆底佳黍底次之刈訖即耕頻煩轉之二月上旬種者為上時三月上旬為中時四月上旬為下時五月六月上旬可種藏瓜○凡種瓜法先以水淨淘瓜子鹽和之鹽和則不籠死先臥鋤耧卻燥土不耧者坑雖深大常雜燥土故瓜不生然後掊蒲溝切坑大如斗口納瓜子四枚大豆三箇於堆旁向陽中瓜生數葉掐去豆瓜性弱苗不能獨生故須大豆為之起土瓜生不去豆則豆反扇瓜不得滋茂但豆斷汁出更成良潤勿拔之拔之則土虛燥也多

鋤則饒子不鋤則無實[五穀蔬菜果蓏之屬皆如此也○蓏郎果反]○治瓜籠法[旦起露未解以杖舉瓜蔓散灰於根下後一兩日復以土堆其根則永無蟲矣]○凡瓜所以早爛者皆由脚躡及摘時不慎翻動其蔓故也若以理慎護及至霜下葉乾子乃盡美[但依此法則不必別種早晚及中三輩之瓜]○區種瓜法六月雨後種菉豆八月中犂稀殺之十月又一轉即十月中種瓜率兩步爲一區坑大如盆口深五寸以土壅其畔如菜畦形坑底必令平正以足踏之令其保澤以瓜子大豆各十枚徧布坑中[瓜子大豆兩物爲雙藉其起土故也]以糞五升覆之[亦令均平]又以土一斗薄散糞上復以足微躡之冬月大雪時速併力推雪於坑上爲大堆至春草生瓜亦生莖葉肥茂異於常者且常有潤澤旱亦無害五月瓜便熟[其掐豆鋤瓜之法與常同若瓜子盡生則太概宜掐去之一區四根即足矣]○又法冬天以瓜子數枚內熱牛糞中凍即拾聚置之陰地[量地多少以足爲限]正月地釋即耕逐晦布之率方一步下糞耕土覆之肥茂早熟雖不及區種亦勝凡瓜遠矣有蟻者以牛羊骨帶髓者置瓜科左右待蟻附將棄之棄二三則無蟻矣○雀寔曰十二月臘時祀炙萐[所甲切]樹瓜田四角去蠱[胡徵反瓜中蟲謂之蠱]○龍魚河圖曰瓜有兩鼻殺人

黄瓜[一名胡瓜]四月中種之[宜豎柴木令引蔓緣之]

博聞錄 種花藥家忌麝瓜尤忌之膚栽數株蒜薤遇麝不損

西瓜

新添 西瓜種同瓜法科宜差稀多種者熟地伐頭上湯擲撈平苗出之後根下攤作土盆欲瓜大者一步留一科科止留一瓜餘蔓花皆掐去瓜大如三斗栲栳

冬瓜

齊民要術 種冬瓜法傍牆陰地作區圓

二尺深五寸以熟糞及土相和正月晦日種（二月三月亦得）既生以柴木倚牆令其緣上旱則澆之八月斷其梢減其實一本但留五六枚（多留則不成也）十月霜足收之（早收則爛）冬瓜越瓜瓠子十月區種如種瓜法冬則堆雪著區上爲堆潤澤肥好乃勝春種

瓠（今名葫蘆古通曰瓠）

齊民要術 氾勝之書曰區種瓠法收種子須大者若先受一斗者得收一石受一石者得收十石先掘地作坑方圓深各三尺用蠶沙與土相和令中半（若無蠶沙生牛糞亦得）著坑中足躡令堅以水沃之候水盡即下瓠子十顆復以前糞覆之既生長二尺餘便捴聚十莖一處以布纏之五寸許復用泥泥之不過數日纏處便合爲一莖留強者餘悉掐去引蔓結子子外之條亦掐去之勿令蔓延○留

子法初生二三子不佳去之取第四五六區留三子即足旱時須澆之阬畔周匝小渠子深四五寸以水停之令其遙潤不得阬中下水○家政法曰二月可種瓜瓠

四時類要 種大葫蘆二月初掘地作阬方四五尺深亦如之實填油麻菉豆藁（楷同）及爛草等一重糞土一重草如此四五重向上尺餘着糞土種十來顆子待生後揀取四莖肥好者每兩莖肥好者相貼着相貼處以竹刀子刮去半皮以刮處相貼用麻皮纏縛定黃泥封裹一如接樹之法待相著活後各除一頭又取所活兩莖准前刮去皮相著一如前法待活後唯留一莖四莖合爲一本待著子揀取兩箇周正好大者餘有旋旋除去食之如此一斗種可變爲盛一石物大此莊子魏惠王大瓠之法

芋

齊民要術 氾勝之書曰：種芋區方深皆三尺，取豆萁（音其，豆莖）內區中，足踐之，厚尺五寸，取區上濕土與糞和之，內區中萁上，令厚尺二寸，以水澆之，足踐令保澤。取五芋子置四角及中央，足踐之。旱數澆之。萁爛，芋生子皆長三尺，一區收三石。又種芋法：宜擇肥緩土近水處，和柔糞之。三月注雨，可種芋。率二尺下一本。芋生根欲深，劚其旁以緩其土。旱則澆之。有草鋤之，不厭數多。治芋如此，其收常倍。列仙傳曰：酒客爲梁，使烝民益種芋，三年當大飢。卒如其言，梁民不死。（案：芋可以救饑饉，度凶年。今中國多不以此爲意，後生每有耳目所不聞見者。及水旱風蟲霜雹之災，便能餓死滿道，白骨交橫。知而不種，坐致泯滅，悲夫！）

務本新書 芋宜沙白地，地宜深耕。二月種爲上時。相去六七寸下一芋。芋蓋三月，眾人來往眼目多見，并聞刷鍋聲霰，多不滋胤。比及炎熱，苗高則旺，頻鋤其旁。秋生子葉，以土壅其根。芋可以救饑饉，蝗蟲不能傷。霜後收之。冬月食，不發病；其餘月分不可多食。霜後芋子上芋白擘下，以滾湯水煠過，曬乾，冬月炒食，味勝蒲筍。○區芋：區長丈餘，深闊各一尺。區行相間一步，寬則透風滋胤。

葵

齊民要術 （葵，廣雅曰：蘬，丘葵也。廣志曰：胡葵，其花紫赤。案：今世葵有紫莖、白莖二種，種別復有大小之殊，又有鴨腳葵也。）臨種時必燥曝葵子。（葵子雖經歲不浥，然濕種者疥而不肥也。）地不厭良，故墟彌善，薄即糞之，不宜妄種。春必畦種水澆。（春多風旱，非畦不得。且畦者省地而菜多，一畦供一口。）畦長兩步，廣一步。（大則水難均，又不用人足入。）深掘，以熟糞對半和土覆其上，令厚一寸，鐵齒杷耬之，令熟，足蹋使堅平。下水令徹澤。水盡，下葵子，又以熟糞和土覆其上，令厚一寸餘。葵生三葉，然後澆之。（澆用晨夕，日中使止每一搯輙杷耧地令起下水加糞三搯更種一歲之中凡得三輩凡畦種之物治畦皆如種葵法不復條列煩文旱種者必秋耕十月末地將凍散子勞之一畝三升正月末散子亦得人足踏踐之乃佳踐者菜肥地釋即生鋤不厭數五月初更種之春者既老秋葉未生故種此相接六月一日種白莖秋葵白莖者宜乾紫莖者乾則黑而澁秋葵堪食仍留五月種者取子春葵子熟不均故須留中輩於此時附地剪却春葵令根上枿音櫱

生者柔輭至好仍供常食義於秋菜留之亦中為榜簇搯秋葉必留五六葉不搯則莖孤留葉則科大凡搯葵必得露解諺曰觸露不搯葵日中不剪韭八月半翦去留其岐岐多者則去地一二寸獨莖者亦可去地四五寸枿生肥嫩比至收時高與人膝等莖葉皆美科雖不高菜實倍多其不剪早生者雖高數尺柯葉堅硬全不中食所可用者唯有菜心附葉黃色至惡煮亦不美看雖似多其實倍少收待霜降傷早黃爛傷晚黑澁撈簇皆須陰中見日亦澁其碎者割訖即地中尋手糺之

待萎而糺者必爛○崔寔曰六月六日可種葵中伏後可種冬葵九月作葵菹乾葵

茄子

【齊民要術】種茄子法茄子九月熟時摘取擘破水淘子取沈者速曝乾裹至二月畦種治畦下水一如葵法性宜水常須潤澤著四五葉雨時合泥移栽之若旱無雨澆水令徹澤夜栽之白日以席蓋勿令見日十月種者如區種瓜法推雪著區中則不須栽其春種不作畦直如種

凡瓜法者亦得惟須晚夜數澆耳

【務本新書】茄初開花斟酌窠數削去枝葉再長晚茄秋深老茄煮軟水浸去皮以鹽拌勻冬月食用旋添麻合為上

蔓菁

【齊民要術】種不求多惟須良地故墟新糞壞墻垣乃佳若無故墟糞者以灰為糞令厚一寸灰多則燥不生也耕地欲熟七月初種之一畝用子三升從處暑至八月白露節皆得早者作菹晚者作乾漫散而勞

種不用濕（濕則地堅葉焦）既生不鋤九月末收
葉（晚收則黃落）仍留根取子十月中犂壚畤（力輟反耕田起土也）拾取耕出者（若不耕畤則留者英不茂實不繁也）其葉作菹擬作乾菜及釀（女亮切）菹者（釀菹者次年正月始作斗須留第一好菜擬之）割訖則尋手擇
治而辮（並善切）之勿待萎（萎而後辮則爛）挂著屋
下陰中風涼處勿令煙熏（煙熏則苦）燥則上
在廚積置以苦之（積時宜候天陰潤不爾多碎折久不苦則澁也）春夏畦種供食者與畦葵法同剪訖

更種從春至秋得三輩常供好菹取根
者用大小麥底六月中種十月將凍耕
出之（一畝得數車早出者根細）又多種蔓菁法近市
良田一頃七月初種之（六月種者根雖麄大葉復蟲食七月末者葉雖膏潤根復細小七月初種根葉俱得）漢桓帝詔曰
橫水為災五穀不登令所傷郡國皆種
蔓菁以助民食然此可以度凶年救飢
饉乾而蒸食既甜且美（若值凶年一頃可活百人）
【務本新書】耕地宜加糞往復勻蓋秋初
可種自破甲至結子皆可食十月初挽
苗煠作和菜餘者曬過留根在地或窖
河朔地寒凍死可於十月終以牛隔兩
犂耕一犂拾去菜根之後却將暘土櫳
勻擺先耕出之數曬過冬月蒸食甜而
有味春生薹苗亦菜中上品四月收子
打油陝西惟食菜油燃燈甚明能變蒜
髮比芝麻易種收多油不發風武侯多
勸種此菜故川蜀曰諸葛菜油臨時用

熬動少摻芝麻煉熟即與小油無異

蘿蔔（胡蘿蔔附）

【齊民要術】種菘蘆菔（蒲北切）法與蔓菁同（菘菜似蔓菁而大方言曰蕪菁紫花者謂之蘆菔根實麄大其角及根葉並可生食取子者草覆之不則凍死）
【四時類要】種蘿蔔宜沙糯地五月犂五
六徧六月六日種鋤不厭多稠即小間
拔令稀至十月收窖之
【新添】種蘿蔔先深劚成畦杷平每畦可

長一丈二尺闊四尺用細熟糞一檐匀布畦內再斸一徧即起覆土再耬平澆水滿畦候水滲盡撒種於上用木杴匀撒覆土苗出兩葉旱則澆之每子一升可種二十畦水蘿蔔正月二月種六十日根葉皆可食夏四月亦可種大蘿蔔初伏種之水蘿蔔末伏種皆候霜降或淹或藏皆得用如要來年出種深窖內埋藏中安透氣草一把至春透芽生取出作壠或畦下糞栽之旱則澆須令得所夏至後收子可為秋種

胡蘿蔔伏內畦種或壯地漫種

蜀芥芸薹芥子

齊民要術 蜀芥芸薹取葉者皆七月半種地欲糞熟種法與蕪菁同既生亦不鋤之十月收蕪菁訖時收蜀芥中為鹹淡二菹亦任為乾菜芸薹足霜乃收不足霜即澁種芥子及蜀芥芸薹取子者皆二三月好雨澤時種三物性不耐寒經冬則死故須春種旱則畦種水澆五月熟而收芸薹冬天草覆亦得取子又得生茹供食

務本新書 芥子菜宜秋前種大暑雖不及蔓菁餘亦頗同子作芥花芥末如近城郭芥菜宜多種蓋冬月淹藏家家用度晒乾於無煙雨處架起三年亦可食

薑

齊民要術 薑宜白沙地少與糞和熟耕如麻地不厭熟縱橫七徧尤善三月種之先重耬耩尋壟下薑一尺一科令上土厚三寸數鋤之六月作葦屋覆之不耐寒熱故九月掘出置屋中中國多寒宜作窖以穀稈合埋之○稈奴勤反穀穰中國土不宜薑僅可存活勢不可滋息種者聊擬藥物小小耳○崔寔曰三月清明節後十日封生薑至四月立夏後蠶大食牙生可種之九月藏茈將几反薑其歲若溫皆待十月生薑謂之茈薑

四時類要 種薑闊一步作畦長短任地

形横作壠相去一尺餘五六寸壠中一尺一科帶牙大如三指闊蓋土厚三寸以蠶沙蓋之糞亦得牙出後有草即耘漸漸加土已後壠中却高壠外即深不得併上土鋤不厭頻

菌子

四時類要 三月種菌子取爛構（一名楮）木及葉於地埋之常以泔澆令濕三兩日即生又法畦中下爛糞取構木可長六七寸截斷碢碎如種菜法於畦中勻布土蓋水澆長令潤如初有小菌子仰杷推之明旦又出亦推之三度後出者甚大即收食之本自構木食之不損人

蒜

齊民要術 蒜宜良輭地（白軟地蒜甜美而科大黑軟次之剛強之地辛辣而瘦小也）三徧熟耕九月初種種法黄𣊸時以耧耩逐壠手下之五寸一株（諺云左右通鋤一萬餘株）空曳勞二月半鋤之令滿三徧（初以無草則不鋤不鋤則科小）條拳而軋之（不軋則獨科）葉黄鋒出則𨱎於屋下風涼之處桁之（早出者皮赤科堅可以遠行晚則皮皴而喜碎○皴他骨反皮壞也）冬寒取穀稈布地一行蒜一行稈（不爾則凍死）收條中子種者一年為獨瓣種二年者則成大蒜科皆如拳又逾於凡蒜矣（瓦子壠底置獨瓣蒜於瓦上以土覆之蒜科橫闊而大形狀殊別亦足以為異今并州無大蒜朝歌取種一歲之後還成百子蒜矣其瓣麤細正與條中子同蕪菁根其大如椀口雖種他州子一年亦變大蒜瓣變小蕪菁根變大二事相反其理難推又八月中方得熟九月中始刈得花子至於五穀蔬菓與餘州早晚不殊亦一異也并州豌豆度井陘已東山東穀子入壺關上黨苗而無實皆余自所親見非信傳疑蓋土地之異者也）

種澤蒜法預耕地熟時採取子漫勞之澤蒜可以香食吴人調鼎率多用此根葉作葅更勝葱韭此物蕃息一種永生蔓延滋曼年年稍廣間區斸取隨手還合但種數畝用之無窮種者地熟美於野生○崔寔曰布穀鳴收小蒜六月七月可種小蒜八月

可種大蒜

【四時類要】種蒜作行下糞水澆之

【務本新書】蒜畦栽每窠先下麥糠少許地宜虛春暖則鋤拔薹時頻澆劉麥時人多食解暑毒

䪥（同薤）

【齊民要術】薤宜白軟良地三轉乃佳二月三月種（八月九月種亦得）率七八支為一本（諺曰葱三薤四移葱者三支為一本種薤者四支為一科然支多者科圓大故以七八為率）薤子三月葉青便出之（未青而出者肉未滿令薤瘦）燥曝挼去莩餘切却強根（留強根而濕者即瘦細不得肥也）先重耧耩地壠燥掊而種之（壠燥則薤肥耩重則白長）率一尺一本葉生即鋤鋤不厭數（薤性多穢荒則羸瘦）五月鋒八月初耩（不耩則白短）葉不用翦（翦則損白供常食者別種）九月十月出賣（經久不佳也）擬種子至春地釋出即曝之○崔寔曰正月可種薤韭七月別種薤矣

【四時類要】正月上辛日掃去薤畦中枯葉下水加糞

葱

【齊民要術】收葱子必薄布陰乾勿令浥鬱（葱性熱多喜浥鬱浥鬱則不生）其擬種之地必須春種綠豆五月掩殺之比至七月耕數徧一畝用子四五升（良田五升薄地四升）炒穀半和之（葱子性澀不以穀和下不均調不炒穀則草穢生）兩耧重耩竅瓠下之以批（蒲結反）契（蘇結反）繼腰曳之七月納種至四月始鋤鋤徧仍翦翦與地平（高留則無葉深翦則傷根）翦欲旦起避熱時良地三翦薄地再翦八月止（不翦則不茂翦過則根跳）若八月不止則葱無袍而損白十二月盡掃去枯葉枯袍（不去枯葉春葉則不茂）二月三月出之（良地二月出薄地三月出）收子者別留之葱中亦種胡荽尋手供食乃至孟冬為菹亦不妨

【四時類要】種葱炒穀攪勻塞耧一眼於一眼中種之他月葱出取其塞耧一眼

之地中土培之跡密恰好又不勞移

韭

【齊民要術】收韭子如葱子法（若市上買韭子宜試之以銅鐺盛水於火上微煮韭子須臾牙生者好牙不生者是浥鬱矣）治畦下水糞覆悉與葵同然畦欲極深（韭一剪一加糞又根性上跳故須深也）二月七月種種法以升盞合地為處布子於圍內（韭性內生不向外長）圍種令科成薅令常淨（韭性多穢數拔為良）高數寸剪之（初種歲止一、剪）至正月掃去畦中陳葉凍解以鐵杷耬起下水加熟糞韭高三寸便剪之（每剪杷耬下水加糞悉如初）剪如葱法一歲之中不過五剪收子者一剪即留之若旱種者但無畦與水耳杷糞悉同一種永生（諺曰韭者懶人菜以其不須歲種也聲類曰韭者久也一種永生）○崔寔曰正月上辛日掃除韭畦中枯葉七月藏韭菁（菁韭花也）

【四時類要】九月收韭子種韭第一番割棄之主人勿食韭不如栽作行令通鋤割一徧以杷耬之令根不相接為佳如此當葉闊如薤

【博聞錄】韭畦若用雞糞尤好

胡荽

【齊民要術】胡荽宜黑軟青沙良地三徧熟耕（樹陰下得禾豆處亦得）春種者用秋耕地開春凍解地起有潤澤時急接澤種之種法近市負郭田一畝用子二升故概種漸鋤取賣供生菜也外舍無市之處一畝用子一升疎密正好六七月種先燥曬欲種時布子於堅地一升子與一掬濕土和之以脚蹉令破作兩段（多種者以磚瓦蹉之亦得以木礱礱之亦得子有兩人人各著故不破兩段則疎密水裹而不生著土者令注入殼中則生疾而長速種時欲燥此菜非雨不生所以不求濕下也）於旦暮潤時以耬耩作壟以手散子即勞令平（春雨難期必須藉澤蹉跎失機則不得矣地正月中凍解者時節既早雖浸芽不生但燥種之不須浸子也若二月始解者歲月稍晚恐澤少不時生失歲計矣便於暖處籠盛胡荽子一日三度以水沃之、二三日則芽生於旦暮時接潤湯擲之數日迷出矣大體與種麻相似假令十日二十日未出者亦勿怪之尋自當出有草乃令拔之菜生二三寸鋤去概者供食及賣十月足霜乃收之取子者仍留根間古莧反拔令稀概即不生以草覆上覆者得供生食又不凍死又五月子熟拔取曝乾勿使令濕濕則㲾鬱格柯打出作蒿篅盛之冬日亦得入窖夏還出之但不濕亦得五六年停一畝收十石都邑糶賣石堪一疋絹若地柔良不須重加耕墾者於子熟時好子稍有零落者然後拔取直深細鋤地一徧勞令平六月連雨時穭音呂生者亦尋滿地省耕種之勞秋種者五月子熟拔去急耕十餘日又一轉入六月又一轉令好調熟如麻地即於六月中旱時耧耩作壟蹉子令破手散還勞令平一同春法但既是旱種不須耧潤此菜旱種非連雨不生所以不同春月要求濕下種後未遇連雨雖一月不生亦勿怪麦底地亦得種止須急耕調熟雖名秋種會在六月六月中無不霖望連雨生則根彊科大七月種者雨多亦得雨少則生不盡但根細科小不同六月種者便十倍失矣大都不用觸地濕入中生高數寸鋤去概者供食及賣作菹者十月足霜乃收一畝兩載載直絹三疋若留冬食者以草覆之得竟冬食其有春種小小供食者自可畦種畦種者一如葵法擺子沃水生芽種之晝用箔蓋夜則去之晝不蓋熱不生夜不去蟲棲之凡種菜子難生者皆水沃令芽生無不即生矣

博聞錄 胡荽必用月晦日晚下種

菠薐一名赤根

博聞錄 菠菜過月朔乃生須二十七八間種之月初即生

新添 菠薐作畦下種如蘿蔔法春正月二月皆可種逐旋食用食不盡者滾湯

内掠熟曬乾遇園枯時温水浸軟調食甚良秋社後二十日種者可於窨内收藏冬季常食青菜如欲出子十月内種訖至地凍時水澆過來年夏至後収子可為秋種

萵苣

新添 萵苣作畦下種如前法但可生芽先用水浸種一日於濕地上鋪襯置子於上以盆椀合之候芽微出則種春正月二月種之可為常食秋社前一二日種者霜降後可為淹菜如欲出種正月二月種之九十日収

同蒿

新添 同蒿作畦下種亦如前法春二月種可為常食秋社前十日種可為秋菜如欲出種春菜食不盡者可為子

人莧

新添 人莧作畦下種亦如前法但五月種之園枯則食如欲出種留食不盡者八月收子

藍菜

務本新書 二月畦種苗高剥葉食之剥而復生刀割則不長加火煮之以水淘浸或炒爁或拌食或包酸餡或捲餅生食頗有辛味五月園枯此菜獨茂故又曰主園菜食至冬月以草覆其根四月終結子可收作末（比芥末）根又生葉又食一年陝西多食此菜吾中人之家但能自種三兩畦藍菜并一二畦韭周歲之中甚省菜錢

莙薘

新添 莙薘作畦下種亦如蘿蔔法春二月種之夏四月移栽園枯則食如欲出子留食不盡者地凍時出於暖窨収藏來年春透可栽收種

蘭香（香菜附）

齊民要術　蘭香（蘭香者羅勒也中國爲石勒諱故改今人因以名焉且蘭香之目美於羅勒之名故即而用之）三月中候棗葉始生乃種蘭香（早種者徒費子耳天寒不生）治畦下水一同葵法及水散子訖水盡簁熟糞僅得蓋子便止（厚則不生弱苗故也）晝日箔蓋夜即去之（晝日不用見日夜須受露氣）生即去箔常令足水六月連雨拔栽之（掐心栽泥中亦活）作菹及乾者九月收（晚即乾惡）作乾者天晴時薄地刈取布地曝之乾乃挼取末瓮中盛須則取用（拔根懸者裛爛又有雀糞塵土之患）取子者十月收（自餘雜香菜不列者種法悉與此同）○博物志曰燒馬蹄羊角成灰春散著濕地羅勒乃生

博聞錄　香菜常以洗魚水澆之則香而茂溝泥水米泔尤佳

荏蓼

齊民要術（荏蓼紫蘇薑芥薰葇與荏同時宜畦種）三月可種荏蓼（荏子白者良黃者不美）荏性甚易生蓼尤宜水畦種也荏則隨宜園畔漫擲便歲歲自生矣荏子秋未成可收蓬於醬中藏之（蓬荏角也實成則惡）其多種者如種穀法（雀甚嗜之必須近人家種矣）收子壓取油可以煮餅（荏油色綠可愛其氣香美煮餅亞胡麻油而勝麻子脂膏麻子脂膏有腥氣然荏油不可爲澤焦人髮研爲羹臛美於麻子遠矣又可以爲燭良地十石多種博穀則倍收與諸田不同）爲帛煎油彌佳（荏油性淳塗帛勝麻油）蓼作菹者長二寸則剪絹袋盛沉於醬甕中又長更剪常得嫩者（若待秋子成而落莖既堅硬葉又枯燥）取子者候實成速收之（性易凋零晚則落盡）五月六月中蓼可爲虀以食莧

芹藘（其呂反苣藘江東呼苦蕒）

齊民要術　芹藘收根畦種之常令足水尤忌潘（普官切淅米汁也）泔及鹹水澆之則死性宜繁茂而甜脆勝野生者白藘尤宜糞歲歲可收

甘露子

務本新書　白地内區種暑月以麥糠蓋之承露滋胤

豆豉

四時類要 六月造豆豉：黑豆不限多少，三二斗亦得。淨淘，宿浸，漉出，瀝乾，蒸之令熟。於箪上攤，候如人體，蒿覆一如黃衣法。三日一看，候黃衣上徧即得，又不可太過。簸去黃，曝乾。以水浸拌之，不得令太濕，又不得令太乾，但以手捉之，使汁從指間出為候。安瓮中，實築，桑葉覆之，厚可三寸，以物蓋瓮口，密泥於日中。七日開之，曝乾。又以水拌，却入瓮中，一如前法。六七度，候好顏色，即蒸過，攤却大氣，又入瓮中，實築之，封泥即成矣。

麩豉

四時類要 六月造麩豉：麥麩不限多少，以水勻拌，熟蒸，攤如人體，蒿艾罨取黃衣。徧出，攤曬令乾，即以水拌令浥浥，却入缸甕中，實捺，安於庭中，倒合在地，以灰圍之。七日外，取出攤曬。若顏色未深，又拌依前法入瓮中，色好為度。色好黑後，又蒸令熱，及熱入瓮中，築泥却。一冬取喫，溫暖勝豆豉。（捺乃過切搦也）

果實

種梨 附插梨

齊民要術 種者，梨熟時，全埋之。經年，至春地釋，分栽之，多著熟糞及水。至冬葉落，附地刈殺之，以炭火燒頭。二年即結子。（若穭生及種而不栽者，則著子遲。每梨有十許子，唯二子生梨，餘皆生杜。）

插者彌疾。插法：用棠、杜。（棠，梨大而細理；杜次之；桑，梨大惡；棗、石榴上插得者為上梨，雖治十，收得一二也。）杜如臂已上，皆任插。（當先種杜，經年後插之。主客俱下亦得；然俱下者，杜死則不生也。）杜樹大者插五枝，小者或三或二。梨葉微動為上時，將欲開莩為下時。先作麻紉（女珍反），纏十許匝；以鋸截杜，令去地五六寸。（不纏，恐插時皮披。留杜高者，梨枝繁茂，遇大風則披。其高留杜者，梨樹早成；然宜作蒿箪盛杜，以土築之令沒。風時，以籠盛梨，免披耳。）斜攕（所咸反）竹為籤，刺皮木之際，令深一寸

許折取其美梨枝陽中者陰中枝則實少長五
六寸亦斜攕之令過心大小長短與籖
等以刀微劙梨枝斜攕之際剥去黑皮
勿令傷青皮青皮傷則死拔去竹籖即插梨令至劙
處木邊向木皮還近皮插訖以緜莫幕同
杜頭封熟泥於上以土培覆令梨枝僅
得出頭以土雍四畔當梨上沃水水盡
以土覆之勿令堅涸百不失一梨枝甚脆培土
時宜慎之勿使掌撥掌撥則折其十字破杜者十不收

一所以然者木裂皮開虛燥故也梨既生杜旁有葉出
輒去之不去勢分梨長必遲凡插梨園中者用旁
枝庭前者中心旁枝樹下易收中心上聳不妨用根蔕
小枝樹形可憘五年方結子鳩脚老枝
三年即結子而樹醜吳氏本草曰金創乳婦不可食梨梨
多食則損人非補益之物產婦蓐中及疾病未愈食梨多者無不致病欬逆氣
上者尤宜慎之凡遠道取梨枝者下根即燒三
四寸亦可行數百里猶生○藏梨法初
霜後即收霜多則不得經夏也於屋下掘作深窨

阬底無令潤濕收梨置中不須覆蓋便
得經夏摘時必令好接勿令損傷○凡醋梨易水熟
煮則甜美而不損人也

桃櫻桃蒲萄附

齊民要術種法熟時合肉全埋糞地中
直置凡地則不生生亦不茂桃性早實三歲便結子故不求栽也至春
既生移栽實地若仍處糞中則實小而味苦○栽法
以鍬合土掘移之桃性易種難栽若離本土率多死故須然
矣○又種法桃熟時於牆南陽中暖處

深寬為阬選取好桃數十枚擘取核即
内牛糞中頭向上取好爛糞和土厚覆
之令厚尺餘至春桃始動時徐徐撥去
糞土皆應生芽合取核種之萬不失一
其餘以熟糞糞之則益桃味○桃性皮
急四年以上宜以刀豎劙其皮不劙者皮急則
死七八年便老老則子細十年則死是以宜歲歲常
種之○又法候其子細便附土斫去枿上生者復為少桃如此亦無窮
也○枿櫱同櫻桃二月初山中取栽陽中者

還種陽地陰中者還種陰地若陰陽易地則難生生亦不實此果性生陰地既入園圃便是陽中故多難得生宜堅實之地不可用虛糞也

蒲萄蔓延性緣不能自舉作架以承之葉密陰厚可以避熱十月中去根一步許掘作坑收卷蒲萄悉埋之近枝莖薄安黍穰彌佳無穰直安土亦得不宜濕濕則冰凍二月中還出舒而上架性不耐寒不埋則死其歲久根莖麤大者宜遠根作坑勿令莖折其坑外處亦掘土并穰培覆之

博聞錄 蒲萄宜栽棗樹邊春間鑽棗樹作一竅引蒲萄枝從竅中過蒲萄枝長塞滿竅子斫去蒲萄根托棗根以生其肉實如棗北地皆如此種

李

齊民要術 李性耐久樹得三十年老雖枝枯子亦不細○嫁李法正月一日或十五日以塼石著李樹岐中令實繁○又法臘月中以杖微打歧間正月晦日復打之亦足子也李樹桃樹並欲鋤去草穢而不用耕墾耕則肥而無實樹下犁撥亦死桃李大率方兩步一根大概連陰則子細而味亦不佳

梅杏

齊民要術 栽種與桃李同○作白梅梅子酸核初成時摘取夜以鹽汁漬之晝則日曝凡作十宿十浸十日便成矣調鼎虀和所在多入也○作烏梅亦以梅子核初成時摘取籠盛於突上熏之令乾即成矣烏梅入藥不任調食也○作杏李麨法杏李熟時多收取盆中研之生布絞取濃汁塗盤中日曬乾以手磨刮取之可和水為漿及和米麨所在入意也

四時類要 熟杏和肉埋糞土中至春既生三月移栽實地既移不得更於糞地必致少實而味苦移須含土三步一樹稀即味甘服食之家尤宜種之

柰林檎

齊民要術 柰林檎不種但栽之種之雖生而味不成取栽如壓桑法此果根不浮薉栽故難求是以須壓也栽如桃李法○林檎樹以正月二月中翻斧斑駮椎之則饒子

棗 附酸棗

齊民要術：常選好味者留栽之。候棗葉始生而移之。棗性硬，故生晚；栽早者，堅垎生遲也。三步一樹，行欲相當。地不耕也。欲令牛馬履踐令淨。棗性堅強，不宜苗稼，是以不耕；荒穢則蟲生，所以須淨；地堅饒實，故宜踐也。正月一日日出時，反斧斑駮椎之，名曰嫁棗。不椎則花而無實，斫則子萎而落也。候大蠶入簇，以杖擊其枝間，振去狂花。不打，花繁，實不成。全赤即收。○收法：日日撼而落之為上。半赤而收者，肉未充滿，乾則色黃而皮皺；將赤，味亦不佳；全赤久不收，則皮硬，復有烏鳥之患。

㮕音軟棗：陰地種之，陽中則少實。足霜色殷然後乃收之，早收者澁，不任食也。○作酸棗麨法：多收紅軟者，箔上日曝令乾。大釜煮之，水僅自淹，一沸即漉出，盆研之，生布絞取濃汁，塗盤上或盆中，盛暑日曝使乾，漸以手摩挲取為末。以方寸匕投於一椀水中，酸甜味足，即成好漿。遠行用和米麨，飢渴得當也。

栗 附榛

齊民要術：栗，種而不栽。栽者雖生，尋死矣。栗初熟時出殼，即於屋裏埋著濕土中。埋必須深，勿令凍徹；若路遠者，以韋囊盛之，停二日已上，見風日者，則不復生。至春二月，悉芽生，出而種之。既生，數年不用掌近。凡新栽之樹，皆不用掌近，栗性尤甚也。三年內每到十月，常須草裹，至二月乃解。不裹則凍死。大戴禮夏小正曰：八月栗零而後取之，不言剝之。

榛：周官曰：榛似栗而小。說文曰：榛似梓，實如小栗。衛詩曰：山有蓁。詩義疏云：蓁，栗屬，或從木，有兩種：其一種大小枝葉皆如栗，其子形似杼子，味亦如栗，所謂樹之榛栗者；其一種枝莖如木蓼，葉如牛李色，生高丈餘，其核中悉如李，生作胡桃味，膏燭又美，亦可食噉。漁陽、遼、代、上黨皆饒。其枝莖生樵爇燭，明而無煙。

栽種與栗同。

柹

齊民要術 柹有小者栽之無者取枝於軟棗根上插之如插梨法

安石榴

齊民要術 栽石榴法三月初取枝大如手大指者斬令長一尺半八九枝共爲一科燒下頭二寸（不燒則漏汁矣）掘圓阬深一尺七寸口徑尺豎枝爲阬畔（環圓布枝令勻調也）置枯骨礓石於枝間（骨石是樹性所宜）下土築之一重土一重骨石平坎止（其土令沒枝頭一寸許也）水澆常令潤澤既生又以骨石布其根下則科圓滋茂可愛（若孤根獨立者雖生亦不佳）十月中以蒲藁裹而纏之（不裹則凍死也）二月初乃解放若不能得多枝者取一長條燒頭圓屈如牛拘而橫埋之亦得然不及上法根彊早成其拘中亦安骨石其斸根栽者亦圓布之安骨石於其中也

木瓜

齊民要術 木瓜種子及栽皆得壓枝亦生栽種與桃李同

務本新書 木瓜秋社前後移栽至次年率多結子遠勝春栽

銀杏

博聞錄 銀杏有雌雄雄者有三稜雌者有二稜須合種之臨池而種照影亦能結實

新添 春分前後移栽先掘深坑下水攪成稀泥然後下栽子掘取時連土封用草要或麻繩纏束則不致碎破土封

橙

新添 西川唐鄧多有栽種成就懷州亦有舊日橙樹北地不見此種若於附近地面訪學栽植甚得濟用

柑與橙同

橘

新添 西川唐鄧多有栽種成就懷州亦

有舊日橘樹北地不見此種若於附近地面訪學栽植甚得濟用

櫨子

新添 西川唐鄧多有栽種成就北地不見此種若於附近地面訪學栽植甚得濟用

諸果

齊民要術 崔寔曰正月自朔暨晦可移諸樹雜木唯有果實者及望而止（望謂十五日）過十五日則果少實食經云種名果法三月上旬所取直好枝如大拇指長五尺（類要云一尺五寸）內著芋頭中種之無芋大蕪菁根亦可（類要云蘿蔔亦得）勝種核核三四年乃如此大耳可得行種○凡五果正月一日雞鳴時把火徧照其下則無蟲災

博聞錄 柳子厚郭橐駝傳所種樹或移徙無不活且碩茂早實以蕃有問之對曰凡植木之性其本欲舒其培欲平其土欲故其築欲密既然已勿動勿慮去不復顧其蒔也若子其置也若棄則其天者全而其性得矣他植者則不然根拳而土易其培之也若不過焉則不及茍有能反是者則又愛之太恩憂之太勤旦視而暮撫已去而復顧甚者爪其膚以驗其生枯搖其本以觀其疎密而木之性日以離矣雖曰愛之其實害之雖曰憂之其實讐之故不我若也○凡木皆有雌雄而雄者多不結實可鑿木作方寸穴取雌木填之乃實以銀杏雄樹試之便驗社日以杵舂百果樹下則結實牢不實者亦宜用此法果木有蟲蠹者用杉木作釘塞其穴蟲立死樹木有蟲蠹以芫花納孔中或納百部葉

歲時廣記 遯齋閑覽凡果木久不實者以祭社餘酒灑之則繁茂倍常用人髮

桂枝上則飛鳥不敢近結實時最忌白衣人過其下則其實盡落

接諸果

四時類要 正月取樹本大如斧柯及臂者皆堪接謂之樹砧砧若稍大即去地一尺截之若去地近截之則地力大壯矣夾煞所接之木稍小即去地七八寸截之若砧小而高截則地氣難應須以細齒鋸截鋸齒麤即損其砧皮取快刀子於砧緣相對側劈開令深一寸每砧對接兩枝候俱活即待葉生去一枝弱者所接樹選其向陽細嫩枝如筯麤者長四寸許陰枝即少實其枝須兩節兼須是二年枝方可接接時微批一頭入砧處插入砧緣劈處令入五分其入須兩邊批所接枝皮處插了令與砧皮齊切令寬急得所寬即陽氣不應急則力大夾煞全在細意酌度插枝了別取本色樹皮一片長尺餘闊三二分纏所接樹枝并砧緣瘡口恐雨水入纏訖即以黃泥泥之其砧面并枝頭並以黃泥封之對插一邊皆同此法泥訖仍以紙裹頭麻纏之恐其泥落故也砧上有葉生即旋去之乃以灰糞擁其砧根外以刺棘遮護勿使有物動撥其枝春雨得所尤易活其實內子相類者林檎梨向木瓜砧上栗子向櫟砧上皆活蓋是類也

農桑輯要卷第五

農桑輯要卷第六

竹木

種竹

齊民要術 宜高平之地（近山阜尤是所宜，下田得水即死）黃白軟土為良。正月二月中斸取西南引根并莖，芟去葉，於園內東北角種之。令坑深二尺許，覆土厚五寸。（竹性愛向西南引，故於園東北角種之。數歲之後，自當滿園。諺云：東家種竹，西家治地。為滋蔓而來生也。其居東北角者，老竹種不生，生亦不能滋茂，故須取其西南引少根也）稻麥糠糞之（二糠各自堪糞，不令和雜）。不用水澆（澆則淹死）。勿令六畜入園。三月食淡竹笋，四月五月食苦竹笋。其欲作器者，經年乃堪殺（未經年者軟未成也）。

四時類要 移竹，五月十三日及辰日可以移之。○種竹：去梢葉，作稀泥於坑中，下竹栽，以土覆之，杵築定，勿令脚踏。土厚五寸。竹忌手把及洗手面脂水澆著，即枯死。

博聞錄 月菴種竹法：深闊掘溝，以乾馬糞和細泥填高一尺，無馬糞礱糠亦得。夏月稀，冬月稠。然後種竹，須三四莖作一蔟，亦須土鬆淺種，不可增土於株上。泥若用钁打實，則不生笋。○夢溪云：種竹但林外取向陽者，向北而栽，蓋根無不向南。必用雨下，遇火日及有西風則不可。花木亦然。諺云：栽竹無時，雨下便移，多留宿土，記取南枝。○志林云：竹有雌雄，雌者多笋，故種竹常擇雌者。物不逃於陰陽，可不信哉。凡欲識雌雄，當自根上第一枝觀之，有雙枝者乃為雌竹，獨枝者為雄竹。○竹有花，輒槁死。花結實如稗，謂之竹米。一竿如此，久之則舉林皆然。其治之法，於初米時擇一竿稍大者，截去近根三尺許，通其節，以糞實之則止。○瑣碎錄云：引笋法，隔籬埋貍或貓於牆下，明年笋自迸出。○竹以三

伏内及臘月中斫者不蛀一云用血忌日

松 杉檜柏附

齊民要術 崔寔曰正月自朔暨晦可移松柏桐梓竹漆諸樹

博聞錄 栽松春社前帶土栽培百株百活舍此時決無生理也○斫松木須五更初便削去皮則無白蟻血忌日尤好○插杉用驚蟄前後五日斬新枝斷阬入枝下泥杵緊相視天陰即插遇雨十分生無雨即有分數

新添 種松柏八九月中擇成熟松子柏子同去臺收頓至来春春分時甜水浸子十日治畦下水上糞漫散子於畦内如種菜法或單排點種上覆土厚二指許畦上搭矮棚蔽日旱則頻澆常須濕潤至秋後去棚長高四五寸十月中夾蜀稭籬以禦北風畦内亂撒麥糠覆樹令梢上厚二三寸止南方宜敞蓋至穀雨前後手爬去麥糠澆之次冬封蓋亦如此二年之後三月中帶土移栽先撅區用糞土相合内區中水調成稀泥植栽於内擁土令區滿下水塌實無用杵築脚踏次日有裂縫處以脚躡合常澆令濕至十月祛倒以土覆藏毋使露樹至春去土次年不須覆栽大樹者於三月中移廣留根土謂如一丈樹留土方三尺地遠移者二尺五寸一丈五尺樹留土三尺或三尺五寸用草繩纏束根土樹大者從下剸去枝三二層樹記南北運至區所栽如前法

檜種如松法插枝者二三月檜芽孽動時先熟斸黄土地成畦下水飲畦一徧滲定再下水候成泥將斫下細如小指檜枝長一尺五寸許下削成馬耳狀先以杖刺泥成孔插檜枝於孔中深五七寸以上栽宜稠密常澆令潤澤上搭矮棚蔽日至冬換作暖廕次年二三月去之候樹高移栽如松柏法

榆

齊民要術 榆性扇地，其陰下五穀不植。（隨其高下廣狹，東西北三方所扇，各與樹等。）種者宜於園地北畔，秋耕令熟，至春榆莢落時收取，漫散，犂細畤，勞之。明年正月初，附地芟殺，以草覆上，放火燒之。（一根上必十數條俱生，止留一根强者，餘悉掐去之。）一歲之中，長八九尺矣。（不燒則長遲也。）後年正月二月移栽之。（初生即移者，喜曲，故須叢林長之，三年乃可移種。）初生三年，不用採葉，尤忌捋心。（捋心則科茹不長，更須依法燒之，則依前茂矣。）不用剶沐。（剶者長而細，又多瘢痕；不剶雖短麤而無病。諺曰："不剶不沐，十年成轂。"言易麤也。必欲剶者，宜留二寸。）於塹坑中種者，以陳屋草布塹中，散榆莢於草上，以土覆之，燒亦如法。（陳草速朽，肥良勝糞。無陳草者，用糞糞之亦佳。不糞雖生而瘦。既栽移者，燒亦如法。）○又種榆法：其於地畔種者，致雀損穀；既非叢林，率多曲戾。不如割地一方種之。其白土薄地不宜五穀者，惟宜榆及白榆。地須近市。（賣柴、莢、葉，省功。）梜榆、刺榆、

凡榆三種色，別種之，勿令和雜。（梜榆莢葉味苦；凡榆莢味甘，甘者春時將煮賣，是以須別也。）耕地收莢，一如前法。先耕地作壟，然後散榆莢。（壟者看好科理。又易五寸一莢，稀概得中。）散訖，勞之。榆生共草俱長，未須科理。明年正月，附地芟殺，放火燒之，亦任生長，勿使棠（杜康反）近。又至明年正月，斸去惡者。其一株上有七八根生者，悉皆斫去，惟留一根麤直好者。三年春，可將莢葉賣之。五年之後，便堪作椽。不梜者即可斫賣，梜者鏇作獨樂及盞。十年之後，魁、椀、瓶、榼、器皿，無所不任。十五年後，中為車轂及蒲桃缸。○崔寔曰：二月，榆莢成，及青收，乾以為旨畜。（旨，美也；蓄，積也。收青莢，小蒸，曝之，至冬以釀酒，滑香，宜養老。《詩》云："我有旨蓄，亦以御冬。"）色變白將落，可作醔隃。（醔音牟，隃音頭，榆醬。）隨節早晏，勿失其適。

務本新書 榆葉曝乾，擣羅為末，鹽水調勻，日中炙曝。天寒，於火上熬過，拌菜食。

之味頗辛美

白楊

齊民要術 白楊一名高飛一名獨搖性甚勁直堪爲屋材折則折矣終不曲撓奴孝反榆性軟久無不曲比之白楊不如遠矣且天性多曲脩直者少長又遲緩積年方得凡屋材松柏爲上白楊次之榆爲下也○種白楊法秋耕令熟至正月二月中以犂作壠一壠之中以犂逆順各一到畤中寬狹正似蔥壠作訖又以鍬掘底一坑作小壍斫取白楊枝大如指長三尺者屈著壠中以土壓上令兩頭出土向上直豎二尺一株明年正月剝去惡枝一畝三壠一壠七百二十株一根兩株一畝四千三百二十株三年中爲蠶樀都格反蠶樀五年任爲屋椽十年堪爲棟梁歲種三十畝三年九十畝一年賣三十畝周而復始永世無窮比之農夫勞逸萬倍去山遠者實宜多種千根以上所求必備

棠

齊民要術 棠熟時收種之否則春月移栽八月初天晴時摘葉薄布曬令乾可以染絳必候天晴時少摘葉乾之復更摘慎勿頓收若遇陰雨則浥浥不堪染絳也

穀楮

齊民要術 說文云穀者楮也按今世人乃有名之曰角楮非也蓋角穀聲相近因訛耳其皮可以爲紙者也楮宜澗谷間種之地欲極良秋上佳楮子熟時多收淨淘曝令燥耕地令熟二月耬耩之和麻子漫散之即勞秋冬仍留麻勿刈爲楮作暖若不和麻子種率多凍死明年正月初附地芟殺放火燒之一歲即沒人不燒者瘦而長亦遲三年便中斫未滿三年者皮薄不任用斫法十二月爲上四月次之非此兩月而斫者楮多枯死也每歲正月常放火燒之自有乾葉在地足得火燃不燒則不滋茂也二月中間斸去惡根移栽者二月蒔之亦三年一斫三年不斫者徒失錢無益也指地賣者省功

而利少煮剥賣皮者雖勞而利大（其柴足以供然）
自能造紙其利又多種三十畝者歲
斫十畝三年一徧歲收絹百疋

槐

齊民要術　槐子熟時多收擘取數曝勿
令蟲生五月夏至前十餘日以水浸之（如浸麻子法）
六七日當芽生好雨種麻時和
麻子撒之當年之中即與麻齊麻熟刈
去獨留槐槐既細長不能自立根別豎
木以繩攔之（冬天多風雨繩攔宜以茅裹不則傷皮成痕瘢也）
明年斸地令熟還於槐下種麻（脅槐令長）三
年正月移而植之亭亭條直千百若一
（所謂蓬生麻中不扶自立）若隨宜取栽匪直長遲樹
亦曲惡（宜於園中劚地種之）

柳

齊民要術　種柳正月二月中取弱柳枝
大如臂長一尺半燒下頭二三寸埋之
令沒常足水以澆之必數條俱生留一
根茂者（餘悉掐去）別豎一柱以為依主以繩
攔之（若不攔必為風所摧不能自立）一年中即高一丈
餘其旁生枝葉即掐去令直聳上高下
任人取足便掐去正心即四散下垂婀
娜可愛（若不掐心則枝不四散或邪或曲生亦不佳也）六七月
中取春生少枝種則長倍疾（少枝葉青氣壯故長疾也）
○楊柳下田停水之處不得五穀者
可以種柳八月九月中水盡燥濕得所
時急耕則鍋榛之至明年四月又耕熟
勿令有塊即作暘壠一畝三壠一壠之
中逆順各一到暘中寬狹正似葱壠從
五月初盡七月末每天雨時即觸雨折
取春生少枝長一尺已上者插著壠中
二尺一根數日即生少枝長疾三歲成
椽比如餘木雖微脆亦足堪事歲種三
十畝三年種九十畝歲賣三十畝（終歲無窮）
○憑柳可以為楛車輞雜材及杴○種
箕柳去山澗河旁及下田不得五穀之

霧水盡乾時熟耕數徧至春凍釋於山陂河坎之旁刈取箕柳三寸栽之湯散即勞勞訖引水停之至秋任為簸箕（山柳赤而脆河柳白而明）○陶朱公術曰種柳千樹則足柴十年以後髡一樹得一載歲髡二百樹五年一周

四時類要 種柳取青嫩枝如臂長六七尺燒下三二寸埋二尺以上

博聞錄 楊柳根下先種大蒜一枚不生蟲

楸

齊民要術 楸（詩義疏曰梓楸之疏理色白而生子者為梓說文曰檟楸也然則楸梓二木相類者也白色有角者名為梓以楸有角者名為角楸或名子楸黃色無子者為柳楸世人見其木黃呼為荊黃楸也）亦宜割地一方種之梓楸各別無令和雜楸既無子可於大樹四面掘作阬取栽移之方兩步一根兩畝一行一行百二十樹五行合六百樹十年後車板盤合樂器所在任用以為棺材勝於松柏

梓

齊民要術 種梓法秋耕地令熟秋末冬初梓角熟時摘取曝乾打取子耕地作壟漫散即再勞之明年春生有草拔令去勿使荒沒後年正月間斸移之方兩步一樹（此樹須大不能穊栽）

梧桐

齊民要術 梧桐（桐葉花而不實者曰白桐實而皮青者曰梧桐按今人以其皮青號曰青桐也）青桐九月收子二三月中作一步圓畦種之（方大則難裹所以須圓小）治畦下水一如葵法五寸下一子少與熟糞和土覆之生後數澆令潤澤（此木宜濕故也）當歲即高一丈至冬豎草於樹間令滿外復以草圍之以葛十道束置（不然則凍死也）明年三月中移植於廳齋之前華淨妍雅極為可愛後年冬不須復裹成樹之後樹別下子一石（子於葉上生多者五六少者二三也）炒食

甚美（味似菱芡多噉亦無妨）白桐無子（冬結似子者乃是明年之花房）亦遠大樹掘阬取栽移之成樹之後任為樂器（青桐則不中用）於山石之間生者樂器則鳴青白二材並堪車板盤合木靡等用

漆

新添 春分前後移栽後樹高六七月以剛斧斫其皮開以竹管承之汁滴則成漆

柞

齊民要術 柞（爾雅云栩杼也注云柞樹按俗人呼杼為橡子以橡殼為杼斗以剜剜似斗故也橡子儉歲可食以為飯豐年放豬食之可以致肥也）宜於山阜之曲三徧熟耕漫散橡子即再勞之生則薅治常令淨潔一定不移十年中椽可雜用二十歲中屋槫斫去尋生科理還復凡為家具者前件木皆所宜種（十歲之後無求不給）

皁莢

博聞錄 樹不結鑿一大孔入生鐵三五斤以泥封之便開花結子既實以篾束其本數匝木楔之一夕自落

新添 種者二三月種不結角者南北二面去地一尺鑽孔用木釘釘之泥封竅即結

楝

新添 子熟時兩後種如種桃李法成樹移栽

椿

新添 木實而葉香有鳳眼草者謂之椿木踈而氣臭無鳳眼草者謂之樗皆可於春分前後栽之又云有花而莢者謂樗無花不實謂椿

葦（附荻）

新添 葦四月苗高尺許選好家葦連根栽成土墩如椀口大於下濕地內掘區栽之縱橫相去一二尺（欲疾得力則密栽）至冬

放火燒過次年春芽出便成好葦十月後刈之一法二月熟耕地作壠取根卧栽以土覆之次年成葦○又壓栽法其葦長時掘地成渠將莖祛倒以土壓之露其梢凡葉向上者亦植令出土下便生根上便成笋與壓桑無異五年之後根交當隔一尺許斸一钁即滋旺矣

荻栽與葦同

蒲

新添 四月揀綿蒲肥旺者廣帶根泥移出於水地內栽之次年即堪用其水深者白長水淺者白短

作園籬

齊民要術 凡作園籬法於廧基之所方整深耕凡耕作三壟中間相去各二尺秋上酸棗熟時收於壟中概種之至明年秋生高三尺許間斸去惡者相去一尺留一根必須稀概均調行伍條直相當至明年春剶敕傳反去橫枝剶必留距若不留距侵皮痕大逢寒即死剶訖即編為巴籬隨宜夾縛務使舒緩急則不復得長故也又至明年春更剶其末又復編之高七尺便足欲高作者亦任人意枳棘之籬折柳樊圃斯其義也其種柳作之者一尺一樹初即斜插插時即編其種榆莢者一同酸棗如其栽榆與柳斜植高共人等然後編之數年成長共相蹙迫交柯錯葉特佀房櫳

諸樹

齊民要術 凡栽一切樹木欲記其陰陽不令轉易陰陽易位則難生小栽者不煩記也大樹髡之不髡風搖則死小則不髡先為深坑內樹訖以水沃之著土令如薄泥東西南北搖之良久搖則泥入根間無不活者不搖根虛多死其小樹則不煩耳然後下土堅築近上三寸不築取其柔潤也時時溉灌常令潤澤每澆水盡即以燥土覆之覆則保澤不然即乾埋之欲深勿令撓動凡栽樹訖皆不用手

捉及六畜䑕突（戰國策曰夫柳縱橫顛倒樹之皆生使千人樹之一人搖之則無生柳矣）○凡栽樹正月為上時（諺曰正月可栽大樹言得時則易生也）二月為中時三月為下時然棗雞口槐兎目桑蝦蟇眼榆負瘤散自餘雜木鼠耳宜翅各其時（此等名即皆是葉生形容之所象似以此時栽種者葉皆即生早栽者葉晚出雖然大率寧早為佳不可晚也）○樹大率種數既多不可一一偏舉凡不見者栽蒔之法皆求之此條○崔寔曰二月盡三月可掩樹枝（埋樹枝土中令生二歲已上可移種矣）

務本新書一切栽枝記南北根深土遠寬掘上以席包包裹不令見日大車上般載以人擡曳緩緩而行車前數百步平治路上車轍務要平坦不令車輪搖擺於處所依法栽培樹樹決活古人有云移樹無時莫令樹知區宜寬深以水攪土成泥仍糝新粟大麥百餘粒即下樹栽樹大者須以木扶架若根不動搖雖丈許之木可活仍須芟去繁枝不可招風

伐木

齊民要術凡伐木四月七月則不蟲而堅韌凡木有子實者候其子實將熟皆其時也（非其時者蟲而且脆也）○凡非時之木水漚一月或火煏（皮逼反）取乾蟲皆不生（水浸之木更柔韌）周官曰仲冬斬陽木仲夏斬陰木（鄭司農云陽木春夏生者陰木秋冬生者松柏之屬鄭玄曰陽木生山南者陰木生山北者冬則斬陽夏則斬陰調堅軟也按柏之性不生蟲蠹四時皆得無所選也山中雜木自非七月四月兩時殺者率多生蟲無山南山北之異鄭君之說又無取則周官伐木蓋以慎天道調陰陽未必為堅韌之與蟲蠹也）

禮記月令孟春之月禁止伐木（鄭玄注云為盛德所在也）孟夏之月無伐大樹（逆時氣也）季夏之月樹木方盛乃命虞人入山行木無為斫伐（為其未堅韌也）季秋之月草木黃落乃伐薪為炭仲冬之月日短至則伐木取竹箭（此其堅成之極時也）孟子曰斧斤以時入山林材木不可勝用也（趙岐注曰時謂草木零落之時）淮南

子曰草木未落時斧斤不入山林○崔寔曰自正月以終季夏不可伐木必生蠹蟲十一月伐竹木

四時類要 十二月斬伐竹木不蛀

藥草

種紫草

齊民要術 宜黃白軟良之地青沙地亦善開荒黍穄下大佳性不耐水必須高田秋耕地至春又轉耕之三月種之耬耩地逐壠手下子（良田一畝用子二升半薄田用子三升）下訖勞之鋤如穀法潔淨為佳其壠底草則拔之（壠底用鋤則傷紫草）九月中子熟刈之候稃（芳蒲反）燥載聚打取子（濕載子則浥鬱）即深細耕（不細不深則失草矣）尋壟以杷耬取整理（收草宜併手力速竟為良遭雨則損草也）一扼隨以茅結之（擘葛彌善）四扼為一頭當日則斬齊顛倒十重許為長行置堅平之地以板石鎮之令扁（濕鎮直而長燥鎮則碎折不鎮賣難售也）兩三宿豎頭著

日中曝之令浥浥然（不曝則鬱黑太燥則碎折）五十頭作一洪（洪十字大頭向外以葛纏絡）著敞屋下陰涼處棚棧上其棚下勿使驢馬糞及人溺又忌烟皆令草失色其利勝藍若欲久停者入五月內著屋中閉戶塞向密泥勿使風入漏氣過立秋然後開出草色不異若經夏在棚棧上草便變黑不復任用

務本新書 種訖拖𥝖耬之或以輕鈍碾過秋深子熟傍去其土連根取出就地鋪穧頓乾輕振其土芽葉束切去虛梢

紅花

齊民要術（花地欲得良熟二月末三月初種也）種法欲雨後速下或漫散種或耬下一如種麻法亦有鋤掊而掩種者子科大而易料理花出日日乘涼摘取（不摘則乾）摘必須盡（留餘即合）五月子熟拔曝令乾打取之（子亦不用鬱浥）五月種晚花（春初即留子入五月便種若待新花熟後取子則又

晚也七月中摘深色鮮明耐久不黦（紆物反色壞也）勝春種者收子與麻子同價既任車脂亦堪為燭一頃花日須百人摘以一家手力十不充一但駕車地頭每旦當有小兒僮女十百為羣自來分摘正須平量中半分取是以單夫隻婦亦得多種○曬紅花法摘取即碓擣使熟以水淘布袋絞去黃汁更擣以粟飯漿清而酸者淘之又以布袋絞去汁即收取染紅勿弃也絞訖著甕器中以布蓋上雞鳴更擣令均於席上攤而曝乾（勝作餅花作餅者不得乾令花浥鬱也）

藍

齊民要術 藍地欲良三徧細耕三月中浸子令芽生乃畦種之治畦下水一同葵法藍三葉澆之（晨夜再澆）嬦治令淨五月中新雨後即接濕耬耩拔栽之三莖作一科相去八寸（栽時宜併功急手無令地燥也）白背即急鋤（栽時既濕白背不急鋤則堅確也）五徧為良七月中作藍澱○崔寔曰榆莢落時可種藍五月可刈藍六月可種冬藍（冬藍大藍也）

梔子

新添 十月選成熟梔子取子淘淨曬乾至來春三月選沙白地斸畦區深一尺全去舊土却收地上濕潤浮土篩細填滿區下種稠密如種茄法細土薄糝上搭箔棚遮日高可一尺旱時一二日用水於棚上頻頻澆灑不令土脉堅垎四十餘日芽方出土嬦治澆溉至冬月厚用蒿草藏護次年三月移開相去一寸一科鋤治澆溉宜頻冬月用土深擁根株其枝梢用草包護至次年三四月又移一步半一科栽成行列須園內穿井頻澆頻鋤每歲冬須北面厚夾籬障以蔽風寒第四年開花結實十月收摘甑內微蒸過曬乾用

茶

【四時類要】熟時收取子和濕沙土拌筐籠盛之穰草盖不爾即凍不生至二月中出種之於樹下或北陰之地開坎圓三尺深一尺熟斸著糞和土每坑中種六七十顆子盖土厚一寸强任生草不得耘相去二尺種一方旱時以米泔澆此物畏日桑下竹陰地種之皆可二年外方可耘治以小便稀糞蠶沙澆擁之又不可太多恐根嫩故也大槩宜山中帶坡峻若於平地即於兩畔深開溝壠洩水水浸根必死三年後收茶

椒

【齊民要術】熟時收取黑子（俗名椒目不用人手數近捉之則不生也）四月初畦種之（治畦下水如種葵法）方三寸一子篩土覆之令厚寸許復篩熟糞以盖土上旱輙澆之常令潤澤生高數寸夏連雨時可移之移法先作小坑圓深三寸以刀子圓劙椒栽合土移之於坑中萬不失一（若拔而移者率多死）若移大栽者二月三月中移之先作熟穰泥掘出即封根合泥埋之（行百餘里猶得生之）此物性不耐寒陽中之樹冬須草裹（不裹即死）其生小陰中者少稟寒氣則不用裹（所謂習以性成一木之性寒暑異容若朱藍之染能不易質故觀隣識士見友知人也）候實口開便速收之天晴時摘下薄布曝之令一日即乾色赤椒好（若陰時收者色黑失味）其葉及青摘取可以為菹乾而末之亦足充事也

【務本新書】三鄉椒種秋深熟時揀粒大者摘下蔭乾將椒子包裹掘地深埋春暖取出向陽掘畦種之性不耐寒冬月以草厚覆二年後春月移栽樹小時冬月以糞覆根地寒處以草裹縛次年結子椒不歇條一年繁勝一年

茱萸

齊民要術（食茱萸也山茱萸則不任食）二月三月栽之宜故城隄冢高燥處（凡於城上種蒔者先宜隨長短掘壍停之經年然後於壍中種蒔保澤沃壤與平地無差不爾者土堅澤流長物至遲歷年倍多樹木尚小）候實開便收之挂著屋裏壁上陰乾勿使煙熏（煙熏則苦而不香也）用時去中黑子（肉醬魚鮓偏宜用）

茴香

務本新書春暖向陽掘區糞土相和區先下水子用新香不浥者量地下子糁土微蓋區南約量種蘇以遮夏日長高三四指旱則澆之或霖雨時就新子種之亦可十月斫去條梢糞土覆根三月去之

蓮藕

齊民要術種蓮子法八月九月中收蓮子堅黑者於凡上磨蓮子頭令皮薄取墐土作熟泥封之如三指大長二寸使蔕頭平重磨處尖銳泥乾時擲於泥中重頭沉下自然周正皮薄易生少時即出其不磨者皮既堅厚倉卒不能生也種藕法春初掘藕根節頭著魚池泥中種之當年即有蓮花

芡

齊民要術種芡法一名雞頭八月中收取擘破取子散著池中自生也

芰

齊民要術種芰法一名菱秋上子黑熟時收取散著池中自生矣

薯蕷（今名山藥）

四時類要山居要術云擇取白色根如白米粒成者先收子作三五所坑長一丈闊三尺深五尺下密布甎坑四面一尺許亦側布甎防別入傍土中根即細也作坑子訖填糞土三行下子種之填坑滿待苗著架經年已後根甚麤一坑可支一年食根種者截長一尺已下種

○又法地利経云大者折二寸為根種當年便得子收子後一冬埋之二月初取出便種忌人糞如旱放水澆又不宜苦濕須是牛糞和土種即易成

務本新書 種山藥宜寒食前後沙白地區長丈餘深闊各二尺少加爛牛糞與土相和平匀厚一尺揀肥長山藥上有芒刺者每定折長三四寸鱗次相挨卧於區内復以糞土匀覆五寸許旱則澆

之亦不可太濕頗忌大糞苗長以高梢扶架霜降後比及地凍出之外将蘆頭另窖來春種之勿令凍損

地黄

齊民要術 種地黄法須黑良田五徧細耕三月上旬為上時中旬為中時下旬為下時一畝下種五石其種還用三月中掘取者逐犂後下之至四月末五月初生苗訖至八月盡九月初根成中染

若須留為種者即在地中勿掘之待来年三月取之為種計一畝可收根三十石有草鋤不限徧數鋤時別作小刃鋤勿使細土覆心令秋收訖至来年更不須種自旅生也惟須鋤之如此得四年不要種之皆餘根自出矣

枸杞

博聞録 種枸杞法秋冬間收子淨洗日乾春耕熟地作町闊五寸紐草稕如臂

大置畦中以泥塗草稕上然後種子以細土及牛糞蓋令徧苗出頻水澆之○又可插種

務本新書 枸杞宜故區畦種葉作菜食子根入藥

新添 秋收好子至春畦種如種菜法○又三月中苗出時移栽如常法伏内壓條特為滋茂○一法截條長四五指許掩於濕土地中亦生

菊花

【博聞録】菊蜀人多種之苗可入茶花子入藥然野菊大能瀉人惟真菊延年花乃黄中之色氣味和正花葉根實皆長生藥其性介烈不與百花同盛衰是以通仙靈也

【務本新書】宜白地栽甜水澆苗作菜食花入藥用三四月帶根土掘出作區下糞水調成泥擘根分栽每區一二科後

極滋胤

蒼朮

【四時類要】二月取根子劈破畦中種上糞下水一年即稠苗亦可為菜若作煎宜多種之

黄精

【四時類要】二月擇取葉相對生者是真黄精擘長二寸許稀種之一年後甚稠種子亦得其葉甚美入菜用其根堪為煎朮與黄精仙家所重

百合

【四時類要】二月種百合此物尤宜雞糞每阬深五寸如種蒜法又云取根曝乾擣為麪細篩甚益人

牛蒡子

【四時類要】熟耕肥地令深平二月末下子苗出後耘旱即澆灌八月已後即取根食若取子即留隔年方有子凡是閒地即須種之不但畦種也

【務本新書】牛蒡子宿根亦名鼠黏子葉作菜食明目補中去風久食輕身耐老

決明

【四時類要】二月取子畦種同葵法葉生便食直至秋間有子若嫩老番種亦得若入藥不如種馬蹄者

【博聞録】園圃四旁宜多種地不敢入

甘蔗

【新添】栽種法用肥壯糞地每歲春間耕

轉四徧耕多更好擺去柴草使地淨熟蓋下土頭如大都天氣宜三月内下種迤南暄熱二月内亦得每栽子一箇截長五寸許有節者中須帶三兩節發芽於節上畦寬一尺下種處微壅土高兩邊低下相離五寸卧栽一根覆土厚二寸栽畢用水遠澆止令濕潤根脉無致渰沒栽封旱則三二日澆一徧如雨水調勻每一十日澆一徧其苗高二尺餘頻用水廣澆之荒則鋤耘並不開花結子直至九月霜後品嚐稍稈酸甜者成熟味苦者未成熟將成熟者附根刈倒依法即便煎熬外將所留栽子稍稈斬去虛梢深掘窖院窖底用草襯藉將稍稈豎立收藏於上用板蓋土覆之毋令透風及凍損直至來春依時出窖截栽如前法大抵栽種者多用上半截儘堪作種其下截肥好者留熬沙糖若用肥好者作種尤佳○煎熬法若刈倒放十許日即不中煎熬將初刈倒稍稈去梢葉截長二寸碓擣碎用密筐或布袋盛頓壓擠取汁即用銅鍋内斟酌多寡以文武火煎熬其鍋隔牆安置牆外燒火無令烟火近鍋專一令人看視熬至稠粘似黑棗合色用瓦盆一隻底上鑽箸頭大竅眼一箇盆下用甕承接將熬成汁用瓢豁於盆内極好者澄於盆流於甕内者止可調渴水飲用將好者止就用有竅眼盆盛頓或倒在瓦罂内亦可以物覆蓋之食則從便慎勿置於熱炕上恐熱開化大抵煎熬者止取下截肥好者有力糖多若連上截用之亦得

薏苡

新添 九月霜後收子至來年三月中隨耕地於壠内點種撈蓋令平有草則鋤

藤花

新添 春分前後移栽長時宜靠樹架起其花茂盛採時天晴便乾不致浥損收藏可爲素餡食之

薄荷

新添 諸處多見移栽經冬根不死採葉可食本入藥用

罌粟 一名御米

四時類要 罌粟尤宜山坡亦可畦種

博聞錄 重九日種又中秋夜種則罌大子滿種訖以竹篲掃之

苜蓿

齊民要術 地宜良熟七月種之畦種水澆一如韭法 亦一剪一上糞鐵杷耧土令起然後下水 一年三刈留子者一刈則止春初既中生啖爲羹甚香長宜飼馬馬尤嗜之此物長生種者一勞永逸都邑負郭所宜種之

○崔寔曰七月八月可種苜蓿

四時類要 苜蓿若不作畦種即和麥種之不妨○燒苜蓿之地十二月燒之訖二年一度耕壠外根即不衰凡苜蓿春食作乾菜至益人

農桑輯要卷第六

農桑輯要卷第七

孳畜

養馬牛總論

齊民要術 服牛乘馬量其力能寒温飲飼適其天性如不肥充蕃息者未之有也諺曰羸牛劣馬寒食下（言其乏食瘦瘠春中必死）務在充飽調適而已

馬（驢騾附）

齊民要術 飲飼之節食有三芻飲有三時何謂也一曰惡芻二曰中芻三曰善芻（謂飢時與惡芻飽時與善芻引之令食食常飽則無不肥剉草麄雖足豆穀亦不肥充細剉無節簁去土而食之者令馬肥不空如此喂飼自然好也空苦江反）何謂三時一曰朝飲少之二曰晝飲則胷饜水三曰暮極飲之（一曰夏汗冬寒皆當節飲諺曰旦起騎穀日中騎水斯言旦飲須節水也每飲食令行驟則消水小驟數百步亦佳十日一放令其陸梁舒展令馬硬食也）驢騾大槩類馬不復別起條端○凡驢馬駒初生忌灰氣遇新出爐者輒死（經雨死即不）○凡以豬槽餵馬以石灰泥馬槽汗繫著門皆令馬落駒（術曰常繫獮猴於馬房令馬不畏辟惡消百病也）○馬久步即生筋勞筋勞則生蹄痛久立則發骨勞骨勞則發癰腫久汗不乾則皮勞皮勞者𩥇而不振汗未善燥而飲飼之則生氣勞氣勞者𩥇而不噴驅馳無節則生血勞血勞則發強行何以察五勞終日驅馳舍而視之不𩥇者筋勞也𩥇而不時起者骨勞也起而不振者皮勞也振而不噴者氣勞也噴而不溺者血勞也筋勞者兩絆却行三十步而已骨勞者令人牽之起從後笞之起而已皮勞者夾脊摩之熱而已氣勞者緩繫之櫪上遠餧草噴而已血勞者高繫無飲食之大溺而已○治牛馬疫氣方（取獺屎煮灌之獺肉及肝彌良不能得肉肝乃屎耳）

四時類要 三月收合龍駒合驢馬之牝

牡此月三日為上準令季春之月乃合騾牛驢馬遊牝于牡仲夏之月遊牝別羣則縶騰駒○治馬喉腫方以物纏刀子露刃鋒一寸許刺咽喉潰則愈又方取乾馬糞置瓶子中頭髮覆之火燒馬糞及髮煙出著馬鼻熏令煙入鼻中須臾即差又方豬脊引脂亂髮燒烟熏鼻同上法○又療馬結熱起臥戰不食水草方黃連二兩杵末白鮮皮一兩杵末油五

合豬脂四兩細切右以溫水一升半和藥調停灌下牽行抛糞即愈○馬疥方晁音臭黃頭髮臘月豬脂煎令髮消及熱塗之立効○馬傷水用葱鹽油相和搓成團子內鼻中以手掩馬鼻令不通氣良久待眼淚出即止○馬傷料用生蘿蔔三五箇切作片子啖之効○馬猝熱腹脹起臥欲死方藍汁二升和冷水二升灌之立効○治新生小駒子瀉肚方藁

本末三錢匕大麻子研汁調灌下咽喉便効次以黃連末大麻汁解之○驢馬磨打破瘡馬齒莧石灰一處擣為團曬乾後再擣羅為末先口含鹽漿水洗淨用藥末貼之驗○常喂馬藥鬱金大黃甘草山梔子貝母白藥子黃藥子黃芩款冬花秦艽黃蘗黃連知母桔梗藁本右件一十五味各等分同擣羅為末每一疋馬每喂藥末二兩許仍用油蜜豬

脂雞子飯少許同和調喂之喂後不得飲水至夜喂飼○馬氣藥方青橘皮當歸桂心大黃芍藥木通郁李仁瞿麥白芷牽牛子右件十味各等分同擣羅為末用溫酒調灌每疋馬藥末半兩○點馬眼藥青鹽黃連馬牙硝甤仁右件四味各等分同研為末用蜜煎入瓷瓶子盛或點時旋取少多以井水浸化點○治馬急起臥取壁上多年石灰細杵羅用酒調二兩

已未灌之立効○治馬食槽内草結方好白礬末一兩分爲二服每貼和飲水後啖之不過三兩度即内消却此法神驗

博聞録 馬傷脾方川厚朴去麤皮爲末同薑棗煎灌應脾胃有傷不食水草褰唇似笑鼻中氣短宜速與此藥○馬心熱方甘草芒硝黄蘗大黄山梔子瓜蔞爲末水調灌應心肺壅熱口鼻流血跳

躑煩燥宜急與此藥○馬肺毒方天門冬知母貝母紫蘇芒硝黄芩甘草薄荷葉同末飯湯入少許醋調灌療肺毒熱極鼻中噴水○馬肝壅方朴硝黄連爲末男子頭髮燒灰存性漿水調灌應邪氣衝肝眼目似睡忽然眩倒此方主之○馬腎搐方烏藥芍藥當歸玄參山茵蔯白芷山藥杏仁秦艽每服一兩酒一大升同煎温灌隔日再灌○馬氣喘方玄參亭歷升麻牛蒡兜苓黄耆知母貝母同爲末每服二兩漿水調草後灌之應喘嗽皆治○馬尿血方黄耆烏藥芍藥山茵蔯地黄兜零枇杷葉爲末漿水煎沸候冷調灌應卒熱尿血皆主療之○馬喉腫方螺青川芎知母川鬱金牛蒡炒薄荷貝母同爲末每服二兩蜜二兩漿水煎沸候温調灌○馬結尿方滑石朴硝木通車前子爲末每服一兩温

水調灌隔時再服結甚則加山梔子赤芍藥同末○馬結糞方皁角燒灰存性同大黄枳殼麻子仁黄連厚朴爲末清米泔調灌若腸突加蔓荊子末同調○馬舌硬方款冬花瞿麦山梔子地仙草青黛鵬砂朴硝油煙墨等分爲細末每用半兩許塗舌上立差○馬膈痛方羌活白藥甜瓜子當歸没藥芍藥爲末春夏漿水加蜜秋冬小便調療膈痛低頭

雞不食草○馬流沫方當歸菖蒲白术澤瀉赤石脂枳殼厚朴甘草為末每一兩半酒一升葱白三握同水煎温灌○馬傷蹄方大黃五靈脂木鱉子去油海桐皮甘草土黃芸薹子白芥子為末黃米粥調藥攤帛上裹之

牛 水牛附

四時類要 治牛疫方取人參細切水煮汁五升灌口中差又方真安息香於牛欄中燒如燒香法如初覺有一頭至兩頭是疫即牽出以鼻吸之立愈又方十二月兔頭燒作灰和水五升灌口中良○牛欲死腹脹方研麻子汁五升温令熱灌口中愈此治食生豆脹垂死者甚良○牛鼻脹方以醋灌耳中立差○牛疥方煮烏豆汁熱洗五度差一本作烏頭汁○牛肚脹及嗽方取榆白皮水煮令熟甚滑以三五升灌之即差○牛虱方以胡麻油塗之即愈豬肚亦得六畜虱塗之亦愈

博聞錄 牛瘴疫方用真茶二兩和水五升灌之又治牛卒疫而動頭打脇急用巴豆七箇去殼細研出油和灌之即愈又燒蒼术令牛鼻及其香止○牛尿血方川當歸紅花為細末以酒二升半煎取二升冷灌之又法豉汁調食鹽灌○牛患白膜遮眼用炒鹽并竹節燒存性細研一錢貼膜効○牛氣噎方牛有茅根噎以皂角末吹鼻中更以鞋底拍尾停骨下効○牛腹脹方牛喫著雜蟲致腹脹用燕屎一合漿水二升調灌之効○牛觸人方牛顛走逢人即觸是膽大也黃連大黃末雞子酒調灌之○牛尾焦不食水草以大黃黃連白芷末雞子酒調灌之○牛氣脹方淨水洗汗韈取汁一升好醋半升許灌之愈○牛肩爛

方舊綿絮三兩燒存性麻油調抹忌水五日愈○牛漏蹄方紫礦爲末豬脂和納入蹄中燒鐵篦烙之愈○牛沙疥方蕎麥隨多寡燒灰淋汁入緑礬一合和塗愈

韓氏直說 餵養牛法農隙時入暖屋用場上諸糠穰鋪牛脚下謂之牛鋪牛糞其上次日又覆糠穰每日一覆十日除一次牛一具三隻每日前後餉約飼草三束豆料八升或用蠶沙乾桑葉水三桶浸之牛下餉噍透刷飽飲畢辰巳時間上槽一頓可分三和皆水拌第一和草多料少第二比前草減半少加料第三草比第二又減半所有料全繳拌食盡即往使耕噍了牛無力夜餵牛各帶一鈴草盡牛不食則鈴無聲即拌之飽使耕俗諺云三和一繳須管要飽不要噍了使去耐好○水牛飲飼與黄牛同夏須得水池冬須得暖廠牛衣

羊

齊民要術 常留臘月正月生羔爲種者上十一月二月生者次之非此月數生者毛必焦卷骨髓細小所以然者逢寒遇熱故也其八九十月生者雖值秋肥然比至冬暮母乳已竭春草未生是故不佳其三四月生者草雖茂美而羔小未食常飲熱乳所以亦惡五六七月生者兩熱相仍惡此中之甚其十一月十二月生者母既含重膚軀充滿草雖枯亦不羸瘦母乳適盡即得春草是以極佳大率十口二羝羝少則不孕羝多則亂群不孕者必瘦瘦則匪爲不蕃息經冬或死羝無角者更佳有角者喜相觝觸傷胎所由也擬供廚者宜剩之剩法生十餘日布裹齒碎之牧羊必須大老子心性宛順者起居以時調其宜適卜式云牧民何異於是者若使急性人及小兒者攔約不得必有打傷之災或勞戲不看則有狼犬之害懶不驅行無肥充之理將息失所有羔死之患也惟遠水爲良傷水則蹄甲膿出二日一飲頻飲則傷水而鼻膿緩驅行勿停息息則不食而羊瘦急行則坌塵而蚛顙也春夏早放秋冬晚出春夏氣軟所以宜早秋冬霜露所以宜晚養生經云春夏早起與雞俱興秋冬

晏起必待日光此其義也夏日盛暑須得陰涼若日中不避熱則塵汗相漸秋冬之間必致癬疥七月已後霜露氣降必須日出霜露晞解然後放之不爾則逢毒氣令羊口瘡腹脹也圈不厭近必須與人居相連開窗向圈所以然者羊性怯弱不能禦物狼一入圈或能絕羣架北牆為廠為屋即傷熱熱則生疥癬且屋處慣暖冬月入田尤不耐寒圈中作臺開竇無令停水二日一除毋使糞穢穢則污毛停水則夾蹄眠濕則腹脹也圈內須並牆豎柴柵令周匝羊不揩土毛常自淨不豎柴者羊揩牆壁土鹹相得毛皆成氊又豎柵頭出牆者虎狼不敢踰也羊一

千口者三四月中種大豆一頃雜穀并草留之不須鋤治八九月中刈作青茭若不種豆穀者初草實成時收刈雜草薄鋪使乾勿令鬱浥豐豆胡豆蓬藜荊棘為上大小豆萁次之高麗豆萁尤是所便蘆薍二種則不中凡乘秋刈草非直為羊然大凡悉皆倍勝崔寔曰七月七日刈芻茭也既至冬寒多饒風霜或春初雨落青草未生時則須飼不宜出放○羊有疥者間別之不別相染汙或能合羣致死羊疥先著口者難治多死凡羊經疥得差後夏初肥時宜賣易之不爾後春疥發必死矣○家政法曰養羊法當以瓦器盛一升鹽懸羊欄中羊喜鹽自數還噉之不勞人牧○羊有病輒相汙欲令別病法當欄前掘瀆深二尺廣四尺往還皆跳過者無病不能過者入瀆中行過便別之○羊有一角食之傷人

四時類要 羊疥方藜蘆根敲打令皮破

以泔浸之缾盛塞口放竈邉令常暖數日味酸便中用以甎瓦刮疥處令赤若堅硬者湯洗之去痂拭令乾以藥汁塗之再上愈疥若多逐日漸漸塗之勿以頓塗恐不勝痛也又方豬脂和晃黃塗之愈○羊中水方羊膿鼻眼不淨者皆以水洗治之其方以湯和鹽杓中研令極鹹候冷取清者以小角子受一雞子者灌兩鼻各一角五日後必肥以眼鼻為

候不差更瀧〇羊膿鼻方羊膿鼻及口頰生瘡如乾癬者相染多致絕羣治法豎長竿圈中竿頭致板令獼猴居上辟狐狸而益羊差病也〇羊夾蹄方取羖羊脂和煎令熟燒鐵令微熱勻脂烙之勿令入泥水不日自差〇剪羊毛三月候毛床動則剪剪訖以河水洗即生毛潔白八月候子未成時剪之不爾則損毛中旬後剪則勿洗恐寒氣損羊

豬

齊民要術 母豬取短喙無柔毛者良喙長則牙多一廂三牙已上則不煩畜為難肥故有柔毛者焰治難淨也牝者子母不同圈子母同圈喜相聚不食則死傷牡者同圈則無嫌牡性游蕩若非家生則喜浪失圈不厭小圈小則肥疾處不厭穢泥汙則避暑亦須小廠以避雨雪春夏草生隨時放牧糟糠之屬當日別與糟糠經夏輒敗不中停故八九十月放而不飼所有糟糠則畜待窮冬春初豬性甚便水生之草杷耬水藻等令近岸豬則食之一皆肥初產者宜煮穀飼之其子三日便掐尾六十日後犍三日掐尾則不畏風凡犍豬死者皆風所致耳犍不截尾則前大後小犍骨細肉多不犍者骨麤肉少如犍牛法者無風死之患十一月十二月生者豚一宿蒸之蒸法索籠盛豚著甑中微火蒸之汗去便罷不蒸則腦凍不合不出旬便死所以然者豚性腦少寒盛則不能自煖故須煖氣助之供食豚乳下者佳簡取別飼之愁其不肥共母同圈粟豆難足宜埋車輪為食場散粟豆於內小豚食足出入自由則肥速

四時類要 閹豬子待瘡口乾平復後取巴豆兩粒去殼爛擣和麻籸糟糠之類飼之半日後當大瀉其後日見肥大〇肥豕法麻子二升擣十餘杵鹽一升同煮後和糠三斗飼之立肥

禽魚

養雞

齊民要術 雞種取桑落時生者良形小淺毛

脚細短者是也守窠少聲善育雛子春夏生者則不佳形大毛羽悅澤脚麤長者是遊蕩饒聲產乳易厭既不守窠則無緣蕃息也雞春夏雛二十日內無令出窠飼以燥飯出窠早不免烏鴟與濕飯則令臍膿也雞棲宜據地為籠籠內著棧雞鳴聲不朗而安穩易肥又免狐狸之患若任之樹大一遇風寒大者損瘦小者或死燃柳柴殺雞雛小者死大者盲此亦燒黍穰殺之法其理難悉○家政法曰養雞法二月先耕一畝作田秫粥洒

之刈生茅覆上自生白蟲便買黃雌雞十隻雄一隻於地上作屋方廣丈五於屋下懸簣令雞宿上夏月盛晝雞當還屋下息并於園中築作小屋覆雞得養子烏不得就○養雞令速肥不爬屋不暴園不畏烏鴟狐狸法別築牆匡開小門住小廠令雞以避雨日雌雄皆斬去六翮無令得飛出常多收秕稗胡豆之類以養之亦作小槽以貯水荆藩為棲去地一尺數掃去屎鑿廠為窠亦去地一尺惟冬天著草不茹則子凍春夏秋三時則不須直置土上任其產伏留草則蛆蟲生雛出則著外以罩籠之如鵪鶉大還內廠匡中其供食者又別作廠匡蒸小麥飼之三七日便肥大矣○取穀產雞子供常食法別取雌雞勿令與雄相雜其廠匡斬翅荆棲土窠一如前法惟多與穀令竟冬肥盛自然穀產矣一雞生百餘卵不雛並食之無咎○黑雞白頭食之病人有六指者殺人養生論曰雞肉不可令小兒食食之生蚘蟲又令體消瘦

鵝鴨

齊民要術鵞鴨並一歲再伏者為種一伏得子者少三伏者冬寒雛多死也大率鵞三雌一雄鴨

五雌一雄鵞初輩生子十餘鴨生數十後輩皆漸少矣常足五穀飼之生子多不足者生子少欲於廠屋之下作窠以防豬犬狐狸驚恐之患多著細草於窠中令暖先刻白木為卵形窠別著一枚以誑之不爾不肯入窠喜東西浪生若獨著一窠後有爭窠之患生時尋即收取別著一煖處以柔細草覆藉之停置窠中凍即雛死伏時大鵞一十子大鴨二十子小者減之多則不周數起者

不任爲種（數起則凍冷也）其貪伏不起者須五六日一與食起之令洗浴（久不起者飢羸身冷雖伏無熱）鵞鴨皆一月雛出量雛欲出之時四五日内不用聞打鼓紡車大叫豬犬及舂聲又不用器淋灰不用見新產婦（觸忌者雛多厭殺不能自出假令出亦尋死也）雛既出作籠籠之先以粳米爲粥糜一頓飽食之名曰塡嗉（不爾喜軁羌量而死）然後以粟飯切苦菜蕪菁英爲食以清水與之濁則易（不易泥塞鼻則死）入水中不用停久尋宜驅出（此既水禽不得水即死臕未合久在水中冷徹亦死）於籠中高處敷細草令寢處其上（雛小臕未合不欲冷也）十五日後乃出籠（早放者匪直乏力致困又有寒冷兼烏鴟灾也）鵞惟食五穀稗子及草菜不食生蟲（葛洪方曰居射工之地當養鵞鵞見此物能食之故鵞辟此物也）鴨靡不食矣水稗實成時尤是所便噉此足得肥充供廚者子鵞百日以外子鴨六七十日佳過此肉硬大率鵞鴨六年以上老不復生

伏矣宜去之少者初生伏又未能工惟數年之中佳耳○純取雌鴨無令雜雄足其粟豆常令肥飽一鴨便生百卵（俗所謂穀生者此卵既非陰陽合生雛伏亦不成雛宜以供膳幸無麛卵之咎也）

魚

齊民要術　陶朱公養魚經曰夫治生之法有五水畜第一水畜所謂魚池也以六畝地爲池池中作九洲求懷子鯉魚長三尺者二十頭牡鯉魚長三尺者四頭以二月上庚日内池中令水無聲魚必生至四月内一神守六月内二神守八月内三神守神守者鼈也所以内鼈者魚滿三百六十則蛟龍爲之長而將魚飛去内鼈則魚不復去在池中周遶九洲無窮自謂江湖也至來年二月得鯉魚長一尺者一萬五千枚三尺者四萬五千枚二尺者萬枚至明年得長一尺者十萬枚長二尺者五萬枚長三尺

者五萬枚長四尺者四萬枚留長二尺者二千枚作種所餘皆貨倐至明年不可勝計也池中有九洲八谷谷上立水二尺又谷中立水六尺所以養鯉者鯉不相食易長又貴也○又作魚池法三尺大鯉非近江湖倉卒難求若養小魚積年不大欲令生大魚法須載取藪澤陂湖饒大魚之處近水際土十數載以布池底二年之内即生大魚盖由土中

先有大魚子得水即生也

蜜蜂

新添 人家多於山野古窯中收取盖小房或編荊囤兩頭泥封開一二小竅使通出入另開一小門泥封時時開却掃除常淨不令他物所侵秋花彫盡留冬月可食蜜脾割取作蜜蠟至春三月掃除如前常於蜂窭前置水一器不致渴損春月蜂成有數箇蜂王當審多少壯與不壯若可分為兩窭止留蜂王兩箇其餘摘去如不壯除舊蜂王外其餘蜂王盡行摘去窭鳥木反穴居也

歲用雜事

四時類要 ○正月○竪籬落○糞田○開荒○修蠶屋○織蠶箔○造桑机○造麻鞋○舂米此月人閒○築牆○二月○栽柳○舒蒲桃上架○解栗裹縛○去石榴裹縛○造醬是月合為中時○寒食前後

收柴炭○造布○浣冬衣○採桑螵蛸○三月○利瀟瀆○葺垣墻○治屋室以待霖雨○脫墼○移茄子○造酪是月牛羊飽草好造也○四月○收蔓菁芥蘿蔔荳子○收乾椹子○鋤葱○收乾笋蔵笋○此月伐木不蛀○脩隄防開水竇○整屋漏以備暴雨○五月○灰蔵毛羽物○氈須人卧不卧則曬箒掃○收蠶種豌豆蜀芥胡荽子○六月○命女

工織紬絹○收芥子（中秋後種）○收花藥子（便種之）○收李核（便種）○收苜蓿○收槐花（曝乾）○斫竹（此月及八月不蛀）○漚麻○曬氊褥書裘○種小蒜（同七月）○蘿蔔○七月○收楮子○浣故衣制新衣作夾衣以備始凉○刈蒿草○種蜀芥○分薤○漚晚麻○耕菜地○收荷葉陰乾○拭漆器五月至此月盡經雨後漆器圖畫箱篋須曬乾則不損○收瓜蔕○收蔓菁子（同八月）○八月○收薏苡○收角蒿○收韭花○收胡桃○收棗○開蜜○下旬造油衣○收油麻秫江豆○備冬衣○刈莞葦○九月○收豕（同十月）○收皁角○貯麻子油○採菊花收木瓜○備冬藏凡蔓菁茬蓼韭葷脆美而不耐停者旱園菜稍硬停得至二月○十月○築垣牆墐北户○縛薦○遮掩牛馬屋○收槐實梓實○收牛膝地黃○造牛衣○蓋瘞蒲桃○包裹栗樹石榴樹不爾即凍死○收諸般穀種大小豆種○十一月○貨薪柴綿絮○伐木取竹箭此月堅成○造什物農具○折麻放麻○刈蒿棘○貯年支草於隙地至六月及秋霖時俱利倍○十二月○造車○貯雪水○收臘糟○糞地○刈棘屯牆○造農器○收羔種○收牛糞

農桑輯要卷第七

農桑衣食撮要

（元）魯明善 撰

《農桑衣食撮要》，（元）魯明善撰。魯明善，維吾爾族人，以漢字魯爲姓，明善爲其字，本名鐵柱，生平難以詳考。從自序和張栗的序文可知，作者於元仁宗延祐元年（一三一四）受命到壽春郡（今安徽壽縣）任監察官。他認爲地方官最重要的任務是向農民傳授農業技術，因而在任職壽春期間，很注重總結農業生産經驗。鑒於當時『務農之書，或繁或簡，田疇之人，往往多不能悉』的狀況，作者參考了《農桑輯要》，增選了適合江南農業的材料，寫成這部農家月令書。

全書按一年十二個月的順序，逐條列出農家當月應該進行的農事。内容以農桑爲主，也包括蔬菜、果樹、竹木、水利、氣象、畜牧獸醫、藥材、養蜂、農副産品加工、釀造、農産品收藏、清理溝渠、修理房舍以及日常生活知識等。該書選材精審，重點突出，語言通俗，實用性強。《四庫全書》評價曰：『明善此書，分十二月令，體系條别，簡明易曉，使種藝斂藏之節開卷了然』。

該書於元延祐元年（一三一四）初刻，至順元年（一三三〇）重刻。元代版本已不見流傳，現存最早的是明刻本。明代初期編入《永樂大典》，各地官府及民間多有傳刻。清代亦有刻印，《四庫全書》本即是從《永樂大典》中輯録的，後來傳刻都以四庫本爲藍本，有《墨海金壺》《珠叢别録》《叢書集成初編》等版本。一九六二年農業出版社出版王毓瑚校注本。今據清嘉慶十三年（一八〇八）海虞張氏《墨海金壺》本影印。

（惠富平）

農桑衣食撮要

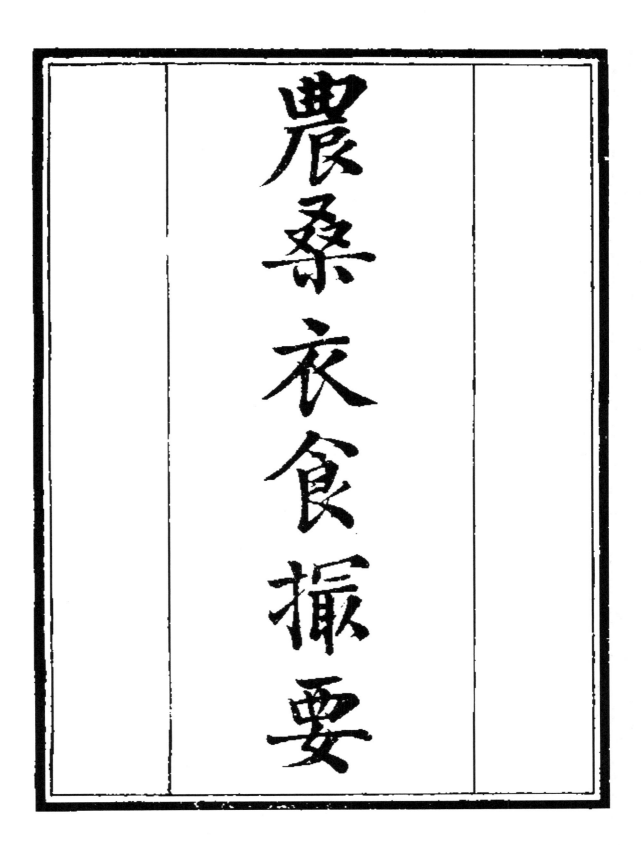

自序

農桑衣食之本務農桑則衣食足衣食足則民可教以禮義民可教以禮義則家國天下可久安長治也虞夏殷周之興罔不由此秦漢而降知恤鮮哉我世祖皇帝中統建元之初首詔有司歲時勸課以厚民生立大司農司以專其任列聖相承式遵祖訓凡我臣子孰敢不虔乃者叨蒙憲紀之任因思衣食之本取所藏農桑撮要刊之學宮所以欽承上意而教民務本也凡天時地利之宜種植斂藏之法纖悉無遺具在是書苟爲民者人習其業則生財足食之道仰事俯育之資將隨取而隨足庶乎教可行而民安於下矣國久安長治之策也其可以農圃細事而忽之哉雖然游末是趨舍是書

而不務以自取貧困固吾民之罪而奪其時以落其事使是書爲徒設則有司之咎也於戲時和歲豐家給人足與吾民相忘於謠衢擊壤之域顧不美歟謹題其篇端以告來者庶牧民者知所勸也至順元年六月甲申謹敘

農桑衣食撮要提要

農桑衣食撮要二卷元魯明善撰明善元史無傳其始末未詳別本有其幕僚導江張㮚序一篇稱明善畏吾爾（舊作畏吾兒今依元國語解改正）人以父字魯爲氏名鐵柱以字行于延祐甲寅出監壽郡始撰是書且鋟諸梓而明善自序則稱叨憲紀之任取所藏農桑撮要刊之學宮末署至順元年六月蓋自壽陽刊板之後閱十有七年而重付剞劂者也考豳風所紀皆陳物候夏小正所紀亦多切田功古來四民月令四時纂要諸書蓋其遺意而今多不傳至元頒行農桑輯要於耕種樹畜之法言之頗詳而歲用雜事僅列爲卷末一篇未爲賅備明善此書

分十二月令件繫條別簡明易曉使種藝斂藏之節開卷了然蓋以陰補農桑輯要所未備亦可謂能以民事講求實用者矣

農桑衣食撮要卷上

墨海金壺　子部

元　魯明善　撰

正月　元旦宜齋戒焚香捧燭拜謝天地日月星辰國王水土祖宗父母社稷六神勿興惡念每月若遇朔望之日依上焚香拜謝福德必厚

驗歲朝

一日雞二日犬三日豕四日羊五日牛六日馬七日人八日穀日色晴明溫暖則蕃息安康風雨陰寒慘冽則疾病衰耗以各日驗之

驗歲草

薺菜先生歲欲甘葶藶先生歲欲苦藕先生歲欲雨蒺藜

先生歲欲旱蓬先生歲欲荒水藻先生歲欲惡艾先生歲欲病苴孟春占之

教牛

牛者農之本爲家長者須當留心提調每日水草不可失時水牛夏間下水坑不可觸熱冬間要溫暖切忌霜雪凍餓家有一牛可代七人力雖然畜類性與人同切宜愛惜保養

嫁樹

元日五更點火把照桑棗菓木等樹則無蟲以刀斧斑駁敲打樹身則結實此謂之嫁樹

移栽諸色果木樹

古人云移樹無時莫教樹知多留宿土記取南枝宜寬深開掘用少糞水和之成泥漿根有宿土者栽於淤泥中候水喫定次日方用土覆蓋根無宿土者深栽於泥中輕提起樹根與地平則根舒暢易得活三四日後方可用水澆灌上半月移栽則多實宜愛護勿令動搖

騸諸色果木樹

樹芽未生之時於根旁掘土須要寬深尋纂心釘地根截去留四邊亂根勿動却用土覆蓋築令實則結果肥大勝插接者謂之騸樹

栽桑樹

耕地宜熟移栽時行須用寬橫行闊八步長行相離四步

對栽桑行中間可用牛耕故田不廢桑不致荒二月內移
栽亦可臘月亦得

移栽諸樹

自朔暨晦可移松柏槐榆等樹二三月亦得

脩桑

削去枯枝及低小亂枝條根旁開掘用糞土培壅與臘月
同此月不脩理則葉生遲而薄

種麻

古人云十耕蘿蔔九耕麻地要肥熟以土灰拌種或撒子
以土灰和腐草蓋密則細疎則粗布葉則刪耘宜帶露撒
灰耘糞三兩次二三月皆可種之宜早不宜遲臘月八日

亦得

種茄匏冬瓜葫蘆黃瓜菜瓜

此月預先以糞和灰土以瓦盆盛或桶盛貯候發熱過以瓜茄子插於灰中常以水灑之日間朝日景夜間收於窩側暖處候生甲時分種於肥地常以少糞水澆灌土用低棚蓋之待長茂帶土移栽則易活社後亦可種之

芋秧

先將園地鉏過一遍又以新黃土覆在鉏過地上却將芋芽向上密排種之用草覆蓋候發出三四葉約四五寸高於三月間移栽之

修諸色果木樹

削去低小亂枝條勿令分力結果自然肥大

栽葱韭薤

去冗鬚微曬乾疎行密排栽之宜雞糞培壅

種苦蕒萵苣生菜芥

二三月皆可移種宜用盦過熟灰糞培壅之

合小豆醬

小豆蒸爛令定團成餅盦出黃衣穿掛當風處至三四月內用黑豆或黃豆炒過磨去皮簸淨煮熟撈出每小豆黃子一斗熟豆一石用鹽四十餘斤拌勻擣爛入甕每日攪動曬過七日後便可食用合醬時斟酌豆黃用之

修農具

築牆圍

開溝渠

修蠶屋

整屋漏

移栽諸般花窠

織蠶箔

二月　月內三卯有則宜豆無則早種禾農家每歲經驗之言

驚蟄日以石灰摻於門限牆壁外則辟除諸般蟲蟻

種舊椹

宜熟耕地打成畦以舊椹撒於畦中常用水澆灌候芽出時如法愛護冬間附地割去其窠用柴草薄蓋以走火燒

過火大則傷根糞草蓋至春耙摟去糞草用水澆灌每一窠出芽數枝留旺者一枝餘枝削去至秋長五六尺來春可移於熟地内相對作大寬行栽之

籤諸色果木

揀好嫩枝條籤於芋頭或蘿蔔頭上栽易活腦上用箬葉包之若籤諸般花枝移頭亦可

種黍穄

新開荳田爲上一畝用子四升春分前後宜用灰土和子種須鉏三五窠作一叢書曰黍心未生雨灌其心心傷無實黍心初生畏天寒次日早用槃麻散栓長繩上令兩人對持於黍上牽拽抹去其露則不傷黍刈穄欲早黍欲晚

諺曰穄青喉黍折頭黍穄熟時炊飯又可釀酒擣碎蒸糕以備日用春後皆可種

種椒

擇濕潤平地深耕杷勻取上年原埋地中椒子種之用灰糞和細土覆蓋則易生來年依時分開每株約離七八尺地用麻糁灰糞栽之忌水浸根三年後換嫩枝方結實辟蛇喫椒宜種香白芷或以髮纏樹根種生菜亦得

種茶

宜斜坡陰地走水處用糠與焦土種每一圈可用六七十粒覆土厚一寸出時不要耘草旱以米泔澆常以小便糞水或蠶沙壅之水浸根必死三年後可採茶相離二尺種

一叢

種西瓜

宜肥地種掘地作坑如斗大每坑納瓜子四枚多種則漫撒苗出後根下壅作土盆多鉏則饒子不鉏則無實餘蔓花掐去則瓜肥大

種葫蘆黃瓜菜瓜冬瓜茄子

宜晴明日中種之每日早以少糞水澆灌此月下旬栽五月中旬結實若三月種之已遲

種藕蓮

取藕簽頭時就用帶草濕泥包裹却於池塘中栽之或用煮酒餅頭上泥栽種當年開花種蓮子用堅黑者於磚石

上磨蓮子頭令皮薄則易生取墐土作泥包裹蓮子在內
蓮子頭上作尖樣約三指大長二寸底下務要平重候泥
乾時擲於池中重頭沉下自然周正

摘茶

略蒸色小變攤開搧氣通用手揉以竹箬燒烟火氣焙乾
以箬葉收諺云茶是草箬是寶

種蘿蔔菘菜

上旬撒種三月中旬可食宜肥地以熟糞蓋

種蜀葵

院內路旁牆畔種之候花開盡帶青收其稭勿令枯槁水
中漚一二日取皮作繩索用度

插芙蓉
候芙蓉花開蘦帶青稭漚過取皮可代麻𦃇

種大豌豆
宜疎種用灰蓋地要肥頻澆灌芽出鉏去草

壓桑條
濕土壓則條爛不生根燥土壓之則易生根

種紅花
種時欲雨或漫撒或耬耩如種麻法至五月收子便種晚花秋間八月種亦得臘月亦可

種豌烏豆
社前大麥根邊種之以盦過灰糞匀蓋頻鉏

種苕蒂即獨掃

屋側路旁皆可種嫩芽可做菜食以草繩腰束九月間刈取以石壓匾收之三月亦可種

種銀杏

於肥地內用灰糞種之候長成小樹次年移栽時連土用草包或麻纏束栽之則易活

種紫蘇

於瓜畦邊成行撒子每叢長高可以得兩利

種蘇子

於五穀地邊近道處種收子打油燃燈甚明

種薄荷

預先於去年冬間截取藤枝旺者約長三尺埋窖於熟糞內候春間樹木萌芽發時取出看其芽生以藤籖蘿蔔內截之埋二尺在土中則生根留三五寸在土外候苗長牽藤上架根邊常以煮肉肥汁放冷澆灌三日後以清水解之天色乾旱輕鉏根邊土澆之冬月用草包護防霜凍損二三月間皆可插栽

接諸般果木

熟地內打畦成行用山桃子種芽出長成小樹次年分開相離兩步截一株候二年樹枝削去梢將桃杏李諸般果木接頭削尖似馬耳尖樣兩枝樹皮相合著就用本色樹皮一片長尺餘濶三分纏所接樹枝用桑皮裹縛以泥封

之輕攀枝梢埋於地內用木鉤釘之土培接頭上用草標記以刺棘遮護則易活

腰接　驗其樹身大者離地一尺截作木砧小者離地七八寸截時須用細齒鋸截鋸齒粗則傷樹皮於砧相對側劈開令深一寸每砧對接兩枝俱用兩樹皮相合以黃泥封之候活待發出葉去一枝弱者若接梨或林檎宜杜樹砧上接之若接栗子宜於櫟樹砧上插接之

根接　附地截去劈開接頭削尖插之黃泥封固用糞壅以草標記勿令他物動搖頻澆水卽活

三月　月內三卯有則宜豆無則宜麻麥此農家經驗之言也

收薺菜花

三月三日收席鋪牀下去蚤鋪竈上去蟲蟻

種大豆

宜上旬種杏花盛桑椹赤夏至後二十日皆可種肥地則宜疎瘦地則宜密纔出便耘莢赤莖蒼則收槐樹不生蟲宜豆忌申卯日種

犁秧田

其田須犁杷三四遍用青草厚鋪於内盦爛打平方可撒種爛草與灰糞一同則秧肥旺

浸稻種

早稻清明節前浸晚稻穀雨前後浸其浸用稻草包裹每

裹包一斗或斗五投於池塘水內浸不用長流水難得生芽浸三四日微見白芽如鐵尖大然後取出擔歸家於陰處陰乾密撒於秧田內候八九日秧青放水浸之糯稻出芽較遲可浸八九日如前微見白芽出時方可種或於缸甕內用水浸數日撈出以草蓋生芽依前法撒種候芒種前後插秧

種粟穀

浸穀用臘雪水浸過耐旱辟蟲傷春種欲深夏種欲淺凡種穀遇小雨宜趁濕種大雨鉏一遍然後耩種鉏不厭頻多鉏則不秕細而結實熟則宜速刈乾則宜速積過熟則拋費

種山藥

預先鉏地成坑塹以芝麻稭鋪塡揀山藥上有白粒芒刺者用竹刀切下一二寸作一段相挨排臥種覆上五寸旱則澆忌人糞宜牛糞麻籸生苗鉏耘以竹木扶架霜降後收子種亦得立冬後根邊四圍寬掘深取則不碎一名黃獨其味與山藥同以菉豆殼麻籸腐草或小便草鞋包種之四畔用灰則無蟲傷

種香菜

常以洗魚水澆之則香而茂溝泥米泔尤佳

種芋子

宜近水肥地種每窠根邊用鹽過菉豆殼壅之或用麻灰

糞牛羊踏過爛草壅其周圍則易長大有草宜頻鉏之旱
以水澆灌人家園邊水側皆可種忽值饑年可接糧食用

種紵麻

此月內於肥地內撒之以草蓋用蠶沙壅二年後移疏行
窩栽用灰糠拌之寒露後收子十月以後用牛馬糞勻蓋
其根則免致凍死

種秫黍

種宜下地春月早種收多其子可食稭稈可夾籬寨又作
柴燒城郭間貨賣多得濟益也

種藍

將平地耕熟下種用鐵杷勻上用荻簾蓋之每日早用水

灑至生苗去荻簾長至四寸高以熟肥地成畦打溝成行每五寸地栽一窠每日用水澆灌如地瘦則用薄糞水澆一二次至七月間收刈採藍取汁之方開載七月

種䵩 䵩音殿俗作靛

此月宜下種比及種時先於年前八九月間耕地一遍杷平臘月間復耕地一遍臨種時又耕一次撒種後橫豎復杷三四次生四五葉時即鉏後有草再鉏至五月間收刈

打䵩

種薑

清明後三日封薑立夏後蠶大食時生芽未可移種先用蠶沙麻糂灰盦糞熟過以大麥地上做壟則四畔泥下流

下每壟闊三尺揀有芽者二尺一窠斜種坑內用灰糞蓋厚三寸上用土一寸以腐草蓋之六月棚蓋或插蘆蔽日東西爲坑坑口種芋頭以遮日色

種甜瓜

鹽水洗子用盦過糞土種之仍將洗子鹽水澆灌候施秧時掐去苦心再用糞土壓根實

種茭筍茈菰

先掘地深用蘆席鋪塡排茈菰於上用泥覆水浸之種茭筍不用蘆席止於水邊深栽之

種紅豇豆白豇豆

穀雨前後種六月收子便種再生八月又收子

種芝麻

宜肥地內種此月爲上時每畝用子二升上半月種者莢多頻鉏草淨收刈束欲小大則難乾以五六束爲一束斜倚之則不被風雨所倒候口開抖下依舊叢依之三日一次敲打白者油多四五月間亦可種之又云胡麻

種黑豆

種時熟耕耙地平內握豆半抄行一步一撒苗旺便鉏草淨爲佳四月亦可種其豆可作醬及馬料稭稈可以作柴城郭中貨賣得濟

種木棉

先將種子用水浸灰拌勻候生芽於糞地內每一尺作一

穴種五七粒候芽出時稠者間去止存旺苗二三窠勤鉏

常時掐去苗尖勿要苗長高若苗旺者則不結至八月間

收棉

種茴香

收子陰乾向陽掘地糞土和子種之種麻一窠以遮日色

十月騣去枯梢以糞土壅其根

移梔子

帶花移易活梅雨時插嫩枝易生根要鉏淨

鉏蒜

候苗高尺餘頻鉏澆灌拔去薹則結實肥大

種枸杞

鉏肥熟地作平畦細草稕如臂大按原本作細草葶如臂大葶字無攷博聞錄載種枸杞法作細草稕如臂大說文稕束稈也今並據改正鋪塡於畦中以泥塗稕上然後種子用細土及牛糞覆令勻苗出頻澆之春間嫩芽葉可作菜食

移石榴

葉未生時用肥土於嫩枝條上以席草包裹束縛用水頻沃自然生根葉全截下栽之用石骨之類覆蓋則易活或於盆器内栽亦得

養蠶法

繭種爲先開簇時先將好繭擇出於淨箔薄攤開日數至自然生蛾若有拳翅秃眉焦尾赤肚無毛等蛾揀去不用

上留無病者勻布連上生子既多待一二三日移蛾下連至十八日後早辰汲井水浴一次浸去蛾便溺毒氣夏秋於通風涼房內連背相靠釣掛至十月內捲收於無煙淨屋內頓放臘八日依前浴畢於中庭用竿高掛以受辰精月華之氣

四月 月內三卯有則宜麻無則麥不收此是農家經驗之言 初八日雨下則無麥十三日亦然此老農有驗之言

防露傷麥

但有沙霧用䋲麻散絟長繩上侵晨令兩人對持其繩於麥上牽拽抹去沙霧則不傷麥

斫楮皮

非此月而斫者多致枯死十二月斫者亦可

做筍乾

筍肉一百斤用鹽五升水一小桶候沸湧拗取汁候乾旋添汁煮熟撈出壓之或用手揉在鍋隔夜則黑熟曬則枯一日曬乾則硬不揉則不軟臨食時取浸筍汁煮筍則有味

煮新筍

以沸湯煮則易熟而脆味尤美若蘞者少入薄荷同煮則不蘞與豬羊肉同煮不用薄荷

收諸色菜子

斫倒就地曬打收之用缾罐盛貯標記名號

蟲不蛀皮貨

用莞花末摻之不蛀或以艾捲於皮貨內放於甕中泥封其甕或用花椒在內捲收亦得

蟲不蛀氊毛物

用莞花末摻之或取角黃又名黃蒿五月收角曬乾布撒或毛物氊內捲收之則不蛀

收杏子

杏熟時收核至秋冬間敲取仁揀去山杏仁及雙仁有毒者去尖皮惟取極細收貯食用

造酪

嬭子半勺鍋內炒過後傾餘嬭熬數十沸盛於鑵中候溫

用舊酪少許於㼚子內攪勻以紙封罈口冬月暖處夏月涼處頓放則成酪

五月

午日浸蠶種

以蒲艾揉并水略浸去尿收掛勿令烟熏損

午日嫁棗

用斧於樹上斑駁敲打遍則結實肥大味美

插稻秧

芒種前後插之拔秧特輕手拔出就水洗根去泥約八九十根作一小束却於犁熟水田內插栽每四五根爲一叢約離五六寸插一叢脚不宜頻挪舒手只插六叢却挪一

遍再插六叢再那一遍逐旋插去務要窠行整直

斫桑

斫桑不可留橛爲比及夏至開撅根下可用糞或蠶沙培壅此時不斫則枝條來春不旺

收椹

椹子熟時摘取以水淘過略曬乾便種同二月法或畦穣之便生卽時多收椹子以待來春種尤佳收貯勿近濕壁牆邊則浥損不生

種桃李梅核

宜和肉肥地內種來年成小樹帶土移栽

移竹

五月十三日謂之竹迷日可用馬糞和糠泥做漿栽之切
忌用脚踏推打則次年便出笋

刈紵麻

看根赤便刈刈畢宜用糞沙麻籸糠秕或糞壅之盛旺於
此月刈一鐮六月半刈一鐮八月半刈一鐮隨即用竹刀
從梢分批開剝下皮以刀刮去白瓤浮上粗皮自然脫去
綳作小束搭於房上夜間得露水露之則麻潔白

收小麥

麥半黃時趁天晴著緊收刈過熟則拋費每日至晚載上
場堆積農家忙併無似蠶麥若遲慢遇雨多爲災傷又秋
田苗稼亦誤鉏治

收紅花

侵晨採花微擣細去黃汁用青蒿覆蓋一宿捻成薄餅子曬乾收之勿近濕牆壁則浥損

種夏蘿蔔菘菜

上旬撒子用灰糞蓋頻澆灌六月中旬可食

壅田

以青草踏於泥內則地肥秧稟旺與灰糞同

收豌豆

諸豆之中豌豆耐陳收多熟早如近城郭摘豆角賣先可變物舊時農莊往往獻此豆以為嘗新蓋一歲之中貴其先也按此條舊本有脫文今從務本新書補入

刈靛

夏至前後看葉上有皺紋方可收刈每五十斤用石灰一斤於大缸內水浸次日變黃色去梗用木杷打轉粉青色變過至紫變花色然後取淸水成靛種靛之方先於三月中具載

造酥酒

以酪盛於桶內或甕中安置近屋柱邊可將竹篾或桑條作二小圈或用二小木板別作一木鑽下釘圓板一半放置桶中一半套於上下圈內却於兩圈中間木鑽上以皮條或繩子纏兩遭兩手牽拽鑽之令轉生沫傾於涼水中凝定候聚得多却於慢火煉過去浮上焦沫即成好酥

曬乾酪

將好酪於鍋內慢火熬令稠去其清水攤於板上曬成小塊候極乾收貯切忌生水濕器

六月

合醬法

用豆一石炒熟磨去皮煮軟撈出用白麵六十斤就熱搜麵勻於案上以蒼耳葉鋪填攤開約二指厚候冷用楮葉盛蒼耳葉搭蓋發出黃衣爲度去葉涼一日次日曬乾簸淨擣碎約量用鹽四十斤無根水二擔或稀者用白麵炒熟候冷和於醬內若稠者用甘草同鹽煎水候冷添之於火日晚間點燈下醬則不生蟲加蒔蘿茴香香草葱椒物件

其味香美

做麥醋

大麥一石或三五斗炒過取一半細碎取一半完全先以細碎者浸一宿次日蒸成飯用楮葉蓋罨成黃子七日後以完全者浸一宿炊成飯以炊湯半鏤候溫將黃子同釀密封蓋如不密封則生蟲過七日後則成醋二七日後出頭鍋醋煮過收貯二糟有味再釀之

做老米醋

將陳倉秔米三斗或五斗淘淨水浸七日每日換水一遍七日後蒸熟候飯冷於席箔上攤開以楮葉蓋覆發黃衣遍曬乾臨下時簸淨每黃子一斗用水二斗入甕內又用

紅麴一合溫水泡下將甕口封閉二十日看一遍候白衣面墜下或白衣不下澄清以味酸爲度去白衣將醋鍋內熬一滚又炒鹽少許候冷用潔淨餅甕收貯以泥封之可留一二年

做米醋

用秈穀三斗每日換水浸七日蒸熟攤開盦成黃子曝曬乾極三伏內以粳糯米一斗五升水略浸蒸熟候冷以穀黃擣碎拌和蒸熟糯米缸底先用蓼子數莖然後入缸內用水五升上又用蓼子數莖以米糠蓋之密糊封閉一月然後篘出用烏梅數箇鹽少許同入餅內煮數沸泥封收貯切忌生水濕器盛頓

做蓮花醋

日麪一斤蓮花三朵擣細水和成團用紙包裹掛於當風處一月後取出以糙米一斗水浸一宿蒸熟用水一斗釀之用紙七層密封定每層寫七日字遇七日揭去一層至四十九日然後開封務出煎數沸收之如二糟有味用濃水再釀儘有日用忌生水濕器收貯

做豆豉

大黑豆淘淨煮熟漉出篩麪拌勻攤於席上放冷用楮葉盦成黃子候黃衣上遍曝乾用瓜茄切片二件每一斤用淨鹽一兩入生薑橘皮紫蘇蒔蘿小椒甘草切碎同拌一宿次日將豆黃簸去黃衣同入甕內用元汁勻拌上用箬

葉蓋覆甕石壓定紙泥密封曬半月後可開取豆瓜茄曬乾略蒸氣透再曬收貯

造麩豆

麥麩不限多少以水勻拌熟蒸出放溫蒿艾盦出黃衣曬乾以水勻拌帶潤却入缸甕實捺定倒合庭中地上以少灰圍之七日外取出攤曬若顏色未深又拌依前法色好爲度色黑又蒸熟入甕捺入泥封至冬取食溫暖

醬醃瓜茄

新摘瓜茄鹽醃二三日於醬內醃之則肥美

耕麥地

此月初旬四五更將乘露水未乾陽氣在下宜耕之牛得

其涼耕過地內稀種菉豆候七月間犁翻豆稈入地勝如用糞則麥苗易茂

收椒

中伏後遇天色晴明帶露收陰一日之後曬三日則紅而裂遇雨薄攤當風處頻翻若盦則黑又不香仍收椒子用乾土和拌攪勻埋於避雨水地內約深一尺勿令水浸生芽至來年二月內取出於肥地深耕依前法種之

種菉豆

立秋前宜刈了麻地上種太早不生角若預占豆收否當年李不蛀則宜豆忌卯日下種

刈麻

麻稈上生白殕按殕字無考羣芳譜引此條云麻稈上生白醭時便刈則此殕字應作醭字壯皆刈攤宜薄束宜小漚宜清水生熟要匀宜帶骨麻一斤可取皮四兩

耘稻

稻苗旺時放去水乾將亂草用脚踏入泥中則四畔潔淨用灰糞麻糂相和撒入田內曬四五日上乾裂時放水淺浸稻秧謂之戽田此月正宜加力六月一次七月一次依上耘

曬小麥

宜三伏日曬極乾方收用蒼耳辣蓼同收之

種蘿蔔

宜肥地撒種沙地尤效瘦地用糞作壟種帶露耙地則生蟲鋤不厭頻苗稠則小拔令稀則肥大霜降後或醃或藏窖皆可

農桑衣食撮要卷上

農桑衣食撮要卷下

七月

種胡蘿蔔

宜於伏內畦種或肥地漫種頻澆灌則肥大

種晚瓜

諸般瓜子於肥地內種則瓜肥大可以糟藏

收紫草

用火燒其根陰乾用草包收掛之則葉不落

種菠菜又名赤根菜

用水拌子浸二三日看殼軟撈出控乾就地以盆合蓋候生芽宜肥地虛土內種之則茂

做葫蘆茄匏乾

茄切片葫蘆匏子削條曬乾收依做乾菜法

取漆

以斧斫破其皮用竹管承之滴下則成漆

八月

種大麥小麥

田宜熟耕犂古人云無灰不種麥兩經社日佳白露節後逢上戊日每畝種十三升中戊日每畝種子五升下戊日每畝種子七升以灰糞勻拌密種之若當年杏多不蛀則宜大麥忌子日種桃多不蛀則宜小麥忌戌日種

防霧傷粟

棗熟著霧則多損用䌓麻散絟於樹枝上則可辟霧氣或
用稭稈於樹上四散絟縛亦得

糟薑

社前取薑用布擦去皮每一斤用鹽二兩臘糟一升醃藏
用乾淨罐盛頓忌生水濕器

種葱子

上旬治畦用灰糞勻細撒子來年三月移栽

分韭菜

韭根多年交結則不茂別作畦分栽摘去老根微留嫩根
栽之用雞糞壅或乾猪糞亦可

種雞頭

秋間子熟時收取擘子散於池內來年自生

種菱

秋間菱角黑時收取撒在池中則自然生之

種蒜

宜熟地耕三次以耬耩成溝二寸一窠種之候苗出時鉏不厭頻常令根旁潔淨須要鉏地令虛以糞水澆灌則瓣肥大不然則瘦小

放芋根

此月芋苗正旺鉏開根邊上郄上別泥及蟠稈葉則力回芋頭與子肥大不然苗盛芋小

栽木瓜

秋社前後移栽之次年便結子勝如春間栽壓枝亦生栽
種與桃李法同霜降後摘取

收柹漆

每柹子一升擣碎用水半升釀四五時榨取漆令乾漆水
再取亦得可以供傲繖者用度

鉏竹園

以稻穰或麥糠壅不可雜用或添河泥蓋之

收鵝鴨彈

水鄉居者宜養之雌鴨無雄若足其豆麥肥飽則生卵可
以供厨甚濟食用又可以醃藏

九月

寒露收茶子紵麻子

熟時收子曬乾以濕沙拌勻筐內盛貯用草蓋覆凍損則不生候來年二月間依法種之

栽諸般冬菜

栽時每窠根下須用熟糞移栽並在寒露前

刈紫草

子熟即刈之曬乾打子濕則浥耙耬要整理收草宜速遇雨則損每一小束茅草束之當日斬齊一顛一倒十層堆垛平地上以板石壓令匾於屋下陰涼處棚上頓放勿令烟熏

收芝麻稈

芝麻稈收入米倉內則米不蛀乾曬可點火

收栗

和殼收用沙缸內盛頻種時揀大栗埋屋簷下用糠沙蓋石壓至二月移以芽向下栽之

收茄種

熟時摘取擘破水淘子取沉者曬令乾收之

收諸色豆稈

冬間可餵牛馬損爛者留以種芋頭山藥

收五穀種

揀擇好穗刈之曬乾打下簸去浮秕以穰草裹收勿貯器中亦不得近牆壁濕地恐浥損

種油菜

宜肥地種之以水頻澆灌十月種則無根脚

醃芥菜

取紫青白芥菜切細於沸湯內焯過帶湯撈於盆內與生萵苣同熟油芥花或芝麻白鹽約量拌勻按於甕內熟則攪動按下待二三日變黃色可食至春間味不變十月亦可醃

醃藏諸般菜

葱韭胡荽冬瓜茄子胡蘿蔔等菜可依時候醃藏所用物料宜者爲佳忌生水濕器收貯

藏薑

宜掘深窖以穀稗糠秕合埋之則不致凍損

收雞種

霜降時收者為良形小毛淺脚細短者佳小雞出時宜餧乾飯若餧濕飯則臍生膿而死燒柳柴其烟損雞大者盲目小者多死餧小麥飯則易大有病灌清油則愈勿令失其時

十月

醃蘿蔔

蘿蔔不論多少剷去根鬚淨洗以鹽擦之放於甕內醃五六日下水時復攪匀一月後可食用一二鵝梨則香脆春間有食不盡者就以鹵水將蘿蔔煮透控乾入醬或切作

細條曬乾收起候臨食之時熱湯浸透炒食味美

醃鹽菜

白菜削去根及黄老葉洗淨曬乾每菜十斤鹽十兩用甘草數莖放在潔淨甕盛將鹽撒入菜了內排頓甕中入蒔蘿少許以手實捺至半甕再入甘草數莖候滿甕用磚石壓定醃三日後將菜倒過拗出鹵水於乾淨器內另放忌生水却將鹵水澆菜內候七日依前法再倒用新汲水渰浸仍用磚石壓之其菜味美香脆若至春間食不盡者於沸湯內焯過曬乾收貯夏間將菜溫水浸過壓水盡入香油勻拌以甕碗盛頓飯上蒸之其味尤美

收莙薘菜

此月地將凍宜於暖處藏旹來春可栽種
收冬瓜
宜地面高燥處安頓忌鹽醋掃箒猫犬帶彎曲貼肉是雖者可做種來年春間依法種之
藏收諸色果子
以新瓦甕和沙拌密封蓋收之或芝麻亦得
壅苧麻
宜用牛馬糞或爛泥糠粃之類免致凍死根
耘麥
麥地內有草鉏去尤佳不耘鉏者其麥少收
包裹木瓜石榴諸般等樹

以穀草或稻草將樹身包裹用草繩或櫱麻絟定泥封以櫟秕培壅其根免致霜雪凍損

割蜜

天氣漸寒百花已盡宜開蜂窩後門用艾燒烟微熏其蜂自然飛向前去若怕蜂螫用薄荷葉嚼細塗在手面上其蜂自然不螫或用紗帛蒙頭及身上截或用皮五指套手尤妙約量存蜜自冬至春其蜂食之餘者揀大蜜脾用利刀割下却封其窩將蜜脾用新生布紐淨不見火者爲白沙蜜見火者爲紫蜜入鑊盛頓却將紐下蜜粗入鍋內慢火煎熬候融化撈出粗再熬須先安排錫鏇或盆瓦各盛冷水次傾蠟汁在內凝定自成黃蠟以粗內蠟盡爲度要

如其年收蜜多寡則看當年雨水如何若雨水調勻花木茂盛其蜜必多若雨水少花木稀其蜜必少或蜜不敷蜜蜂食用宜以草雞或一隻或二隻退毛不用肚腸懸掛簍內其蜂自然食之又力倍常至來春二月間開其封視之止存雞骨而已

收猪種

取短喙無柔毛者良喙音穢俗稱嘴一廂有三牙者難留難肥小豬餧糟不長猪瘟病灌以黃梔或斷毛尖喉以水草藥豆或灌米泔或灌鹽水即愈

造牛衣

將蓑草間蘆花如織蓑衣法上用蓑草結繳則利水下用

蘆花結絡則溫煖相連織成四方一片遇極寒鼻流清涕腰軟無力將蓑衣搭在牛脊背用麻繩拴繫可以敵寒免致凍損

泥飾牛馬屋

天色晴明修補屋漏又泥飾牆壁預備雨雪

十一月

壅椒

宜用焦土乾糞培壅與草蓋免致凍死頻以水澆灌此物乃陽中之樹所以不耐寒凍也

種松杉檜柏等樹

自冬至後至春社前皆可種之則易得生活

鉏油菜

鉏淨加糞壅其根此月不培壅來年無根脚

試穀種

冬至平日量五穀種各一升（按崔寔曰平量五穀各一升據此則應作冬至日平量五穀種各一升）用布囊盛頓於北牆陰下埋之於冬至後十五日又云四十九日取出平量息最多者來歲好收宜多種之

鹽鴨子

自冬至清明前每一百箇用鹽十兩灰三升米飯調成團收乾甕內可留至夏間食

收牛糞

多收堆聚春暖踏成墼坯於蠶房內燒宜蠶

修池塘

宜於農隙之時塡補埂岸令高中間要挑掘令深則聚水寬廣可以防備乾旱澆灌田禾

十二月

栽桑

掘坑深闊約二小尺却於坑畔取土糞和或泥漿將桑根埋定再用糞土培壅微將桑栽向上提起則根舒暢復用土壅與地平次日築實切不可動搖其桑加倍榮壯勝如春栽

修桑

削去小枝葉則枝條茂盛去其枯枝則不荒

浴蠶連

臘月八日以水浴之遇雪水尤佳歲除夜用五方草即馬齒菜也用桃符木鉏以水煎之放冷於元日五更浴之辟諸惡厭魅則宜蠶

收蓐草

刈茅草乾蒿收積勿令雨損來春作蠶蓐則宜蠶簇作繭加倍厚實其絲更好

種麻糝

宜犂熟肥地臘八日爲佳與正二月種者同

擣磨乾桑葉

臘月內製者能消蠶熱病擣磨成麵入潔淨甕內收貯飼

蠶剩餘者可做牛料甚美食之

伐竹木

此月伐竹木則不蛀而堅與七月間斫者同

收雪水

雪者天地之氣五穀之精浸諸色種子耐旱不生蟲淋豬瘡治小兒瘢疹調蛤粉治痱子

造油

臘月所榨清油收貯蠶房內點燈諸蟲不入熬膏藥大有神效婦人搽頭黑光更無蝨蟣

收臘酵渾頭酵音敎

乾糟用鹽水拌捺實泥封則香帶酒則酸不香酵子渾頭

曬乾爲細末用淨鹽拌勻捺入甕中曬旬日間自然成醬
其味甘美並無蠅蟲

收鱖魚

臘八日收鱖魚治小兒㾦疹不出燒存性研極細用淡酒
調服即發懸厠上不生蟲

收豬肪脂

背陰處懸掛能治諸般瘡疥敷湯火瘡及六畜瘡疥去蛆
蠅熟諸般皮條不爛加倍壯韌

臘肉

肉一斤鹽一兩半擦之擦參入聲壓五六日入酒糟或濁酒翻
轉了再壓五日背陰處亮乾若生白殕以泥封一宿煮如

故黑豆中藏可過夏月

收羊種

臘月生者良正月亦好春夏早放早收若收晚遇巳午時熱必汗出有塵土入毛內即生瘡疥秋冬晚放若放早喫露水草口內生瘡又鼻生膿久在泥中則生繭蹄性好鹽常以鹽啖爲妙若有疥便宜間去則免致相染

農桑衣食撮要卷下終

皇清嘉慶十有三年歲在著雍執徐陽月昭文張海鵬較梓

種樹書

（元）俞宗本　撰

《種樹書》，（元）俞宗本撰，舊題（唐）郭橐駝撰。據考證，該書並不是郭氏所著，因爲柳宗元《種樹郭橐駝傳》是寓言性的文學作品，並非真有其人，而且書中引用了宋元時期的資料。俞宗本，宗本爲其字，原名禎，又名貞木，字有立。吴縣（今蘇州）洞庭人，約生於元代末期。俞氏從小就負笈他鄉，『篤志問學』，但是在元閉門不仕；明代洪武建元後，先後做過樂昌（廣東）、都昌（江西）等地知縣，不久即辭官歸隱故里。俞宗本與當時的蘇州知府姚善交往甚密。晚年『益勵清節，朝夕不繼』，七十一歲而終，著有《立庵集》。

俞氏在歸隱讀書之餘，留心農事，隨時隨地觀察，請教老農，對農業生産頗有心得體會。晚年，他在總結當地農業生産經驗的基礎上，『采前人之言，參互考訂，悉並錄之，分爲十二月，而系其下；其他種之法，則備疏於後』。俞氏於洪武十二年（一三七九）撰成此書，爲《明史・藝文志》農家類著錄。

本書前半部分按十二個月順序列出每月所應從事的農業生産項目，是『月令』性質的農家曆，强調適時動作，不失農時；後半部分則分别叙述種樹、桑、竹、木、花、果、菜等方面的生産經驗。所涉及内容較廣，但是以花果竹木爲主，詳細介紹了種竹的技術措施，包括疏種、密種、淺種、深種等種植、管理、砍伐經驗與技巧。重視花卉的休閒功能，總結了多種花卉種植養護經驗，提出『種花欲得花多，必須用肥上』；秋冬之際在根部施肥，春來必然花盛。總結了茶樹、韭菜、香菜、樹木、花卉的施肥特點以及管理方法，强調須區别對待，因物施肥。尤其值得重視的是，書中記載了諸多果木嫁接的具體方法及其與果實品質關係，如梅樹接桃則脆；桃樹接杏則大；柿樹接桃，則爲全桃；李樹接桃，則爲桃李；桑上接梅，梅則不酸；桑上接梨，則脆而甘等。俞氏還提倡樹下種蔬菜、菜園中間種花卉的間作制度，既能充分用地，提高土地利用率，又有利於改變土壤結構，促進植株生長。書中還扼要介紹了小麥播種、收穫、除蟲等糧食作物的生産技術。

該書内容豐富，行文流暢，通俗易懂，諺語、詩詞的引用爲本書增色不少。該書刊行以後，流傳較廣，影響頗大，《本草綱目》《農政全書》《便民圖纂》《群芳譜》等著名著作中都從該書引用了不少資料。版本有《説郛》本、

《格致叢書》本、《夷門廣牘》本、《廣百川學海》本、《居家必備》本、《奚囊廣要》本、《農學叢書》本等十多種。一九六二年農業出版社出版了康成懿的校注本。今據南京圖書館藏《夷門廣牘》本影印。

（熊帝兵）

種樹書卷之上

唐　郭橐駝　著
明　周履靖　校

正月

九焦在辰　天火在子　地火在巳

元旦雞鳴以火把照桑果無蟲

辰日將斧斑駁斫樹則結子不落

此月栽樹爲上時

以甎石放李樹岐枝多結實

凡栽果上半月栽者多子南風火日不可栽

下茄瓜天羅子薏苡諸般花子

籤楊柳木香長春佛見笑薔薇石榴梔子

種松桑榆柳棗葱葵韭麻椒牛蒡子竹宜初二日

雜樹木宜上旬

木綿花苦蕒山藥冬瓜宜三十日

接諸般花果樹

移諸般花果樹巳上凡種蒔並忌南風火

攏瓜地

移桑樹高樹白桑宜山岡地上墻邊籬畔種之五月收桑椹以水淘取子曝晒成畦種之至冬間燒去稍明年分開再種一年後可移若是矮短青桑宜水鄉田土水畔種之正二月用木鉤攀枝地上以土壓之明年正月便可截斷移種每年兩次用糞或蠶沙添肥土澆壅常鋤去草根動浮根樹下宜種菜蔬依時修治則葉茂

修桑樹削去枯枝去樹低下小者死枝條開根用糞土泥培壅與十二月同此月上旬不修理則葉生遲而薄

種蕈取爛穀木截斷埋於陰地用草蓋常以米泔沃之則生宜用丁開日采木

鋤耘麥過此月則失時

秧芋用巳熟過糞灰窖排候生芽

栽葱韭薤去鬚晒乾踈行窖排用雞糞蓋

修果木去低小亂枝條勿令分力

二月

九焦在丑　天火在卯　地火在午

此月雨中埋諸般樹條則活

下麻子山藥

籤芙蓉石榴木槿

種槐茶薤木瓜桐樹决明百合胡麻黃精竹茄瓜莧枸杞萱草蒼术鳳仙芭蕉地栗萵苣茨菰雜菜芋宜雨後

葫蘆黃瓜藏瓜茄冬瓜宜清明日中每日以少

糞水澆

分菊宜清明

夏蘿蔔菘菜烏頭䟽豆甘蔗茱萸宜社前

玉簪石菊山丹

接桃李梅棗柑橘桑柿

移諸般花果巳上忌南風火日

萵苣苦蕒生菜

哥葡萄上架

解樹上褁縛

種椒候椒十分熟揀大者陰乾收子不要手捻包褁地內來年此月初種或當時種濕潤肥地內以破薦盖上用泥宜常潤候生出土去薦做棚逐株分開次年移種用尾屑麻餅糞灰欹斜種之三年後换嫩條方結實蛇來吃椒宜種香白芷或以髮纏樹根種生菜亦得

種茶宜斜坡陰地走水處用糠與焦土種每一圈用六七十粒土厚一寸出時不要耘草旱用米泔澆常以屎糞水或蠶沙壅之三年後

可採摘

壓桑條濕土壓條爛燥土壓易生根

月內三卯有則宜豆無則宜早禾

三月

九焦在戌　天火在午　地火在未

種菉豆早豆山藥黃瓜早芝蔴匏瓠葫蘆梔子

地黃藍青絲瓜

甜瓜用塩水澆子以鹵水拌和澆壅

扁豆宜清明

芋宜近水
紫蘇在瓜畦上可遮日得兩利
黃獨荸薺木綿麻子菱
移椒茄秧芎藥百合剪金茭白枸杞苗
蒲宜上旬雨中
梔子帶花移則活梅雨中宜籤
接梅杏
下江豆穀雨前後種六月收子便種八月再生
又收一次

收蕎菜花
月內三卯有則宜豆無則宜麥禾

四月

九焦在未　天火在酉　地火在申

此月伐木不蛀
下芝麻
種夏蘿蔔菘菜椒松大豆紫蘇晚黃瓜葵蓮菉
豆白莧
枇杷忌糞

荷根宜立夏前三日
麻宜夏至前十日
籤梔子荼蘼木香
收蘿蔔子蠶豆葱子

五月

九焦在卯　天火在子　地火在酉

下夏菘菜
種晚大豆菖蒲晚紅花香菜桃杏梅核
移竹宜十三日竹醉日

斬桑採後即斬不可過夏至節過則脂漿巴上
根無力忌西南風
收菜子大蒜紅花槐花小蓼木綿藍青蒼耳櫻
粟蘿蔔子
苧葉治刀傷
收蠶種揀簇上硬繭尖細緊小者是雄圓慢厚
大者是雌收同時出者卯時放對未時摘放
子如環如堆者不可留毋蛾在上覆子者三
五日則氣足方用桑皮穿掛涼處忌麻苧線

掛烟薰日炙之若收種不仔細徒費力養蠶
浸蠶種以蒲艾柳井水畧浸去尿收掛
月內三卯有則宜大小豆無則種早豆
六月
九焦在子　天火在卯　地火在戌
種小蒜冬蔥胡蘿蔔
早蘿蔔宜初六日
晚甜瓜收子便種宜糟
蘿蔔宜立夏日

油麻宜上旬
夏菘菜上旬種中旬食
赤豆菉豆立秋前十日宜麻地上種太早不生
不蛀則宜豆忌卯日
收椒紫蘇
斫苧
麻於節卽斫宜薄束小漚宜青生熟合宜帶骨
一斤可取皮四兩
澆甘蔗柑橙橘

鋤竹園地苧地
七月
九焦在酉　天火在午　地火在亥
種小蒜蔥蒿菜蘿蔔赤豆薑蕒菁早菜喬麥胡
蘿蔔茼蒿
菠菜宜月末下旬
芥菜宜立秋前
收藏椒紫蘇瓜種芙蓉葉
八月

九焦在午　天火在酉　地火在子
種大蒜櫻粟寒豆生菜苦蕒苧麻諸般菜蔥子
大麥牡丹芍藥韭子芥子麗春紅花
椒秋分前後數日
諸色菜子分作兩三次種與蘿蔔同
移早梅木樨橙橘枇杷木香牡丹
分牡丹芍藥根幷諸色花窠
鋤竹園地
九月

九焦在寅　天火在子　地火在丑
種椒茱萸地黄䜴豆柿蒜芥菜藏菜矮黄
移山茶臘梅雜果木
收藏冬〻瓜子茄種梔子枸杞槐子菊花栗子芝
麻
十月
九焦在亥　天火在卯　地火在寅
種大小豆春菜生菜蘿蔔諸色菜
接花果

壓桑條
澆灌花木
收茶子山藥二桑葉芋冬〻瓜
十一月
九焦在申　天火在午　地火在卯
種小麥油菜萵苣桑蘿蔔種
移松柏檜
接木
夾籬

澆菜
伐竹木
盦芙蓉條
收藏
十二月
九焦在巳　天火在酉　地火在辰
種橘松花樹桑
麥宜臘日
柳不生蠹毛蟲

條桑
壓果樹
添桑土
壅牡丹皮
浴蠶種臘八日以桑柴灰淋汁以蠶種浸一日
却以雪水浸掛收或掛桑木上從雨雪凍一
二宿收庋幾耐養
種樹書卷之上終

種樹書卷之中

唐　郭　槖　駝　著

明　周　履　靖　校

豆麥

凡種五穀用成收滿平定日爲佳小豆忌卯稻麻忌辰禾忌丙黍忌丑秫忌寅未小麥忌戌大麥忌子大豆忌申凡九穀不避忌日種之多傷敗

種諸豆與油麻大麻等若不及時去草必爲草

所蠹耗雖結食亦不多諺云麻耘地豆耘花麻須初生時耘豆雖花開尚可耘

種菉豆地宜瘦

臘日種麥及豆來年必熟

麥苗盛時須使人縱牧其間蹂踐令稍實則其收倍多

麥屬陽故宜乾原稻屬陰故宜水澤

小麥不過冬〻大麥不過年

麥最宜雪諺云冬〻無雪麥不結

種麥之法土欲細溝欲深爬欲輕撒欲勻

晒麥之法宜烈日中乘熱而收仍用水蓼剉碎雜其間則免化蛾

桑

穀上接桑其葉肥大桑上接梨脆美而甘撒子種桑不若壓條而分根莖

鷄脚桑葉花而薄得繭薄而絲少

白桑葉大如掌而厚得繭厚而堅絲每倍常

桑葉生黃衣而皺者號曰金桑非特蠶不食而

木亦將就槁矣

先椹而後葉者葉必少

漸間植桑斬其桑而植之謂之嫁桑却以螺殼覆其頂恐梅雨侵損其皮故也二年即盛

常以三月三日雨卜桑葉之貴賤諺曰雨打石頭徧桑葉三錢片或曰四日尤甚杭州人云三日尚可四日殺我言四日雨尤貴

養蠶法收取種繭必取居簇中者近上則絲薄近下則子不生

按五行書曰欲知蠶善惡常三月三日天陰而無日不雨蠶大善

蠶繭腰小者雄蛾大者雌蛾鷄鵞鴨卵圓者雄尖者雌

午日不得鋤桑園

有柘蠶食柘而早繭

葉濕者不可飼蠶雨中採至必拭令乾恐有傷

竹

冬至前後各半月不可種植盖天地閉塞而成

冬種之必死

種時斬去梢仍爲架扶之使根不揺易活又法三兩竿作一本移盖其根自相持則尤易活也或云不須斬梢只作兩重架爲妙

種竹處當積土令稍高於旁地二三尺則雨潦時不侵損錢唐人謂之竹脚

竹有花輙槁死花結實如稗謂之竹米一竿如此則久之滿林皆然其治法於初米時擇一竿稍大者截去近根三尺許通其節以糞之則止

竹林中有樹切勿去之盖竹爲樹枝所礙雖風雪不復欹斜

筀竹根多穿害堦砌惟聚皂莢刺堆土中障之根卽不過栽油麻其亦妙

凡種竹正月二日宜取西南根於東北角種之其鞭自然行西南盖竹性向西南行也諺云東家種竹西家種地若得死猫埋其下其竹尤盛

竹有醉日卽五月十三日也齊民要術謂之竹醉日岳州風土記謂之龍生日移竹栽宜用此

日或陰雨土虛則鞭行明年笋莖交出

種竹以五月二十日爲上是日遇雨尤佳或曰不必五月但每月二十日皆可又一說正月一日二月二日三月三日皆可種無不活者每月倣此

種竹若用鋤頭打實土則笋生遲

種竹不去篠則林外向陽者三二年間便有大竹諺云栽竹無時雨過便移多留宿土記取南枝如要不間年出笋用本命日謂正月一日二

月二日之類

種竹不拘四時凡遇雨皆可若遇火日及有西風則不可移花木亦然移時須是大其根盤雜以草繩仍記向背爲佳

大率種竹須向北盖根無不向南也仍須土鬆淺種不用增土於窠株之上乃佳夢溪忘懐録之法尤妙

種竹須將竹毋斬去只留四五尺長仍斜植之

種竹須濶掘灊用篩糠和泥抱根然後用淨土

傳其上或鋪少大麥於其中令竹根着麥上以土盖之其根易行

志林云竹有雌雄雌者多笋故種竹常擇雌者物不逃於陰陽可不信歟凡欲識雌雄當自根上第一枝觀之雙枝者爲雌卽出笋若獨枝者是雄竹耳

種竹法擇大竹就根上去上三四寸許截斷之去其上不用只以竹根截處打通節實以硫黄末顛倒種之第一年生小竹隨卽去之次年亦去之至第三年生竹其大如所種者

種竹用舊茅茨夾土則竹根尋地脉而生

竹有六十年數便生花

竹以三伏内及臘月斫者不蛀

竹留三去四盖三年者留四年者伐去

月菴種竹法先鋤其地深三尺濶一尺五寸將馬糞須乾草糞和細泥幷水塡令一尺高令人於其上蹈熟或無馬糞以篩糠代之夏月令稀冬月令稠然後種竹須三四莖作一叢者淺栽

爲佳上多用河泥盖之斫去竹稍裝架地廣宜種筀竹亭檻間宜種筯竹至次年八月後方可去篠竹

禁中種竹一二年間無不茂盛園子云初無他術只有八字踈種密種淺種深種踈種謂三四尺地方種一窠欲其土虛行鞭密種謂種得雖踈每窠却種四五竿欲其根密淺種謂種時入土不甚深深種謂種得雖淺却用河泥壅之

宋子京種竹詩云除地墻陰植翠筠踈枝茂葉

與時新賴逢醉日元無損政自得全於酒人種
植家云五月十三號竹醉日是日栽之無不茂
盛又云用辰日艮山谷所謂根須辰日斸笋看
上番成又云宜用臘日杜陵謂東林竹影薄臘
月更宜栽然臘月之説大繆見石林錄話
竹之滋澤春發於枝葉夏藏於榦冬歸於根如
冬伐竹經日一裂自首至尾不得全盛夏伐之
最佳但於林有損未盛夏伐竹則根色皆紅而
鞭皆爛然要好竹非盛夏伐之不可七八月亦

尚可自此滋澤而不中用矣如要竹不蛀取五
月以前仍用血忌日但此月和前竹不生皆根
爛
秋分後春分前皆可移竹木
竹與菊根皆向上長添泥覆之為佳
七月間移竹無不活者

木

凡木皆有雌雄者多不實可鑿木作方寸穴取
雌木填之乃實

凡木擣麻油査雜糞灰壅之則枝葉茂
冬青樹凋瘁以猪糞壅之則茂一説以猪溺灌
之
凡木蚤晚以水沃其上以唧筒唧水其上
移樹木用穀調泥漿於根下日沃水無不活者
揷杉枝用驚蟄前後五日斬新枝鉏開坑入枝
下泥杵緊視天陰則揷了遇雨十分生無雨即
有分數
草木被羊食者不長

栽松時去松中大根惟留四旁鬚根則無不偃
蓋
一年之計種之以竹十年之計種之以木
凡移樹不要傷動根鬚須潤掘垜不可去土恐
傷根諺云移樹無時莫教樹知
松必用春後社前帶土栽培百株百活舍此時
決無生理也
春分後勿種松秋分後方可種不獨松為然
種松法大槩與竹同只要根實不令搖動自然

活

令移樹者以小牌記南枝不若先鑿掘窟沃水攪泥方栽築令實不可蹈仍多以木扶之恐風動其顛則根搖雖尺許之木亦不活根不搖雖丈餘可活更芟其上無使枝葉繁則不受風

種一切樹大枝亦南栽亦向南

凡樹一移當三年

樹得桂而枯然未可一槩論若以桂爲丁在下釘則順揷爲柳倒揷爲楊

木自南而北多苦寒而不生只於臘月去根旁土取麥穰厚覆之然火成灰深培如故則不過一二年皆結實若歲用此法則南北不殊猶人炷艾耳

種柳無截毛蟲於根下先種大蒜一枚即不生蟲又云微刮去根下皮以甘草末擦之亦佳

種水楊須先用木椿釘穴方入楊木庶不損皮易長臘月二十四日種楊樹不生蟄子

凡斫松木五更初斫倒便削去皮則無白蟻又須擇血忌日斫則白蟻不食七月辰日最良若已爲白蟻所食於血忌日以斧敲之云今日血忌則白蟻自出黃梔子候其大時摘青者晒收至黃熟則消化爲水

元日天未明將火把於園中百樹上從頭用火燎過可免百蟲食葉之患

貧婆樹冬花夏子

種桑取椹子水淘取子暴乾熟耕地畦種

種柳取青嫩枝如臂長六七尺燒下二三寸埋

二尺以上

種青桐九月收子二月三月作畦種之治畦下水

種樹書卷之中終

種樹書卷之下

唐　郭橐駝　著

明　周履靖　校

花

花木旺於春竹旺於秋

凡接牡丹須令人看視之如一接便活者逐歲有花若初接不活削去再接只當年有花

牡丹花上穴如針孔乃蟲所藏處花工謂之氣瘡以大針點硫黃末針之蟲乃死或云以百部

塞之

牡丹千葉者蜀人號爲京花謂洛陽種也單葉者只恐爲川花又曰山花又曰山丹

菜園中間種牡丹芍藥最茂

牡丹芍藥不可置木斛中不耐久仍須要避風處

海棠花欲鮮而盛冬至日早以糖水澆根下、立春如是子日於茄根上接牡丹花不出一月卽爛熳

初春掘藕根取節頭着泥中種之當年着花

以蓮菂投靛甕中經年移種發碧花

種蓮鬚先以羊糞壤地於立夏前三兩日種當年便着花又法用五月二十日移深種蓮柄長者以竹枝子扶之無有不活

種藕以酒糟塗之則盛

月桂花葉常苦蟲食以魚腥水澆之乃止

李贊皇花木記以海爲名者悉從海外來如海棠之類是也

瑞香花惡濕日不得頻沃以水宜用小便可殺蚯蚓或從花脚澆之則葉綠又用梳頭垢膩根上有日色卽覆之

鷄糞壅茉莉則盛壅百合則甚孳生

用燖猪湯澆茉莉素馨花則肥

催花法用馬糞浸水前一日澆之三四日方開次日盡開

木犀接石榴開花必紅

花木接者移種須令接頭在土外

灌溉花木各自不同木犀當用猪糞瑞香當用
燖猪湯葡萄當用米泔水和黑豆皮花木有不
宜糞穢者甚多尤宜審問用之非其宜則立槁
園中四旁宜種决明草蛇不敢入
凡接花樹雖已接活內有脂力未全包生接頭
處切愛護如梅雨侵其皮必不活
澤洗布衣灰汁澆瑞香能去蚯蚓且肥花盖瑞
香根甜得灰水則蚯蚓不食而衣服垢膩又自
肥也

芙蓉隔夜以靛水調紙蘸花蕋上以紙裹來日
開成
碧色花五色皆可以染
黃白二菊各披去一邊皮用麻皮扎合其開花
半黃半白
棘能辟霜花果以棘圍之卽茂
罌粟九月九日及中秋夜種之花必大子必滿
凡種花藥須冬至後立春前作直枝有鶴膝如
大毋指者長二尺許劄于芋魁中掘令寛調泥
漿細切生葱一升攪於泥中將芋魁置泥中以
細土覆之勿令實當年有花次年實
牡丹看蘂如彈子大時試撚之十朶之中必有
三兩朶不實者去之則不奪其他花力
凡種好花木其旁須種葱薤之類庶避麝香觸
也
種花藥處栽數株蒜遇麝香則不損
種蕙蘭忌用水灑
種蓮以麥門冬子夾種茂盛

凡種花欲得花多須用肥土秋冬間壅根春來
著花自然盛以猪糞和土令發熱過爲肥土
木犀葉有齒如鋸其紋亦粗澁者乃香有一等
葉光澤者殊無香也又有一等花極白者亦無
香蘭亦如之
冬間花瓶多凍破以爐灰置瓶底下則不凍或
用硫黃置瓶內亦得
芍藥牡丹摘下燒其柄置瓶中後入水其柄以
蠟封之尤妙

苦楝樹上接梅花則花如墨梅
海棠候花謝結子剪去來年花盛而無葉
凡花木有直根一條謂之命根趂小栽時便盤
了或以磚瓦承之則他日易移
凡花皆宜春種唯牡丹宜秋社前後接種
種水仙詩訣云六月不在土七月不在房栽
東籬下寒花朶朶香
果
栗採實時要得披殘其枝明年益茂

桃樹接李枝則紅而甘
柿樹接桃枝則成金桃
李樹接桃枝則生桃李
桃實自乾不落者名桃梟
南方柑橘雖多然亦畏霜不甚收惟洞庭霜雖
多無所損詢彼云洞庭四面皆水水氣上騰能
閣霜所以洞庭相橘最佳歲收不耗正爲此爾
以死鼠浸溺缸內候鼠浮取埋橘樹根下次年
必盛涅槃經云如橘得鼠其果子多

柑樹爲蟲所食取蟻窩於其上則蟲自去
應縣桃李銀杏栽蔕子向上箇箇生向下者少
桑上接楊梅則不酸
桑上接梨則脆而甘
葡萄欲其肉實當栽於棗樹之側於春鑽棗樹
上作一竅子引葡萄枝入竅中透出至二三年
其枝既長大塞滿樹竅便可斫去葡萄根令托
棗根以生便得肉實如棗北地皆如此種
銀杏樹有雌雄雄者有三稜雌者有二稜合二

者種之或在池邊能結子而茂蓋臨池照影亦
生也
果樹有蠹蟲者以芫花納孔中卽除或云納百
部葉
鑿果樹納少鍾乳末則子多且美又樹老以鍾
乳末和泥於根上揭去皮抹之樹復茂
凡接矮果及花用好黃泥晒乾篩過以小便浸
之又晒乾篩過再浸之又晒浸凡十餘次以泥
對樹枝用竹筒破兩片封裹之則根立生以年

斷其皮截根取栽之
果實異常者根下必有毒蛇切不可食
果木有蠹蟲處用杉木作小丁塞之其蟲立死
生人髮掛樹上鳥不敢食其實
凡種樹宜望前在望後則少實
接樹須取向南隔年近下者接之則着子多
花果樹如曾經孝子及孕婦手折則數年不着
花或不甚結實
果子先被人盜吃一枚飛禽便來吃

凡果木未全熟時摘若熟則抽過筋脉來歲必
不盛
果實凡經數次接者核小但其不可種耳
河陰石榴名三十八者其中只有三十八子
橄欖將熟以竹釘釘之或納鹽於皮下其實盡落
荔枝結子時若日午有雨則盡落
甜瓜生者以鰲魚骨插頂上則蒂落而易熟
柿子接及三次則全無核
桃樹過春月以刀䟽斫之則穰出而不蛀

桃實太繁則多墜以刀橫斫其榦數下乃止
社日令人舂桃樹下則結實牢凡果實不牢者
宜社日舂其根
三月上旬取果木斫取好直枝如大母指長五
寸納芋魁中種之或大蔓菁根亦可用勝種核
種核三四年乃如此大耳
桃子蛀者以煮猪頭汁冷澆之即不蛀
桃者五行之精制百鬼謂之仙木
凡果實初熟用雙手摘則年年生

果木見麝香則蔫花不結子
種甘蔗必豬毛和土必長茂
梅樹接桃則脆桃樹接杏則大
桃熟時墻面暖處寬深爲坑收濕牛糞納坑中
好桃核十數箇尖頭向坑中糞土厚蓋一尺深
春芽生和土移種之
果樹生小青蟲將竹燈盞掛樹自無
元日日未出時以斧斑駮椎椎斫棗李等樹謂
之嫁樹

種石榴取直枝如大毋指斬一尺八九條共爲一科燒二頭二寸作坑深一尺餘口徑一尺竪枝坑畔周布令勻置枯骨礓石於枝間下土令實一重骨石一重土出枝頭一寸水澆卽生又以骨石置枝間則茂

杏熟時合肉納糞中至春旣生則移栽實地旣移不得更移

移大海樹去其枝稍大其根盤沃以溝泥無不活者

生龍眼沸湯內淖過食之不動脾

柿子尚生爕之卽熟

凡果須候肉爛和核和之否則不類其種

柑橘橙等於枳棘上接者易活

林禽蚛以鐵線尋竅內鑽刺用百部末杪木釘塞之如生毛蟲以魚腥水潑根或埋蠶蛾於地下

菜

茄子開花時取葉布過路以灰圍之結子加倍謂之嫁茄

種香菜常以洗魚水澆之則香而茂

種茄子時初見根處擘開掐硫黄一錢以泥培之結子倍多其大如盞味甘而益人

菠薐過月朔乃生今月初二三間種與二十七八間種者皆過來月初一乃生驗之信然蓋頗稜國菜

生菜種之不必拘時纔盡卽下種亦便出諺云生菜不離園以不時而出也

香菜與土龍䏿不得用糞澆澆則不香只以溝泥水米泔水澆之佳

茭首根逐年移動生著不墨

枸杞可以揷種

種枸杞法秋冬間收子於水盆中挼取曝乾春熟地作畦畦中去五寸土勻作壟壟中縛草稕如臂長與畦等卽以泥塗草稕上以枸杞子布於泥上以細土蓋令徧又以爛牛糞一重又以土一重令畦平待苗出水澆之堪喫便剪

冬瓜正月晦日傍墻區種之區圓三寸深五寸着糞種之

種韭韭畦欲深下水和糞初歲惟一剪每剪卽加糞惟須深其畦爲容糞也

茄着五葉因雨移之

種蘿蔔宜沙糯地五月犁五六徧六月六日種鋤不厭多稠卽少種

種芋根欲深斸其旁以復其土旱則澆之有草鋤之

種菌子取爛楮木埋於地下常以米泔水澆之令濕兩三日卽生

張約齊種花法云春分和氣盡接不得夏至陽氣盛種不得立春正月中旬宜接櫻桃木犀徘徊黃薔薇正月下旬宜接桃梅李杏半丈紅臘梅梨棗栗柹楊柳紫薇二月上旬可接紫笑綿橙匾橘已上種接並於十二月間沃以糞壤至春時花果自然結實立秋後可接林禽川海棠黃海棠寒球轉身紅祝家棠梨葉海棠南海棠以上接種法並要接時將頭與木身皮對皮骨對骨用麻皮緊纏上用箬葉寬覆之如萌茁稍長卽徹去箬葉無有不成也

種樹書卷之下終

居家必用事類全集(農事類)

(元)佚　名　撰

《居家必用事類全集（農事類）》，撰者不詳。《四庫全書總目提要》推斷其撰者可能生活在元朝。《補元史·藝文志》著錄爲：『《居家必用事類》十卷。或云熊宗立撰。』《澹生堂藏書目》著錄爲《居家必用》，直接稱其撰者爲熊宗立；《增訂四庫簡明目錄標注》：『《居家必用》，前集十二卷，後集十卷，元李梓撰，有元刊本。又熊宗立編十卷，附四卷，亦有刊本。』今摘錄以備參考。

全書以十天干爲順序，共十集，記載歷代名賢立身處事的格言、家訓，以及居家日常事宜，包括家法家禮、擇居出行、種植牧養、飲食衛生、修身養性等内容，亦涉及食療與養生之術，内容廣泛。此書的丁、戊、己、庚、壬五集與民生實用密切相關，詳細記錄了種植、牧畜、釀造方法與治病經驗良方等。丁集爲『宅舍』與『牧養良法』，重點總結養馬技術，也涉及養牛、養鷄、養鵝鴨、養魚等相關事宜。戊集突出記載農桑技術，共分爲種藝、種藥、種菜、果木、花草、竹木等六項。己、庚兩集分品茶、酒麯、飲食、染作、香譜、閨閣事宜等類，共收錄四百餘種飲料、調料、乳品、蔬菜、葷菜、糕點、麵食、素食的製作方法，其中還包括許多少數民族的飲食與加工方法介紹。另外五集主要記載立身處事、治學爲宦等經驗與注意事項，與農業生産没有直接關係，但其中所涉及的子女教育、孝敬長輩、冠婚喪祭與攝生療病等内容，則與百姓生活切實相關。

該書文字通俗，内容豐富，是一部日用百科全書式的『通書』。内容多摘錄自前人的著作，創新性内容不是很多，但比較實用，書中的種植、牧畜、釀造方法與治諸病經驗良方可與《多能鄙事》相互印證補充。該書在民間流傳較爲廣泛，在海外影響也很大。日本就曾將其中的『飲食類』與《飲膳正要》合編成《食經》；朝鮮的《山林經濟》一書中也大量收錄該書的肉類菜肴製法。

該書在國内有明嘉靖本、隆慶二年（一五六八）飛來山人刻本、萬曆初年經廠本等。今據國家圖書館藏明司禮監刻本影印，破損頁用南京圖書館藏明隆慶二年（一五六八）飛來山人刻本補配。

（熊帝兵　惠富平）

居家必用事類全集丁集目録

拆竈吉日　拆竈忌日
六甲圖祭竈吉日時　祭竈凶日
修廁忌月　作廁忌月
作廁吉日　造倉庫店
造倉利月　造倉忌月
造倉吉日　六甲圖造倉忌日
造倉無鼠日　起倉吉日
修倉忌日　修倉吉日
修倉忌月　修作倉忌日
蓋倉吉日　泥倉吉日
五穀入倉吉日　塞鼠穴吉日
穿井開池吉日　穿井忌年月
穿井吉凶日　穿井吉方
修井忌月　修井吉日
修井吉神　開井年月日時方位
開池井吉凶神　開池忌方
作陂塘吉凶日　作陂塘凶神
修陂堰吉凶日　開溝吉日

開溝忌月日　注河吉凶日
決水吉凶日　決水吉凶神
塞水凶月日　穿井開池吉節
築墻忌月　築墻逐月吉凶日
築墻吉凶神　修路忌年月
修水路忌年月　塞路吉日
砌堦忌月　水廦忌月日
安碓吉方　安碓吉日
修碓忌月　安磨忌月

入宅移居

入宅儀式　入宅移居吉節
入宅移居逐月吉日　五運入宅吉日
六甲圖入宅移居吉日　六龍曆入宅吉日
白虎曆移居吉日　離宅謝宅吉日
入宅移居吉凶神　六甲圖入宅移居凶日
開庫店逐月吉日　開庫吉凶神
開店肆吉凶神　開倉吉日
開倉忌日　買田吉凶日

居家必用事類全集丁集目録

居家必用事類全集

丁集

宅舍

周書秘奥營造宅經

屋宅舍欲左有流水謂之青龍右有長道謂之白虎前有汙池謂之朱雀後有丘陵謂之玄武為最貴地若無此相凶不然種樹東種桃柳南種梅棗西梔榆北柰杏〇宅東有杏凶宅北有李宅西有桃皆為淫邪宅西有柳為被刑戮宅東種柳益馬宅西種棗益牛中門有槐富貴三世宅後有榆百鬼不敢近〇凡宅東下西高富貴雄豪前高後下絕無門戶後高前下多足牛馬〇凡宅地欲平坦名曰梁土後高前下名曰晉土居之並吉西高東下名曰魯土居之富貴當出賢人前高後下名曰楚土居之凶四面高中央下名曰衛土居之先富後貧

〇凡宅不居當衝口處不居古寺廟及祠社鑪冶處不居草木不生處不居故軍營戰地不居正當水流處不居山脊衝處不居大城門口處不居對獄門處不居百川口處不居〇凡宅東有流水達江海吉東有大路貧北有大路凶南有大路富貴〇凡樹木皆欲向宅吉背宅凶凡宅地形卯酉不足居之自如子午不足居之大凶子丑不足居之口舌南北長東西狹吉東西長南北狹初凶後吉〇凡人居洪潤光澤陽氣者吉乾燥無潤澤者凶〇凡宅前低後高世出英豪前高後低長幼昏迷左下右昂男子榮昌陽宅則吉陰宅不強右下左高陰宅豐豪陽宅非吉主必奔逃兩新夾故死須不住兩故夾新光顯宗親新故俱半陳粟朽貫東空西家無老妻有西無東家無老翁壞宅留屋終不斷哭

宅材畀新人望千春蔫屋半柱人散無
主間架成隻潛費衣食接棟造屋三年
一哭○凡住祖父之宅而欲修造即依
祖上作陽宅陰宅運用方隅如是則累
代富貴子孫隆盛如居處不利即宜轉
陽作陰或移陰為陽吉○凡人居止之
室必須周密勿令有細隙致有風氣得
入小覺有風勿强忍之久坐必須急急
避之○居處不得綺靡華麗令人貪婪
無厭乃患害之源但令雅素淨潔○孟
屋布椽不得當柱頭梁上著須是兩邊
騎梁著云不得以小壓大也○凡造屋
切忌先築墻圍并外門必難成○凡起
新屋防木匠放木筆於屋柱下令人家
不吉更防有倒木作柱令人不吉○起
宅畢其門刷以醇酒及散香末盖禮神
之至也○人家不可多種芭蕉久而招
崇又云人家房户前不宜多種芭蕉俗云引鬼又云婦人得血疾○住

宅四畔竹木青翠進財○屋架與間不
欲雙須隻為大吉水簷頭相射主殺傷
内射外外人死外射内内人當凡屋外
簷廣闊為上不得逼促斜雨濺壁家多
痢疾風吹不著不用服藥屋漏槳新
婦無良梁棟偏欹家多是非屋勢傾斜
賭博貪花瓦移棟摧子孫貧羸○凡柱
尾為斗枋尾為升升在斗下為不順主
有不孝子弟斗在升下大吉○凡桁梁
以木頭朝柱主人大吉木匠有成○宅
四面交衝使子孫怯弱○古路靈壇神
前佛後水田爨竈之所其地並不堪居
○宅若前高後下法主孤兒寡婦令男
子懶惰使女子淫奔○宅中聚水汪汪
養蠶桑之難得○屋頭有厦衰病莫不
由斯○桑樹不宜作屋木死樹不宜作
棟梁○何謂安處曰非華堂邃宇重裀
廣榻之謂也在乎南向而坐東首而寢

陰陽適中，明暗相半。屋無高，高則陽盛而明多；屋無卑，卑則陰盛而暗多。故明多則傷魄，暗多則傷魂。人之魂陽而魄陰，苟傷明暗，則疾病生焉。此所謂居處之高尚使之然，況天地之氣，有亢陽之攻肌，淫陰之侵體，豈不防慎哉。修養之漸，儻不法此，非安處之道。術曰：吾所居室，四邊皆窗戶，遇風即闔，風息即開。吾所居座，前簾後屏，太明則下簾以和其

內映，太暗則捲簾以通其外曜。內以安心，外以安目，心目皆安，則身安矣。明暗尚然，況太多事慮，太多情慾，豈能安其內外哉。故學道之士，必以安處為次也。

樓　居宅造樓，莫近街頭，低吉高凶，能招五通○門樓重高須禁貴

廳堂　居宅廳後，不宜作龜頭○畫堂廡千，須用偶數，則主家和睦○私居廳不必廣大，亦要數隻，廳上單棟，恐招內政讒

事○私居堂要上分華飾，則夫婦偕老，子孫昌盛○有廳無堂，孤寡難當○堂前有榴樹吉○南廳連於西屋，令歲中之憂煎○拆裏為廳，終不利，拆廳為裏則無妨

庭軒　大樹近軒，疾病連綿○人家種植中庭，一月散財千萬○中庭種樹主分張○門庭雙棗喜嘉祥○庭心樹木名閑困，長植庭心主禍殃

房室　人臥室宇，當令潔盛，盛則受靈氣，不盛則受故氣。故氣之亂人室宇者，所為不成，所作不立，一身亦爾，當數洗沐澡潔，不爾無異○人臥床當令高，高則地氣不及，鬼吹不干。鬼氣侵人，常依地而逆上耳。高謂三尺以上也　昔有人病在地臥，於病中，乃見鬼於壁穿下，以手為管吹之，此即是鬼吹之事也○房屋當頭莫老檐，房屋兩壁莫開窗○房門不得正

對天井主此房人口頻災○亂房門亦不可對其屋門主口舌病患○掛帳不用閉日犯者蚊蝇扇不可畫須用水閉日爲佳若用土閉日泥飾屋宇蚊不入累効

門戶 凡門以栗木爲關者夜可以遠盜○凡門面兩畔壁須大小一般左大换妻右大孤寡○門面上於空蛀窟痕主動瘟瘡痍之疾門棟柱不着地無家長棟柱空蛀家長聾盲門塞棟柱家憂懼退財破田血𧖴耗如大門十柱小門六柱皆着地吉門高於壁法多哭泣門裝㡳坐頻招瘟火糞屋對門癰癤常存倉口向門家退動瘟搗石門居屋出離鄉門前直屋家無餘穀門口水坑家破伶仃大樹當門羅皷天瘟墻頭衝門常被人論交路夾門人口不存衆路直衝家無老翁門被水射家散人啞神社對門常病時瘟門中水出財散冤屈門著井水家招神鬼正門前不宜種柳○所居向巽方開門及隙穴開窗之類立有災害無免者又日夜忽於官舍正廳私家正堂南向坐多招恠異事當門勿安臥榻不利○庚寅日不可作門門大夫死日人家門左右不可安神堂主三年一次哭掃糞草置門下令人患白虎病東人呼爲歷骨風白虎鬼如猫在糞堆中亦云糞神療法以雞子揩病人痛哭願送著糞堆頭勿反顧○凡宅門下水出財物不聚○東北開門多恠異之重重○宅戶三門莫相對○門前青草多愁怨門外垂楊非吉祥○水路衝門悖逆子孫

井竈 勿跂井今古大忌○見露井莫窺損壽○俗以清明日淘井爲新○以鉛十餘斤實之井中水清而甘○凡開井近

江近海處須擇江風順日開則吹江水入泉必脉甘若海風順日則吹海水入泉脉必鹹謂如江在井之西南方是日有西南風則鑿之○禳井沸取東向三百六十步内覔一青石以酒煑放井中立止○卯不穿井甘泉不香○勿塞故井令人耳聾目盲○凡堂前不可穿井男子越井婦人上竈皆招口舌意外之禍○勿越井越竈○井於竈邊虛耗年

年○井竈相看法主男女之内亂○井竈不可令相見女子祭竈事不祥○井北竈南家五逆井畔栽桃物業荒○滿内房前難鑿井主人堂後莫開泉○刀釜不宜安竈上○簸箕放竈前令人家不安○乜於廳屋安竈兩火煌煌主有灾殃○践壞竈土令人患瘡○竈堂無禮家必破竈前歌笑要驚惶○糞土無令壅竈前○竈中午夜絶燒烟午夜乃是后帝

竈君交會之夜宜避之即安○婦人勿跂竈坐大忌○向竈罵詈不祥○不可對竈吟詠及哭○不可竈火燒香○作竈法長七尺九寸上象北斗下應九州廣四尺象四時高三尺象三才口闊一尺二寸象十二時安兩釜象日月突大八寸象八風須備新甎淨洗以淨土和合香水合泥不可用壁泥相雜大忌之以猪肝和泥令婦人孝順○凡作竈泥先除地面土

五寸即取下面淨土以井花水并香合泥大吉○凡竈面向西向南吉向東向北凶○竈神晦日歸天白人罪○竈主食夢者得食○子孫滿堂竈在明堂徵音明堂在午宮音明堂在子羽音明堂在戌商角音明堂在申地○丙丁作竈引太光○凡遇釜甑鳴鬼名婆女但呼其名字亦不為灾却招吉利○釜鳴不得驚呼須一男子作婦人拜即止或婦

人作男子拜亦止○釜鳴歘虛氣充則鳴非恠但揭去盖則已○凡人家廚下頭鍋過夜須刷洗淨滿注水不可令乾如空則使主人心焦（又云鍋釜夜深莫停水）

天井

凡四向堂屋前著過道中亭有二天井象日月為屋有眼目主大發少灾若只作一天井亦發只是多出患眼及損少丁少婦○天井著花欄主淫泆（又云天井置欄主病心痛障眼著花欄小口患）○凡人家天井方為上不可直長主喪禍○廳前天井停水不出主病患父子相拗有下濕腸風之疾及漏肚傷孕之厄○天井栽木大凶○天井内不可種花招婦人淫亂

窗

門壁有窗招横事○天窗宜就左邊開乃青龍開眼吉

溝瀆

溝渠通浚屋宇潔淨無穢氣不生瘟疫病○水路充門悖逆兒孫水寄宅過東流無禍○水若倒流宅主女為家長○水從門出主耗散之貧窮○勿塞溝瀆令人目盲

厠

凡人上厠之時先離厠前三五步咳嗽兩三聲其神在厠中即自然回避○上厠不可唾於厠中並唾於四面及唾於壁上厠神免得生瘡痍其神凡事護佑不敬不信即恐灾損其身○凡有三二歲亡下男女拋糞於厠中多有觸犯緣有燥腥氣并外來屎糞惡氣充其厠神并受糞夫人立有灾咎○凡男子上厠不得科頭跣足若有此犯公私之人遭牢獄之厄○凡置得新厠即便除却舊厠其舊厠之内糞亦盡除恐遭殃禍當除之時以水安厠中令滿莫言除厠只言除水○凡人家不得以灰棄厠中及將盖不淨令人家貧有大凶○厠神姓郭名登是遊天飛騎大殺將軍不可觸犯能賜灾福凡祭祀不可應呼神名避

之吉〇每逢六夜莫登厠〇竈灰撒厠上招官事〇厠中生蛆。以蕇菜一把投於厠甌中即無

宅舍二

興工造作日 大凡起造。先以作主本命納音與起造年太歲納音對勘。相生相旺。命尅歲吉。相衝相刑歲尅命。凶。不犯三災五殺三坵五墓空亡太歲入宅命破宅命身黄身黒諸凶。恰逢例田通之年。即將運身九星推究得作主行年值三白大吉。九紫小吉。又將運宅身宅祿宅推究。自生至旺為有氣年月吉。自衰至養為無氣年月凶。又將六壬大小二運推究見行年得無姓墓。不逢三殺宅神宅命。四吉臨之。方為大利。但破壇造作。莫重於山頭。莫切於坐向。莫難於作方。須以四大利道通天竅昇玄庫樓毛頭紫白山運禄馬諸書參攷。若山頭坐向方所通利。尤須擇吉日良時湊之。夫人宅墓之有日有時。如人身命之生日生時也。此尤不可不謹也

基土闢地吉節 小寒立春穀雨小滿小暑立秋霜降小雪以上為地元。凡土功之事。宜於地元內擇日用之

動土起土基地逐月吉日 築墻開池井。通用。正月丁卯己未丁未。二月丙寅戊寅甲戌庚戌。三月壬申戊寅壬寅乙巳丁巳。四月甲子丁卯癸卯。五月戊寅壬寅甲申丙申。六月甲申丙申乙巳己巳乙亥。七月壬子辛未。八月丙寅庚戌甲戌壬辰。九月甲申壬申甲午癸卯。十月丙子乙酉辛酉。十一月丙寅壬寅甲寅。雖犯土温。丙值月空。壬有月德可用。十二月甲寅壬寅乙亥丁亥辛亥。已上不犯地囊土忌土亭土符土公等吉

動土起土吉日 甲子癸酉戊寅己卯庚辰

辛巳甲申丙戌甲午丙申巳亥庚子戊
戌甲辰癸丑戊午又癸酉。土公生 甲子庚
午辛未庚子丙午丁未丙辰丁巳辛酉。
土公敗 庚日甲日乙日戊日巳日。土公赦動土不
辟伏龍 開日滿日定日收日平日 上吉併可用魁
罡併大凶

動土起土凶日 乙未 土公死 癸未 土公塟 戊午。
黄帝死 大月初三初五二十八。小月初一
初十二十八。土公忌 大月初二初三初五
十五十八。小月初一初六二十二二十
六。土痕 正月壬。二月癸。三月甲。四月乙。五
月丁。六月巳。七月丙。八月丁。九月戊。十
月巳。十一月庚。十二月辛。動土忌 建日危
日執日 殺宅長 除日 害人 破日 凶 閉日 貧

動土起土凶時 正月巳時。二月辰。三月卯。
四月寅。五月丑。六月子。七月亥。八月戌。
九月酉。十月申。十一月未。十二月午。土堂
時又名六害

動土起土凶方 春東方及竈。夏南方及門
秋西方及井。冬北方及庭 土公所在

作土凶日 初七十七二十八

取土吉日 開日滿日定日成日收日除日
平日 上吉併可用 執定併大凶

取土吉神 月空

取土凶日 建日危日執日破日閉日

取土吉方 旁通

正二三四五六七八九十十一十二

取生土基屋 庚午申戌午未酉午申戌子巳
死土殺人基屋不宜取

正二三四五六七八九十十一十二

取死土作塚 戌子寅辰子丑卯子寅辰午亥
生土作塚不宜取

正二三四五六七八九十十一十二

生炁 子丑寅卯辰巳午未申酉戌亥
生土殺人 此實書貝解

正二三四五六七八九十十一十二

地倉　午申亥辰丑寅巳辰午酉巳辰
○正二三四五六七八九十十一十二
月德　丙甲壬庚丙甲壬庚丙甲壬庚
○正二三四五六七八九十十一十二
月合　辛巳丁乙辛巳丁乙辛巳丁乙
○正二三四五六七八九十十一十二
月空　壬庚丙甲壬庚丙甲壬庚丙甲
以上宜取土動土吉
取土凶方
凶　正二三四五六七八九十十一十二
方　子巳酉寅午戌卯未亥辰申丑
又基屋取死土殺人作塚取生土殺人
基地吉日　甲子乙丑庚辰辛巳丁卯辛未
甲申乙未丁酉甲辰丙午丁未壬子癸
丑甲寅乙卯庚申辛酉
基地忌日　癸酉壬午巳丑庚戌辛亥壬戌
基地吉神　土公生土公敗土公赦
[illegible]凶日

斧頭殺　春丑日夏未日秋午日冬子月
木馬殺　孟月平日仲月定日季月執日
木呼　正二三四五六
壬申庚子戊申庚戌作辰作辰丁亥巳未作未
七八九十十一十二
乙未辛酉壬戌丁巳癸未乙丑
木隨　辰申寅子申戌申未午酉辛辰
酉巳丑酉寅亥卯亥午酉未辰
推梁不石凶方　子年丑年寅年卯年辰年
巳年午年未年申年酉年戌年亥年
[illegible]方　寅卯辰巳午未申酉戌亥子丑
[illegible]殺方　子丑寅卯辰巳午未申酉戌亥
又忌作主本命太歲官符三殺流財方
起造吉節　大寒雨水春分芒種夏至白露寒露立冬以上為人元凡起造係人事宜人元內擇日用之

起造吉日 曆纂云：只有己巳、辛未、甲戌、乙亥、乙酉、己酉、壬子、乙卯、己未、庚申十日大吉。六甲圖又有戊子、乙未、己亥三日，通前共十三日大吉。大全亦以此十三日為合黄道大吉。集要用前十三日，又加己卯、甲申、戊申。撮要用前十三日。外有己卯、甲申、己丑、庚寅、癸卯、戊申、壬戌七日，云半吉半凶。謹按具注曆起造之日，以合黄道為順，黑道為逆。若此七日遇黄道及天月二德，亦可用。如值黑道，雖有吉神，亦不可用。今聚星例圖于后，並係專主起造，覽者詳之。

起造宅舍立木上梁逐月吉日 寺觀庫店通用

正月戊辰大吉利。舊有辛未、己亥，犯火星火交，不用。二月辛未、己未。不犯黑道魁罡天刑雷火，吉。三月己巳，不犯諸殺，雖值火交，吉星多，可用。四月辛未吉。一云忌起造，用者審之。五月庚申，不犯破敗狼籍天火雷火，吉。外有甲申，並無凶神，亦可用。六月己巳、庚申，乃十全大吉。七月壬子、辛和，諸曆並通。外有乙未，但可修換。八月舊有辛未、乙未、己未，係受死，並不用。九月甲申、庚申大吉。舊有己巳，係空宅；乙亥係火交，不用。十月辛未，不犯魁罡滅門雷火大禍，吉。十一月庚申、己巳、甲戌，雖有吉神，不合黄道，只宜修蓋，不利建造。十二月乙亥、乙卯、己卯大吉。舊有己亥，係火星，又與辛亥並犯空宅，不用。

小屋逐月吉日 正月無。二月甲申、己亥、乙未、己未。三月壬子。四月辛未。五月甲申、庚寅、戊申。六月己巳、甲申、庚申。七月辛未、壬子。八月乙亥、庚寅。九月甲申、庚申。十月辛未、乙未。十一月甲申、戊申。十二月乙亥、甲申、庚申。○右吉日不犯朱雀黑道建破魁罡天窮地瘟十惡受死轉

殺土鬼氷消瓦陷天火獨火次地火火星正四廢陰陽錯日

定磉扇架吉日 甲子乙丑丙寅戊辰己巳庚午辛未甲戌乙亥戊寅己卯辛巳壬午癸未甲申丁亥戊子己丑庚寅癸巳乙未丁酉戊戌己亥庚子壬寅癸卯丙午戊申己酉壬子癸丑甲寅乙卯丙辰丁巳己未庚申辛酉宜天月德黃道值日可用。正四廢天賊建破日不可用

白虎曆起造吉日 初二初三初十十一十八十九二十六二十七（係虎頭虎腋吉餘日並凶）

火星起造凶日（修造蓋屋起蓋門通忌）孟月乙丑甲戌癸未壬辰辛丑庚戌己未。仲月甲子癸酉壬午辛卯庚子己酉戊午。季月壬申辛巳庚寅己亥戊申丁巳

六甲圖起屋吉日 己巳辛未甲戌乙亥（春凶）己卯（一云妨長）甲申（一云失火）乙酉（春忌）戊子己丑（一云損人）庚寅（一云三年滅門）乙未（春四月凶）己亥庚子（一云出顯人後富貴）辛丑（先吉後凶）癸卯（一云主刀兵）戊申（一云凶）己酉

六甲圖起屋凶日 甲子乙丑丙寅丁卯戊辰庚午壬申癸酉丙子丁丑戊寅庚辰辛巳壬午癸未丙戌丁亥辛卯壬辰癸巳甲午丙申丁酉戊戌壬寅甲辰乙巳丙午丁未庚戌辛亥癸丑甲寅丙辰丁巳戊午辛酉癸亥。春忌甲乙。夏忌丙丁。秋忌戊己。冬忌壬癸

起屋立柱凶神 地柱（妨長）宅天火次地火危日

架屋逐月吉凶日 正月丁卯己未乙卯吉。二月甲戌辛未己未己亥吉。二月甲子乙巳丙寅丁酉癸巳吉。四月乙丑辛卯吉。五月庚辰辛巳己巳未吉。六月丙寅癸酉丁酉戊申丁巳吉。七月乙丑戊戌丁未庚戌己未吉。一本有戊申。八月乙丑壬辰癸巳己亥吉。九月甲子癸酉辛巳

庚申大吉。十月乙丑辛酉癸酉壬辰辛
未吉。十一月甲戌辛未巳丑戊戌甲寅
吉。十二月甲寅丁亥戊寅戊申吉
架屋吉日甲子乙丑巳巳壬申一云凶癸酉
乙亥辛巳戊子庚寅乙未丁酉庚子壬
寅癸卯甲辰乙巳壬子癸丑乙卯庚申
曆纂有丁丑巳卯甲申乙酉丙戌巳丑
辛卯癸巳戊戌辛丑丁未戊申巳酉庚
戌辛亥丁巳巳未辛酉壬戌癸亥

架屋忌日辛未辛卯壬辰丙申又六甲圖
有庚午丙子丁亥甲午丙午
蓋屋吉日甲子戊子壬子乙丑辛丑甲寅
戊寅庚寅巳卯癸卯甲辰戊辰巳巳乙
巳癸巳癸未乙未甲申戊申癸酉乙酉
巳酉巳亥辛亥六甲圖有丁卯辛未壬
申甲戌丙子丁丑庚辰辛巳丙戌丁酉
壬寅庚戌癸丑乙卯丙辰庚申辛酉壬
戌七月凶

蓋屋凶日丙寅乙亥丁亥辛卯丙申戊戌
庚子丁未六甲圖有戊午黄帝死丁巳赤帝
死午日主火兇
蓋屋凶神蚩尤天火八風
上屋忌月五月六月上屋必兇
上屋忌日正月子日。二月卯辰。三月亥未。
四月卯申。五月丑未。六月戌寅。七月酉
戌。八月酉亥。九月子。十月寅。十一月辰
十二月巳午

折屋忌日甲子戊子一云殺長庚子乙丑癸丑
壬寅乙卯癸卯庚辰一云傷月壬辰乙巳一云
殺長辛巳癸巳甲午乙未辛未癸未庚申
一云殺長子壬申丁酉一云失財癸酉一云妨長甲戌
一云凶乙亥一云妨長婦癸亥建日除日破日
六甲圖有丁丑丁亥丙申巳酉
折屋凶日庚子辛丑戊寅丙辰丁巳及四
廢赤口日凶六甲圖有丁卯丙子壬午
乙酉辛卯戊戌丁未戊申壬子甲寅丙

辰

折屋妨害日 一日妨東家。二日南家。三日失火。四日西家。五日長子。六日南家。七日西家。八日宅長。九日宅長。十日宅長。自初一日起東家，終而復始。

修造偷方 太歲諸神、上箭、土公、河神、鶴神、五將、白虎、日遊神、太白遊八項，吉凶方位並在年月方位圖後。六甲三旬日内諸神，各有所占。如遊東方，則東方不可作。餘方皆可作。然八項難得全過。所必忌者，太歲諸凶神。所可用者，偷修諸吉日也。年月方位圖乃見當年按時曆也

偷修吉日 壬子、癸丑、丙辰、丁巳、庚申、辛酉六日。八方無忌，從便修造。只要六日内了畢。更逢天德、月德、天恩、天赦尤佳。

偷修凶日 甲寅、乙卯、戊午、己未、壬戌、癸亥六日。八方並忌，不可修造。

偷修別法 丙辰、丁巳、戊午、己未、庚申、辛酉六日。八方俱白，無所妨礙。

修門忌年 九良星寅、巳、申年及壬寅、庚申年在門。己卯、甲辰、癸巳、丁亥年在大門。丁巳年在前門。卯年及丁卯、己卯、癸酉年在後門。九良殺巳、未年在門。卯年在後門。

修門忌月 修厨殺甲己年九月，乙庚年十一月，丙辛年正月，丁壬年三月，戊癸年五月在門。九良星九月、十月在大門。四月在前門。二月在後門。牛黄五月、七月、十一月在門。牛胎三月、九月在門。猪胎二月、八月在門。六甲胎二月、三月、九月、十月在門。土公，亥在門。宅龍三月、四月在門。

作門忌月 春不作東門。夏不作南門。秋不作西門。冬不作北門。

作門吉日 甲子、乙丑、辛未、癸酉、甲戌、壬午、甲申、辛卯、癸巳、乙巳、壬子、甲寅、丙辰、戊

午

作門忌日 庚寅門大夫死

塞門忌日 丙寅巳巳庚午丁巳四廢

修作門吉神 幽微活曜滿德吉慶

修作門凶神 門大夫死軫九月二十五日翼九月二十日 四月初九日八月三日 亢五月九日二十七日 十日

開門尺法 古言窬去人家造百墳莫去人家造一門門最利害一家禍福率由之。周尺分節。一財二病三離四義五官六刼七害八吉。財與吉為上。官義次之。餘無取。財吉公私内外通用。官可用之官房中。戶出文章貴子。庶人用之起官事凶。義可用之中房。出人孝順。若在外門生兩姓同居。若人家内外大小門戶以財吉義三者兼用之。主世代昌隆。特義不可用之外門耳

魯般尺法

淮南子曰 魯般即公輸般。楚人也。乃天下之巧士。能作雲梯之械。其尺也以官尺一尺二寸為准。均分八寸。其文曰財曰病曰離曰義曰官曰刼曰害曰吉。乃北斗中七星與輔星主之。用尺之法。從財字量起。雖一丈十丈皆不論。但於丈尺之内。量取吉寸用之。遇吉星則吉。遇凶星則凶。亘古及今。公私造作。大小方直。皆本乎是。作門尤宜仔細

造尺樣範

貪狼 破軍 武曲 巨門 文曲 廉貞 祿存 輔星

[illegible]	病	離	義	[illegible]	刼	害	[illegible]

魯般尺詩

八位星辰世罕聞。古今排定合乾坤。陰陽未必全山水。禍福由來半在門

修廳忌年 九良星甲申戊申壬申年在正廳。九良殺辰亥年在廳

修廳忌日 修廚殺甲巳年十二月。乙庚年

二月。丙辛年。四月。丁壬年六月。戊癸年八月。在廳

修堂忌年 九良星。丙子庚子年在中庭。申年及甲申年在中宮。九良殺子年在堂。寅卯年在後堂。申年在中庭。一云中宮

修堂忌月 九良星。二月在中宮。七月在中庭。十一月十二月在中宮。修廚殺。甲巳年三月。乙庚年五月。丙辛年七月。丁壬年九月。戊癸年十一月。在堂。宅龍九月在房。十月在室。十一月十二月在堂。伏龍春在中庭。二月四月五月在堂。土公冬在中庭

修廚忌年 九良星子丑午年及戊子乙丑丁丑己丑壬寅戊午年在廚。九良殺丑在廚。修廚殺子午卯酉年。修廚殺新婦

修廚忌月 九良星三月四月十二月在廚。修廚殺甲巳年六月。乙庚年八月。丙辛年十月。丁壬年十二月。戊癸年二月在廚

修竈法 面向西及南大吉。東及北大凶。竈長七尺九寸。應北斗九州。廣四尺象四時。高三尺象三才

作竈忌年 九良星子午年及戊子戊午年在竈

作竈吉月 秋作大吉。春作次吉

作竈忌月 春及八月宅龍在竈。土公在竈。伏龍九月二十三至十月初四十一月二十一至十二月終並在竈。夏火旺招瘟。冬火死招瘟。六甲胎四月六月十一月在竈。牛黃四月十月在竈。牛胎六月十二月在竈。一云二月五月。猪胎三月七月十一月在竈。一云四月八月

作竈吉日 甲戌乙亥癸未甲申乙未己巳辛亥癸丑甲寅乙卯己未。[illegible]有甲子乙丑癸酉壬辰。**六甲圖**有乙巳。舊有乙酉甲午巳酉犯土鬼。甲辰巳丑犯十惡

不用

逐月作竈吉日 正月丑戌子。二月丑戌。三月卯子寅。四月卯子。五月巳寅辰。六月巳寅。七月未辰午。八月未辰。九月酉午申。十月酉午。十一月亥申戌。十二月亥申。乃逐月正陽五祥開日、又相日、民日、定日、成日、滿日、平日、並吉

逐月作竈忌日 正月二月寅申酉。三月四月辰戌亥。五月六月午子丑。七月八月申寅卯。九月十月戌辰巳。十一月十二月子午未。乃逐月致敗豐至五衡凶日。二月午。五月卯。八月子。十一月酉。乃四部凶日。壬寅、巳亥、庚子、辛丑、戊戌。乃百忌凶日。又丙日丁日不作竈。又建日破日四廢日。初六、十五、二十、十七。並凶

作竈吉神 天德月德玉堂生氣豐王榮官守成王城土星夏秋直日

拆竈吉日 正月二月丑戌日。三月四月子卯日。五月六月寅巳日。七月八月辰未日。九月十月午酉日。十一月十二月申亥日。應人家竈壞急欲移改不可候正吉日者，以上日可備急用。凡拆竈宜安丙丁方吉

拆竈忌日 初八十六十七

六甲圖祭竈吉日吉時 乙丑日辰丑時、丁卯日辰時、壬申日寅時、癸酉日丑巳時、甲戌日卯時、乙亥日午時、己卯日未時、庚辰日戌時、甲申日辰卯時、乙酉日寅卯時、丁亥日寅戌時、己丑日丑時、丁酉日申戌時、癸卯日子辰時、甲辰日卯辰時、丙午日申時、春祭亥己酉日寅午時、辛亥日辰申時、癸丑日辰卯時、乙卯日卯辰時、辛酉日辰戌時、癸亥日午戌時

祭竈吉日 春丙午丁未及丁日初四日。夏丙子及初六日。秋戊子及初七日。冬丁巳及十二日。又建日破日執日危日閉

日害日毀敗日。並凶

【修厠忌月】六甲胎八月在厠。牛胎四月八月十月在厠。又春夏忌修厠

【作厠忌月】正月六月凶

【作厠吉日】癸巳巳未丙戌庚辰壬子巳卯壬午乙卯初七十一二十三日

【造倉庫店】倉經云。凡作倉。甲庚丙壬四向吉。又要坐虛向實。不可向屋宅。倉前放水。不可流破財祿。如甲向祿在寅財在辰。丙向祿在巳財在未。庚向祿在申財在戌。壬向祿在亥財在丑。二位水入吉。水去凶。若所造去屋宅近。且要作方大利

【造倉利月】二月四月七月八月十一月吉。修倉通用

【造倉忌月】正月二月五月六月九月十月十二月

【造倉吉日】春巳巳丑丁巳丁未。夏甲午甲辰。秋乙亥丁未。冬甲申壬戌【總集】春無丁巳有戊辰。夏有乙巳。秋有壬午。冬有辛未戊戌。餘並同【六甲圖】有庚辰辛巳壬午庚寅壬辰乙未戊戌己亥庚子丁未甲寅乙卯丙辰戊午壬戌癸亥

【六甲圖造倉忌日】己未庚申辛酉。春戊戌戊午。夏庚子辛亥。秋甲寅甲申乙卯。冬丙午丁未

【造倉無風日】三月丙日。四月乙。五月丙丁。係十干功食日

【造倉吉日】乙丑己巳庚午丙子己卯庚辰辛巳壬午庚寅壬辰甲午乙未戊戌庚子甲寅壬寅戊午壬戌日【六甲圖】有戊辰

【修倉忌日】牛黃六月九月在倉。豬胎八月九月在倉

【修倉吉日】甲子乙丑丙寅丁卯壬午甲午甲辰己未滿日【六甲圖】有癸丑

[illegible]倉忌日 牛黃子丑寅卯日在倉

修作倉忌日 春乙丑乙酉戊戌。夏辛亥庚子。秋甲寅甲申乙卯。冬甲午丁未

盖倉吉日 甲子乙丑辛未乙亥甲申辛卯乙未己亥庚子乙巳癸丑 **六甲圖** 有壬辰乙卯

泥倉吉日 己巳乙亥庚辰庚寅壬辰甲午乙未乙酉乙卯 **六甲圖** 有戊辰

五穀入倉吉日 庚午己卯辛巳壬午癸未乙酉己丑庚寅癸卯甲辰 **六甲圖** 有甲戌乙亥丙子戊子乙未壬寅己酉丙辰癸亥。尋常貯積戊日吉

塞鼠穴吉日 壬辰庚寅滿日閉日又正月上辰鼠當日死穴。天狗日宜塞孔穴

穿井開池吉日 小寒立春穀雨小滿小暑立秋霜降小雪以上爲地元。凡池井土功之事。宜於地元內擇日用之

穿井忌年 九良星寅年及壬寅年申年及庚申年丁丑乙未己未癸未年在井。九良殺丑卯未年在井

穿井忌月 九良星七月在井。土公秋月在井。伏龍八月在井。牛黃五月七月在井。牛胎正月十一月在井。豬胎三月九月在井

穿井吉日 甲子乙丑甲午庚子辛丑壬寅乙巳辛亥辛酉癸亥淨戒作癸酉 **六甲圖** 有丙子壬午癸未乙酉戊子癸巳戊戌戊午己未庚申 **總集** 穿池井有甲申癸丑丁巳

穿井凶日 卯日除日。

穿井吉方 寅方出長壽。卯辰巳方出富貴。餘凶

修井忌月 三月六月七月凶。餘與穿井忌同

修井吉日 庚子辛丑甲申癸丑乙巳丁巳辛亥 **六甲圖** 有丁亥乙未己酉

修井吉神 太陰春秋冬直日吉

開井年月日時方位 子午年五月戌酉十一月辰巳。寅申年七月亥子正月巳午。卯酉年八月子丑二月午未。辰戌年九月未申三月寅丑。巳亥年十月申酉四月寅卯。右取其方位年月日時即為福地。昔唐張士平中年患眼。蒙皮告之以此法開井取水洗眼。即時開明。事見太平廣記

開井吉神 泉通日

開池井凶神 伏龍龍口龍走水生地囊四激泉闕泉竭五行忌。冬壬癸日黑帝死。井忌

開池忌方 甲子辰年亥方。巳酉丑年申方。丙午戌年巳方。亥卯未年寅方又歲德方

作陂塘吉日 修陂築同 甲子乙巳庚午甲戌戊寅巳卯辛巳癸未甲申乙酉庚寅丙申

巳亥庚戌壬子癸丑戊申乙卯滿日成日。一本有癸酉

作陂塘忌日 初三初五十一十三十六十七十九二十七日二十九三十日。天百穿

作陂塘凶神 伏龍龍走龍口龍會龍忌蛇龍蛇會水隔水痕水生五行。忌冬壬癸

修陂堰凶日 年忌日

修陂堰吉日 閉日

開溝吉日 甲子乙丑辛未巳卯庚辰丙戌戊申閉日平日

開溝忌日 猪胎巳酉丑月在溝

開溝忌日 壬午日四部日 春午夏卯秋子冬酉

注河吉凶日 癸酉戊申吉。巳巳凶

決水吉凶日 巳卯戊申吉。壬午日大凶

放水吉凶神 幽微活曜滿德吉慶吉。黑帝死大凶

□水吉凶日 柳八月二十四十月十九丙

開池吉[illegible] 小寒立春穀雨小滿小暑
立秋霜降小雪以上爲地元。凡土功之
事。宜於地元内擇日用之
築墻忌月 宅龍六月七月在墻。伏龍六月
七月在西墻
築墻避月吉凶日 與前動土起土基地日
通用
築墻吉神 土星 夏秋直 巳吉
築墻凶神 年忌日
[illegible] 九良星寅申年及壬寅庚申年
在路
[illegible]忌月 牛黃二月十二月在路
修路忌年 九良星未年及丁丑乙未癸
未年在水路。一云水步 九良殺丑寅卯未年
在水步
修水路忌日 九良星五月六月在水路
[illegible]吉日 每月閉日宜填塞道路
[illegible] 九良星正月二月在堦

水磨忌日 牛黃三月在磨。牛胎七月十月
在磨
水磨[illegible]日 牛黃辰巳午未日在磨
安碓吉方 天老經云。安碓非其所。人病不
離床。宜安東北方艮地及寅亥地大吉。
餘方並凶 安磨方同
[illegible]吉日 甲戌乙亥庚申辛未庚寅庚子
庚午
[illegible] 萬年曆云春三月不修磑。夏三
月不修碓
[illegible]忌日 牛胎正月七月在磨
[illegible] 入宅移居切要五條。已見用法
今再具出諸曆吉凶日子。既得吉日。尤
貴黃道。天德。月德。天恩。天赦。月恩。明堂
母倉。開滿成收等日臨之。最怕歸忌。往
亡。瘟金。伏斷。天火。雷火。狼藉。空宅。離窠
轉殺。大殺入中宮。陰道。侵陽等日。大凶
更須以宅長本命求之。若得祿馬。官貴

至擒四課生旺有氣回居之後即時興發全在智巧善擲之耳

入宅儀式 凡入新宅先選定吉日吉時隔夜備香燭於中庭及聖堂前供養當入之時宅長執香入宅母執鏡長男抱器盛五穀長女將絲帛蚕種以次男女各各執珎寶財帛婢妾僕使亦各執物不可空手入至中庭設席備香燭宅長隨意祈禱仍備金錢或殽饍普祭門竈及諸神以求福祉則人宅永安也

入宅移居吉節 大寒雨水春分芒種夏至白露寒露立冬以上為人元凡移徙係人事並於人元內擇日用之

入宅移居遂月吉日 到官會移居同 正月壬辰丙辰丁未辛未二月乙丑三月丙寅庚寅壬寅丁巳己巳四月癸卯甲午丙午庚午五月庚辰甲申六月甲寅庚寅丁酉癸酉七月甲戌戊戌庚戌八月乙亥辛亥癸丑九月甲午丙午甲申庚申壬申十月甲子戊子庚辰甲午壬午癸酉十一月乙丑丁丑癸丑乙未丁未辛未甲戌出百忌大吉癸丑日多吉星未日係萬通三吉日尤為可用十二月甲寅庚寅丁卯乙亥己亥辛亥已上不犯天敗天火天雷天窮月厭月火雷火歸忌狼藉虚耗空宅滅絕十惡萬通受死大殺入中宮等殺並吉

五姓入宅吉日 並合滿平定成收開日吉 金宅宜丁巳辛巳庚申乙酉癸酉己酉辛酉木宅宜乙亥癸亥辛亥己亥甲子戊子壬子丙子戊寅甲寅乙卯癸卯辛卯丁卯水宅宜丙申庚申辛酉辛亥癸亥壬子戊子己丑火宅宜丙寅戊寅甲寅己卯辛卯乙卯己巳癸巳乙巳辛巳丁巳庚午丙午甲午戊午土宅宜壬申甲申丙申戊申癸酉乙酉丁酉己酉乙亥丁亥辛亥

甲子戊子丙子庚子

六甲圖入宅移居吉日　甲子乙丑丙寅戊辰庚午丁丑戊寅乙酉庚寅壬辰癸巳乙未壬寅癸卯甲辰丙午辛亥癸丑丙辰丁巳壬戌（已上入宅移居吉）己巳辛未癸酉甲戌乙亥己卯庚辰甲午丁酉己亥庚子丁未甲寅辛酉（已上入宅吉）丁卯丙戌丁亥戊子己丑辛卯乙巳戊申己酉乙卯戊午己未庚申（已上移居吉）撮要云、入宅移居吉日亦同、

六龍曆入宅吉日　初一初七十三十九二十五日（餘日並凶）

白虎曆移居吉日　初二初三初十十一十八十九二十六二十七日（餘日並凶）

燕宅謝宅吉日　乙丑辛巳甲申（六甲圖有）庚午庚申、

入宅移居吉神　黃道要安天德月德月德合陰陽合天赦（上次吉併良）天恩（不犯次吉罡罡與上併良）月恩次天德龍德支德金堂玉堂次玉堂普護聖心益後續世母倉明堂金櫃司命生氣時陽天官鳳輦天福獄鑰福德天符五富開日滿日成日顯星曲星傳星金星（秋冬直日）家嗃沒斯

入宅移居凶神　陽錯陰錯陰道侵陽陽破陰衝陰陽交破陰陽衝破陰陽衝擊陽併陰衝棟折天𤰞（已上星遇天月德天玉堂生氣不可用）天罡河魁滅門大禍（四星滅族亡家黃道吉神併多者可用）轉殺（殺人）陰私（妨女人小口）天棒（妨人口）天牢（二人）亡天瘟（大忌）飛流（主大）死氣死別九醜（大凶惟十二吉）月歸忌不歸往亡（月歸往七上忌同日）刑獄伏罪徒隸天賊天隔天雷天羅天窮次天牢不舉五盜主勃空亡天地空亡空宅歲空飛廉大敗罪至骸骨月厭溫星龍虎游禍離窠牢日獄日大耗（破日同）小耗（執日同）四方耗五星交齊星火星利星又火星（春夏直日）雞緩雲漢船頭

六甲圖入宅移居凶日 乙巳（入宅凶）甲申（移居凶）

開店逐月吉日（坊場通用） 正月丙辰戊辰甲辰。二月己巳丁巳。三月甲寅丙寅戊寅庚寅壬寅。四月乙丑丁丑丁卯辛卯乙卯。五月丙寅甲申庚申。六月丙寅丁丑辛巳乙酉辛酉。七月壬辰戊戌庚戌壬戌。八月癸巳乙亥己亥不犯大小耗。九月丙子壬子庚午丙午壬午丙申庚申壬申。十月甲子乙未辛未乙酉癸酉。十一月甲寅丙寅庚寅。十二月壬寅乙卯丁卯辛卯。已上不犯天窮貧善九空破敗吹破敗虛耗四耗大小耗。更要不犯逐月建破魁罡

開庫吉神 天寶天富逐天倉鸞輿五富獄鑰

開庫凶神 九空九焦九坎四忌四窮大耗（破日同）小耗（執日同）天地離龍虎蛇烏天賊天休廢月虛空亡財離開店肆皆不可

開店肆吉神 天德月德黃道天府逐天倉天庫天符天富五富獄鑰少微蓋後六合曲星

開店肆凶神 月虛虛敗空亡歲空九空財離亡羸天賊四廢天休廢四忌四窮五窮大耗小耗四方耗天地離龍虎烏蛇

開倉吉日 丁亥

開倉忌日 壬申戊寅戊戌丙辰戊午甲日

不開倉 春丑午。夏子。秋未。冬寅。（五虛）春巳酉丑。夏申子辰。秋亥卯未。冬寅午戌（五虛）乙亥辛亥壬子戊午。一云春壬子。夏乙卯。秋戊午。冬辛酉（四耗）

買田吉日 甲子辛未甲戌庚辰辛巳壬午乙酉壬辰丙申癸卯甲寅辛酉成日

買田凶日 戊日。（戊不受田）惟戊辰戊申兩日為天田利收十倍。又忌破日

立契吉日 庚辰辛巳壬午壬辰癸巳庚子戊申辛酉癸卯丁未甲寅執日

[illegible]凶日 巳日破巳不券破日

交易吉神 天德月德合六合金星秋冬直日活

曜吉慶幽微滿德

[illegible]吉神 天田益後

[illegible]貝日 天德月德方天月德合金石合

審日收日開日

[illegible]吉日 壬申丁丑庚辰乙酉丙戌癸巳

庚戌辛亥乙卯丙辰丁巳辛巳辛酉甲

申

[illegible]日 乙丑戊辰甲戌乙亥庚辰三[illegible]

壬子壬午庚寅乙巳乙未

[illegible]吉神 天富五富遊天倉獄鑰鄰顗寨

嘀

[illegible]吉日 甲子乙丑丙寅丁卯戊辰巳巳

庚午辛未壬申巳卯庚辰壬午癸未丙

戌巳丑庚寅甲午丙申庚子辛丑癸卯

甲辰乙巳丙午丁未庚戌辛亥壬子癸

丑甲寅丙辰丁巳庚申戌日收日

求財吉日 丙子丁丑巳卯丁亥滿日

求財吉時 生氣時陽天庫少微陽德福德

次福德福生天富聖心汶斯

求財凶神 天罡河魁滅門大禍四廢與黃道吉神併

多者可用 天刑殺劫殺死氣受死亡贏大四

廢正四廢次天牢天空亡往亡土忌閉日火

星春夏直申

[illegible]財吉日 甲申辛卯乙未戊戌巳亥壬寅

乙巳壬子巳未

[illegible]吉日 乙巳庚午巳亥成日

[illegible]日 癸未除日

[illegible]吉日 丁亥丁丑。又春戌夏丑秋辰冬

未。天喜日收日

牧養良法

養馬[illegible]論 馬者火畜也。其性惡濕。利居高

燥。忌作房於午位。日夜餵飼。中春於[illegible]

順其性也。季春必啗。恐其退也。盛夏必

浸。恐傷於暑。季冬必溫。恐傷於寒。皆以

猪脂及犬膽汁煑粥則肥

王良相馬捷法○頭欲高峻○面如瘦而少肉○耳欲得小。耳小則肝小而識人意。緊短者性最快○鼻大則肺大而能奔○眼欲得大。眼大則心大而猛利不驚。眼下無肉多咬人○腎欲得小○腸欲厚則腹下廣方而平○膁欲得小。膁小則脾小而易養○胸堂欲闊○肋骨過十二條者良○三山骨欲平則易肥○四蹄欲注實則能負重○腹下兩邊生逆毛倒膁者良○望之小。就之大。肉馬也。望之大。就之小。筋馬也。至瘦欲見其肉。至肥欲見其骨○今之買馬。且看眼鼻大。筋骨麄。行立好。便是好馬

牧養須知餵料時。須揀擇新草。篩簸穀豆。若熟料用新汲水浸淘放冷方可餵之。每一夜須三二次起供草若馬熱不宜加熱料○餵水有三時。一曰朝。飲則小之。二曰晝。飲則酌其中。三曰暮。飲極之。凡飲時宜以新水。切忌宿水能為患。冬月飲水訖亦須騎驟。又曰。夏漢冬寒皆節飲。諺又曰。旦起騎穀。日中騎水。大槩餵水不謹。亦能成病也○摘卸不宜當風○每日晨晚須看其口色。以知其冷熱之候○日中若不乘騎。遇湖榻有草處須拋放。令自在舒暢。亦得硬實也○養馬冬須煖廐。夏必凉棚。槽櫃須令潔淨。毋得雜以毛羽蛛絲穢惡之物

相馬法

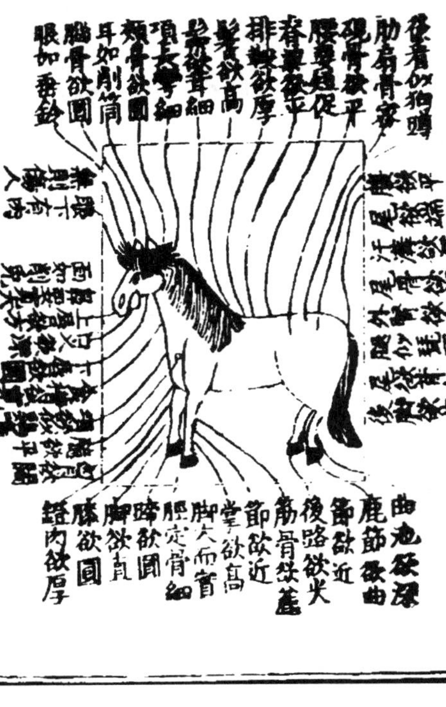

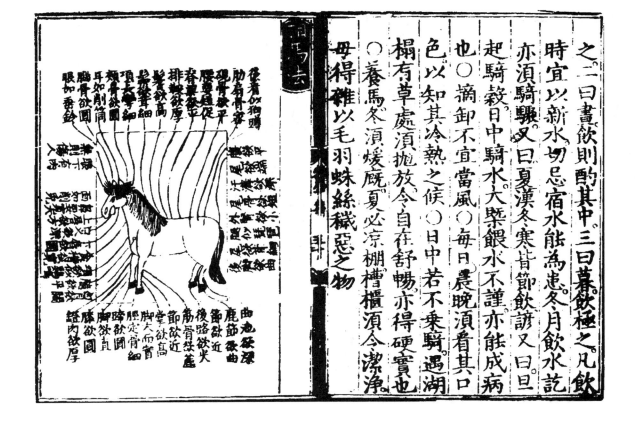

三十二相眼為先。次觀頭面要方圓。眼似垂鈴鮮紫色。滿筐口出不驚然。白縷貫瞳行五百。班如撒豆不同看。面顱側擊如鐮背。鼻如金盞可藏拳。口义須深牙齒遠。舌如垂劒色如蓮。口無黑黶須長命。唇似垂箱蓋一般。食槽寬闊腮無肉。咽要平分筋有欄。八肉分兮彎左右。龍會高兮上古傳。項長如鳳須彎曲。鬃毛茸細要如綿。膝要高兮員似掬。骨細筋粗節要攢。蹄要圓實須卓立。身平充闊要平寬。肋骨彎兮須緊密。排鞍肉厚穩金鞍。三峯壓壓須藏骨。臥如猿落重如山。鶖鼻曲直須平穩。尾似流星散不連。膂筋大小須勻壯。下節攢筋緊一錢。羊鬚有距如雞距。能奔急走日行千。已上貴相三十二。萬中難選一俱全

右出李伯樂寶金篇

養馬瘠瘦之不肥也 煑料時同貫衆一兩枚。煑久久喂之。瘦垂自出矣

治馬錯水 蓋緣騎驟緊急。遇水之時。喘息未定。飲之以水。須臾之間。兩耳并鼻息皆冷。及流冷涕。即此證也。先燒人亂頭髮燻兩鼻。後用此藥

川烏　草烏　白芷

胡椒　猪牙皂角各等分　麝香少許

右為細末。用竹筒盛藥一字。吹入鼻中立効。又法用葱一握。塩一兩許。同擣為泥。卷於兩鼻內。須臾打嚏。清水流出。是其効也

治馬中結 蓋緣有臕之馬。騎坐路遠。安歇不久。肚中熱脂未凝。便飼乾草。熱脂裹草不能消化。故獲此證。但凡騎坐肥馬行程窵遠。歇宜早。喂宜遲。未喂之先。飲水數口。方可飼草。不爾。必有此證。治法用

雄雞一隻。勿用刀割。以拳搥死。就熱便

開破雞肚。取出腸肚心肝嘴脚指甲帶糞。入風化石灰一合。用碎剁爛。入真芝蔴油四兩。調勻灌之立効。雞不用。只用肚中物

千金散治馬中結

大黃一兩　郁李子仁一兩

川山甲一兩微炒黃色　風化石灰一合如無灰用朴硝四兩代之

右為細末作一服。芝蔴油四兩。釅醋一升。調勻灌之立効。如灌藥不透。用猪牙皂角為細末。芝蔴油各四兩同和勻。填於後糞中。再灌前藥一服。即時便透

治馬傷水及中結一切病症

悉皆治之其効如神

川烏　草烏　苽蒂

白芷　胡椒　麝香少許

猪牙皂角各等分

右為細末。用竹筒盛。吹入馬鼻中。一字許不効再吹

黃[illegible]散治馬黃

黃芪　雄黃　木鱉仁各等分

右為細末。醋作糊調冷塗於瘡上紙貼。初見黃腫起時便用針遍刺腫處。然後塗上前藥

治馬脊破

成瘡不能騎坐如未破。將馬脚下尿糞濕稀泥塗上乾即再易濕者。如此三五次。自然消散矣。只用溝中青臭泥亦可。已破成瘡者傳後藥

黃丹生用　枯白礬　生薑燒灰存性

人天靈蓋燒灰存性

右各等分。同為細末。入麝香少許。瘡乾用芝蔴油調。看瘡大小。用藥如瘡。濕有爛膿水。可用漿水同葱白煎湯洗淨付之。立効

[illegible]散治馬疥癆并癢者

川芎　大黃　防風各一兩

全蝎一兩　荆芥穗五兩

右件並為細末。分作五服。白湯調灌之

養牛類

養牛法 相耕牛眼去角近。眼欲大。眼中有白脉貫瞳子。頸骨長大。後脚股門並快。毛欲短密。踈長者不耐寒。角欲得細。身欲得粗。尾稍長大吉。尾稍亂毛轉主命短

相母牛法 毛白乳紅多子。乳踈黑無子。生時子卧面相向吉。相背子踈。一夜下糞三堆。一年生一子。一夜只一堆。三年生一子

治牛疫 用安息香於牛欄中焚之○又方用石南藤和芭蕉。春自然汁五升灌之瘥○又方十二月內收兔頭燒灰和水五升灌之

知牛馬貴賤 黃帝問師曠曰欲知牛馬貴賤。秋葵下有小葵生則賤

白术散 治水牛患熱病。**歌曰** 水牛療熱甚難醫。口黃黑色似青泥。四脚不屎。急忙醫療請須知。四脚白术麻黃厚朴恰合宜。藁本當歸都煎連灌便瘥移

白术二兩半　蒼术四兩二錢　紫

牛膝二兩二錢　麻黃三兩去節　厚

當歸三兩半　藁本三兩三錢

右為細末。每服二兩。用酒二升一

草後灌之即瘥

攻胃散 治水牛患氣脹病**歌曰** 水細消詳冷熱相衝二氣傷。虛氣數日。致令傷重損脾間。先和二胃。蒼术厚朴并生薑。官桂胡椒

脾俞鍼烙最為良

白芷一兩　茴茼一兩一錢　桔

蒼术一兩三錢　細辛一兩一分　芍

橘皮九錢半　官桂一兩一錢

右件為末。每服一兩。用生薑一

一升同煎温服灌之

青皮散治水牛水瀉病**歌曰**水牛水瀉病根機使後皆因飲失時口羡揾来無歇息水傷脾胃糞腸希心悶焦渴饒貪水枳殼蒼朮青橘皮象子澁腸乾薑妙白礬燒灰便瘥移

青皮二两一錢　陳皮二两一錢　枳殼二两九錢

蒼朮　象子　乾薑各二两二錢

白礬一两九錢燒　茴香二两三錢　芍藥

細辛各一两半

右件為末每服一两用生薑一两塩三錢水二升同煎灌之

人參散治水牛患熱瘟疫**歌曰**牛患瘟疫五臟間毛焦腹脹脚顛狂早覺之時中治療若還不治病難安白礬甘草能治熱知母黄芩也大㾗防風桔梗人參散生薑蜜水灌除殃

芍藥　人參　黄栢各二两半

貝母　知母　白礬

防風　黄連各二两三錢　蔚金

山梔子　黄芩各二两四錢　桔梗

瓜蔞各二两　大黄一两九錢

右件為末每服二两蜜二两砂糖一两生薑五錢水二升同調灌之立瘥

養羊類

養羊法羊者火畜也其性惡濕利居高燥作棚棧宜高常除糞穢巴時旋之宋時收之若食露水則生瘡凡羊種以臘月正月生羔為種者上十一月二月生者次之大率十口二羝羝少則不孕多則亂群○羊有疥者間別之不使相染不爾則合群致死治疥以梨蘆根以泔浸致罨遍常煖數日以瓢刮患處以藥汁塗之再上即愈若病多漸漸塗之侍塗則痛

殺羊法向九月初買羊羖羯羊多則成互

少則不過數十頭。初來時與細切乾草。少着糟水拌。経五七日後。漸次加磨破黑豆稠糟水拌之。每當少飼。不可多與。多則不食。可惜草料。又兼不得肥。慎勿與水。喫水則退膘溺多。可一日六七次上草。不可太飽。太飽則有傷。少則不飽則減膘。欄圈常要潔淨。一年之中。慎勿喂青草。喂之則減膘破腹。則不肯食枯草

治牛疥癩方 百草霜用藍油。或用藍四兩桐油四兩。調勻。看多少。隨意用之

養雞類

養雞法 二月內先耕地二畝。令熟。做秫粥灑之。用生茅覆上。自生白蟲。便買黃雌雞二十隻。大雄雞五隻。於地上四圍築墻高丈許。棘遮其頭。正中打一行墻。其地平分作兩院。每處地上作屋方廣丈五。於屋下懸筐。令雞宿抱於內。如左院食蟲盡。趕向右院內。無蟲院依上再用秫粥種之

棧雞易肥法 以油和麵。捏成指尖大塊。日與十數枚食之。以做成硬飯同土硫黃研細。每次與半錢許。同飯拌勻喂之。不數日即肥。矣。依養鵝鴨法寨定。勿令走動

養雞不抱常川下卵 母雞下卵時。日逐食內夾以麻子喂。永不肯抱。常川只下卵矣

養生雞令不走 雞初到家。便以淨溫水甚洗濯雞脚。放之。自然不走。即在前後並不遠去

養鵝鴨類

選鵝鴨並歲再伏者為種 大率鵝三雌一雄。鴨五雌一雄。抱時皆一月。雛出。量雛欲出之時。四五日之內。不可聞打鼓紡車吠叫猪犬及砧聲。不可用淋灰器作抱窠。勿令產婦觀看。大鵝一十子。鴨二

十子。小者減之。數起者不任爲種。其食
伏不起者爲種。須五六日一與食。起之

棧鵞易肥法 以稻子不計煮熟。先用甎盖
成小屋。放鵞在內。勿令轉側。門以木棒
簽定。只令出頭喫食。日喂三四次。夜多
與食。勿令住口。如此五日必肥。如稻子
小麥或大麥。皆要煮熟喂之

養雌鵞法 鵞宜以一歲再伏者爲種。大率
三雌一雄。將木作卵誘之。生時尋即收
取別置煖處。以柔草覆之。却與覆

相鵞鴨法 鵞鴨母。其頭欲小。口上齔有小
珠滿五者生卵多。滿三者爲次

養雌鴨法 每年五月五日不得放棲。只乾
餵不得與水。則日日生卵。不然。或生或
不生。土硫黃飼之易肥

養魚法

陶朱公曰 治生之法有五。水畜第一。魚池
是也。池中作九洲。求鯉魚。二月上庚日。
池內中令水無聲魚必生。至四月內一
神守。六月二神守。八月三神守。神守者
鱉也。所以內鱉者。鱗虫三百六十。蛟龍
爲之長。而將魚飛去。有鱉則魚不去。在
池中周遶九洲無窮。自謂江湖也。養鯉
者。鯉不相食也。易長又貴也

養魚法 魚池可用九畝或七畝。內立十洲
三島。魚晝夜五方遊。朝東方。其池東方
可撅丈許深。以甎石壘埒屹嶇作十洲
勿出水面。日中南方。可撅至泉。再深取
三處如井之狀。名曰三島。使魚寒暄得
所。日西遊西方。止深三二尺。多栽蒲柳
之類。使魚馳騁於花影之中。黃昏遊北
方。可深七八尺。多留藻。魚止於此。夜半
居中。深四五尺。作明水。其魚朝星斗。池
中築一臺方二丈許。立一突如烽燧狀。
中藏狗毛骨糞與乾柴草相間。積於突
中。外立一走線於其內。若或有暴風雨

速将走線點著突中柴草等煙起龍來使穢煙觸之乃養鯉魚法也若鯖魚等不必立突

養金魚法 甃砌水池三座甲乙丙為號甲池養大金魚十箇以旋蒸無塩料蒸餅薄切竹簽揷晾乾逐日少取餵飼候魚跌子預将濕草曬乾撒入池中魚跌子濕草上候魚子跌盡漉起濕草曬極乾却撒入丙池內魚出如針細久而漸大間有玳瑁班者如草魚狀者日久仍為金魚矣緣春魚子色雜秋魚子不變故也候長如指大却盡數漉入乙池養做此則無大魚吞啖小魚之患矣

牧養擇日法

作馬坊吉日 丁卯庚午甲申辛卯壬辰庚子壬子及天德月德日

作馬坊凶日 戊寅庚寅

修作馬坊忌神 午火血牛飛廉牛勾絞地軸刀砧腹脹牛馬通用

買馬吉日 乙亥丙寅癸未甲申乙酉丁亥戊子壬辰甲辰乙巳壬子巳未庚申戊日巳日

買馬凶日 戊寅戊申甲寅

買馬吉神 龍虎鄰頡火星春夏直日

伏馬習駒吉日 乙丑巳巳壬申甲戌乙亥丁丑壬子丙戌戊子巳丑癸巳乙未丙申壬寅丁未巳酉甲寅丙辰丁巳辛酉癸亥密日

放馬血吉神 密日

放馬血凶神 血忌天狗食畜

放馬吉日 初一初二初四初五初七初八初九初十十四十五二十一二十二二十三二十四二十五二十七二十八二十九三十

取馬凶日 庚子戊午及申日。一云庚午戊子

納馬吉日乙亥巳丑乙巳
納馬凶日戊午
出納馬凶日戊辰巳卯庚寅壬辰甲寅庚申（破群）丙寅。又四月巳庚日。（十干功食日忌買納馬）納牛同用
除馬病法常将獼猴安馬坊。且能辟惡
五音牛欄吉方宮音庚癸　商音庚亥
角音亥丁　徵音申庚　羽音未庚
逐年牛黃七殺忌方子午卯酉年（巽一云坤）丑未辰戌年（乾）寅申巳亥年（艮）
逐年牛神忌方子年（在欄東震方）丑年（欄東南巽方）
寅年（欄東北兌方）卯年（欄西兌方五步）辰年（欄南離方五步）
巳年（欄內）午年（欄東弁未方）未年（欄之罪辰方）
申年（欄東南巽巳方）酉年（欄西南坤方）戌年（欄南離方五步）
亥年（欄西北乾方六步）
逐月牛黃殺方正月（欄）二月（路）三月（廨）四月（竈）五月（井）六月（倉）七月（井）八月（焙）九月（倉）十月（竈）十一月（門）十二月（路）

逐日牛黃殺方子丑寅卯日（倉）辰巳午未日（廨）申酉戌亥日（欄）
右五項方位修作損牛
作牛牢吉凶年卯辰巳申亥子年大吉。餘年凶
作牛牢吉凶月三月四月七月大吉。九月自如。餘月凶
作牛牢吉日甲子乙丑巳巳庚午甲戌乙亥丙子戊寅庚辰壬午癸未乙酉丙戌戊子巳丑庚寅壬辰癸巳甲午乙未巳亥庚子辛丑壬寅癸卯戊申壬子丁巳庚申
牛黃經又有戊申戊午辛未辛酉巳酉。又戊巳庚辛壬癸日吉。又初一初五初六十二十三十五日吉
作牛牢凶日春子戌午。夏寅卯丑。秋巳午辰。冬申酉未
修作牛牢凶神牛火血牛飛廉牛勾絞地軸刀砧腹脹

買牛吉日 丙寅丁卯庚午丁丑癸未甲申辛卯丁酉戊戌庚子庚戌辛亥戊午壬戌。又正月寅午戌，六月申未卯日。吉

買牛吉神 龍虎鄉頭火星 春夏直日

穿牛吉日 乙丑戊辰己巳辛未甲戌乙亥辛巳乙酉戊子乙巳乙卯戊午巳未

穿牛吉神 寗日

穿牛凶神 血忌天狗食畜

教牛吉日 庚午壬午巳丑甲午庚子辛亥壬子甲寅

收牛吉日 初一初二初四初五初七初八初九初十十四十五二十一二十二十三二十四二十五二十七二十八二十九三十

納牛吉日 丙寅壬寅乙巳辛亥甲寅戊午

納牛凶日 乙丑壬申甲戌庚戌癸丑

出納牛凶日 戊辰巳卯庚寅壬辰甲寅庚申。破群 又四月巳庚。十一月乙 十干功食日忌

治猪牢法 上刼太陽金水吉。血刃月孛土宿凶 下刼三台魁罡吉。帝星福星吉。右依此定年月日時四序行慶 即猪進旺大驗

猪牢分水法 惟寅申兩位放水猪大旺。餘並凶

作猪牢吉日 甲子戊辰壬申甲戌庚辰戊子辛卯癸巳甲午乙未庚子壬寅癸卯甲辰乙巳戊申壬子

修猪牢吉日 甲子辰日大吉。切忌四廢長短星

買猪吉日 甲子乙丑癸未庚寅壬辰乙未甲辰壬子癸丑丙辰壬戌

買猪凶日 出納猪並忌 戊辰巳卯庚寅壬辰甲寅庚申 破群

納猪吉日 癸未

出猪凶日 亥日不出猪

劁猪凶神 血忌天猪食畜。亥不出猪。破群。見馬門

作羊棧吉日 戊寅巳卯辛巳甲申庚寅甲午乙未庚子甲辰（棧下深埋鐵少許旺相大吉）

安羊棧門法 **商音**宜於庚辛壬癸地安吉。開甲壬門大旺。**角音**宜於丁壬丑未地安吉。開巳丙門大旺。**徵音**宜於丙丁子癸地安吉。開丁壬門大旺。**宮羽音**宜於未申地安吉。開庚辛門大旺。只宜作子午向水流乾巽吉。用丑未日羔寅戌山高

買羊吉日 甲子丙寅庚午丁丑庚辰辛巳壬午癸未甲申巳丑甲午乙未庚子丁巳戊午

納羊吉日 癸未

買納羊凶日 七月戊巳日。九月巳日（十干勿食）日

羯羊凶神 血忌天狗食畜

取猫吉日 天德月德日。切忌飛廉日

買犬吉日 壬午甲午辛巳巳酉

取犬吉日 辛巳乙酉壬辰乙未丙午丙辰戊午寮日

取犬凶日 戌日不乞狗

殺犬凶月 正月殺狗不祥

治雞鵝鴨棲吉日 子午卯酉方名四極。甲丙庚壬方為中皇。即此八方治之。主物大旺

[illegible]棲吉日（修棲同）乙丑戊辰癸酉辛巳壬午癸未庚寅辛卯壬辰乙未丁酉庚子辛丑甲辰乙巳壬子丙辰丁巳戊午壬戌成日滿日。又作棲宜用梅李木吉

買雞鵝鴨吉日 甲子乙丑壬申庚寅甲戌壬午癸未壬辰甲午丁酉甲辰乙巳

殺雞凶日 臘月殺雞不祥

出雞凶日 酉日不出雞。又正月七月庚子十

功食日應貢納羖雞並忌

買六畜凶日 己巳丁酉甲辰

調六畜吉日 丁丑

納六畜吉日 戊寅壬午辛卯甲午戊戌己
亥壬子定日成日收日。切忌鶴神方入
大凶

出納六畜凶日 庚寅壬辰甲寅庚申破日。
又三月乙、十月壬、十二月乙十干功食日

納六畜吉祥 天德月德合次天庫玉堂黃
道土星夏秋直日

納六畜凶神 飛廉大敗天禍三星大忌破群出入
並忌月虛天賊受死陰殺

結網吉日 戊辰己巳丁酉甲辰己酉

漁獵吉日 甲申丙戌丁未甲寅己未上朔
執日危日收日。又忌田獵宜用寒露後
立春前執收日吉

漁獵凶日 乙丑丙寅

張捕吉日 戊辰己巳庚午甲戌庚辰戊戌
己亥甲辰乙巳壬子丙辰丁巳戊午丁
卯一云獵凶

張捕凶日 戊申

捕魚吉日 取魚同丙寅辛巳乙酉戊子辛卯
壬辰丙申。又宜用雨水後執收日吉

捕魚凶日 癸巳辛酉。又二月六月七月八
月庚、五月巳辛癸。九月壬十干功食日忌捕魚取魚
養魚並忌

漁獵方 次天庫江河合漁月殺劫殺飛
廉鄉頭魚鳥會魚肉會

漁獵凶神 水隔漁山隔林隔獵

入山凶神 山痕林隔天塹伏屍四激龍虎
白虎

登高涉險凶神 天塹章光。又危日凶

六甲孤虛方 凡欲取魚射獵。但從虛向實。
或從實向孤。皆吉。圖見出軍捕逐下

居家必用事類全集丁集

居家必用事類全集戊集目録

農桑類

種蓺類

種藥類

燈火備用

法筭子　耐點蠟燭

風前燭　萬里燭

造獸炭　宿火炭

磨補銅鐵石類

補古銅器法　巢銅器故色

光古銅器法　磨古劒法

補山石等物神膠　刑部劉伯祥點錠術訣曰

銅鐵　藥揩古鏡法

磨鏡藥　穿交椅法

刻漏捷法

造盂法　下漏法

造籌法　加減法

推二十四氣　定太陽出沒法

約十二時

寶貨辨疑

象牙簡笏式　金

錄　玉帶

玉器　瑪瑙

水晶　琥珀

珊瑚　看南北珠式

北珠　看大珠身分顏色節病訣

看入匣珠子式　南北西湖珠式

馬價珠　碧靛

猫睛　刺

玻璃　玳瑁

犀角　翠毛

魚鰾　龍涎

龍涎香　大石梔子

珠飾　試金石

居家必用事類全集戊集目錄

居家必用事類全集

戊集

農桑類

農桑本務

古者井田之制一夫授田百畝以二畝半爲宅樹墻下以桑是以男耕女桑而衣食常足孟子曰五畝之宅樹之以桑五十者可以衣帛矣百畝之田勿奪其時八口之家可以無饑矣以此爲王道之

始漢文帝詔曰一夫不耕或受之饑一女不織或受之寒是知衣食者日用之不可闕也

井田之制

私田	私田	私田
私田	公田	私田
私田	私田	私田

種藝吉凶

種植吉節 小寒立春穀雨小滿小暑立秋霜降小雪以上爲地元凡種植土功之事宜於地元內擇日用之

種植逐月吉凶日 正月甲子巳未辛未丙子丁丑癸未辛丑壬子癸丑吉○二月巳巳巳亥吉○三月壬申壬午戊子甲寅吉○四月乙丑戊寅辛丑巳丑癸卯巳酉癸丑吉○五月甲戌辛丑甲申壬

寅戊午乙丑巳卯吉○六月巳卯下亥癸卯辛卯吉○七月庚辰戊子甲辰戊午吉○八月巳巳巳丑甲戌辛丑巳亥癸丑吉○九月丙子甲午辛卯辛巳丙申辛亥吉○十月辛卯癸未巳酉巳未吉○十一月壬寅丁丑辛丑癸丑丙寅戊寅庚寅吉○十二月丙寅戊寅庚寅壬寅丁卯巳卯辛卯癸卯吉

耕田吉日 乙丑巳巳庚午辛未癸酉乙亥

丁丑戊寅辛巳壬午乙酉丙戌丁亥己
丑辛卯癸巳甲午己亥辛丑壬寅甲辰
乙巳丙午己酉癸丑甲寅丁巳己未庚
申辛酉
耕田凶日大月初六二十二二十三小月
初八十一十二十七十九二十七田痕
浸穀吉日甲戌乙亥壬午乙酉壬辰乙卯
種田吉日種五穀下五穀同甲子乙丑丁卯己巳
癸酉乙亥丙子己卯庚辰甲申乙酉己
丑辛卯壬辰癸巳乙未丙申戊戌己亥
庚子辛丑壬寅癸卯丙午戊申己酉癸
丑丙辰戊午己未庚申辛酉癸亥癸未
又一月三卯種稻爲上
種田凶日田痕見耕田凶日下
下五穀凶日丁亥
插秧吉日種秧插秧同辛未癸酉壬午庚寅癸
未甲午甲辰乙巳丙午丁未戊申己酉
乙卯辛酉**總集**有巳亥巳未戌日收日

且云下五穀種作通用
耕田吉日丙寅丁卯庚午辛未丙子丁丑
庚辰辛巳丙戌丁亥庚寅辛卯丙申丁
酉庚子丙午辛丑丁未庚戌辛亥丙辰
丁巳庚申辛酉戊子又丙丁庚辛日吉
耕田凶日壬辰癸亥又壬癸日凶
燒田吉日己未
燒田凶日火隔亦忌燒山炭
六甲種作吉日種植同甲子乙丑丁卯戊辰
己巳庚午辛未壬申癸酉甲戌丙子丁
丑戊寅己卯十二月庚辰癸未甲申乙酉
戊子己丑庚寅九月辛卯庚子辛丑十一月
壬寅甲辰丙午丁未戊申己酉壬子癸
丑乙卯庚申壬戌癸亥
逐日種作吉日正月二月子日三月四月
寅日五月六月辰日七月八月午日九
月十月申日十一月十二月戌日
種作[illegible]不[illegible]吉日初一初三初四初五

初七初九初十十八二十九

種作無蟲吉日 丁壬日六月丁巳日八月癸日九月十二月丙日十月庚日 十干功食日 正月三月五月壬日四月

種作凶日 種植同 辛巳丙戌壬辰癸巳乙未甲午乙巳辛亥甲寅

種植吉神 開田耕田同 太陽春夏直日 火星春夏直日 田蟲不食百蟲不食鼠雀不食

種植凶神 開田耕田同 天火次地火鬼火地隔地耗地傷九焦九坎死氣月殺狼籍四廢天地不成天地不收青帝死后稷死田祖死葬田王死葬田父死葬田母死葬田夫死葬田婦死葬

種麻吉日 辛巳巳亥戊申壬申甲申申辛亥庚申又正月三卯種麻為上

種麥吉日 庚午辛未辛巳庚戌庚子辛卯又八月三卯種麥為上忌十二月丁日 十干功食日

種粟吉日 丁巳巳卯乙卯巳未辛卯又三月三卯種粟為上

種豆吉日 甲子乙丑壬申丙子戊寅壬午壬寅又六月三卯種豆為上忌六月戊日 十干功食日

種黍吉日 戊戌巳亥庚子庚申壬申

種蕎吉日 甲子壬申辛巳壬午癸未

種芋吉日 庚子壬戌壬申辛巳壬午辛卯戊申

種菜吉日 壬戌辛卯戊寅庚寅

種瓜吉日 甲子乙丑庚子壬寅乙卯辛巳

種薑吉日 甲子乙丑辛未壬申壬午癸巳辛卯

種葱吉日 甲子辛未巳卯甲申辛巳辛卯

種蒜吉日 戊辰辛未丙子辛巳壬辰癸巳辛丑戊申

種果吉日 種竹木百物同 丙子戊寅巳卯壬午癸未巳丑辛卯戊戌庚子壬子癸丑戊午

巳未一本有巳亥丙午丁未乙卯戊申巳巳

種果凶日 壬戌

治園館吉日 相日民日

治園館吉神 豐王榮官王城守成土星夏秋

直日宜相日民日吉

栽木吉日 甲戌丙子丁丑巳卯癸未壬辰吉

栽木凶日 丙戌壬戌乙日林不栽

種竹吉日 甲辰竹醉日五月十三日竹迷日自正月一日二月一日至十二月十三之類種吉無不活者

耕鋤法 凡菅茅之地宜縱牛羊踐之七月耕之則死。凡美田之法。緑豆為上。小豆胡麻次之。悉皆五六月中穄美比反種七八月犂。稑稑同殺之為春穀田。則畝收十石

[illegible]水[illegible] 旱禾田當防闕水之患。春天宜留心開水。每池取其深。遇旱則泄以蔭一種田作池蓄水深一丈。可以蔭二十種田。今江南地多用筒輪水車以備之。亦須於未旱時早備也

收九穀種 九穀者。黍稷秫稻大麥小麥大豆小豆是也。凡五穀種。常歲别收。選好穗絶色者薊不彫叉刈高懸之。以擬明年種子。將種前二十許日開水淘。浮料去則無勞即曬令燥種

種田吉日 凡種禾宜寅午申日。大麥宜亥卯辰日。稻宜戊巳四季日。黍宜巳酉戌日。大豆宜申子壬日

種田忌日 種禾忌乙丑壬癸。秫忌寅晚禾忌丙。大麥忌子丑戊巳。小麥同。稻忌寅卯辰。黍忌寅卯丙午。穄忌未寅。大豆忌卯午丙子甲乙。小豆同。麻忌四季日及戊巳日

種植上時 種穀二月上旬為上時。三月上旬為中時。一畝用子一斗。四月上旬為

下時。每畝用子一斗二升

種大麥 八月中戊社前為上時。每畝用子二升半。下戊為中時。每畝用子三升。九月為下時。每畝三升半

種小麥 八月上戊為上時。每畝用子一升半。中戊為中時。每畝用子二升。下戊為下時。每畝用子二升半

種麻豆 夏至前十日為上時。夏至日為中時。夏至後為下時。崔寔曰。夏至先後各五日可種。秫麻。皆欲及時

移桑法 桑椹畦種。明年正月移而栽之。仲春季春亦得。率五尺一根。其下常斸掘。種菉豆小豆。二豆良美。潤澤益桑。栽後二年。慎勿採摘。大如臂。再移上步。每株以繩繫石墜四向枝。令婆娑。直上則難採

壓條法 須取栽者。正月二月中。以鉤杙壓下枝。令着地。條葉生高數寸。仍以燥土壅之。土溼則爛。明年正月中。截取而種之

接桑法 其法有四。一插接。二劈接。三靨接。又名貼接。又名神仙接。四批接。又名搭接。插接法。附地鋸斷。於砧盤上肌肉內附骨。用竹篦子插下。可深一寸半。接頭可長五寸之上。其脈做青者根頭一寸半。用薄刃子削成馬耳狀。其馬耳尖頭薄骨割去半分。青肌肉自長於骨尖半分。將接頭喻養溫暖。假借人之生氣易活。人懷其時不可哭淚。及濃厚濕木物。取出篦子。就用青肌肉半分。裹接頭馬耳尖。插下。極要嵌寔。每一砧盤上插二三條。合接頭之骨與木之骨相背。肌肉與樹之肌肉相着。水之津液行於肌肉之間。如不相對。又不緊寔。多不活。用新牛糞和土為泥封。泥了。濕土封堆。接頭生茅條出土高一二尺。約量刈三二條。其餘割去。傍埋橛子一條。用繩總繫。不要致被風雨擺折

種柘法 柘子熟時。多收。水淘令淨。曝乾。散訖。勞之。草生拔却。勿令荒沒。其葉飼蚕。

絲好作琴絃。清鳴響徹。勝於凡絲遠矣。柘葉多叢生。幹疎而直。葉豐而厚。春蚕食之。其絲以冷水繰之。謂之冷水絃。柘蚕先出。先起而先繭。柘葉隔年不採者。春再生必毒蚕。如不採。夏月皆要打落。方無毒

卜桑法閩中以三月三日雨卜桑柘貴賤。諺曰。雨打石頭遍。葉子三錢片。或曰。四日尤甚。杭州人云。三日猶尚可。四日慈殺蟻。四日雨尤貴。雜五行書曰。三月三日天陰而無雨。蚕大善。浙間風俗又云。三月十六晴。樹上掛銀瓶。言其貴也

齋蚕法育蚕而闕葉者。以甘草水灑桑葉。次以米粉糝之。候乾與食。謂之齋蚕。可以度一日夜。唯懼人知。成繭厚實

擇繭法開簇時。須擇近上向陽。或在苫草上者。此乃強梁好繭。農桑要言云。繭必雌雄相半。簇中在上者多雄。下者多雌○陳志弘云。雄繭尖紅緊小。雌者圓慢厚大。另摘出於通風涼房內淨箔上。一一單排。日數既足。其蛾自生。若有拳翅。禿眉。焦脚。焦翅。焦尾。重黃。赤肚。無毛。黑紋。黑身。黑頭。先出。末後生者。揀出不用。止留完全肥好者。用厚藤紙為連。候蛾生足。移下連於屋內空處。豎立柴草。散蛾於上。至十八日後。西南淨地。掘坑貯蛾。以土封之。庶免禽蟲傷食。有功於人。理當如此。

浴連法臘月內。三八日。浴連三次。浴畢。用桑皮索懸掛至除夜。用五方草。同桃符木柤。以水同煎。放冷。元日五更浴過。藏之

治蚕室屋宜高廣。勿接檐廈。蚕生前一月。泥飾。除正門外。周圍安窻。無西窻不妨。宜高大。四角著火。將牛糞墼子燒令無煙。移入龕內。如無壁龕。止於槌箔四向約量頓火。近兩眠則止

下蟻法生蟻惟在涼暖得宜。開揹得法。使

之莫有先後也，（生蟻不齊，則其蠶眠起至老俱不能齊也。）其法：變灰色已全，以兩連相合，鋪淨箔上，緊捲兩頭，繩束卓立於無煙淨涼房內。第三日晚取出展箔，蟻不出為上。若有先出者，雞翎掃去不用，（名行馬蟻。留則蠶不齊。）俟量蟻齊生。（並無一先一後者。）和蟻秤連，寫計分兩。蟻生既齊，取新葉用快刀切極細，用篩子篩於中箔蓐紙上，務要勻薄，將連合於葉上。蟻自緣葉上，或多時不下，連及緣上連，皆翻過。又不下者，並連棄了。此殘病蟻也。（一箔蓐上下蟻三兩，蠶至老可分三十箔。薄蟻一錢，可老蠶一箔也。）

用葉法 蠶不可食之葉有三。一承帶雨露，既濕又寒，食則變褐也，生水瀉淋，老則浸破絲囊，不可抽繰。製之之法：芟葉實積，苫席覆之。少時內發蒸熱，審其得所，啓葉攤之，濕隨氣化，葉亦不寒，即可飼之。二為風日所嫣乾者，生腹結。三浥臭者，即生諸疾。斯二者無可製之法，棄之可也。

分擡法 分擡之便，惟在頻數稀勻，使不致蒸濕損傷也。（蠶滋多，必須分之；沙燠厚，必須擡之。失分則不勝稠疊，失擡則不勝蒸濕，故宜勤。蠶者柔軟之物，不禁觸弄。小而分之，猶能愛護。大而擡之，莫能傾惜也。未免久堆亂積，遠擲交拋，生病損傷。實由於此。故宜安鋪而稀勻也。）

養蠶百忌 忌濕葉，忌熱葉。蠶初生時，忌屋內掃塵，忌煎煿魚肉，忌蠶屋內哭泣叫喚，未滿月產婦不宜作蠶母，忌帶酒人切桑飼蠶及擡解布蠶。蠶生至老忌煙熏，忌孝子產婦，不淨潔人入蠶屋，忌近臭穢，忌酒醋五辛羶魚麝香等物

養蠶吉日 浴蠶出蠶，安槌入簇，宜用戊辰乙巳庚戌壬午甲午甲寅丁巳戊午日，更得收滿天德月德月合明星五富等日。出蠶沙宜天德方，忌蠶室命官方。又庚戌日蠶姑死，忌之

種藝類

山居總論　唐太和先生王旻山居錄

凡所居須擇形勢地，後高前平，有東流水者爲上。不然，四面平坦爲佳。其土色須黃細沙輭者爲良，此方滋長藥根故也。其地多即二十畝，少不減十畝，四面樹以枳籬，不然墻圍之，任取便耳。其中造藥堂，及蔭曝之所。堂前穿大池，種荷芰菱芡，遶池種甘菊，取紫莖黃花引蔓者是真，餘者皆蒿耳。蒿苦而菊甘，但能移根處處稀栽，一二年間不覺自合，便成菊潭。如無根，取子種亦可。但四月以前乘雨折插之，自然滋生子。按葛稚川云：南陽穰縣（抱朴子並作酈縣，酈音擲）有甘谷水，左右皆生菊，菊花墮水中，故味甘美。谷上居人皆不穿井，悉飲谷水，無不壽考。高者百四五十歲，次者不失八九十。故司空王暢、太尉劉寬、太傅袁隗皆常爲南陽太守，到官即使穰縣月送甘谷水三十斛，以爲飲食。諸人多風痺及眩暈，皆得愈，但不能大得其益，如彼居人生以來即飲（抱朴子作便飲食）此水耳。又菊花與薏花相似，直以甘苦別之，諺所謂苦如薏者。今所在有之，真菊但爲少耳。率多生水側（已上並抱朴子文）。其地形制任人巧爲之，令一池之中數藥在焉。地之多少取足爲度，不必二十畝也。

[illegible]　凡作園籬法，須於地（一作宅）四畔（齊民要術作於墻基之所）方整深耕。凡耕作三壟，中間相去各二尺。枳殼熟時，收子，壟中穊種之。至明年秋後，約高三尺，斸去惡者，相去一尺留一根，然稀稠均，行伍直。至來春刈去橫枝，必留距，不留必凍死。種刺榆及柳亦如之。酸棗不堪種。好別種延蔓，次以五加皮、冬羅摩，並傍籬落種之，便以爲籬藩。若須採掇，且免遠求。豈

不善哉

種藥類

作藥畦法一首　除藥堂外並作藥畦上乾牛糞其畦中間多作水道以通灌注凡藥菜有宿根者每剪苗訖更上少糞其畦中把摟令勻溉水注之不久還生以此法為常準無宿根者剪苗盡更布子種之新舊相合勿使闕用也

種枸杞　凡種枸杞取種連莖剉之令四寸許數百束如羹盌大以草為索慢束之每畦分作四五行如韭畦稀稠行側別掘坑深七八寸令寬於束子挑安糞及土每坑相去三寸坑成下束子豎立種之別調和熟牛糞稀如麵糊注坑中灌之令滿減即添灌之坑坑如此然後以肥土壅之滿訖土上更加熟牛糞令與坑平然後灌水不久即生大科半畝許始足食生時甚肥嫩如剪韭法從頭起通割之令共地平留半則梗硬剪深則傷根剪時欲早起避晝熱及雨中惟晴早晨為佳修事如法可供數人○又法但於畦中種子如種菜法上糞下水當年雖瘦三年以後還肥可愛勿令長莖苗即不堪食如食不盡卻剪作乾菜以備冬閑常用如此從春及秋其苗不絕子取甘好者種之（一作取甘州者種之）若種根莖擇取葉厚大無刺者是真有刺葉小者是白棘不堪服食○又法取枸杞子先於水盆中以手挼令散訖去水日曝乾先斸地作畦畦中去卻五寸土勻作五壟壟中縛草為稕（之閏切）似臂長短依畦以泥塗草稕上表裏令通徧以安壟中即以枸杞子布於泥上一面令稀稠得所即以細土蓋一重令徧又以爛牛糞蓋其上令徧又布土一重令與畦平待苗出時以水時時澆溉之若堪喫

便剪如韭法。食之甚美嫩。更不要煮煠。每種用二月初一。年只五度剪。不可過此數也〇枸杞生於甘州西南都谷中。及甘州山北者尤佳。其子味乃過於蒲萄。至今蘭州西至鄯鄯一作城縣。靈州以北。豐州九原並多有之。其根莖尤大。咸陽醴泉者不如也。凡取根以高處即根不深。故生古墻者則根大。原州有秦長城之腹內。及額基之上着甚洪大。犬者有一尺以上。其子甘美。於甘州者取根為煎。倍勝他處所服者。俗相傳云枸杞洞黃泉為狗形。根鍊為煎。明達之士言尚有精靈。多化為小兒。又恒州石邑縣有漢時常山郡。有老者黃昏之後。或聞犬聲。蓋其精也。此物所在有之。其根小於出處

種百合 春取其根大者。擘取辮於畦上。如種蒜之法。余按種蒜法宜良輭地。三徧耕以耬耩逐壠下之。五寸一科。二月半鋤之。滿三遍不鋤。則科小。種時作行。逐科上糞澆水。經年後看稀稠。更移別畦中栽。苗如火筯大至三月即折頭上糞。當年大如鷄子。乾即澆之。三年後大如盞。年年須作畨次種。不可令絕。此物尤宜鷄糞。每坑深五六寸。先著鷄糞後更入土。取子種之亦得。須二年方可苗生。遠不如辮。別本云。上好肥地加糞熟斸就。春中取根大者。擘取辮於畦中如種蒜法五寸一辮。種之直作行。又加糞澆水。苗出即鋤。令四邊絕草。春後看稀稠處。更別移栽待畦中乾即澆水三年後其大如拳。然後取食。又取子種亦可或一年以後二年以來始生。生甚遲不如種辮

種甘露子法 熟斸地宜肥良。取子稀種。三四尺一窠。露下後葉上得雨滴下盡為根。子如螺形。蒸煮之。味如百合。須數耘之

種牛膝 秋間收牛膝子。至春如生菜法種之。宜下濕肥良地。上糞澆水。苗生候

食剪之。須常多留子。直至秋中徧徧種之。但劃後上糞即生。不須更種之。其收根者留取一畝餘地，熟耕。更以長刃鍬深掘之。取其土虛根長。須依此法。然後下子摟令土平。荒即耕之。旱則澆之。至秋子成就，高刈取莖收其子。九月末，還用長刃鍬深掘取根，於水中浸經兩宿，密置竹篩中，以手挼去皮，更齊頭曝令稍乾，手握令直，作大束子，又曝令乾，看之端正白如象筋。然入藥不如不去皮。氣力大，直曝令乾者為佳。若去皮挼去白汁，深可惜也。市中貴取端正，甚失精華也。別本云：秋收子，至春種，如種菜上加糞水灌。苗出堪采，即如剪韭法。須多留子。秋中種亦可。其收根者別留子。三畝地熟耕，更以鍬深掘，取其土虛根易長也。土平訖，然後下子。荒即耘草。旱即溉。至秋子成，高刈取莖收子。九月末間。還用鍬深掘取根。如法料理

種合歡法 即萱草也

種移根畦中，稀種之。一年以後即稠，剪苗食之，如枸杞法佳。剪訖還生。味如春初者好。至秋下不堪食。別本夏秋不堪食

種車前法 取子春間如生菜法種之。上糞下水。此物宿根，剪徧還生。但須耘，可經數歲

種決明法 春取子畦中種之。上糞下水。候葉生食之。直至秋間子成。此物有兩般種。可入藥用者，不如馬蹄者佳。其花切忌泡茶喫。凡多食者，無不患風，尤宜慎之

種胡麻 宜白地種。二月三月上旬為上時，四月上旬為中時，五月上旬為下時。月半前種者，實大而長。種欲截雨脚。若不緣濕，融而不生。一畝用子二升。漫擲。一作撒 先以摟耩極熟，然後撒種子，空曳勞。勞上著令，則土厚不生。耬四時纂要云：力兜切，單也 音耩音公項切，撥也者炒砂令小拌和之。不和砂不均。一作中和半之 鋤不過三徧。後成，刈束欲小。束大則難乾。打時一手紅，又費力。五六

束為一叢斜倚之。不爾。則風吹倒。候開口乘車詣田斗
藪之。倒竪以小杖微微擊之。還叢之。三日一打。四
五徧乃盡

種青蘘法 即胡麻角八稜者為巨勝。出胡
城縣東。王思村為上。取眞巨勝畦中如
生菜法種之。候苗出亦堪食。常留子種
至秋。徧徧依此法多種之。其味甚滑美
不減於葵。亦堪沐髮。別本云。古胡麻角八稜者。畦中如菜法種之。苗生為菜食。秋間依此法種之不斷。此物甚滑美

種麻子法 取肥良地一畝耕三遍。用子三
升。種須班黑麻子為上。三月初為上時。
四月初為中時。五月初為下時。大率二
尺留一根。概則不耕。鋤常令淨。荒則小實。既放勃
拔去雄。若未放勃去雄者。則不成子實。
氾勝之書曰。種麻豫調和田。二月下旬
三月上旬。傍雨種之。麻生布葉。鋤之。率
九尺一樹。樹高一尺。以蠶矢糞之。樹三
升。無蠶矢以溷中熟糞糞之亦善。樹一
升。天旱以流水澆之。樹五升。無流水。曝
井水。殺其寒氣。以澆之。雨澤適。勿澆。澆
不欲數。霜下。實成。速砍收之

種麻良日 乙丑戊寅辛卯壬辰丙申乙巳
戊申。忌四季辰戌丑未戊己之日

種地黃 須肥良地沙輭者為上。取根斷之。
畦中種之。上糞下水。一年以後滿畦。可
愛。此物宿根秉却還生。其花秋收以充
冬用。欲取根作煎及乾者。別於畦中掘
取出數箇大坑。廣輪一丈許。深可三尺。
其底布磚令密。還填糞及沙土實之。然
後取肥地黃寸餘種之。令滿坑。不久坑
總是根。甚麄長。緣下有磚。惟麄而已。但
作得十坑許。當足用。亦有坑深三尺。長
一丈。其坑口闊一尺。以椽作肋。肋着笆
籬。坑底亦布磚。笆籬上安土厚五寸許。
旱則澆水。三年已後。即麄。但此法難褁
不如直作坑者。任人所辦。別本云。須[illegible][illegible]十二[illegible][illegible]

地。正月可止。三四徧。春初擗之。八月擗根。若採葉，候露散，摘取傍葉，勿損中間正葉。其益人勝諸菜。○又法。田須黑良田，五徧耕。三月上旬為上時。中旬為中時。下旬為下時。一畝下種五升。其種還用三月中掘取者。逐犁後，如下麥法下之。至四月末五月初生苗。訖至八月盡九月初根成中斸。若須留為種者，止留地中，勿掘。待來年三月初取之為種。每一畝可收根三十石。有草即鋤，不限徧數。鋤時別作小刃鋤，勿使細土覆心。今秋取訖，至來年更不須種，自然却生。如此得四年不要種之，皆餘根自出矣。如稀，亦更種之。別本云。取十二月耕地，至正月可止。三四徧細杷訖。然後作溝。溝闊一尺。兩溝作一畦。畦闊四尺。其畦微高而平，硬甚不受雨水。苗未生間得雨，即爛畦中，又撥作溝。溝深二寸。取地黃切長二寸。種於溝中訖，即以熟土蓋之。其土可厚三寸。以上。每種一畝，用根五十斤。盖土訖，即取經冬爛草覆之，候芽稍出，以火燒其草。令燒去其苗，再生者葉艷茂，根益壯。自春至秋凡五六芸，不得用鋤。八月采根至冬尤佳。若至時不采，其根大盛。春至三月當宜出之。若秋采訖，至春不須

用再種。其生者猶得三四年。但采訖瓜之。明年耩耘而已。然驗古法，此為最良。按本草二月八月采，殊未窮物性也。八月殘葉猶在，葉中精氣未盡歸根。二月新苗已生，根中精氣已凝於葉，不如正月九月采殊好。又與蒸曝相宜。古人云二月八月非謂種也，將謂野生當須見苗。一作視苗。若欲食其葉，但霧露散後摘取傍葉，勿損中心正葉，甚益人，勝諸藥菜。

種薯蕷

擇取色白，根如白米粒成者，預取收子。作三五大坑，闊三尺，長一丈，深五尺。下密布磚，坑四畔一尺許高，側布磚以防別入傍土中。生根即難采。坑中磚上填少許沙土，和糞令滿三行，下子種之。待苗出，着架引蔓令上。經三年以後根甚麤，斟酌一坑可得一年以來食之。出盡還填土，布子種之。常須如此，豈備遠尋山谷采掇辛勤哉。如無子，直取細根截三寸以上種之。若收得子即勝也。其坑四畔緣作盆狀，以備旱。取其子亦堪蒸食。曾得子如荊雞子者，食子稍愈於根。此種出局中，若得善不可加。此物

園四畔種之。不備園中好地○又法。子熟時收子便種。只安肥土令半入土。不得埋盡。即爛不生。待苗生後。移於破盆甕中。着肥沙土和牛糞。及油麻稭。填入盆甕裏土中。深三二寸。埋之。經二年滿盆。若種麄根。當年堪取

種天門冬　正二月。取苗種須肥良地。每根相去二尺餘。栽一科。不得稠。不久其根甚茂。自取根即斸摘取。留一分小者卻栽時時上糞。有草即耘。此物甚難種。若總摘了。即恐不活。種子亦合得成根。處亦晚矣

種麥門冬　最宜黑地。及黃沙地。皆須肥良四月初采子。芟卻根。去頭半寸許。相去約一尺栽一科。入土一寸半。實築四面。厚着糞。每年三度上糞。六月九月。十一月。各一度上糞。有草即芸。常須澆灌。○曝法每至四月中。摘取子淨洗七八徧取白淨通元為度。即曝乾訖淨除根。高處收去心。每收采皆用夏至前一日。取苗便種。種子亦得。只是成遲。若自用不必全洗。洗多恐藥力微。以乾軟即便去心。極乾則難取故也

種苡米　即薏苡　依種五穀法。熟耕地。相去一尺種一科。此物宿根一種數年。不問高下。但肥良地即堪。尤宜下着牛糞。此物有兩般。一般難舂。名薏苡。一般易舂。名贛米。大都所在畧同。本草中總名薏苡其苗收子後。又堪為薪燒之。陳藏器本草云。薏苡收子蒸令氣餾。曝乾磨取仁炊作飯。及作麪。主不饑。嘉祐補注本草云。甑中蒸使氣餾。曝於日中使乾。挼之得仁矣　仁皆作人

種紫蘇　須肥地。熟耕之。如種五穀一般。四月種。有草即耘。花斷即收。遲即子落。不可待黃。此物鳥雀好喫。尤宜早收之。種

白蘇亦如之

種黃精 擇取葉參差者是真黃精。劈破可長二寸許。稀種之。一年以後極稠種子亦得。其葉甚香美堪入藥用其根宛其目。以土蓋之。蒸令絶熟。依蜜食部中用。別本收根劈破稀種一年以後極稠

種葳蕤 一如黃精法種之。葉亦可食。根亦同黃精

種术 取根子劈破。畦中種之。上糞下水。一年即稠。候苗出作羹茹之。欲收根作煎及酥。別取地。多種之。後具別錄

種牛蒡法 須擇肥良地。正月中熟耕三五徧。以長刃鍬掘令深軟摟把平。二月末下子。不得稀。苗出後有草生則耘。八月以後長刃鍬掘其根。大可如臂。惟宜肥地。旱則澆水。此物菜中極佳。非惟畦中。但閑地悉皆種得。其根葉皆可食。耕地惟須深熟。全肥地稠種為妙。若稀種則心虛。擬收子。即須留少隔年者。乃有子也。種時不得放苗出。別本云。取子畦中種之。春時乘雨即生。若有水即不要候雨也。地須加糞。灼然肥者。旱則澆水如上法。糞中之養但多種苗根皆益人 及江南種牛蒡收子。須經兩年苗上結者子又可種。正月間鋤地訖以豬糞鋪土上。又以肥土并糞壤覆之。然後下子密種。則易肥。云當年結子者種不出

種商陸 又名章陸 取根白者。赤黃色者有毒 切如棗大皆須帶皮種之。擇肥良地。作行。伍種。若只種子亦得。上糞下水。根苗皆可食。武都公在潁川餌之。紫者尤佳。乃勝於白者。味淡熟蒸食之。別本根劈破。畦中作行種。種子亦得根苗莖葉堪食。服丹砂乳石等藥者。不宜服

種菜類

種菜法 薤宜白軟良地。耕三轉 一作三五徧 乃佳。二月三月種。八月九月亦得 秋種者春末生 率七八枝為一本。諺云。葱三薤四。移葱者三枝

為一本。四枝為一科。然枝多者科圓大。故以七八為率。薤子三月葉青。便出之。未青而出者肉未滿。多令薤瘦。燥曝挼去莩。切却彊根。留彊根而濕者。即瘦細不得肥也。先重耬耩地壠。燥焙而種之。壟燥則薤肥。耬重則白長。率一尺一本。葉生即鋤。鋤不厭數。薤性多穢。荒則羸惡。五月終。八月初。耩不耩則白短。葉不用剪。剪則損白。供常食者別種。九月十月出賣。經久不任也。擬種子。至春地釋出即曝之

種苜蓿 地宜良熟。七月種水澆。一如韭法。亦一剪一上糞。鐵把耬土令起。然後下水。旱種者。重耬耩地。使壠深闊。竅瓠下子。批契曳之。每至正月。燒去枯葉。地液輙耕壠。以鐵齒鐍揍之。更以魯斫斸其科土。則滋茂。不爾瘦矣。一年三刈。其留子者。可一刈則止。春初亦中。別本作既中

生噉為羹甚香。美。偏宜飼馬。馬尤嗜之。此物長生。種者一勞永逸。都邑負郭。所宜種之

種葵 臨種時。必須燥曝葵子。葵子雖經歲不浥。然濕種者。疫而不肥 地不厭良。故墟彌善。薄即糞之。不宜妄種。春必畦種水澆。春多風旱。非畦不得。且畦者。省地而菜多。一畦供一日。畦長兩步。廣一步。大則水難勻。又不用人足入。深掘以熟糞對半和土覆其上。令厚一寸。鐵齒把耬之。令熟。足踏使堅平。下水令徹澤。水盡下葵子。又以熟糞和土覆其上。令厚二寸餘。葵生三葉。然後澆之。澆用晨夕。日中便止。每一掐輙把耬地。令土起。下水加糞。三掐更種。一歲之中。凡得三輩。凡畦種之物。如種葵法。不復條列也。旱種者。必秋耕。十月末地將凍。散子種之。一畝三升。正月末散子亦得。人足踐踏之。乃佳。肥也。地濕

即生。鋤不厭數。五月初更種之。春菜既老。秋菜未生。故種此相接。六月一日種。白莖秋葵。白莖者宜乾。紫莖者乾即黑而澀。秋葵堪食。仍留五月者取子。春葵子熟不均。故須留中輩。於此時附地剪却春葵。令根上枿生者。柔軟至好。仍供常食。美於秋菜。留之亦中為榜簇。掐秋菜。必留五六葉。不掐則莖紅。留葉多則科大。凡掐必待露解。諺曰觸掐須八月半剪去。留其枝。枝多者則去地一二寸。獨莖者亦可去地四五寸。枿生肥嫩。比及收時。高與人膝。

莖葉皆美。雖科不高。別本作根甚下雖菜實倍多。其不剪早生者。唯高數尺。葉堅硬。全不中食。所可用者。唯有菜心。附葉黃澁至惡。賣。亦不美。雖擬多其實倍少。收待霜降。傷早黃爛。傷晚黑澁。榜簇皆須陰中。見日亦澁。其碎者割訖。即地中尋手紉之。待萎而紉者必爛。以穰草覆蓋。經年收子。謂之冬葵子。可以入藥用

種蕪菁 須肥地。犁耕六七徧。甚不厭細。七月半後種之。子欲得陳。以乾鰻鱺魚汁浸之。曝乾種之。必無蟲食。冬收苗後。閒

斸取根。別本作收根別窖藏之。亦可蒸煑食之冬至後。熟杷摟上糞。留子斸稠即不科。別本作冬至後。既熟。上糞。間拾留子者不斸

種蘿蔔 須肥良地。沙軟地。五月中耕地。五六徧。六月六日種。鋤不厭多。稠即根小。至十月收窖之。至臘月取根。四破劈。一尺一科。厚上糞。旱即澆之。苗春肥莖如母指大。煮食益人。臘月取根於窖中。作架倒懸着。蓋却窖口。須即取用。直至六

月心不壞。二月三月依前耕地。三五遍若有陳子亦過立夏即種。熟鋤至五月盡。根大如拳。此物益人作畜次種。取苗生熟啖之。若冬中根黃石英種埋之。春初取英食之。尤妙

種槐芽 取槐子。畦中和穄黍種之。至冬放火燒。明年便取苗喫。每取苗依取枸杞法。入土深割。上糞澆。如此。直至秋末。嘗得嫩槐芽食。又且無蟲。若根大即斸去

弄以快鍬鋤深㔉區便上糞於春初雨過種也

種蘘荷 宜樹陰下。二月種之。一種永生。不須鋤芸。但加糞以土蓋糞上。八月初踏其苗。不踏其苗令死。不踏苗則根不滋茂。九月初。取其中傍生根者為葅。亦可醬中藏之。十月中以谷麥糠皮覆之。不然即凍死。二月即掃去糠

種薑 宜白沙地。少與糞和熟耕之。耕不厭細。縱橫七八徧乃佳。三月種之。闊一步作畦。長短隨地形。橫作壠。壠相去一尺餘。深五六寸。壠中安薑一尺一科。帶芽大如三指闊。厚土蓋三寸許。以蚕砂蓋之。無砂上好糞。芽出後有草即除。漸漸土蓋之。已後壠中却令高如壠脊却深不得併上土。為薑向上長故也。芸鋤不厭數。五月六月中。作柴棚蓋之。緣性不耐熱。又不耐寒。九月掘取置煖窟中。着寒宜作窖。以穀稗合埋。不爾即凍死。中土不宜僅得存活。勢不滋息

種芋 宜揀肥地近水處。斸其傍以種。旱即澆之以水。有草即芸鋤之。不厭頻。治芋如此。其收常倍。救饑饉度凶年。莫善於此也。氾勝之曰。區種芋法。作區方深皆三尺。取豆萁內區中足踐之。厚尺五寸。以水澆之。令保澤。取五芋置四角及中央足踐之。旱數澆之。其豆萁爛後芋作子皆長三尺。一區收三石也。一刻本作二石月三月可種。氾音泛按列仙傳云。酒客為梁丞使人益種芋。三年當大饑。悉如其言。梁人不死。又廣志云。蜀漢既繁芋。民以為資。凡十四等。有君子芋。大如斗。魁塊如盂。更有百果芋。魁大子繁。畝收百斛。凡此諸芋。皆可乾腊。又可藏至夏食之。芋有六種。一直芋。二連禪芋。三紫芋。四毒芋。五野芋。六青芋。有毒必須灰

汁易水煑之堪食。只宜蒸啖之。又宜療冷熱止渴。野芋大毒殺人。三年不收，即成野芋。性滑下石毒。服食皆忌之。茅山玄靖先生勸余食芋云。補中益氣無比。凡人家須多種以備凶年

種蒟蒻 宜樹陰下。方尺五。深一尺。掘一坑。坑中着糞和雜放糠灰糞等。每坑着一顆種深四寸。埋。苗長一尺後。麤撅四面令作大孔。孔中瀉糞至收時。其根滿坑掘其苗即至五月。雨後移之。經二年後各如椀大。此物甚不益人，為其素餐所用，故載之。○料理法。右於簩篋中。揩自凝碓中擣。亦成片段。即於釅灰汁中煑十數沸。以水淘洗。換水更煑五六遍。即切作鬻片段。於五味汁中淹。兼少阿魏酥尤妙。作鬻及湯臛。隨人所好。加少酥乳最佳

種構菌子一作蕈 取爛構木及葉於地下埋之。嘗以米泔澆之。令濕。三兩日後即生。炒腩食之甚美。本是構木。亦不損人。別本云。唯中下爛糞。取構木長六七寸。截斷搥碎。如種菜法。於唯中匀布土蓋。水澆常令潤。如初有小菌子。仰把推之。明旦又出。亦推之。三度後出甚大。收食之。腩炒從便

種大葫蘆 正月中。掘地作坑。方四五尺。深如之。實填油麻菉豆藁及爛草等。一重糞土一重草。如此四五重。向上一尺餘着糞土。種十餘顆子。待生後。揀取四莖肥好者。每兩莖相縛着一處。以竹刀子刮去半皮。以物纏之。以牛糞黃泥封之。一如接樹法裹之。待相着活後。各除一頭。又取此兩莖相着。如前法治之。待得活後。惟留一莖。四莖合為一本。待着子揀取兩箇周正好大者。餘旋除之。如此舊是一斗種。可容一碩也。若須為器。以模盛之。隨人所好

種山藥法 先撅一溝。長丈許。闊三尺許。深

四尺許。底鋪磚。用糞土填滿。水實定。擗山藥蘆頭時。勿用手捙。則瘦長。以鍬鑊下之則大。須每年易人而種之。如種雞冠花。坐種則矮。立種則與人齊。手種則花皆成穗。簸箕扇子種。其花則成片。其理一也

種茄子法 初分栽茄秧時。向根上掐開擗硫黃一皂子大。以泥培之。結子倍多。其大如盞。味甘而益大。開花時取葉布過路。以灰圍之。結子加倍。謂之稼茄

種香菜法 香菜常以魚腥水澆之。則香而茂。不得用糞澆。則不香。如無洗魚水。泥溝水米泔水。亦佳

種菠菜法 菠菜初種時。過月朔乃生。假如月初二三日間種。與二十六七日間種者。皆過來月初一日方生。驗之信然。莧菜同胡荽。必用月晦日晚。下種

種蒜法 九月初。於菜畦內稠栽蒜瓣。候來年春。二月間先將地熟犁數次。每畝上糞土數十擔。再用犁番過杷匀。手持木橛二寸許。捙一竅栽蒜秧一株。如此栽遍。如旱時常以水澆。至五月間起。每窠如拳許大。極妙

果木類

種諸果木法 須月半前種者。多子。月半後種則子少

栽梨法 以春分日將旺梨笋作拐樣。砍下兩頭。用火燒紅鐵器。烙定津脉。栽之入地二尺許。春分前後十日皆不可。只春分日可用

栽桃李杏 桃宜密栽。李宜稀栽。可南北行。杏宜近人家。栽亦不可密。桃三年結實。五年盛。七年衰。十年死。至第六年。以刀剺開皮。令膠出。多有五年活

種桃法 伺桃熟時。墻角燰處寬深爲坑。收濕牛糞納坑中。收好桃核數十箇。尖頭

向坑中。厚蓋尺許。春深芽生。和泥移種。接杏最大。接李紅甘。○種桃核。須刷洗淨。縫中俱要潔淨。仍令處子艷粧種之。他日花艷麗。而子離核

移大楊樹法 凡移先去其枝稍。大其根盤。沃以溝泥。無不活者。梅結實最遲。諺曰。桃三李四。梅十二。梅必十二年方結實。和泥移種。接桃最大。接李紅甘

種橘法 橘樹宜以死鼠浸溺缸內。候鼠浮取埋橘樹根邊。次年必盛。涅槃經云。如橘得鼠。其果子多。柑樹為蟲所食。取蟻窩於其上。則蟲自去。十二月內將橘樹根寬作盤。澆大糞三次。至春。水澆二次。花實必茂

種石榴法 取石榴直枝如指拇大者。斬長一尺。以八九條為科。燒下頭二寸。掘坑深一尺七寸。口徑一尺。豎枝坑畔。置雜骨姜石於枝間。實下土。出枝頭一寸。水澆即生

種銀杏法 銀杏有雌雄。雌者有二稜。雄者三稜。須各種之。臨池而種。照影亦能結實

種蒲桃法 蒲桃宜於棗樹邊。春間鑽棗樹作一竅。引蒲萄枝從竅中過。伺蒲桃枝長塞滿竅子。斫去蒲萄根。托棗根以生。其肉實如棗。蒲桃用米泔水澆

種名果 三月上旬。斫取直枝。嫩好如指長五寸。內芋中種之。如無芋。大蔓菁根。蘿蔔根亦得。用此勝種核。核四五年乃如此大。崔寔云。正月盡二月。可剝樹枝埋樹枝土中令生。二歲已上。即可移種矣

凡五果花盛時遭霜。即無子。常預於園中。貯惡草生糞。天雨初晴。北風寒切。是夜必霜。候此放火作熅。少出煙氣。即不壞。拒霜也

種杏 杏熟時。并肉核埋糞中。凡薄地不生。

生則不成。至春生後。即移實地栽。不移則實少味苦。樹下一歲不須耕之。耕則肥而無實。別本云。樹李熟時。和肉全埋糞地中。至春既生移栽實地。栽法以鐵合上掘移之

嫁果樹 諸雜果木樹。茂而不結實。於元日五更以斧班駁雜斫。棗柿李等尤妙。則子繁而不落。十二月晦日夜同嫁李樹則以石頭安樹叉間中妙。○李樹於正月旦日五更以長竿打其樹稍。其子亦繁。○桃樹多者五年必伐不結子。蓋樹皮緊束樹身不得長。故多伐其樹。至第三年用尖刀利破樹皮。直長者四五條。其樹比之他樹。多結子三四年。亦是元日。○石榴樹以石頭安於樹叉間。或堆積於樹根。如此無狂花。結實大而多

使果實不落法 社日春百果樹下。則結實堅牢。不脫落。不結實者。亦宜依此為之

摘果實法 凡果實初熟時以兩手採摘。則年年結實

治果子有蟲蛀法 用杉木作釘。塞其穴。蟲立死

摘果禁忌 凡百果子。忌孝服人採。犯之來歲不生

皂角樹不結法 於樹身上鑿一大孔。入生鐵三五斤。以泥封之。便開花結子。既實以篾箍其樹身數匝。木楔之。一夕自落

辟五果蟲法 正月旦日雞鳴時。以火把偏照五果。及桑樹上下。則無蟲。如時年有桑災生蟲。照之必免

止[illegible][illegible]食果 果子熟時。不可先摘。如被人盜喫一枚。飛禽便來喫。宜謹之

種果法 及時收下。去外毛。於屋下着濕土埋之。須深。莫交凍損。二月芽生種之。冬多以草暴。候二月節解放。又須別着籬隔之。三年不得人觸着。忌之

[illegible]水物法 蓮子。味甘平無毒。主溫五臟。養

神益氣力。除百病。久服耐老不饑。身輕延年。一名水芝。八月九月取黑子磨頭令皮薄。取墐土作熟泥封之。如三指大。長二寸。蒂頭平重。磨處尖銳。泥欲乾時擲水中。重頭即自沉向下。薄皮向上。易生。不磨皮厚。卒不生○藕初春。掘取藕稍頭揷池中。泥裹種之。當年便生荷。若泥深將損處向下揷之。直到硬地乃佳。又別本。初春掘取根三節無損處種入泥深。令到硬土。當年有花○芡味甘平無毒。主濕痺腰膝痛。補中除百疾益精強志能令耳目聰明。久服輕身不饑耐老。一名雞頭○菱味甘平無毒。主安中補五臟不饑輕身不老。三物悉上品。補氣養神強志明目除病。多蒸曝乾。以蜜和餌之得長生

右菱芡二物。並是八月熟時收黑子。散着池中。即自生矣。宜多種儉歲資此。足度凶年

種蓮法 蓮須以牛糞壤地。以立夏前三兩日。掘藕根取節頭着泥中種之。當年即便開花。荷蓮極畏桐油

花草類

種瑞香 廬山者最勝。唯紫花葉青而厚。似橘葉者最香。種法不可露根。惡濕畏日。洗衣服灰汁澆去蚯蚓。漆滓壅退雞毛汁澆之盛茂。㶍猪湯澆尤盛

種梔子 冬至日早。以糟水澆根。其花鮮盛。花結子剪去。來年花盛蕪葉。唐人以海棠為花中神仙

種水仙 收時用小便浸一宿。曬乾懸當火處種之。無不發花者。亦須肥壤地。瘦則無花。不可闕水。故名水仙。五月初浸。九月初栽

種茉莉 茉莉以雞糞壅之。則盛

種盆內花樹法 凡種盆花樹。必先要肥土。

於冬間取陽溝泥。曬乾篩去瓦礫。便用大糞潑濕曬乾。如此三四次了。以乾柴草一重。肥土一重。發火燒過收藏起。正月間便栽花果樹木。栽種花木子粒。每日用糟過退雞鵞毛水。與肥水相和澆之。肥水即大糞清。如花上發萌下便行根。此時不可澆肥。澆肥即死。如嫩條長。或生花頭者。見花再便澆肥。花開時不可澆肥。日逐早晚只澆清水。如結果實者。已結不可澆肥。澆則落矣。如石榴花日中常曬。日午澆清水。早晚亦澆。若有嫩芽長起。便與捻去心。凡花三四月間便可上盆。則不生長根。則生花。根多則無花矣。如無雞鵞毛水。用蠶沙浸作水尤佳

種牡丹花肥盛花頭健 以冬至夜。撥開根脚下土。至來日以水缸內石衣搥令細擁之。蕪拌糞肥土。花即開得數日又盛茂

催花法 凡花用馬糞浸水澆之。三四日開者。次日盡開

治花被麝香觸 凡花最忌麝香。瓜尤忌之。曠栽數株蒜薤。遇麝不損。又法。於上風頭以艾和雄黃末焚之。即如初

種黃葵金鳳 以子置手中任高撒。生枝幹亦高

種菖蒲 以積年溝渠瓦為末種之。如欲石上生苔。以茭泥和馬糞調和得中。置濕潤處。非久即生

種綠毛龜 茭泥馬糞拌勻。塗擦龜背。置陰溝處。久即生毛

竹木類

種竹法 宜高平之地。黃白軟土為良。正月二月中。斷取西南引根并莖。芟作科。去稍葉。於園中東北角種之。竹性愛向西南引根。取於園東北角種。令坑深二

尺許。覆土厚五寸。以稻麥糠糞之。二種各自糞之。不可和雜。不用水澆。水澆則淹死。勿令六畜入園。恐風搖動。須着架縛之。余比見五月種者猶佳。留莖種者被風搖動。多不滋茂。但去根一尺餘截準上法埋栽。令露竹頭。當年生笋。踐殺之。明年轉益大。又踐殺。後年長之。叢大可見。一抽數丈。又云種竹無時。但連陰中種之皆活。又五月十八日栽竹。及十三日為竹本命日。栽之。百無一死。頻試實効。二月食淡竹笋。四月食苦竹笋。其欲作器者。經年乃堪使。未經年者軟嫩不中。

治竹法 齊民要術云。五月十三日為竹醉日。岳州風土記謂之龍生日。宜種竹。宋子京種竹詩云。除地墻陰植翠筠。踈枝茂葉與時新。賴逢醉日元無損。政自得全於酒人。又云。要不間年出。用本命日。

謂正月一日。二月二日。三月三日之類。一云。五月二十日為上。或曰。不必五月。每月二十日皆可。又云用辰日。山谷詩云。根須辰日斸。笋看上番成。○月庵種竹法。用深闊掘溝。以乾馬糞和細泥填高二尺。無馬糞。礱糠亦可。夏月稀。冬月稠。然後種竹。須三四莖作一叢。亦須土鬆淺種。不可增土於株上。若用鋤頭打實泥則不生笋。打一下則一年不生。打兩下則二年不生○夢溪忘懷錄云。種竹但林外取向陽者。向北而栽。蓋根無不向南。必用雨下。遇火日及有西風則不可。花木亦然。諺云。栽竹無時。雨下便移。多留宿土。記取南枝○志林云。竹有雌雄。雌者多笋。故種竹常擇雌者。凡欲識雌雄。當自根上第一枝看之。雙枝為雌。獨枝為雄○竹有花輒槁死。花結實如稗。謂之竹米。一年如此。久則滿林皆然治之之法於初米時擇一竿大者此去近根三尺許通其節以糞實之則止○瑣碎録云竹根多害階砌堆聚皂角刺埋土中障之即不過又云油麻梗縛成小把埋地中亦好○引笋法隔籬埋貍或貓於墻下明年笋自迸出

插樹 取本枝（別本作大枝）如斧柯及臂者皆堪插大者四五枝小者二三枝葉微動為上時將欲開芽為下時先作麻紉[illegible]纏樹十餘匝以鋸截樹去地五六寸不纏則恐插時皮破留高者遇風則披折宜以蘺盛之斜攕竹為籤刺木（一作皮木）之際令深一寸許折取美好果枝陽中者妙陰中者少實長五六寸亦斜攕之令過心大小長短與竹籤等以刀子微劉樹枝斜攕之際剥去黑皮勿令傷青皮傷則死拔出竹籤插枝令到劉處木適向本皮還近皮（一作向皮）插訖以綿幕樹本頭封熟牛糞泥於上以土培覆令樹枝僅得出頭以土壅四畔當枝上沃水水盡以土覆之勿令堅涸百不失一其枝甚脆培土時慎勿使掌撥掌撥則折枝既生樹傍有葉出輒去之不爾即分氣長遲其十字破接者十不收一（按此即農桑輯要所載以[illegible]插桑法）

種桑 椹熟時摘取魯桑葉大椹稀者種之葉小椹稠者不堪白桑無子壓取枝熟耕肥地多着糞一如種菜法作畦種之淨淘椹子曬乾和黍種不得厚蓋多不生待長高一尺又上糞一徧當年得高四五尺明年正月初熟耕地五六徧五步栽一株下着一升糞至秋初斸根下更着糞培土五年內每春秋常須培根下上糞培土三年即有椹堪采每樹得葉三十斤又須每年及時科斫以縛石墜壓四面枝令婆娑向下中心枝亦屈

倒勿令直上。若令向上即難摘。不宜下處水浸着即死。五年後每樹得一兩絲。十畝地計絲百兩。山中衣服即徧足矣。若擬於下種茶。即東西行三步種一株。南北環五步為準。園陰密故也。若桑陰未成。即於茶南種雄麻。及苧等。取其陰覆也。麻苧皆有利

栽樹法 凡栽樹正月為上時。二月為中時。三月為下時。崔寔四民月令云。正月自朔及晦。可移諸樹。惟果樹及望而止。過望即少實。樹必記陰陽枝。小樹即不用髡。先為深坑。内樹訖。沃水着土。必令如薄泥。東西南北搖之。良久。泥入根間。必無不活。然後下土緊築。近上三寸不築取其柔潤也數溉注令沃潤。每澆水盡即以乾土覆。則保澤。栽不得令人把。及六畜撥觸

栽種木法 淮南子曰移木失其陰陽之性。則莫不枯槁。切須記其陰陽。莫令轉易。

大樹髡葉。小則不髡。深坑堅築。時時灌溉。不得用手捉。及六畜觝突。移時須愛護地。面土。封其根。即易活也。諺云。移樹無時。莫教樹知○氾勝之書曰。栽樹正月為上時。二月為中。以三月為下時。然棗雞口。槐兔目。桑蝦蟇眼。榆負瘤散。其餘雜木。鼠耳虻翅。各其時也○凡木皆有雌雄。而雄者多不結實。可鑿木作方寸穴。取雌木填之乃實。以銀杏雄樹試之。即見○插杉。用驚蟄前後五日。斬新枝鉏坑。入坑下泥杵緊。相視天陰即插。遇雨十分全活。無雨則減分數○栽松須用去松中大根。惟留四邊鬚根則無不偃蹇。必用春社前帶土栽培。百株百活。舍此時決無生理○遷楊柳先於遷下鑽一竅。用杉木削釘釘竅中。而後栽永不生毛蟲。又云。根下先種大蒜一枚。亦不生蟲○皂莢樹不生。鑿一大孔。入

生鐵三五斤。以泥封之。便開花結實。既實。以篾束其本數匝。木楔之。一夕自落

○種槐法。槐子熟時收曝乾。勿令生蟲。夏至前十日。水浸六七日生芽。勿傷其皮。遇好雨和麻子撒種。當年與麻齊。以木繩攔。明年再於下種麻助長。二年正月移植之

種茶 二月中於樹陰下。或背陰之地。開坎方圓三尺。深一尺。熟斸着糞壤。每方下五六十顆子。蓋土厚一寸以上。任和草生不得芸。相去二尺種一方。旱則以米泔澆之。無泔則以水。桑顆樹下盡堪種竹陰下亦得。只是怕日。二年後即耘治。以水和稀糞蚕砂澆之。不得令滋厚。為根尚嫩。恐傷根也。三年後即得多着糞溙。牛糞蚕砂雜糞壤蓋。大都宜山中陰坡。若於平地即須當深掘溝畎。水深為溝壠洩水。不得令水浸。水浸即死。三年後每科取得八兩。每畝計一百四十科。計得茶一百二十斤。茶未成開四面。不妨種雄麻苧及雜粟黍穄等

收茶子法 茶熟時收取子。和濕沙土拌。於筐籠之中。盛之。着墻角堆亦得。仍須以好穰草蓋覆。至二月出種之。不爾即乾。仍凍不生

栽竹木西日 十一月十二月癸日十干功食日

伐竹木黑白星

甲子●	乙丑◑	丙寅◑							
丁卯◐	戊辰○	己巳●	庚午○	辛未○					
壬申○	癸酉○	甲戌●	乙亥◐	丙子◐					
丁丑●	戊寅●	己卯●	庚辰◐	辛巳●					
壬午●	癸未●	甲申◑	乙酉●	丙戌●					
丁亥○	戊子○	己丑◐	庚寅○	辛卯●					
壬辰○	癸巳◐	甲午●	乙未○	丙申●					
丁酉○	戊戌○	己亥○	庚子●	辛丑◐					
壬寅○	癸卯○	甲辰◐	乙巳○	丙午●					
丁未○	戊申●	己酉◐	庚戌○	辛亥◐					

壬子○癸丑○甲寅◐乙卯○丙辰○
丁巳●戊午●己未●庚申◐辛酉○
壬戌○癸亥○

右星。右邊黑蛀木。左邊黑蛀竹。全黑竹木皆蛀。全白不蛀

六甲聾蛀日 甲子甲午旬。前五日聾蛀。甲戌甲辰旬。後五日聾蛀。甲申甲寅旬。通旬無聾蛀。又自子至巳六日蛀。自午至亥六日不蛀。又自乙丑至戊辰。丙子至戊寅。戊子至癸巳。己亥至癸卯。乙巳至戊申。乙卯至癸亥。並蟲不食

伐竹不蛀日 每月初五日以前。遇血忌日伐之吉○又三伏內及臘月中斫者。不蛀

伐松不鑚日 每七月甲辰丙辰壬辰三日有血忌飛廉伐

點斑竹 硇砂半兩。斑猫一錢。石灰一錢。用米醋調點竹上。火燎之成色。或染紫竹。先以蘇木白礬汁熱澆。後用皂礬勾之自然成紫色也

文房適用

孔子曰。工欲善其事。必先利其器。注云。器者。工之用也。事者。工之任也。利用以盡。任工之道。善矣。審斯言也則文房之友。非士君子之器。故詳述之

端硯 端硯出端溪。有上下巖。西坑。餘處悉其下也。惟北巖為上。北巖為上巖色理瑩潤者。𥗽者尤發墨。本以紫石為上。紫石者在大石中生。蓋精石也。又有亭家葦。金線紋。惟有眼者最貴。謂之鴝鵒眼石文精美。如木有節。今不知者。乃以為石病。惟上巖石有眼。眼之佳者青綠黄三色相重。多者自外至心。凡九匝。其大者尤為希有。或布列硯中。如北斗心房星之形。世人以眼多少為價之輕重。其生於墨池之外者。謂之高眼。生於內者。

謂之低眼。高眼尤為可尚。然又有活眼
死眼。黃黑相間。翳精在內。晶瑩可愛謂
之活眼。四傍浸漬。不甚鮮明。謂之淚眼
形體畧具內外皆白。殊無光彩。謂之死
眼。大抵活眼勝淚眼。淚眼勝死眼。死眼
勝無眼也

龍尾硯　金星硯　羅文硯
蛾眉硯　角浪硯　松文硯
紅絲硯　黑角硯　黃玉硯
紫金硯 並出東州唐彥猷作紅絲研自第為天下第一焉
豆斑硯 並出歙州研之異名其石皆出于龍尾溪金星最貴
褐色硯　鵠金黑玉石硯
紫石硯 出土州　黃金硯 出淄州
綠石硯 出洮州　磁洞石硯 出萬州
會水硯 出南劍州　角石硯 出絳州
石末硯 出虢州　熟鐵硯 出青州
大沱石硯 出歸州　樂石硯 出宿州
古瓦硯 出相州　澄泥硯 出虢州

懸金崖石 出萬州　駞基島石硯 出登州
石末硯受墨而弗筆。龍尾得墨遲而久
不樂。羅文石起墨過。龍尾端溪龍窟巖
紫石又次之。古瓦類石末他無足議

洗硯 凡硯須日滌之。過二三日即墨色差
減。縱未能滌。亦須易水。春夏蒸溫之時。
墨久留其間則膠力滯。而不可用。尤要
頻滌去之。洗硯不得使熱湯。亦不得用
氈片故紙。唯以蓮房。枯炭洗之最佳。端
溪自有洗硯石。或接皂角水洗之。亦得
半夏切平洗硯。大去滯墨。又黃蠟補硯
極佳

評筆 番禺諸郡。多以青羊毛為筆。或用雞
鴨毛。或以雉毛。五色可愛。又有豐狐毛
虎僕毛。鼠鬚。羊毛。麝毛。狸毛。羊鬚胎髮
等。然皆未若兔毫。亦須取崇山絕仞中
之兔。八九月收之。若中秋無月。則兔不
孕。兔不孕則毫少。筆貴。大筆須鋒齊勁

健。今世筆皆鋒長。少損已禿。不中用。叅宣州諸葛高。常州許頔。造鼠鬚漬散卓長心筆。絶佳。

【收筆】東坡以黃連煎湯調輕粉。蘸筆頭。候乾收。○山谷以蜀椒黃蘗煎湯。磨松煤染筆藏之。不蛀。尤佳。

【洗筆】洗筆之法。以器盛熱湯。浸一飲久。輕輕擺洗。次却用冷水滌之。若有油膩。則以皂角湯洗。甚佳。

【論墨】唐末墨工李超。與子庭珪。自易水渡江居歙。本姓奚。江南賜姓李氏。故世有奚庭珪墨。又有李庭珪墨。今之言墨者。亦以李庭珪為第一。易水張遇為第二。珪復有二品。龍紋雙脊為上。一脊次之。遇亦有二品。易水貢墨為上。供堂次之。近世兗州陳朗。亦精於墨。可以次之。又有王君得墨。紫珣朱君得小墨。皆唐末五代知名者。

【李廷珪造墨正法取煙】清麻油十斤。先取三斤。以蘇木一兩半。宣黃連二兩半。杏仁二兩。碓碎同煎。候油變色。放溫濾去滓。傾入餘油內。攪勻。隨盞大小。掘地作坑。深淺令與盞平。滿添油炷燈。安在坑內。以瓦盆子約面闊八九寸。底深三寸許者覆之。仍用方寸瓦片楮起三面。不可太高。又不可太低。每一炊久即掃一度。只可作十盞。盞多則掃不徹。每取煙次。即剪燈花。勿拋油內。仍勿頻揭見風。恐致煙落。

【煎膠】黃牛皮水浸透。拔去毛。仰攤在平板上。取生黃土勻撒皮上。良久。以小刀刻剝去筋膜。換水頻洗。斫碎。入無油膩鍋內。水煎成膠。傾出薄攤竹隔子上風乾。凡煙四兩。用乾膠一兩二分。打作小片。以水浸軟。却濾出。入藥汁內同熬。切忌膠少。少則不堅。多又着筆。不宜添減也。

收煙每煙四兩半。用宣黃連半兩。蘇木四兩。各搥碎。水二盞同煎五七沸。候色變用熟絹濾去滓。別同沉香一錢半煎。留水四兩許。再濾。次用腦半錢。麝一錢。輕粉一錢半。以藥汁半合研化。先將藥汁入膠同熬。不住手攪。令溶。後入腦麝汁攪勻。乘熱傾入煙內。就無風處速搜和。次就案上團揉。候光可照人。方印作鋌子。無以滑石為末塗墨上。灰池頓無風處窨五七日。候乾取出。以棕刷子淨刷。且收衣笥中旬月後取出。不然亦無害。但欲堅故也已上論造墨法

印色真麻油半兩許。入萆麻子十數粒。搥碎同煎。令黃黑色。去萆麻。將油拌揉熟艾。令乾濕得所。然後入銀硃隨意多少。色紅為度。更不須用帽紗生絹之類襯隔。自然不霑塞印文。而又不生白醭。雖十年不熾。一法用蜜最善者。紙素雖久色愈鮮明

蠟斗每蠟一兩。入鬱金末少許同熬。顏色深淺隨意加減。乘熱絹濾去滓。入瀝青兩皂角子大再熬。既不透紙。又可着蠟上等位書宜温蠟淺蘸。欲易於開封。家書宜熱蠟深蘸。可防私拆之患

造雌黃墨法雌黃研細。用水飛過。澄清撇去水。用秦皮梔子皂角各一分。巴豆一粒去皮。黃明膠半兩同煎汁和雌黃作鋌子陰乾

造硃墨法藥汁皆如上所述。用銀硃為之

造粉定子法白墡土一兩半。滑石半兩。寒水石煆過者半兩。同研極細水飛過。入韶粉半兩研勻。裝入鷄子殼內。紙糊口坐飯上蒸。鷄殼黑再換鷄殼蒸。至鷄殼不黑為度。用阿膠一兩。水一兩二錢。先浸膠軟。重湯煮化。和作鋌子

去胡瓦盆盛水。以麵一斤摻水上。任其浮

沉夏五日。冬十日。以臭爲度。瀝浸麪清水。煎白芨半兩。白礬三分。去滓。和所浸麪。打成濃糊。入桐油黃蠟芸香等各三錢重。就鍋內打作一團。別換水煑令熟。去水傾置器內候冷。日換水浸。臨用以湯調開

書燈 讀書須以麻油炷燈。蓋麻油無煙。不損眼。但恨其易燥。每一斤入桐油三兩和之。則難乾。又辟鼠耗。若蔓菁油罌粟油紅花油。每一斤則入桐油三兩。以鹽少許置盞中。亦可省油。以生薑擦之過。可不生滓暈。以蘇木煎燈心曬乾炷之。可無燼

書窗 讀書須用明窗淨几。須油紙糊窗則明。其造油紙訣云。五桐六麻不用煎。二十草麻去殻研。光粉黃丹各半匙。桃枝攪用似神仙。又云。桐三麻四不須煎。十五草麻去殻研。定粉一分和合了。太陽

一見便光鮮

收書 收藏書籍之法。當於未梅雨前曬取極燥。頓櫥櫃中。厚以紙糊外門及周隅小縫。令不通風。即不蒸。古人藏書多用芸香辟蠹。即今之七里香是也。麝香收書櫥中。亦可辟蠹一法。用樟腦亦佳

收畫 亦當於未梅雨之前曬眼令燥。緊捲入匣。厚以紙糊匣縫。取令周密。過梅月方開則不蒸醭。蓋蒸氣自外而入故也。匣須用楸木梓木。或杉柴之類爲之。外漆以黑光。裏不用漆也

藏墨法 用熟艾和墨收。遇梅月藏石灰中。不蒸

造古經紙法 每紙百張爲率。用槐花汁一椀。蘇木汁二椀。濃墨水半椀。調和顏色。深淺加減用之。此紙造就搥光。只可裝背文書。諸法見後

[illegible]漿 糯米五升浸一宿。研爛。用水二斗調

攪絹濾淨入豆粉一斤再調攪勻下鍋慢火煎煎頻攪動候漿滾入黃蠟半兩再攪候熟入白礬一兩急攪如漿濃旋入水攪量稀稠收之恐鍋小分作二次煎

煎槐花每用花半升炒令焦黃色用水三椀煎數沸候色濃用白礬半兩蚌粉一兩研碎先入盆內用絹濾汁入礬粉同攪勻

煎蘇木不拘多少搥碎用沸湯浸三兩時煎濃色候加白礬濾入盆攪

黄紙法每紙百張白礬二兩黃明膠一兩滾湯頻化成稀水於紙面上刷兩遍陰乾作一叠以平板或卓子面平壓令十分乾即逐張以生布揩擦自然光滑

搥紙法每紙百張作一石搥之每乾紙十張外洒濕一張沓上如此重疊沓起以百張作一叠放平正卓按上又以平面板壓在上以大石壓之經一伏時上下乾濕皆勻矣於搥帛石上勻搥二三百下皆著實於百張內將五十張曬乾卻與濕者五十張乾濕相間沓了再勻搥三二百下依上再曬一半候乾又乾濕沓了如此三四次直至無一張沾粘為度再以五七張一次倒下搥勻直至光滑如油紙方止此法全在搥擣揭換工夫務要手勻為法

造五色牋法須揀厚實荼膽倒紙如白牋須揀白者每三十張用前法煮漿入鉛粉銀粉白石脂為細末研勻先刷表面候乾刷裏面乾則上軸搥羅紋或研花樣下法倣此製造搥紙亦如前法

肉紅牋用蘇木汁加紫花少許黃丹一捻入銀粉煮漿調勻色淡為佳刷紙搥法同前

娥黃牋槐花一兩炒焦赤色以水冷水一椀烹汁入銀粉煮漿調勻色淺為佳刷

紙搥法同前

粉青紙 與天水碧顏色同。用靛一斤淘淨澄去灰。入銀粉煮漿調勻。色淡爲佳。刷紙搥法同前

淺雲紙 用槐花汁靛汁調勻。看顏色淺深入銀粉煮漿調勻。刷紙搥法同前

造紙上金花法

焰硝 二錢。并上件同研爲末。絹袋盛漿水內揉爲粉另置

鬱金 三箇　梔子 十箇

槐花 三錢炒赤色　白雲母 一兩

右件同研爲末。以水一椀煎。令濃。入白礬明膠少許。調雲母焰硝粉并雌黃雄黃末一兩。印作花樣。研光爲度

造六青紙法

鵞見青 二兩　硇砂

膽礬　鉛粉 各一錢

右件爲末。以皂角明膠調汁染之

造油紙法 用碧清桐油二斤。慢火煎。槐枝攪。候滚下皂角一寸許。螺殼二十箇。蜜陀僧半兩。無明異少許。煎三二沸不住手攪。火慢則不燋。火緊則燋焞。下黃丹一兩。煎至轉色微紫。下鉛粉一兩。勤攪候煎至色退如元油色。使杖蘸油點木上。候冷抹開如漆光。隨手便乾。油即成矣。不止油紙絹。亦可油板木。用亂絲蘸油使

調硃點書法 銀硃不以多寡。入藤黃。用水研勻。但點抹揩擦不落爲度。勝於用膠并皂子膠調者遠矣。雖久不臭敗。乃故宋吏部誥身用此法。又法用白芨水研硃亦妙

洗故書畫法 將書畫鋪平案間。取水勻噴濕。復令四面平穩。用馬尾羅子羅寒水石末。如一錢厚。再噴濕。又羅真莢灰如前。候半時辰。以溫溫水銜起。如有污損取燈草揩即淨潔。如是墨污。須用一伏

時方以温水衝起。黑迹即去

裱書畫軸法 凡粘書畫軸頭。若用膠則易蒸。若以糊或糨糕則生蛀。惟用苦楝子末入生麪中。以水調粘畫軸。桿當用杉木。或桐木為妙。今人用玉石象牙。意謂貴重美觀。不知為害非輕。高古書畫絹素陳爛。有何筋力乘重之物。當用蘇木。或柘木花梨為之可也

打碑文法 薄紙每張摺疊定。於沸湯內蘸過。用布按去水。展開。逐張趁濕貼碑上。紙邊相搭。不用糊粘。使軟棕細刷拂之。微乾。用小粉熟糊勻刷紙上。却使軟布磨擦墨色拂碑字。濃謂墨本。淡謂蟬翼。更將黄蠟溶化澆木板上。用氊一片於蠟板擦過。却於碑紙上擦光為度。揭下。如遇南風石潤不可打小粉打糊　背碑文。雖文餘不兀

[illegible]迴碑法 此法許道然傳

白芨　白礬各等分

細粉倍之　酸漿草如無醋代

右件先將白芨白礬為末。羅淨。以一分入細粉。二分再同研勻。以酸漿草取汁調如濃墨寫字。晾乾。用筆蘸墨汁滿紙塗黑。再晾乾。去粉即成白字。要光瑩。用蠟擦

燈火備用

法筭子 每枝點五晝夜

老竹頭大者方削筭子五百條長四寸

海金砂　土硫黃

硝石各半兩　乾漆四兩

頭髮四兩　雞清四箇不用黃

右將雞清頭髮。入糊粉一兩。瘵和。入爐固濟一煅成灰。槐莢末一兩。黃蠟四兩。鉛半斤。荏油二斤。已上硝石海金沙硫黃乾漆四件。并煅過髮灰一處瘵。研蠟切作片子。亦拌却合在荏油內。攪着竹

箅子。鋪平底鍋內瀉油。令平箅子。上用物盖着。炭文武火煎七日。油盡為度。取箅子拭去藥。點藥滓同炒。米末旱肉和為丸。鐵簽揷點

耐點蠟燭　王西岩家傳本方注云。瞖者之家人偷傳極妙也

黃蠟　松脂

槐花各一斤　浮石四兩

右一處溶。用燈心布澆。晝夜僅點一寸

風前燭　燃風前吹不滅

乾漆搗　海金沙

硝石　硫黃各二兩

瀝青　黑豆末

蠟各二兩

右件溶瀝青蠟成汁。入前件滾和。以舊布火上攤作條

萬里燭　皂角花　黃花地丁

松花　槐花

右蜜一斤。入前藥各二錢。煎數沸濾出。入白芨二錢。候赤暈時退火。巳凝結矣

造獸炭　炭十斤。鐵屎十斤。合搗成末。生芙蓉葉二斤。再搗入糯米膠和。捏作獸物形狀。曬乾。要用却以燃炭燒全赤。三日不滅。如不用。以灰擁之

宿火法　好胡桃一箇燒半燃。熱灰擁三五日不燼

磨補銅鐵石類

補古銅器法　用銅葉一片。看銅器破處尚定。使下藥粘之

紫礦　銅末

石灰　生漆

雞清

右件外加炭灰調勻。抹破處。暫乾為度入梅月水中浸

[illegible]器故色

膽礬三錢　硇砂

寒水石　鵬砂各半两

金綠礬二錢

右件為細末。以青塩水調之。先将銅器用緑礬和塩水。上一次燒一次。如此凡三次。然後上前項藥料。候乾再上藥了。於地下掘一坑。用炭火燒令通紅。使釅醋潑地坑。将銅器放在内。以醋糟蓋覆。用土罨一日。取出洗令净。用臘擦之自然有諸般顏色。與古器無異也

光古銅器法　先将銅器水浸。刷洗净拭乾。擣羅極細。浮炭末遍擦了。用硬靴刷刷之。然後用新綿揩擦。光彩可玩矣

磨古銅法　磨銅不得用水。及麄石磨。當以香油就光膩石。慢慢磨去銹。却用打鐵爐邊打落鐵蛾兒三兩。入木炭一兩。水銀一錢重。同為末。糝銅上。以布片蘸油耐久磨擦。其光如鏡。綿子拭净。以酥塗掛起永不銹

補山石等物神膠　白膠香真者一兩。黄蠟、瀝青各一錢。香油一滴。尋所壞石同色者擣為末。和作膏。烘熱粘之。如粘山石斷者。去石末。加蛤粉調乾粘之

刑部劉伯祥點錠術訣曰　雌雄硇膽共三錢。砒粉硫黄一處研。焰硝解塩仙茅草。磁石卷栢配黄丹。每鏵一口三斤史薄。醋調和上三番。但依此法爐中煅煉就黄金可比肩

[illegible]　羊角亂髮煅過細末。水調傅刀口上。燒通紅磨。快甚也

[illegible]拭古鏡法　不磨自明。用猪羊犬龜熊五件。膽各陰乾合和為末。以水濕鏡。糝藥末面上。覆鏡面向地。自然光明

磨鏡藥　鹿頂骨燒灰為末。白礬枯為末。銀母砂對。母者或四六者亦可。右三味等分和匀。先以磨鏡者磨净。然後用此藥

磨。令光明。一次可待一二年

穿交椅法 十五眼者。繩分為三停。留頭一停。先以中停從右手穿起。自背後第五眼穿入。對穿出前面第一眼。却第第一眼次一眼。穿向左去。到盡頭後向第一眼。却對看前向左手第五眼。且止暫下。後以元留頭一停繩。再從元起處第二眼。第第穿向左去。至兩酌中繩盡止。却翻轉左手如先右手起相似。却從左手前面第五眼。對左手後向第二眼穿。第第穿向右手去。復至酌中處相接為止。繩以單過。透過時逐莖次一次二細纖去。左右前後第一眼。繩二條過。通身眼眼都四條過

刻漏捷法

嘗觀天文。皆按宣洞陽城晷漏。且自今年冬至起。筭至來年冬至日止。所謂周天之正數也。一日一夜通計一百刻。每八刻二十分為一時。惟寅申巳亥有九刻皆以子午定其晝夜。今者所在壺漏異常。不遵古法。務在機巧。各肆瞽術。工匠一時胷臆之見。制度既無軌則。時刻宜乎差誤。有過與不及之失。今輙撰成滴漏循環之法。積年而成。不勞人力。不費工財。妙通玄微。至簡且捷。雖出五里之外。篋笥皆可附行。於凡崇之隅。所謂天運璇璣盡在目中矣。切見好事君子或用表欙或用煙篆。然香燥則易爇。香潤則燼緩。天晴日表可驗。陰晦又不可考。二者俱非悠久之法。但依此造。似乎簡易。而精通玄微。妙中之妙也

造盂法 其法以銅盂二隻。大一小一。大者貯水。初無定制。但寬大過於小者足矣。如無以磁盂代之。小者重五兩。高三寸四分。面底並闊四寸七分。上下四直。逆之恐度量差殊。當以太平錢五十文準

其輕重。造畢。於盂底微鑽一竅如針眼大。浮於水盆上。令水顛倒自穴外逆通上入小盂中。用籌探之。水至子則子時。至午則午時。至一更則一更矣。他皆倣此

下漏法 每日天曉日將出時。將小盂浮於大盆水面上。至日入時自然水滿小盂。沉於水底為度。卻取出小盂去其水。再浮水面上。至來日天曉仍舊沉於水底。昏曉二時。儘以水滿為度。定其晝夜。其日停水之時。切須濾出極淨。毋使塵滓隘其水穴。庶幾永無緩迫之失

造籌法 用薄木竹片皆可為。如籤篦樣。隨尺寸高下。書寫時刻用探水。定驗時辰更點。尤是簡捷。凡籌三十四分。均布十二段。每段該二分五釐。惟寅申巳亥上。分外加添四分。謂維偏添之數也。閏餘成歲。折蹉之數也。今皆捷取小盂內分刻為驗。甚徑更捷。小盂分刻處相對。尤刻取二路。以浮魚指點處是也。凡一年十二月止用太平錢二十文。隨月加減鎮壓小盂

加減法 十一月節。晝用二十文太平錢勻鋪小盂底。夜用空盂。十二月節。晝用太平錢十九文。夜用一文。自十二月節為始。晝減一文。夜添一文。七日一次加減正月節。晝用十一文。夜用九文。二月節晝用十文。夜用十文。三月節晝用九文夜用十一文。自三月節為始。每七日一次。晝減一文。夜增一文。四月節晝用一文。夜十九文。五月節晝用空盂。夜二十文。六月節晝用一文。夜十九文。自六月節為始。每七日一次。晝增一文。夜減一文。七月節晝九文。夜十一文。八月節晝夜各十文。九月節晝用十一文。夜用九文。自九月節為始。每七日一次。晝添一

文。夜減一文。十月節晝用十一文。夜用九文

推二十四氣 正月立春雨水節。二月驚蟄及春分。三月清明并穀雨。四月立夏小滿全。五月芒種及夏至。六月小暑大暑旬。七月立秋并處暑。八月白露及秋分。九月寒露與霜降。十月立冬小雪均。十一月大雪與冬至。十二月小寒及大寒

推太陽出沒法 正月出乙入庚方。二八出兎入雞場。三七發甲入辛地。四六生寅入犬藏。五月生艮歸乾上。仲冬出巽入坤方。惟有十與十二月出辰入申子細詳

推十二時 半夜子。雞鳴丑。平旦寅。日出卯。食時辰。禺中巳。日中午。日昃未。晡時申。日入酉。黄昏戌。眠定亥

象牙簡笏式

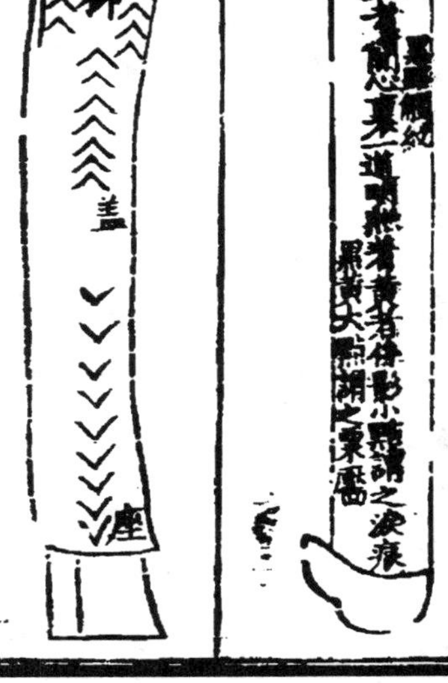

寶貨辨疑 故宋賞公郁者所著

大石牙性偏滋潤。蓋座紋柳鎮。不深。更無觸紋并心影。長短合格不抱身。大石國者爲道地牙性滋媚光潤滑膩紋縷細。三佛齊者其次。廣牙最低。簡笏俱要停直。選料長短合格。兩邊要有垂柳蓋座都全。厚薄恰好。無鎮角者最妙。或有鎮角不要深到底。是節病。更要認陰陽。脿在外者屬陽。脿在裏者屬陰。抱身要慢鬬一不可。或犯黄偏影心觸紋。皆是疾

彈。心明者謂之心影。不明者謂之氣脉黑者謂之搗紋。若上有黑點謂之雞糞。列者謂之麻壘。若上木紋者謂之大松紋。若白骨色者謂之骨白牙。性麄觸紋者謂之山園。抱身小點謂之淚痕。拔賣者呼作壽星。黑黃大點謂之粟麿。笏長二尺三寸爲式。簡亦然。但凡象牙每株斤兩大者直錢。臨時相度本事如何。然後定價

金

金子十分至半錢　對樣分明石上試
更看裹夾幾多般　剪錯開時無疑慮

黑昏銅物在其中。淺淡蓋緣銀在內。銀有六分金有四一處銷成全不類。要見良金方法真。臙礬燒煆黃即是。色白聲鳴器子多。入手輕肥驗假僞

馬蹄金像馬蹄樣少有　沙金乃麩金之屑如沙細者
橄欖金出荆湖嶺南郡　蔴子金如蔴子大
麩子金碎屑如麩片出湖南高麗蜀中
胯子金像蕂茶腰帀胯子出湖南北郡
葉子金雲南者爲道地各處鋪户拍造杜葉亦淡此爲卷金再銷看顔色

凡辨夾金鋌或夾器皿用淡金。或銀使赤金葉裹就。熱研上鋌子僞造鏈痕。器皿看底足有縫即是。如無縫看唇厚。入手硬。夾器也

銀

真花細滲分數高　紙被心低四角凹
好弱幽微説不盡　論中不錯半分毫

金漆花銀一百分足　濃調花銀九十九分九釐
茶花銀九十九分八釐　大胡花銀九十九分七釐
薄花銀九十九分六釐　薄花細滲九十九分五釐
紙灰花銀九十九分四釐　細滲銀九十九分三釐
麄滲銀九十九分一釐　斷滲銀九十八分五釐
無滲銀九十七分五釐

巳上銀分數名額。凡看諸般器皿。首飾釵釧。今時宅眷多喜時樣生活。勤去更改一番騰倒一番低也。但凡楞裹鍍金之

類。尤宜仔細

腰帶束帶有多般　菉葉明釘去頭難

玉帶

滴酥色潤多着主　脾方素者足人觀

雪色滋媚爲最。若白有明者謂之伶色。是節病。或玲瓏。實碾方素碾造人相者直錢。餘燒香唐帶或油色明釘不堪

玉器

色似瓊酥白似銀　模着晶泉隨手生

敦厚樣好玉性潤　雪花夾石無占紋

凡看玉器。或盤盞碗壺等有把手者孔竅要容大指成器。或繫腰條環笠帽頂頭巾環劍綱納子。琴樣納子。玉刀靶肥長者成器。或首飾玉額花玉釵鎞玉梳玉鳳玉環玉盒玉花朶玉項鎞玉帶繫玉五事等件時樣爲最。舊時碾造生活。合格者直錢。不堪改造者勿覺須要得色。樣範敦厚。碾造仁相。如實碾粟米臥蠶螭虎等地。或玲瓏生活細巧工夫者。更看不雪花夾石。不灑墨點。不占璺損破不就材料者玉有五色。白如凝脂。黑點漆。紅如雞冠。青如藍靛。黃如栗色。

白玉

色似瓊酥滋媚爲絶品。不斷青并白得齷齪水色油色者價低

古玉

茶褐色面上屍侵。紅如點血。白者價高。青者次之

碧玉

顔色御伶者絶品。上至不斷青。下至碧綠色。深綠色青色菜色者分數等比。白者價低

黃玉

如栗黃者絶品。泔漿黃者次之

烏玉

多出川内。只堪碾數珠。壓紙象棋等用。碾造　玉磬聲韻長久

[illegible]

紅斑似錦要分明　樣好那堪入手輕

更無夾石并紋柳　此物應當價貫贏

瑪瑙盞碗器物先要樣製做得薄紅錦色。或間酒色花兒瀝落。無夾石破璺爲奇。如鬼面紮。無紅花兒或紅花内有粉紅花者謂之曲蟮紅有紫紅花點謂之醬斑。皆不甚好

水晶

明淨如氷白似銀　不薄不厚要勻停

若遇粉霜并驚璺　碾花蔵病細論評

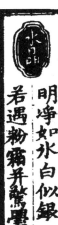

倭國者上品。信州者次之。須要潔淨伶俐。不薄不厚。素者尤佳。碾花者多藏粉瑕節病。驚疊者不堪。亦有烏水晶

琥珀

金珀光明蠟珀黃　通身潔淨最為良
牽脿水色難昇價　偽者多般切要防

近日造成帽頂珠兒。條環繫腰間。有結秀喜鋉螻蟻者直錢。或有水珀用藥煑作金蠟珀者。或有聳篤思偽者宜鑑

珊瑚

枝柯高大最直錢　色似銀硃轉更鮮
若有髓眼并冊色　價低應知不足觀

此物出大海中水底。五七株成林。橫枝色鮮紅者謂之珊瑚林。說放看翫以高者轉難得。價高直錢。亦有折斷去處。用紅蠟粘接。仔細看之。冊色髓眼。皆是褒彈

看南北珠式

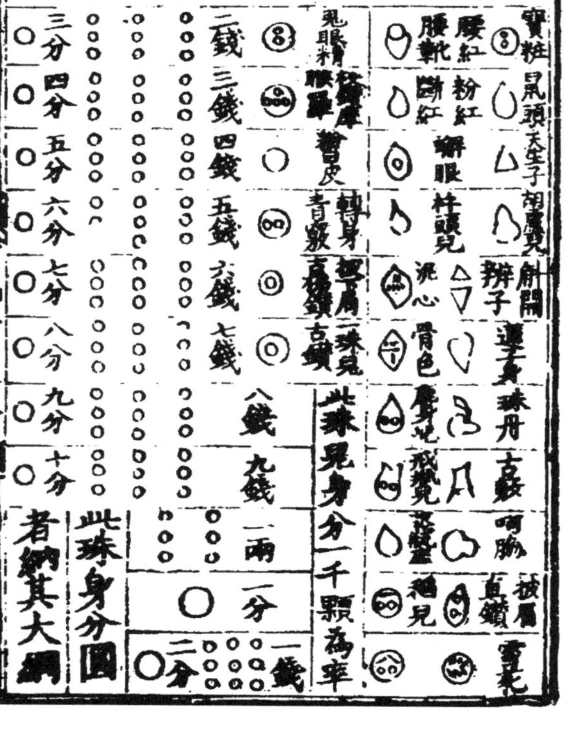

北珠

圓如彈子轉身青　披肩色好甚分明
粉白油黃并骨色　節病多般不盡論

凡看北珠顏色。須是看訖。閉目再閃看。顏色一同。方為驗也。其珠青者。亦如暑末秋初。乍雨還晴。雲綻處閃出青天。帶白雲中現出青天。此青係真色第一。其青不用深青。只要白包青籠罩。乃嫩青色。其珠青只如在頂上蓋者。不披青至頂下者。謂之摩孩羅兒頂青也。其青若至

腰下至竅眼謂之轉身青為第一腰上
青者謂之披肩青為第二若珠頂上只
有一點青不能蓋頂者謂之鬼眼睛不
為奇也

看大珠身分顏色節病訣

所看北珠身分
須是帶圓只用竅眼其珠子身分須是
青白色綠色牽黃磁白骨色低樣如粉
白色尤得如北珠身下有白搭膊或面
上有牽字落及黃上青色者不中青上

青者尤得如直眼及竅眼身分上損破
穴眼并改鑽三眼四眼者亦不中也且
如買直鑽北珠只買肚兒高者且得謂
如竅眼上尖乃黍頭下闊者謂之寶紊
亦名無篤珠子也如一頭大一頭小者
謂之皷槌中間一穴兩頭圓者謂之橫
鑽亦不中也

看入匣珠子式

須用絹帛蘸水突其面兒
其絹帛不青乃真色有色偽者多用好

青紙筒作卷兒突其珠兒有青色又有
骨色油黃者用竹紙筒作捲兒韶粉在
內突其珠子粉白精神仔細矣

南北西湖珠式

南珠兒看明亮精神撚圓
淺紅色粉白不要油黃其價低次北珠
兒看青要美披肩青轉身青送四五分
者價貫不廉或鬼眼睛一點青也或粉
白或磁色或腰勒或骨色或鼠頭蓮子
身搭膊兒直鑽皆有褒彈西珠兒穩線

小封頭兒看價輕重有無圓者亂者藝
付較遲

回紇珠

盧甘色美過如翠　若無油煙轉更加
夾石粉白老青色　此物本事不足論
青珠兒盧甘色者道地珠兒指面大肉驗
高者妙亦有轉身青者多做寶索兒用
顏色妙者直錢者主快亦有當三折二
錢大者價貫不可一例看也番國并回
回珠兒顏色不好多與好碧靛相似此

珠兒多是西夏販到。川人亦有

碧靛

碧靛馬價皆相類　顏色黑綠不直錢
青得美者可人愛　碾成事件做錢看
翠色不夾石為最。西夏者道地。黑綠粉綠
皆不直錢

猫睛

黄如酒色喚猫睛　轉側中間一道真
睛更散簾深黑色　二物應當價例輕
猫睛出南番。酒色闊如指面大者。以大為
好睛。死不活。并黑睛者不直錢。小者亦

有米顆大者。只可打嵌指鋌雜用

[illegible]

紫剌紅剌出南番　釧鐲盃盤打嵌鞍
大者直錢五六百　小者多嵌指鋌間
此物出南番。紅紫并酒色大者如指面。亦
有多嵌七寶首飾。并繫腰盞盤釧鐲指
鋌。餘外無用

玻璃

南番酒色紫玻璃　碗碟盃盤入眼稀
土燒氣眼不堪羡　價直不比在前時
出南番國。上有酒色青色紫色白色。性若

水晶相類。斷盞盤器背上多碾兩點花
兒。是真者。土燒者輕如瑠璃相似

玳瑁

最好白多點兒少　此物應當價不小
黑多白少不為奇　總管點班措看了
白多黑兒稀少者直錢。花班好者次之。胡
黑者價極低。亦有用藥點角者。謂之塞
堅

[illegible]

雲分兩脚要分明　正透尤佳倒透紋
骨篤數中偏最好　刀刮巢婆分外聲
出睞河路者為妙。正透高如倒透。正透者
黑地黄花。倒透者。黄地黑花。若成株肥
大者佳。瘦小者只可合藥用。無花烏犀
中。故烏犀偏帶馬鞍。作子象棋亦有蠻
犀川犀不好

翠毛

脊錢軟翠出南番　廣州全翅次其間
紫土土翠難昇價　行市貴賤臨時看
軟翠妙。是兩片脊錢為之一合。每十合作
一串。六箇好六箇低。廣内翠稍低。此間

亦有紫翠係山和尚之屬

魚鰾

山陽漢上鯖魚鱿　成累高低論斤秤
價高當三錢来大　塊兒小者價須輕

此物襄陽漢上武昌皆有。當三折二者價高碎塊兒價低。有二斤秤十六箇者成器難得。今時冠子多用羊角造之

龍涎

龍涎妙似百藥煎　鼻嗅之時香又鯹
墻壁浮石皆相類　脩合諸香分外馨

龍涎出南海山島中。褐色微鯹。若黑色者。曾經大魚吞之。此物大能發香。無此物合香不成

[illegible]

龍涎香名有多般　此物晴昧仔細看
伏古雲頭并清燕　三朝脩合最直錢

伏古雲頭清燕三等。高孝光宗三朝合者。楊和王供進者。上有臣名。有韓太師府。脩合閥古龍涎香皆妙。廣州心子香亦佳。香有白醭者。乃多年臉子走在面上。假者亦多

大石梔子

合香梔子出大石　紅黃色好最為奇
黑者蒸孽不中用　貴人不愛定無疑

此物除合龍涎香料之外別無用處。紅黃紫者好。黑者不堪用

珠飾

珠子銅飾與銀飾　鐵者多應是古飾
一套若全念二隻　隔過勻停好串排

鐵者古飾。銅者官飾。亦有銀飾。每套二十二隻方全。或有隻數不全者無用

戧金

色如黑漆皆相類　氣呵濕潤卒未乾
光滑膩如鷄彈子　上金貼定易為看

出蜀中潤膩滑樣範好頗大者直錢。上金滿用塩湯洗。大松子油潤之。安濕地少時入袋。氣呵動。用手揉。方始上金

居家必用事類全集戊集

居家必用事類全集巳集目錄

漿水類

法製香藥

果食類

酒麴類

造諸醋法

諸醬類

諸豉類

醞造醃藏日

飲食類

蔬食

居家必用事類全集己集目録

居家必用事類全集

己集

諸品茶

【[illegible]進茶錄序】臣前因奏事。伏蒙　陛下
論臣先任福建轉運使日。所進上品龍
茶。最為精好。臣退念草木之微首辱
陛下知鑒。若處之得地。則能盡其材者。
陸羽茶經。不第建安之品。丁謂茶圖獨
論採造之本。至於烹試。曾未有聞。臣輒
條數事。簡而易明。勒成一篇。名曰茶錄。
伏為清閑之宴。或賜觀采。臣不勝惶懼
榮幸之至

一篇論茶品

【色】茶色貴白。而餅茶多以珍膏。油(去聲)其面。
故有青黃紫黑之異。善別茶者。正如相
工之瞟人氣色也。隱然察之於内。以肉
理實潤者為上。既已末之。黃白者受水
昏重。青白者受水鮮明。故建安人鬬試
以青白勝黃白

【香】茶有真香。入貢者。微以龍腦和膏。欲助
其香。建安民試茶皆不入香。恐奪其真。
烹點之際。又雜珍果香草。其奪益甚

【味】茶味主於甘滑。惟北苑鳳凰山。連屬諸
焙。所産者味佳。隔谿諸山雖及時。加意
製作。色味皆重。莫能及也。又有水泉不
甘。能損茶味。前世之論水品者以此

右七綱揀芽。以四十餅為角。小龍鳳。以

二十餅為角。大龍鳳。以八餅為角。每角
圈以箬葉。束以紅縷。包以紅紙。緘以黃
綾。惟揀芽俱以黃焉

【茶焙】茶焙編竹為之。裹以箬葉。蓋其上以
收火也。隔其中以有容也。納火其下。去
茶尺許。所以養茶色香味也

【茶錄後序】茶為物之至精。而小團又其精
者。錄序所謂上品龍茶者是也。蓋自君
謨始造。而歲貢焉。仁宗尤所珍惜。雖輔

相之臣。未嘗輒賜。惟南郊大禮致齋之夕。中書樞密院各四人共賜一餅。宮人翦金為龍鳳花草貼其上。兩府八家。分割以歸。不敢碾試。宰相家藏以為寶。時有佳客。出而傳玩爾。嘉祐七年。親享明堂齋夕。始人賜一餅。余亦忝與。至今藏之。余自以諫官供奉仗內。至登二府二十餘年。纔一獲賜。而丹成龍駕。舐鼎莫及。每一捧翫。清血交零而已。因君謨著錄附于後。庶知小團自君謨始。而可貴如此。歐陽永叔

家頂新茶 細嫩白茶五斤 枸杞英五兩炒 綠豆半升炒過 米二合炒過

右件焙乾。碾羅合細。煎點絕奇

腦麝香茶 腦子隨多少。用薄藤紙裹。置茶合上。密蓋定。點供自然帶腦香。其腦又可移別用。取麝香殼安罐底。自然香透尤妙

百花香茶 木犀 茉莉 橘花 素馨等花又依前法薰之

法煎香茶 上春嫩茶芽。每五百錢重。以菉豆一升去殼蒸焙。山藥十兩。一處細磨。別以腦麝各半錢重。入盤同研。約二千杵。罐內密封窨三日後。可以烹點。愈久香味愈佳

煎茶法 煎茶須用有焰炭火滾起。便以冷水點住。伺再滾起再點。如此三次。色味皆進

枸杞茶 於深秋摘紅熟枸杞子。同乾麪拌和成劑。捍作餅樣。曬乾研為細末。每江茶一兩。枸杞末二兩同和勻。入煉化酥油三兩。或香油亦可。旋添湯攪成稠膏子。用鹽少許。入鍋煎熟飲之。甚有益及明目

擂茶 將芽茶湯浸軟。同去皮炒熟芝麻。擂極細。入川椒末。鹽酥油餅。再擂勻細。如

乾旋添浸茶湯。如無油餅，斟酌以乾麵代之。入鍋煎熟，隨意加生栗子片、松子仁、胡桃仁。如無芽茶，只用江茶亦可

蘭膏茶 以上號高茶，研細一兩為率。先將好酥一兩半，溶化，傾入茶末內，不住手攪。夏月漸漸添氷水攪，水不可多添，但一二匙尖足矣。頻添無妨，務要攪勻，直至雪白為度。冬月漸漸添滚湯攪，春秋添温湯攪。加入些少塩尤妙

酥簽茶 將好酥於銀石器內溶化，傾入江茶末，攪勻，旋旋添湯，攪成稀膏子，散在盞內。却着湯侵供之。茶與酥看客多少用，但酥多於茶些為佳。此法至簡且易，尤珎美。四季看用湯造。冬間造在風爐子上

合足味茶法 夢溪沈內翰歌括云：甘三苦四妙通神（甘草三兩，苦參四兩），五斤乾茶五斤蒸（乾茶葉五斤，蒸過茶五斤），菉豆四升同搗合（豆炒過）此

方宜利勝燒銀

製孩兒香茶法

孩兒茶（一斤，研極細，羅過用） 白荳蔻仁（四錢，研為細末） 粉草（炙，三錢，碾為細末） 沉香（半兩，劈成三錠子，挿入雪梨內，用紙裹了，水濕過，灰火內煨梨熟為度，取出沉香，剉乾為細末，用三錢和之，留梨汁製麝香用） 寒水石（半斤，炭火內煆紅，先將薄荷葉四兩水浸濕透，鋪在紙上，將煆過寒水石放在葉上裹了，放冷取出，秤五錢，與腦子同研，餘者待後次用之，葉裹去不用。此腦子法也，無此則腦二氣味去矣） 華澄茄（三錢，研為細末） 麝香（二錢，揀去毛令淨，研細用，尤製沉香梨汁和為泥，攪在磁盞內或銀器內，上用紙糊口，用針透十數孔，慢火焙乾，研為末，再於盞內焙熟，合和前料，其香滿室，此其法也） 川百藥煎（半兩，為末，將已上四件和勻，磁器收貯，勿泄味） 梅花片腦（三錢，米腦亦可，用製過寒水石同研，和拌入料）

右將潔淨高糯米一升，煮極爛稠粥，擂細，冷定，用絹絞取濃汁，和劑須要硬。於淨槌帛石上槌三五千下，槌多愈好，故名千槌膏。卻用白檀煎油抹印，脫造成，放於透風處懸吊三二日，刷光，磁器貯

諸品湯

天香湯 白木犀盛開時，清晨帶露用杖打下花，以布被盛之，揀去蔕萼，頓在淨磁器內，候積聚多，然後用新砂盆擂爛如泥（一名山桂湯，亦名木犀湯，並同）。

木犀（一斤） 粉草（炙，二兩）

塩（炒，四兩）

右件拌勻，置磁瓶中密封，曝七日，每用沸湯點服。

暗香湯 梅花將開時，清旦摘取半開花頭連蔕，置磁瓶內，每一兩重，用炒塩一兩洒之，不可用手漉壞，以厚紙數重密封，置陰處，次年春夏取開，先置蜜少許於盞內，然後用花二三朶置於中，滚湯一泡，花頭自開，如生可愛。

須問湯 東坡居士歌括云：半兩生薑（乾用）一升棗（乾用去核），三兩白塩（炒黃）二兩草（炙去皮），丁香木香各半錢，約量陳皮一處搗（去白）。煎也好，點也好，紅白容顏直到老。

杏酪湯 板杏仁用三兩半，百沸湯二升浸蓋，却候冷，即便換沸湯，如是五度了，逐箇掐去皮尖，入小砂盆子內細研，次用好蜜一斤，於銚子內煉三兩沸，看涌掇過，候半冷，旋傾入杏泥，又研，如是旋添入研和勻。

鳳髓湯 潤肺療咳嗽

松子仁

胡桃肉（湯浸去皮，各用一兩） 蜜（半兩）

右件研爛，次入蜜和勻，每用沸湯點服。

醍醐湯 止渴生津（仇公望縣尹方）

烏梅（一斤，搥碎，用水兩大碗同熬作一椀，澄清，不犯鐵器）

硇砂（半兩） 白檀末（二錢）

麝香（一字） 蜜五斤

右將梅水、硇砂、蜜三件一處，於砂石器內熬之，候赤色為度，冷定入白檀麝香

水芝湯 通心氣，益精髓。

乾蓮實（一斤，帶皮炒極燥，搗羅為細末） 粉草（一兩，微炒）

右為細末，每二錢入塩少許，沸湯點服。

蓮實擣羅。至黑皮如鐵不可擣則去之。世人用蓮實去黑皮及澁皮并心。大爲不便。黑皮堅氣。而澁皮住精。世人多不知也。此湯夜坐過飢。氣乏之不欲取食。則飲一盞。大能補虛助氣。昔仙人務光子服此得道

茉莉湯 用蜜一兩重。甘草一分。生薑自然汁一滴。同研令極勻。調塗在椀中心。抹勻不令洋流。每於凌晨採摘茉莉花三二十朵。將放藥椀。蓋其花。取於香氣薰之。午間乃可以點用

木香苦湯 王百一承旨常服湯藥

片子薑黃四兩　䃤砂仁半兩
木香半兩　白荳蔻仁半兩
藿香葉半兩　白檀半兩
甘草一兩半　陳皮去白半兩
青皮去白半兩　川練子半兩
黃芪半兩　香附子去毛炒一兩

白匾豆去皮蒸熟焙乾秤一兩

右細末每服一二錢。空心沸湯點服

香橙湯 寬中快氣消酒

大橙子二斤去核切作片子連皮用　生薑五兩切半片子焙乾
檀香末半兩
甘草末一兩

右二件用淨砂盆內研爛如泥。次入白檀末。甘草末。並和作餅子焙乾。碾爲細末。每用一錢。鹽少許。沸湯點服

橄欖湯 止渴生津

百藥煎一兩　白芷一錢
檀香一錢　甘草炙一兩

右件擣爲細末。沸湯點服

荳蔻湯 治一切冷氣。心腹脹滿。胷膈痞滯。噦逆嘔吐。泄瀉虛滑。水穀不消。困倦少力。不思飲食出局方

肉荳蔻仁二斤麪裹煨　甘草炒二斤十二兩
白麪炒一斤半　丁香枝杖一斤十二兩

鹽炒三斤四兩

右為末。每服一錢，沸湯點服，食前

解醒湯 中酒後服之東垣李明之方妙絕其孫李信之傳

白茯苓一錢半　白荳蔻仁半兩

木香半錢　橘紅一錢半

蓮花青皮三分　澤瀉二錢

神麴一錢炒黃　縮砂仁半兩

葛花半兩　豬苓去黑皮錢半

乾生薑二錢　白朮二錢

人參去蘆一錢

右為細末，和勻，每服二錢半，白湯調下。

但得微汗，酒疾去矣。不可多食

乾木瓜湯 除濕止渴快氣出李氏方

乾木瓜去皮淨四兩　白檀一兩

沉香半兩　茴香炒一兩

白荳蔻半兩　縮砂仁一兩

粉草炙二兩半　乾生薑二兩

右為極細末，每用半錢，加鹽，沸湯點服

無塵湯 並李氏方 水晶糖霜二兩　梅花片腦二分

右將糖霜乳細，羅過，入腦子再研勻。每

用一錢，沸湯點服。如點帶香湯茶，必須

當面烹點，不可多，多則令人厭，少則有

餘不足存焉。慎勿背地烹點供上，如背

處烹點，則香氣已散矣

熟梅湯 黃梅十斤　青椒四兩

鹽一斤　粉草末六兩

薑汁一小碗

右件拌勻，日曬半月，磁器收貯

[illegible]湯 荊芥穗四兩　白朮　粉草各二兩

為末，入鹽點服

檀香湯 膏子一分，檀香細末三錢，腦麝少

許，研細，入生薑自然汁三兩，同研，援入

膏內，沸湯點服

丁香湯 入丁香細末三錢，餘依前法

辰砂湯 入辰砂細末三二錢，看顏色如何

[illegible]麝依前法

胡椒湯入胡椒細末一兩。腦麝並依前法
硇砂湯入硇砂細末二兩半。丁香乾薑末
少許。不用腦麝
茴香湯入炒茴香細末一兩。檀香乾薑末
少許。不用腦麝。已上只看滋味如何隨
意加減
仙朮湯辟瘟疫除寒濕溫脾胃進飲食出石方
蒼朮去皮十二斤米泔水浸焙　棗去核六升
杏仁去皮尖炒斤半　粉草炙三斤半
乾薑五兩炮　塩六斤四兩
右為細末。入杏仁和勻。每服一錢。沸湯
點服。常服延年益壽明目駐顏輕身不
老
茘枝湯出李氏方　烏梅半斤洗淨熬去核濾去滓
沙糖一斤熱水化作汁濾去滓　桂末三錢
乾生薑末半兩　丁香末一錢
右將糖梅汁合和了。銀石器内熬耗一
半。然後入丁桂薑末再熬成膏。入淨器

收貯
溫棗湯出李氏方　大棗一斤去核用水五升熬汁
蜜　生薑汁
右將三味調停。和美。再入銀器内。令稀
稠得所。入麝香少許。每盞抄一大匙。沸
湯點服
香蘇湯出李氏方　乾棗一千去核擘碎
紫蘇葉半斤　木瓜五箇去皮穰擣碎
右件一處再擣。勻。分作五分。内將一分
勻攤在竹篩内。烧滾湯潑淋下汁。嘗瓜
棗無味了。去却別換好者一分。依上潑
之。以味盡為度。將淋下汁。慢火銀石器
内熬成膏子。冷熱任用
地黃膏子湯生地黃肥大者。於秋暮冬初。
採取淨洗。折碎。入石臼中以木杵擣爛
榨取汁。入砂石器内熬至浮末起。皆掠
去至淨。煎至三分去二。別換銀石小器
慢火熬至滴入水不散為度。造時始末

不犯銅鐵器。於淨磁器内收貯。入檀香末并腦麝少許。或云入蜜熬者。并入酒中同飲極妙。亦可沸湯點服。出李氏方

輕素湯 乾山藥三兩 甘草一兩

蓮子肉半斤，湯浸去紫皮并心子，洗淨白

右日乾為細末。生龍腦少許。沸湯點服

沃雪湯 硇砂仁一兩 甘草半兩

雞蘇葉三兩 荊芥穗一兩半

天花粉甜者二錢，瓜蔞根也

為末湯點

渇水 番名攝里白

御方渇水 官桂 丁香 桂花

白荳蔻仁 硇砂仁各半兩

細麴 麥蘖各四兩

右為細末。用藤花半斤。蜜十斤煉熟。新汲水六十斤。用藤花一處。鍋内熬至四十斤。生絹濾淨。用小口甏一箇。生絹袋盛前項七味末。下入甏。再下新水四十斤。并已煉熟蜜。將甏口封了。夏五日。秋春七日。冬十日熟。若下脚時。春秋溫。夏冷。冬熱

林檎渇水 林檎微生者不計多少。擂碎。以滚湯就竹器放定擂碎林檎。銜淋下汁。滓無味為度。以文武火熬。常攪。勿令煿了。熬至滴入水不散。然後加腦麝少許。檀香末尤佳

楊梅渇水 楊梅不計多少。揉搦取自然汁。濾至十分淨。入砂石器内慢火熬。濃滴入水不散為度。若熬不到則生白醭。貯以淨器。用時每一斤梅汁入熟蜜三斤。腦麝少許。冷熱任用。如無蜜。毬糖四斤入水熬過亦可

木瓜渇水 木瓜不計多少。去皮穰核。取淨肉一斤為率。切作方寸大薄片。先用蜜三斤或四五斤。於砂石銀器内慢火熬開濾過。次入木瓜片同前。如滚起泛沫

旋旋掠去。煎兩三箇時辰。嘗味如酸，入蜜須要甜酸得中。用匙挑出放冷器內。候冷再挑起，其蜜稠硬如絲不斷者為度。若火緊則焦。又有涌溢之患。其味又不加。則樵焞氣。但慢火為佳

五味渴水 北五味子肉一兩為率。滾湯浸一宿。取汁同煎。下濃豆汁對當的顏色恰好。同煉熟蜜對入。酸甜得中。慢火同熬一時許。凉熱任用

蒲萄渴水 生蒲萄不計多少。擂碎濾去滓令淨。以慢火熬。以稠濃為度。取出收貯淨磁器中。熬時切勿犯銅鐵器。蒲萄熟者不可用。止可造酒。臨時斟酌入煉過熟蜜及檀末腦麝少許

香糖渴水 上等鬆糖一斤。水一盞半。薑香葉半錢。甘松一塊。生薑十大片。同煎，以熟為度。濾淨磁器盛。入麝香菉豆許大一塊。白檀末半兩。夏月冰水內沉用之

極香美

造清凉飲法 生氣爽神

葛粉 鬱金 山梔各一 甘草一兩

右為細末。以新汲水逐旋調飲

熟水類

粟稈熟水 故宋京城持瓶賣粟稈熟水。其法以稻稈心持擇齊整了。用水濯洗淨曬乾。作小把子。如盪熟水時以火多少時。先以湯盪兩次。然後盪熟水。如以糯

稻稈自可縮小便

紫蘇熟水 紫蘇葉不計多少。須用紙隔焙不得翻。候香先泡一次。急傾了再泡。留之食用。大能分氣。只宜熱用。冷傷人

荳蔻熟水 白荳蔻殼揀淨。投入沸湯瓶中。密封片時用之極妙。每次用七箇足矣不可多用。多則香濁

沉香熟水 先用淨瓦一片。竈中燒微紅。安平地上。焙香一小片。以瓶蓋定，約香氣

盡速傾滚湯入瓶中密封蓋。檀香速香之類。亦依此法爲之

香花熟水 取夏月但有香無毒之花。摘半開者。冷熟水浸一宿密封。次日早去花。以湯浸香水用之

丁香熟水 丁香五粒。竹葉七片。炙。沸湯密封片時用之

造熟水法 夏月凡造熟水。先傾百沸滚湯在瓶内。然後將所用之物投入密封瓶

口。則香倍矣若以湯泡之則不堪。香若用隔年木犀。或紫蘇須略向火上炙過。方可用矣

漿水類

桂漿法 夏月飲之。解渴消痰。勿與酒同飲

官桂 三兩爲末　赤茯苓 去皮爲末

細麹末 半斤　大麥蘖 半兩爲末

杏仁 百粒浸去皮尖研細　生蜜 三斤

右用熟水一斗。冷定調勻。入磁器内攪三五百轉。用油紙封口。覆以數重。入窖五日方熟。或臘紙密封沉井底七日。綿濾去滓。水浸飲之

荔枝漿 桂 三兩　丁香 一分　烏梅 半斤煎汁

縮砂仁 三兩剉碎煎汁一升　生薑汁 半盞

右件澄清相和。入糖二斤半。銀石器熬候稠濃濾過用之

木瓜漿 木瓜一箇切下蓋。去穰盛蜜。却蓋了。用簽簽之。於甑上蒸軟。去蜜不用。及

削去。中別入熟蜜半盞。入生薑汁同研如泥。以熟水三大椀拌勻濾滓盛瓶内。井底沉之

漿水法 熟炊粟飯乘熱傾在冷水中。以缸浸五七日。酸便好喫。如夏月逐日看。纔酸便用。如過酸即不中使

虀水法 菘菜淨洗。略湯中綽過。入極清麪湯内以小缸盛。看菜與麪湯多少相稱。菜不必多。候五七日酸可喫。如有虀脚

一小椀只一日便用。冬日略近火尤易
熟。諸菜皆可
法製香藥
法製半夏 開胃建脾。止嘔吐。去胸中痰滿
下肺氣
半夏 半斤圓白者　晋州絳礬 四兩
丁皮 三兩　草荳蔻 二兩
生薑 五兩切成片
右件洗半夏去滑。焙乾。三藥麄剉。以大
口甆盛生薑片。并前藥一處。用好酒三
升浸。春夏三七日秋冬一月。却取出半
夏水洗焙乾。餘藥不用。不拘時候細嚼
一二枚。服至半月咽喉自然香甘
法製橘皮 日華子云。皮煖消痰止嗽。破癥
瘕痃癖
橘皮 半斤去穰　白檀 一兩
青塩 一兩　茴香 一兩
右件四味用長流水。二大椀同煎。水乾
為度。揀出橘皮放於磁器內。以物覆之
勿令透氣。每日空心取三五片細嚼白
湯下
外三味曬乾為末。白湯點服
法製杏仁 療肺氣咳嗽。止氣喘促。腹痺不
通。心腹煩悶
板杏 一斤滚灰水焯過曬乾麩炒熟煉蜜拌杏仁勻用下藥末
茴香 炒　人參　縮砂仁 二錢
陳皮 三錢　白荳蔻　薄荷
檀香 各二錢　粉草 三錢
右為細末。拌杏仁令勻。每用七枚。食後
服之
酥杏仁法 杏仁不拘多少。香油煠燋。胡色
為度。用鐵絲結作網兜搭之。候冷定食
極脆美
法製縮砂 消化水穀。溫煖脾胃
縮砂 十兩去皮以朴消水浸一宿取乾以火油焙燥香熟為度
桂花　粉草 各一錢半微為細末

右件和勻為末。遇酒食後細嚼

醉鄉寶屑 解醒寬中化痰

陳皮四兩 硇砂仁四兩

紅豆一兩六錢 粉草二兩四錢

生薑 丁香一錢剉

葛根三兩已上並㕮咀 白荳蔻仁一兩剉

塩一兩 巴豆十四粒不去皮殼用鐵線穿

右件用水二椀煮。耗乾為度。去巴豆曬乾細嚼白湯下

木香煎 木香二兩擣羅細末。用水三升煎至二升。入乳汁半升。蜜二兩。再入銀石器中煎如稀麵糊。即入羅過粳米粉半合。又煎候米熟稠硬。捍為薄餅。切成棊子曬乾為度

法製木瓜 取初收木瓜於湯內煠過。令白色取出放冷。於頭上開為蓋子。以尖刀取去穰了。便入塩一小匙。候水出即入香藥。官桂。白芷。藁本。細辛。藿香。川芎。胡椒。益智子。硇砂仁。右件藥擣為細末。一箇木瓜入藥一小匙。以木瓜內塩水調勻。更曝候水乾又入熟蜜令滿曝直候蜜乾為度

法製鰕米 鰕米一斤去皮殼。用青塩酒炒。酒乾。再添再炒。香熟為度。真蛤蚧青塩酒炙酥脆為度。茴香青塩酒炒四兩。淨椒皮四兩。青皮酒炒不可過。濁煑酒約二升。用青塩調和為製。右先用蛤蚧椒皮茴香三味製訖。却製鰕米。以酒盡為度。候香熟取上件和前三味一併拌勻。再用南木香麄末二兩同和乘熱入器盦。四圍封固候冷取用。每一勻空心塩酒嚼下。益精壯陽。不可盡述 趙菊山

菓食類

造蜜煎菓子法 凡煎菓子。酸者用朴硝破水大段。硬酸者用湯化朴硝放冷浸去酸味。軟嫩者只煉蜜放冷澆在菓子上

淹一宿。其酸、鹹味自去。漉出淘過控乾。並先煉熟蜜後入煎五七沸出放冷。再入舊蜜內煎如琥珀色。去蜜置器中。煎時須用銀石砂銚等為佳。使蜜澆者浸一宿。餘依用淹一飯時。若有味也〇又法應干煎菓。先用湯盪白梅肉候冷浸之。却控乾煉蜜浸之如前法

蜜煎冬瓜法 經霜老冬瓜去青皮。近青邊肉切作片子。沸湯焯過放冷。石灰湯浸四宿。去灰水同蜜半盞於銀石砂銚內熬熟下冬瓜片子煎四五沸去蜜水。別入蜜一大盞同熬候冬瓜色微黃為度。入磁器內。候極冷方可蓋覆。如白醭重煎石灰湯二錢沸湯澄清去脚用

蜜煎薑法 社前嫩芽者二斤。淨洗控乾。不得着鹽淹須候出水一飯間。沸湯畧焯過漉乾。用白礬一兩半捶碎泡湯。隔宿候冷却澄清浸薑以滿為度。三兩宿漉出再控。不得多時。用蜜二斤煎一滾去面沫隔宿冷。却於新瓶內入蜜薑。約十日半月別換蜜一斤半。換蜜若要久。經年兩次換

蜜煎笋法 笋十斤和殼煮七分熟。去皮隨意切成花樣。用蜜半斤浸一時許。漉乾却用蜜三斤煎滾掠淨。拌勻入磁器收貯。浸久不損

蜜煎青杏法 不拘多少刮去皮。用銅青極細末銅器內勻滾令綠色然後用生蜜浸。但覺有酸氣便換蜜。至三五遍自然不復酸可以久留。銅青無多少之限。但滾的勻便可也。青梅亦可依此法造

蜜煎藕法 初秋藕新嫩者。沸湯焯過五分熟去皮。切作條子或片子。每一斤用白梅四兩。湯浸汁一大椀候冷浸一時許。漉出控乾。用蜜六兩去滷水別蜜十兩慢火煎令琥珀色。放冷入罐貯

糖脆梅法 青梅一百箇。畫成路絡見將熟冷醋浸沒一宿。取去控乾。別用熟醋調沙糖一斤半浸沒入瓶內。以笋葉扎口。仍用椀覆藏在地中深一二尺。用泥土蓋過白露節取出換糖浸

糖椒梅法 黃梅大者不拘多少。搥破核。未搥以前先以塩淹一日鋪梅一層。入沙糖用椒生薑絲。一層。重重鋪罐內八分滿。以物蓋覆蒸。一遍。再用生絹覆罐口曬十日可供。曬時先用岁椒葉在梅肉上

糖楊梅法 以三斤為率。塩一兩淹半日。次用沸湯浸一宿控乾。入好糖一斤。輕輕用手拌勻日曬。汁乾為度磁器貯

糖煎藕法 大藕五斤。切二寸長又碎切之。日曬出水氣。入沙糖五斤。金櫻末一兩。同入磁器內。又入蜜一斤。用泥緊封閉磁器口。慢火煮一伏時。待冷開用

糖蘇木瓜 大者一對去皮。切作瓣。白塩一兩新紫蘇葉二兩。淨洗曬乾切。細。同醃少時。再入生薑四兩去皮切絲。沙糖二十兩。一處拌勻。磁器中盛。日中曬乾時時抄勻為度

造椒梅法 黃梅一百箇為率用盆硝少許焯過。漉出控乾搥碎入生薑絲一斤。甘草四兩。去目川椒一兩。磁盆拌勻。又入炒塩半斤同曬。如欲作梅湯曬放稀。如欲作餅子曬放乾。曬時兩二日攪一次

旋炒栗子法 不拘多少。入油紙撚一箇沙銚中炒或熨斗中炒亦可。候熟極酥甜香美異常法

收藏菓法

收藏栗子 霜後初生栗子不以多少。投水盆中去其浮者。餘皆漉出。衆手淨布拭乾。更於日中曬少時。令全無水脉為度。用新小瓶罐先將沙炒乾放冷。將栗裝

入瓶。一層栗不。二層沙。約九分滿。每瓶只可放三二百箇。不可大滿。用笋葉一重盖覆。以竹篾按定。掃一淨地。將瓶倒覆其上。罨以黄土封之。逐旋取用。不可令近酒氣。可至來春不壞

收藏紅棗 將大磁缸一隻。刷洗淨拭乾。燒熱米醋澆缸内蕩令匀控乾。又以熟香油匀擦缸口。於缸底鋪粟稈草一重。棗一重。中心四圍亦令草間盖。不可重壓。亦不生蛀虫

收藏諸般青果法 十二月間盪洗潔淨瓶。或小缸盛臘水。遇時菓出。用銅青末與菓同入臘水收貯。顔色不變如鮮。凡青梅枇杷林檎小棗蒲萄蓮蓬菱角甜瓜綿橙橄欖荸薺等菓。皆可收藏

收藏石榴 選揀大石榴連枝摘下。用新瓦罐一枚。安排在内。使紙十餘重密封。可留多日不壞

收藏梨等 揀不損大梨。取不空心大蘿蔔。插梨枝柯在蘿蔔内。紙裹煖處。候至春深不壞。帶梗柑橘。亦可依此法

收藏橄欖 用上等好錫打作有盖鑵子。揀好完橄欖裝滿紙封縫。放於淨地上。至五六月間尤好（藏皆蘭草内者無是說）

收藏乳餅 取乳餅在鹽瓮底。不拘年月。要用取出。洗淨蒸軟。使用。一如新者

收藏瓜茄 用染坊淋退灰曬乾。埋藏黄瓜茄子。冬月食用

酒麴類

酒醴總叙。昔儀狄造酒而美。進之於禹。飲而甘之。遂疏儀狄。然酒可以供祭祀。可以奉賓客。皆禮之所不廢者。如詩所謂為酒為醴。以洽百禮。又謂我有旨酒。以燕樂嘉賓之心。皆是物也。至於養生伐病。世或資之。則日用飲食之間。亦不容闕。今取其品味之美者。載于前。釀法之

良者備于後。諒并好事者之樂聞也

造麯法

東陽酒麯方 白麪一百斤 桃仁二十兩

二桑葉二十斤 杏仁二十兩皆去皮擂爲泥

蓮花二十朵 蒼耳心二十斤

川烏二十兩炮去皮臍 菉豆二十斤

淡竹葉二十斤 熟甜瓜一十斤去皮擂爲泥

辣母藤嫩頭二十斤 辣蕉嫩葉二十斤

右將五葉皆裝在大缸內。用水三擔浸日曬七日。用木杷如打澱狀打下。以罩篱漉去枝梗。用此水煮豆極爛。先將生桃杏泥等。與麪豆和成硬劑踏成片。二桑葉裹。外再用紙裹。掛於不透風處。三五日後將麯房上窗紙扯去令透風。不爾恐燒了此麯

造紅麯法 凡造紅麯皆先造麯母

造麯母 白糯米一斗。用上等好紅麯二斤。先將秫米淘淨蒸熟作飯。用水升合如造酒法。搜和勻下甕。冬七日。夏三日。春秋五日。不過以酒熟爲度。入盆中擂爲稠糊相似。每粳米一斗。止用此母二升。此一料母可造上等紅麯一石五斗

造紅麯 白粳米一石五斗。水淘洗浸一宿。次日蒸作八分熟飯。分作十五處。每一處入上項麯二斤。用手如法搓揉。要十分勻停了。共併作一堆。冬天以布帛物蓋之。上用厚薦壓定。下用草鋪作底。全在此時。看冷熱。如熱則燒壞了。若覺大熱便取去覆蓋之物。攤開堆面。微覺溫便當急堆起。依元覆蓋。如溫熱得中勿動。此一夜不可睡。常令照顧。次日日中時分作三堆。過一時分作五堆。又過一兩時辰却作一堆。又過一兩時分作十五堆。既分之後。稍覺不熱。又併作一堆。候一兩時辰覺熱。又分開。如此數次。第三日用大桶盛新汲井水。以竹籮盛麯

作五六分。渾蘸濕便提起。蘸盡又總作
一堆。似稍熱。依前撒開。作十數處攤開
候三兩時。又併作一堆。一兩時又撒開。
第四日將麴分作五七處裝入籮。依上
用井花水中蘸。其麴自浮不沉。如半沉
半浮。再依前法堆起。攤開一日。次日再
入新汲水內蘸。自然盡浮。日中曬乾。造
酒用

[illegible]法 白糯米一石為率。隔中。將缸盛

水浸米。水須高過米面五寸。次日將米
踏洗去濃泔。將籮盛起。放別缸上。再用
清水淋洗淨。卻上甑中炊以十分熟為
度。先將前東陽麴五斤擣爛篩過勻撒
放團箕中。然後將飯傾出攤去氣。就將
紅麴二斗於籮內攪洗。再用清水淋之。
無渾方止。天色煖則飯放冷。天色冷放
溫。先用水七斗傾在缸內。次將飯及麩
拌勻為度。留些麴撒在面上。至四五日

沸定翻轉。再過三日上榨壓之

上槽 造酒寒。須是過熟。即酒清數多。渾頭
白酸少。溫涼時并熱時。須是合熟便壓。
恐酒醅過熟。又糟內易熱。多致酸變。大
約造酒自下腳至熟。寒時二十四五日。
溫涼時半月。熱時七八日。便可上槽。仍
須均裝停鋪。手安壓鈠。正下砧簟。所貴
壓得均乾。並無湔失。轉酒入甕。須垂手
傾下。免見濯損酒味。寒時用草薦麥麩

圍蓋。溫涼時去了。以單布蓋之。候三五
日澄折清酒入瓶

收酒 上榨以器就滴。恐滴遠損酒。或以小
竹子。引下亦可。壓下酒須是湯洗瓶器
令淨。控候二三日。次候折澄去盡腳。纔
有白絲則渾。直候澄折得清為度。則酒
味倍佳。便用蠟紙封閉。務在滿裝瓶不
在大。以物閣起。恐地氣發動酒腳。失酒
味。仍不許頻頻移動。大抵酒澄得清更

滿裝。雖不煮。夏月亦可存留

煮酒凡煮酒每斗入蠟二錢。竹葉五片。官局天南星員半粒。化入酒中。如法封繫。置在甑中（秋冬用天南星丸，春夏用蠟并竹葉）然後發火。候甑草上酒香透。酒溢出倒流。便更揭起甑盖。取一瓶開看。酒滚即熟矣。便住火良久。方取下置於石灰中。不得頻頻移動。白酒須撥得清。然後煮。煮時瓶用桑葉冥之。庶使香氣不絶

長春法酒景定甲子五月間。賈秋壑以長春法酒一甕。并方進于穆陵。上欲供而輟者再。李坦高忠輔任閤長兼内轄奏云須先賜臣一盞。候三五日藥力效驗。方可進御。李因是得罪於賈。適七月十三日居民遺漏。脩内司救撲。官兵見火勢趨和寧門。李於是令預撤民屋保護大内。賈謂不遵朝廷節制。嗾臺臣上疏。三學叩閽。屢貶鬱林州。除名勒停方用

當歸　川芎　半夏

青皮　木瓜　白芍藥

黃耆（蜜炙）　五味子　肉桂（去麤皮）

熟地黃　甘草（炙）　白茯苓

薏苡仁（炙）　白荳蔻仁　硇砂

檳榔　白朮　橘紅

枇杷葉（去毛炙）　人參　麥蘗（炒）

藿香（去土）　沉香　木香

草果仁　杜仲（炒）　神麯（炒）

南香　桑白皮（蜜炒）　厚朴（薑炙）

丁香　蒼朮（製）　石斛（去根）

右件各製了淨。秤三錢。等分作二十包。每用一包以生絹袋盛。浸於一斗酒内。春七日。夏三日。秋五日。冬十日。每日清晨一盃。午一盃。甚有功效。除濕實脾。去痰飲。行滯氣。滋血脉。壯筋骨。寬中快膈。進飲食

神仙酒奇方專醫癱瘓四肢拳攣。風濕感

持重者宜服之

五加皮 二兩并心剉去土　紫金皮 去土并骨剉

當歸鬚 六錢淨洗剉

右件㕮咀用酒一瓶浸三宿夏一宿更用好酒一瓶。取酒一盞入未浸酒一盞每日兩盞煖服。兩瓶酒盡時自有神効

天門冬酒 醇酒一斗。六月六日麯末一升搗麄末。好糯米五升作飯。天門冬煎五升。其煎但如稀餳即得。米須淘訖曬乾取天門汁浸麯如常法。候熟炊飯適寒溫用煎和飯令相入投之。夏七日。勤看勿令熱。春冬十日。密封閉之。熟榨濾。每服三合。再欲造。地黃枸杞五加皮薑蕤黃精白朮諸藥酒並準此法。秋夏飯須冷下。春冬須稍溫。看時候方下之。合須九月盡。三月前○又法取天門冬三十斤搗碎煮。取汁依常法以作酒少少飲之滓作散服。尤佳

枸杞五加皮三骰酒 骰音豆

牛膝　五加根莖　丹參　枸杞根

忍冬　松節　枳殼枝葉

右件各切一大斗。以水三大石於大釜中煮。取六大斗去滓澄清水。準凡水數。浸麯即用米五大斗炊飯熟訖取生地黃細切一斗搗如泥和下。第二骰用米五斗炊飯。取牛蒡根細切二斗搗如泥。和飯下消訖第三骰用米二斗炊飯。取大秋麻子一斗熬搗令極細和飯下之。候稍冷熱一依常法。候酒味好即去糟。飲之。如酒冷不發。即更以少麯末骰之。若味苦薄更炊二三斗米骰之。若飯乾不發。取諸藥等分量多少煎汁熱骰之。候熟去糟量性飲之。多少常令有酒氣老少男女皆可服。亦無所忌。已上三骰酒。去風勞氣冷。令人肥健走及奔馬

天台紅酒方 每糯米一斗。用紅麯二升。使

酒麴兩半或二兩。亦可。洗米淨。用水五升。糯米一合煎四五沸。放冷以浸米。寒月兩宿。暖月一宿。次日漉米。炊十分熟。先用水洗紅麴令淨。用盆研或搗細亦可。別用溫湯一升發起麴。候放冷入酒麴。不用發。只搗細。拌令極勻。熟如麻餈狀。入缸中用浸米泔拌。手劈極碎。不碎則易酸。如欲用水多則添些水。經二宿。後一一翻。三宿可榨。或四五宿可以香。

更看香氣如何。如天氣寒暖消詳之。榨了再傾糟入缸內。別用糯米一升。碎者用三升。以水三升煮為粥。拌前糟更釀一二宿。可榨和前酒飲。如欲留過年。則不可和。若更用水拌糟浸作第三酒。亦可

鵓鴿酒 歌括云。甘泉六椀米三升。做粥溫和麴半斤。三兩餳餹二兩酸。一抄麥蘖要調勻。黃昏時候安排了。來朝便飲甕頭春

右先將糯米三升淨淘。水六升同下鍋煮成稠粥。夏攤冷。春秋溫。冬微熱。麴酸麥蘖皆搗為細末。同餳餹下在粥內拌勻。冬五日。春秋三日。夏二日成熟為好。

酒美**又法** 就此料內加官桂胡椒良薑細辛甘草川烏炮川芎丁香已上各半錢碾為細末。和粥時同攪勻在內。其味尤妙。香美異常。

[illegible]方 白麪一百斤 糯米粉五斤

木香半兩 白朮十兩

白檀五兩 甜瓜一百箇香熟去皮子取汁

硇砂 甘草 藿香各五兩

白芷 丁香 蓮花二百朵去蓮取汁

廣苓苓香各二兩半

右件九味碾為細末。入麪粉內。用蓮花瓜汁和勻踏作片。紙袋盛掛通風處。七七日可用。每米一斗用麴一斤。夏月閑

甕。冬月待微發作糯米飾粥一椀。溫時投之。謂之搭甜

蜜醞透瓶香 用蜜二斤半。以水一斗。慢火熬及百沸。雞翎掠去沫。再熬沫盡為度。官桂 胡椒 良薑 紅豆 縮砂仁。已上各等分。碾細為末。右將熬下蜜水依四時下之。先下前藥末八錢。次下乾麴末四兩。後下蜜水。用油紙封。箬葉七重密。冬二十日。春秋十日。夏七日熟

羊羔酒法 用精羊肉五斤。用炊單裹了放糜底蒸熟。乾批作片子。用好糯酒浸一宿。研爛。以鵞梨七隻。去皮核。與肉再同研細。紗濾過。再用浸肉酒。研濾三四次。用川芎一兩為末。入汁內攪勻。潑在糯米脚糜肉下脚。用麴依常法

菊花酒 以九月菊花盛開時。揀黃菊嗅之香嘗之甘者。摘下曬乾。每清酒一斗用菊花頭二兩。生絹袋盛之。懸於酒面上約離一指。高密封瓶口。經宿去花袋。其味有菊花香。又甘美。如木香臘梅花一切有香之花。依此法為之。蓋酒性與茶性同。能逐諸香而自變

治酸薄酒作好酒法 官桂 白茯苓去皮
陳皮 白芷 縮砂
良薑各一兩 甘草五錢 白檀五錢
沉香少許

右用生絹袋一箇。盛前藥味在內。用甜水五大升。煮十沸。將絹袋藥取出。蜜六兩。熬去蠟滓。入前藥汁內滾二三沸。又用好油四兩。熬令香熟。入前藥汁內。再滾二三沸。磁器盛之。量酒多少入藥。嘗之

南番燒酒法 番名阿里乞

右件不拘酸甜淡薄。一切味不正之酒。裝八分一甏。上斜放一空甏。二口相對。先於空甏邊穴一竅。安以竹管作嘴。下

再安一空甏。其口盛住上竹嘴子。向二甏口邊。以白磁椀楪片。遮掩令密。或瓦片亦可。以紙筋擣石灰厚封四指。入新大缸內坐定。以紙灰實滿。灰內埋燒熟硬木炭火二三斤許。下於甏邊。令甏內酒沸。其汗騰上空甏中。就空甏中竹管內却溜下所盛空甏內。其色甚白。與清水無異。酸者味辛。甜淡者味甘。可得三分之一好酒。此法臘煮等酒皆可燒

白酒麴方 當歸　縮砂　木香

藿香　苓苓香　川椒

白朮 已上各一兩　官桂 三兩　檀香

白芷　吳茱萸　甘草 各一兩

杏仁 一兩別研為泥

右件藥味並為細末。用白糯米一斗淘洗極淨。舂為細粉。入前藥和勻。用青辣蓼。取自然汁搜拌。乾濕得所。擣六七百杵。圓如雞子大。中心㨂一竅。以白藥為衣。稈草去葉。覷天氣寒暖。蓋閉一二日。有青白醭。將草換了。用新草蓋。有全醭。將草去訖。七日聚作一處。逐旋散開。斟酌發乾。三七日。用筐盛頓懸掛。日曝夜露。每糯米一斗。七兩五錢重。蘇濕破者不用

醞法 新白糯米漿浸陳糯米水浸一宿。淘以水清為度。燒滚鍋甑內氣上。漸次裝米蒸熟。不可大軟。但如硬飯。取勻熟而已。飯熟就炊單擡下傾入竹籮內。下面以水桶承之。機定以新汲水澆。看天氣夏極冷。冬放溫。澆畢以麴先糝甕中。如飯五斗。先用二斗麴末。同拌極勻。次下米與麴拌勻。中心撥開見甕底。周圍按實。待隔宿有漿來約一椀。則用小杓澆於四圍。如漿未來。須待漿來而後澆。要辣則隨下水。欲甜更隔一宿。下水。每米一石。可下水六七斗。如此則酒味佳。天

寒覆盖稍厚。夏四日。冬七日。熟在甕時有漿來即澆不限遍數。用小杓鎔起漿。在四邊澆潑。下水了不須澆

用水法每造米一石。内留五升。用水八斗半。熬作稀粥。候冷。投入醅内。此即用水法也

候漿法下了脚須至一伏時揭起。於所盖薦外。聽聞索索然有聲。即是漿來了。後又隔兩日下水。仍先将糟十字打開番過下水不攪。仍舊作窩。更待二三日方可上榨

造諸醋法

造七醋法假如黄陳倉米五斗。不淘净浸七宿。每日換水一次。至七日。做熟飯。乘熱便入甕。按平封閉。勿令氣出。第二日番轉動。至第七日開。再番轉。傾入井花水三擔。又封閉一七日。攪一遍。再封二七日。再攪。至三七日即成好醋矣。此法甚簡易。尤妙

造三黄醋法於三伏中。将陳倉米一斗。淘净做熟硬飯。攤令匀。候冷定。飯面上以楮葉盖。或蒼耳青蒿皆可。罨作黄衣。上去罨盖之物。番轉過。至次日曬乾。簸去黄衣。净器收貯。再用陳米一斗。做熟硬飯。曬乾。亦用净器收貯。至秋社日。再用陳米一斗。做熟飯。與上件黄子。乾飯拌。和匀下水。飯面上約有四指高水。紗帛幪頭。至四十九日方熟。慎勿動着。待其自然成熟。此法極妙

造小麥醋法陳倉米一斗。或糯米亦可。用水浸一宿。炊作飯。攤温冷。麄麯二十兩。搗細。火焙乾。以紙襯地上出火氣。拌飯匀放净甕内。入新汲水三斗。又拌匀。揩捺平。用紙兩三層密封甕口。勿見風。向南方安。候四十九日開。用小麥二升炒焦。投入甕内。少須取醋於鍋内煎沸。入

缾了。上用炒麥一撮。醋久不壞。取頭醋了。再用水一斗半。釀第二醋。旬日可取食之。第二醋了。又用水七升半。釀第三醋。更數日取食之。第三醋了。二三醋欲食。須用炒焦麥半升許入甕内搭色。猶可取第四醋。味尚如街市中賣者。此醋妙不可言。米醋熟者。蓋謂炒米耳。此法用炊米。所以性平

造麥黄醋法 小麥不拘多少。淘淨。用清水浸三日。漉出控乾蒸熟。於煖處攤開鋪放蘆席上。楮葉蓋之。三五日黄衣上。去葉曬乾。簸淨入缸。用水拌勻。上面可留一拳水。封閉四十九日可熟

造大麥醋法 大麥仁二斗。内一斗炒令黄色。水浸一宿。炊熟。以六斤白麵拌和。於淨室内鋪席攤勻。楮葉覆蓋七日。黄衣上。曬乾。更將餘者一斗麥仁炒黄浸一宿。炊熟攤溫。同和入黄子。捺在缸内。以水六斗勻攪。密蓋三七日可熟

造糟醋法 臘糟一石。水泡。麄糠三斗。麥麩二斗。右件和勻。溫暖處放罨蓋。勤拌捺。須氣香。嚐有醋味。依常法製造淋之。按四時添減。春秋用糠四斗半。麩二斗。夏糠三斗。麩二斗。冬糠五斗。麩三斗。覷天氣加減造之

造餳糖醋法 餳餹一斤。水三斤。先將水入鍋煎數沸。鎔出傾入餳攪勻伺溫。入白麯末二兩。同攪勻裝缾内。紙封日曬。春秋一月。冬四十五日。夏二十日熟。甚香美。下了到二十日之上。有一層白醭。面子休攪動。至自落時。乃成熟也。若不日曬。只安頓淨處。勿得動搖。任其自然尤妙

造千里醋法 烏梅去核一斤許。以釅醋五升浸一伏時。曝乾再入醋浸。曝乾再浸。以醋盡為度。擣為末。以醋浸餁餅和為

丸如雞頭大。欲食投一二丸於湯中。即成好醋矣。

造麩醋法 初取麵麩。先以五斗用水和勻。可作團即止。上甑蒸。盒作黃子。須楮葉蓋兩日後成黃。即打聚作一堆。盒過夜曬乾。先量起五升黃。留作二醋。然後用陳米一斗二升。五升亦不妨。浸一夜。次早和先留麩皮五斗用和勻。蒸飯熟。稍冷與黃子入缸一處。打拌。入水約五升瓶二十瓶以上攪勻。用蘆席一片。如缸口裁圓。中開方一尺竅。草布。且糊一邊四外蘆與缸緣悉糊了。置日中曬。次早以杖物入草布竅入。攪嵛。如此三早止。須看潮候。糊了三面草布。三伏曬一月。如月陰多賸曬十數日。却榨下。鍋煎數沸。以淨潔瓶盛。每瓶入炒麥一撮。紙厚封。紙上放草灰一把。愈客氣。置高處。勿着地氣。二醋。榨頭醋。先一日煎下熟湯。十瓶。次早以先留黃子五升與頭醋[illegible]和勻。以所煎冷湯攪。如前封蓋。却不須三打曬七

造淋醋法 每糟二十斤。用水一擔。不拘冬月浸一宿。攪勻。以爛為度。如是新糟使水一擔半。稻糠隨水拌糟。須按令極勻。裝入甕。將滿攤平。以糠蓋。或再用薦蓋甕口。頻頻看覷。候熱發。便倒入別甕。熱不得太過。太過則損味。如未熱。不得動。依前盒蓋熱。候四度。逐旋隨次投勻。再膽入淋甕中。踏令極實。虛則不中。煎湯淋之為頭醋。再煎湯淋取第二醋。如要極酸。即將頭醋煎。重淋新糟。其酸極佳。如此欲得酸。只將第二醋煎沸湯淋新糟。已是重淋醋。若更將逐甕頭醋再淋。恐太酸了。造成用川椒裝入乾瓶。泥起。不可近濕氣。煎了候冷裝。造醋之法惟要酸。酸之訣在發熱時。不可發過。化糟

時短着水淋下再淋自然妙也

收藏醋法 但凡收醋須用頭出者裝入瓶每瓶燒紅炭一塊投之𥝩炒小麥一撮箬封泥固或有入燒鹽者反淡了味

諸醬類

熟黄醬方 不拘黄黑豆亦不拘多少揀淨炒熟取出磨成細末每豆細末一斗麵一二斗入湯和勻切片子蒸熟攤在蘆席上用麥秸蒼耳葉盦待有黄衣烈日曬令極乾一斤黄子入鹽四兩井花水投下去黄子一拳高烈日曬之

生黄醬方 三伏中不拘黄黑豆揀淨水浸一宿漉出入鍋煮令熟爛取出攤令極冷多用白麵拌勻攤在蘆席上用麥秸蒼耳葉盦一日發熱二日作黄衣三日後番轉烈日曬乾愈曬愈好秤黄子一斤用鹽四兩為率汲井花水下水高黄子一拳曬不犯生水麵多好醬黄曬多好醬味

小豆醬方 不拘多少揀淨磨碎簸去皮再磨細浸半日控乾擦去皮至來早水淘淨控乾麵熟拌作團子盦蓋候一月方發過用大眼籃懸掛透風處至來年二月中旬用布擦去白醭搗碎再磨每細麯二十斤用鹽六斤四兩以臘水化開遇火日侵晨下兩月可食

造麵醬方 白麵不拘多少冷水和作硬劑切作一指厚片子籠内蒸熟攤眼三時許後麯子上乾以楮葉倉耳麥秸盦蓋至黄衣上勻為度去盖物番轉過至次日曬乾刷去黄衣搗碎每斤鹽四兩煎湯泡鹽作水下之

麩豆醬方 不拘多少水浸蒸軟曬乾去皮每淨豆黄小麥一斗同磨作麯水和硬劑切作片蒸熟覆盖盦黄衣上曬乾依造麵醬法用鹽水下

榆仁醬方 不拘多少。淘淨浸一伏時。搓洗去浮皮。再以布袋盛於寬水中揉洗去涎。控乾。與蓼汁同曬乾。再以蓼汁拌濕同曬。如此十次。同發過麪麴。依造麪醬法用鹽下之。每用榆仁一升。發過麪麴四斤。鹽一斤。如法製之

大豆醬方 黑豆揀淨者五斗。炒熟水浸半日再入鍋用浸豆水煮令爛。傾出伺冷。以大麥麪百斤拌令勻。以篩篩下麪用。煮豆汁和搜作劑切作大片。上甑蒸熟。傾出攤冷。以楮葉盦蓋候黃衣上汗乾再曬搗碎揀丁日或火日下之。每斗黃子。用鹽二斤。井花水八升。化鹽水入缸

造肉醬法 獐兔羊肉等皆可造

精肉去筋膜四斤切　醬麴一斤半搗細用

鹽一斤　葱白細切一握　良薑

小椒　蒔蘿　陳皮各一兩

右件糯酒拌勻如稠粥。小甕盛封十餘日。觀稠時再入酒。味淡時入鹽。用泥封固。日曝之

造鹿醢法 鹿肉八斤去筋膜細切如泥　酒麴一斤

小豆麴一斤　紅豆　川椒六兩淨

蓽撥　良薑　茴香

甘草各二兩　桂心半兩　蕪荑末一斤

肉豆蔻二兩　葱白切作末二升半

右為細末。同鹿肉和拌。用糯酒調勻。稀稠得所。小口缸盛密封之。三五日一攪勻則易。似復密之。曝于庭。夜置煖處。百日可食。視稀稠加酒麴

造醬法 凡造醬先以鹽淘淨去泥滓。垃圾。醬自佳。先以缸盛水。次以梢箕盛鹽於水中攪漉。好鹽自隔箕兒下。垃圾石土蓑草之類。皆留箕中。須臾缸面又有一層黑泥末。以搭羅掠去之盡。缸中皆淨鹹水。鹽如雪白。澄於缸底。別以器盛起。然後下醬。先用水逐旋入白鹽。多留些

蓋面上。和訖以蒔蘿撒醬面上。復以鋼
蘸好香油持抹。醬面及缸

治醬甕生蛆法 用草烏五七箇。切作四半撒入。其蛆自死矣

諸豉類

金山寺豆豉法 黃豆不拘多少。水浸一宿。蒸爛候冷。以少麵摻豆上拌勻。用麩再拌。掃淨室鋪席勻攤。約厚二寸許。將穰草麥稈或青蒿蒼耳葉蓋覆其上。待五

七日候黃衣上。搓挼令淨。篩去麩皮。走水淘洗曝乾。每用豆黃一斗。物料一斗。預刷洗淨甕候下。

鮮菜瓜切作二寸大塊　鮮茄子作刀劃作四塊
橘皮淨刮　蓮肉水浸軟切作兩半
生薑切作厚大片　川椒去目
茴香微炒　甘草剉
紫蘇葉　蒜瓣帶皮

右件將物料拌勻。先鋪下豆黃一層。下物料一層。摻鹽一層。再下豆黃物料鹽各一層。如此層層相間。以滿為度。納實。著密口泥封固。烈日曝之。候半月取出。到一遍。拌令勻。再入甕密口泥封。曬七七日為度。却不可入水。茄瓜中自然鹽水出也。用鹽相度斟量多少用之。

鹹豆豉法 黑豆一斗。蒸略熟取出曬一日。用瓜二十條。茄四十箇。先切小塊下用紫蘇陳皮各切碎拌和。用茴香四錢重。炒鹽四

兩。拌和得所。罨之三日。然後用好酒遍灑令勻。再略蒸過。再用鹽四兩拌之。又用好酒微灑之。日中攤曬一日。却入磁小缸內緊築數重。紙封之。或用泥封。置三伏日曬好

淡豆豉法 大黑豆不拘多少。甑蒸香熟為度。取出攤置笑簾內。乘溫熱以架子每一層盛一笑簾。頓在不見風處。四圍上下用青草穰或禾護之。如是數日取開。見

豆子上生黄衣已遍。然後取出曬一日。次日温湯漉洗。以紫蘇葉切碎拌和之。烈日中曝至十分乾。然後用磁罐收貯。密封固

造成都府豉汁法 九月後二月前可造。好豉三斗。用清麻油三升熬令烟斷香熟爲度。又取一升熟油拌豉。上甑熟蒸攤冷。曬乾。再用一升熟油拌豉。再蒸攤冷曬乾。更依此一升熟油拌豉透蒸曝乾。方取一斗白塩匀和擣。令碎。以釜湯淋取三四斗汁。淨釜中煎之

川椒末　胡椒末　乾薑末

橘皮 各一兩　葱白 五斤

右件並擣細和煎之。三分減一。取不津磁器中貯之。須用清香油不得濕物近之。香美絶勝

造麩豉法 七八月中造之。餘月則不佳。春治小麥細磨爲麵。以水拌溷溷入甑蒸之。候氣餾好熟。乃下攤之令極冷。手挼令碎。布覆蓋待七日黄衣上。乃攤去熱氣。却裝入磁甕中。盆盖於穰糞中。燠之二七日黑色氣香味美。便乗熱摶作餅子如神麴様。繩穿貫心屋内懸之。薫以紙袋盛之又佳。防青蠅塵垢之污。用時全餅着湯中煑之。色足漉出削去皮。一餅可數用熟香美全勝豆豉。只打破湯浸研用亦得。然汁濁不如全煑汁清也。

造瓜豉法 菜瓜大者二十條去穰。不可經水。切作厚二寸闊長條闊一寸許。用塩八兩淹二宿。漉出曬乾。次用頭醋五升。塩豆豉一升。同煎四五沸去豆豉。只用所煎之醋放冷。入糖四兩。蒔蘿茴香川椒紫蘇橘皮絲。同瓜兒并入於醋内浸一宿漉出曬。待乾又浸又曬。以溷盡糖醋曬乾爲度。加蒔蘿茴香川椒紫蘇橘皮絲。先用塩少許浸一宿揉乾。然後入

瓜皃內。先去其水氣。防蒸白醭。造時三
伏中並秋前可也
醞造醃蔵日
造麴醬酒醋逐月吉凶
正月丁卯甲辰丙辰丁未巳未乙酉丁
酉吉
二月巳巳丁巳吉
三月丙子巳巳庚子乙巳丁巳不犯月
厭大吉

四月乙丑丁丑丁卯辛卯乙卯不犯虛
耗月厭大吉
五月丙寅甲申庚申大吉
六月壬申戊寅巳酉丁酉巳卯不犯虛
耗月厭大吉
舊有丙午係萬通受死不用
七月庚午庚戌戊子戊戌吉庚辰壬辰
犯月厭不用
八月丁亥癸巳巳亥巳巳吉癸未巳未
係受死不用
九月辛巳戊子丙申戊申辛亥庚申不
犯月厭凶殺
十月巳卯丁卯甲戌癸未甲午庚子巳
未吉
十一月乙丑戊寅乙未壬寅戊申甲寅
甲申吉舊有丙戌庚戌戊犯天耗乙巳
與戊戌並犯十惡不用
十二月庚子丁卯壬申壬寅乙卯甲申

戊申戊寅庚申巳卯吉
造麴吉日 辛未乙未庚子
造醬吉日 丁卯
造醬忌日 辛日不合醬
造酒醋吉日 春氐箕夏亢秋奎冬危星宿直日
造酒醋忌日 戊子甲辰丁酉杜康死
又忌月厭虛耗十惡受死並凶
醃藏鮓脯菹瓜吉日 初一初二初七初九
十一十三十五

醃藏鮓脯薑瓜之日 月忌月厭上下弦滅
沒日初五十四二十三不宜

飲食類

蔬食

造菜鮝法 塩韭菜去梗用葉鋪開如薄餅
大用料物糝之
陳皮　硇砂　紅豆　杏仁
甘草　蒔蘿　茴香　花椒
右件碾細同米粉拌勻糝菜上鋪菜一

層又糝料物一次如此鋪糝五層重物
壓之卻於籠內蒸過切作小塊調豆粉
稠水蘸之香油煠熟冷定納磁器收貯

食香瓜兒 菜瓜不以多少薄切使少塩淹
一宿漉起用元滷煎湯焯過晾乾用常
醋煎滾候冷調砂糖薑絲紫蘇蒔蘿茴
香拌勻用磁器盛日中曝之候乾收貯

食香茄兒 新嫩者切三角塊沸湯焯過稀
布包榨乾塩淹一宿曬乾用薑絲橘絲
紫蘇拌勻煎滾糖醋潑曬乾收貯

食香蘿蔔 切作骰子塊塩醃一宿日中曬
乾切薑絲橘絲蒔蘿茴香拌勻煎滾常
醋潑用磁器盛日中曝乾收貯

蒸乾菜法 三四月間將大窠貯菜擇洗淨
畧曬過沸湯內煠五六分熟曬乾用塩
醬蒔蘿花椒沙糖橘皮同煮極熟又曬乾
再蒸片時收貯用時香油揉微入醋飯
上蒸熟用

糟瓜菜法 不拘多少用石灰白礬煎湯冷
浸一伏時使煮酒泡糟塩入銅錢百餘
文拌勻醃十日取出拭乾別換好糟塩
煮酒再拌入罈收貯箬葉扎口泥封口

糟茄兒法 八九月間揀嫩茄絕去蒂用活
水煎湯冷定和糟塩拌勻入罈箬葉扎
口泥封頭

造脆薑法 嫩生薑去皮甘草白芷零陵香
少許同煮熟切作片子食之脆美異常

五味薑方 嫩薑二斤。切作薄片。用白梅半斤打碎去仁。入炒塩二兩拌匀。曬三日取出。入甘松三錢。甘草五錢。檀末三錢再拌匀曬三日。入磁器收貯

造糟薑法 社前嫩薑不以多少。去蘆揩擦淨。用煑酒和糟塩拌匀。入磁罈中。上用沙糖一塊。箬葉扎口。泥封頭

造醋薑法 不以多少。炒塩醃一宿。用元滷入釅醋同煎數沸。候冷入薑。箬扎瓶口。泥封固

蒜茄兒法 深秋摘小茄兒擘去蔕揩淨。用常醋一椀。水一椀。合和煎微沸。將茄兒焯過控乾。搗碎蒜幷塩和冷定醋水拌匀。納磁罈中為度

蒜黄瓜法 深秋摘小黄瓜。醋水焯 用蒜如前法

蒜冬瓜法 揀大者。留至冬至前後去皮穰。切作一指闊條。以白礬石灰煎湯焯過漉出控乾。每斤用塩二兩。蒜瓣二兩。同搗碎拌匀。裝入磁器。添熬過好頭醋浸之

醃韭花法 取花半結子時。收摘去蔕。每斤用塩三兩。同搗爛納磁器中

醃塩韭法 霜前揀肥韭無稍者。擇淨洗控乾。於磁盆内鋪韭一層。摻塩一層。候塩韭匀鋪盡為度。醃一二宿。翻數次。裝入磁器用元滷加香油少小尤妙

胡蘿蔔菜 切作片子。同好芥菜入醋内畧焯過食之脆。芥菜内仍用川椒蒔蘿茴香薑絲橘絲塩拌匀用

假萵笋法 金鳳花梗大者去皮。削令乾淨。早入糟。午供食之

胡蘿蔔鮓 切作片子。畧畧焯過。控乾。入少許細葱絲蒔蘿茴香花椒紅麯。研爛幷塩拌匀同罨一時食之

造茭白鮓 薄切製法同前

造熟笋鮓 但笋要煮熟製法同前

造蒲笋鮓 生者一斤寸截沸湯焯過布裹壓乾薑絲熟油橘絲紅麯粳米飯花椒茴香葱絲拌匀入磁器一宿可食

造藕稍鮓 用生者寸截沸湯焯過鹽醃去水葱油少許薑橘絲蒔蘿茴香粳米飯紅麯研細拌匀荷葉包隔宿食

造虀菜法 先將水洗淨菜揀去黄損者每菜一科用鹽十兩湯泡化候大温遂窠洗菜就入缸看天道涼煖煖則來日菜即淬下隨即倒下者居上一層菜一層老薑約菜百斤老薑二斤天寒遲一日倒倒訖以石壓令水淬過菜

相公虀法 蘿蔔切作薄片萵苣條或嫩蔓菁白菜切如蘿蔔條各以鹽煞之良久用滚湯焯過入新水中然後煎酸漿水泡之以挽盖覆入井中浸冷為製佳

芥末茄兒 小嫩茄切作條不須洗曬乾多着油鍋内加鹽炒熟入磁盆中攤開候冷用乾芥末匀摻拌磁罐收貯

造瓜虀法 甜瓜十枚帶生者竹籤穿透鹽四兩拌入瓜内瀝去水令乾用醬十兩拌匀烈日曬番轉又曬令乾入新磁器内收之用鹽用醬又看瓜大小斟量用之得宜

醬瓜茄法 醬黄與瓜茄不拘多少先以醬黄鋪在磁缸内次以鮮瓜茄鋪一層摻鹽一層再下醬黄又鋪瓜茄一層摻鹽一層如此層層相間醃七日夜烈日曬之醬好而瓜皃亦好如欲作乾瓜皃取去再曬其醬别用却不可用水瓜中自然鹽水出也用鹽時相度醬與瓜茄多少酌量

收乾藥菜法 枸杞 地黄 甘菊
青蘘 牛膝 槐芽 白术
椿芽香者 車前 黄精 合歡

當陸　決明　木蓼（黄浀樹芽）

右各取嫩者。不限多少。煠之。漿水滓了。以塩汁中握去惡汁。曬乾。於竹器中以紙覆之。勿令風塵入。用時以煖湯漬軟。淨滓。去惡汁。更以別湯中煑令熟。然後爛炒。調和食之。其牛蒡薯蕷百合等物。冬中是時。不勞預收

曬蒜薹法　將肥嫩者。不拘多少。用塩湯焯過曬乾。欲用時湯浸軟。調和食之。與肥肉同造尤妙

曬藤花法　盛開時摘揀淨去蒂。塩湯灑拌勻。入甑蒸熟。曬乾。用作餕餡餛飩鋏子等。素食餡極美。葷用尤佳

曬海菊花　春分後。摘蔓菁菜花不拘多少。沸湯焯過控乾。用少塩淹良久曬乾。紙袋收貯。臨用湯浸。油塩薑醋澇之

曬笋乾法　鮮笋不拘多少。去皮切。沸湯焯過曬乾。收貯。欲用時以米泔浸用。（此□）

買者。又兼色白如鮮（塩湯焯即是鹹笋法）

造紅花子法　淘去浮者。舂內搗碎。入湯泡汁。更搗更煎汁。鍋內沸。入醋點。絹挹之似肥肉。入素食極珍美

造豆芽菜　菉豆揀淨。水浸兩宿。候漲。以新水淘控乾。掃淨地。水灑鋪紙一重。勻摻豆。用盆器覆。一日灑水二次。須候芽長一寸許。淘去豆皮。沸湯焯。薑醋油塩和食之鮮美

肉食（已下並載李氏食品諸法）

醃藏肉品

江州岳府臘肉法　新猪肉打成段。用煑小麥滚湯淋過控乾。每斤用塩一兩。擦拌置甕中。三二日一度翻。至半月後用好糟醃一二宿出甕。用元醃汁水洗淨。懸於無烟淨室。二十日以後半乾濕。以故紙封裹用。淋過淨灰於大甕中。一重灰一重肉。埋訖。盆合置之涼處。（經歲如□）

煮時米泔浸一炊時。洗刷淨下清水中。鍋上盆合土擁。慢火煮。候滚即徹新。停息一炊時。再發火再滚。住火良久取食。此法之妙。全在早醃須臘月前十日。醃藏令得臘氣爲佳。稍遲則不佳矣。牛羊馬等肉。並同此法。如欲色紅。須纔宰時乘熱以血塗肉。即頹色鮮紅可愛

婺川臘猪法 肉三斤。許作一叚。每斤用淨塩一兩。擦令勻入缸。醃數日。逐日翻三兩遍。却入酒醋中停。再醃三五日。每日翻三五次。取出控乾。先備百沸湯一鍋。真芝麻油一器。將肉逐旋各蘸畧入湯蘸急提起趂熱以油勻刷。掛當煙頭處燻之。日後再用臘糟加酒拌勻。表裏塗肉上。再醃十日取出。掛厨中煙頭上。若人家煙少。集籠糠煙熏十日可也。其煙當晝夜不絶。羊肉亦當依此法爲之

醃猪舌 每斤用塩半兩。一盞川椒蒔蘿茴香少許。細切葱白。醃五日翻三四次。用細索穿掛透風處。候乾紙袋盛

四時臘肉 收臘月内醃肉滷汁。淨器收貯。泥封頭。如要用時。取滷一椀。加臘水一椀。塩三兩。將猪肉去骨。三指厚五寸闊叚子。同塩料末醃半日。却入滷汁内浸一宿。次日其肉色味與臘肉無異。若無滷汁。每肉一斤用塩四兩。醃二宿亦妙。煮時先以米泔清者。入塩二兩。煮一二沸換水煮

脯法 歌括云。不論猪羊與大牢。一斤切作十六條。大盞醇醪小盞醋。馬芹蒔蘿入分毫。揀淨白塩秤四兩。寄語庖人慢火熬。酒盡醋乾方是法。味甘不論孔聞韶

羊紅肝 肥羊肉十五斤。半斤作一條。用塩十五兩。醃三伏時取出。却用糟三斤塩三兩。拌勻再醃三宿。取出不去糟。於竈上猛柴煙熏乾。次年五六月洗剥煮食

羊鹿獐等肉 作條或片，去筋膜，微帶脂，每斤用塩一兩。天氣熱，加分半。醃半日，入酒升半，醋一盞，經兩宿，取出曬乾

羊牛等肉、去骨淨，打作小長段子，乘肉熱，精肥相間，三四段作一挐。布包石壓，經宿。每斤用塩八錢，酒二盞，醋一盞，醃三五日，每日翻一次。醃至十日，後日曬至晚，却入滷汁，以汁盡為度。候乾，掛廚中煙頭上。此法惟臘月可造

牛腊鹿脩 好肉不拘多少，去筋膜，切作條或作段，每二斤用塩六錢半，川椒三十粒，葱三大莖，細切，酒一大盞，同醃三五日，日翻五七次，曬乾。猪羊倣此

醃鹿脯 淨肉十斤，去筋膜，隨縷打作大條，用塩五兩，川椒三錢，蒔蘿半兩，葱絲四兩，好酒二升，和肉拌醃，每日翻兩遍，冬三日，夏一伏時，取出，以線逐條穿，油搽曬乾為度

又法 鹿肉或麂子肉，去皮膜連脂，細切二十斤，用塩二十兩，入蕪荑二合，一處拌勻，用羊大肚一箇，去草芽，裝滿縫合，用杖子夾定，於風道中或日曬乾

醃鹿尾 刀剃去尾根上毛，剔去骨，用塩一錢，蕪荑半錢，填尾內，杖夾，風吹乾

醃鵞鴈等 燖淨，於脊上剖開，去腸肚，每斤用塩一兩，加入川椒、茴香、蒔蘿、陳皮，遍擦醃半月後，曬乾為度

夏月收肉不壞 凡諸般肉，大片薄批，每斤用塩二兩，細料物少許，拌勻，勤翻動，醃半日許，榨去血水，香油抹過，蒸熟，竹簽穿，懸烈日中曬乾收貯

夏月收熟肉 切作大塊，每斤用塩半兩，醃片時，入陳皮、茴香、川椒、酒醋醬少許，煮至酒醋乾，以篩子盛，烈日曝乾

又法 夏月收熟肉，用磁器盛，頓放鍋內，鍋中少貯水，燒滾，候冷再燒，常令熱氣不

絕。可留二三日不壞

夏月收生肉 白麵搜和如捍餅麵劑裹生肉作盞來大塊。油缸內浸。久留不壞。肉色如新。麵堪作餅食。麵用

夏月煮肉停久 每肉五斤。用胡荽子一合。醋二升。塩三兩。慢火煮熟透風處放若加酒葱椒同煮尤佳

醃鹹鴨卵 不拘多少。洗淨控乾。用竈灰篩細二分。塩一分。拌勻。却將鴨卵於濃米

飲湯中蘸濕。入灰塩滾過收貯

醃藏魚品

江州岳府醃魚法 臘月將大鯉魚去鱗雜頭尾劈開洗去腸涎。腥血。布拭乾。炒塩淨之七日。就用塩水刷洗魚明淨。於當風處懸之七七日。魚極乾取下剉作大方塊。用臘糟并臘月酒脚和糟稍稀相魚多少。下炒茴香蒔蘿葱塩油與糟拌勻。塗魚。逐塊入淨罈中。一層魚一層糟。罈滿即止。以泥固罈口。過七七日開之如遇南風不可開罈。立致變壞。此法最妙○又方用鱅鯉鹹魚作乾魚。臘月造至正月以魚作叚子。洗令淨。每一斤用塩二兩。却以糯米白麴造成酒醅。以紅麴入醅內。加清油蒔蘿茴香薑椒拌和。一層魚一層糟。醅置磁甕中。密封固可交新

法魚 好大鯽魚每十斤。先淨洗控乾一宿

破去腸肚膽留子鱗腮一方。腮下切一刀。取再拭乾別用炒塩二十四兩

麥黃末十五兩　神麴末二十兩

川椒二兩　蒔蘿一兩

馬芹一兩　紅麴八兩

右件拌為一處。入魚腮實填滿。有未盡物料。入填魚腹并摻魚身。又添入好酒浸沒一二指。泥封固臘月造

紅[illegible] 鯽魚去腸肚。每一斤淨洗。用塩一兩。

醃半日。淨洗去涎。控乾。每用二兩摻魚肉上。紅麴末二兩。葱白絲二莖。蒔蘿少許。椒百粒。酒半盞。入瓶封固。五日可喫

魚醬 魚每斤一 馬芹一錢 紅麴半兩 鹽三兩炒 乾薑末一錢 葱絲一握 椒末一錢 神麴末二錢

先將魚破切。以前件物料加好酒和勻。入磁缾

酒魚 大魚片。每斤用鹽一兩。先醃一宿。拭乾。別入糟一斤半。用鹽一分半。和糟將魚大片用紙裹。却以糟覆之

酒魚脯 大鯉魚洗淨。布拭乾。每斤用鹽一兩。葱蒔蘿椒薑絲各少許。好酒同醃。令酒高魚一指。逐日翻動。候滋味透。取出曬乾削食。臘月造

酒麴魚 大魚淨洗一斤。切作手掌大。用鹽二兩。神麴末四兩。椒百粒。葱一握。酒二升。拌勻密封。冬七日。夏一宿。可食

酒蟹 於九月間揀肥壯者十斤。用炒鹽一斤四兩。好明白礬末一兩五錢。先將蟹淨洗。用稀篾籃封貯。懸之當風。半日或一日。以蟹乾為度。好醋酒五斤。拌和鹽礬。令蟹入酒內。良久取出。每蟹一隻。花椒一顆。幹開臍納入。磁缾實捺收貯。更用花椒摻其上了。包缾紙花上用韶粉一粒如小豆大。箬扎泥固。取時不許見燈。或用好酒破開臘糟。拌鹽礬。亦得。糟用五斤

醬醋蟹 團臍大者。麻皮扎定。於溫煖鍋內。令吐出泛沫了。每斤用鹽七錢半。醋半升。酒半升。香油二兩。葱白五握。炒作熟葱油。榆仁醬半兩。麪醬半兩。茴香椒末薑絲橘絲各一錢。與酒醋同拌勻。將蟹排在淨器內。傾入酒醋浸之。半月可食。底下安皂角一寸許

法蟹 團臍大者十枚。洗淨控乾。經宿用鹽

二兩半。麥黃末二兩。麯末一兩半伺甕
蟹在瓶中。以好酒二升物料傾入蟹半
月熟用白芷末二錢其黃易結

糟蟹 歌括云。三十團臍不用尖（水洗控乾布拭）糟
鹽十二五斤鮮（糟五斤鹽十二）好醋半升并半
酒（拌勻搭內）可飡七日到明年（七日熟留明年）

醬蟹 團臍百枚洗淨控乾逐箇臍內滿填
鹽用線縛定仰疊入磁器中。法醬二斤
研渾椒一兩好酒一斗拌醬椒勻澆浸
令過蟹一指酒少再添密封泥固冬二
十日可食

造鮓品

魚鮓 每大魚一斤切作片臠不得犯水以
淨布拭乾夏月用鹽一兩半冬月用鹽
一兩待片時醃魚水出再擗乾次用薑
橘絲蒔蘿紅麯鑽飯并葱油拌勻入磁
罐捺實箬葉蓋竹簽插覆去滷盡即
熟或用元水浸肉緊而脆

玉版鮓 青魚鱖魚皆可大者取淨肉隨意
切片每斤用鹽一兩醃過宿控乾入椒
蒔蘿薑橘絲茴香葱絲熟油半兩橘葉
數片硬飯二三匙再入鹽少許調和入
瓶箬封泥固

貢御鮓 鯉魚十斤洗淨控乾切作臠用酒
半升鹽六兩醃過宿去滷入薑橘絲各
二兩川椒蒔蘿各半兩茴香二錢紅麯
二合葱絲四兩粳米飯升半鹽四兩酒
半升拌勻入磁器內收貯箬蓋篾簽候
滷出傾去入熟油四兩澆

省力鮓 青魚或鯉魚切作三指大臠洗淨
每五斤用炒鹽四兩熟油四兩薑橘絲
各半兩椒末一分酒一盞醋半盞葱絲
兩握飯糝少許拌勻磁瓶實捺箬蓋篾
插五七日熟

黃雀鮓 每百隻修洗淨用酒半升洗拭乾
不犯生水用麥黃紅麯各一兩鹽半兩

椒半兩。葱絲少許，拌匀。却將雀逐箇平鋪餅器内一層，以料物掺一層，裝滿。箬蓋，篾插。候滷出傾去，入醇酒浸，密封固。

鯉鮓　洗淨，每斤用塩一兩，醃一伏時。再洗淨，控乾，布裹石壓。入酒少許，拌。用熟油半兩，薑、橘絲半兩，塩一錢，葱絲一兩，飯掺一合，紅麯、馬芹、茴香少許，拌匀，入瓶。泥封十日熟。

鵝鮓　肥者二隻，去骨，用淨肉，每五斤細切。入塩三兩，酒一大盞，醃過宿，去滷。用葱絲四兩，薑絲二兩，橘絲一兩，椒半兩，蒔蘿、茴香、馬芹各少許，紅麯末一合，酒半升，拌匀，入罐實捺，箬封泥固。豬羊精者皆可，倣此治造。

紅蛤蜊醬　生者一斤，將元滷洗去泥沙，布裹石壓一宿。入塩二兩，紅麯末一兩，麥黄末二合，入罐，裝酒少許，泥封固。

居家必用事類全集巳集

便民圖纂

（明）鄺　璠　撰

《便民圖纂》，（明）鄺璠撰。鄺璠（一四五八—一五二一），字廷瑞，號阿陵，北直隸河間府任丘縣（今屬河北）人。明弘治五年（一四九二）進士，授吴縣令，後任徽州同知、河南右參政等職。

該書的前身爲《便民纂》，有文字無插圖。明代弘治年間（一四八八—一五〇五），宋代樓璹《耕織圖》的題詩被改爲吴語竹枝詞，連圖置於卷首一起刻印，名曰《便民圖纂》。明嘉靖三十一年（一五五二）貴州刻本提到『鄺廷瑞始刻于吴中』，後人據此多認爲書作者是鄺璠（字廷瑞）。也有人以爲，此書内容龐雜，又有不少節錄前人的著述，顯係民間長期流傳，陸續有所充實。鄺氏於弘治七年至十二年（一四九四—一四九九）曾任吴縣知縣，爲推廣農事，有可能翻刻此書，但其是否即爲作者及始刻者，則難確定。

全書十五卷，首卷置『農務之圖』十五幅、『女紅之圖』十六幅，涉及耕種、蠶織等農業生産的諸多細節，是參照了南宋樓璹《耕織圖》後進行了重新繪製。鑒於樓氏《耕織圖》與吴俗存在一定的差異，而原圖所配的五言古詩不容易被理解，所以作者便把此詩改爲吴地的竹枝詞。書中的插圖，綫條勁健，精緻工麗，頗饒儀態，保存了樓氏《耕織圖》的部分圖貌，兼具農學價值與藝術價值。

全書分爲十一類八百六十六條，分别論述了耕獲、蠶桑、樹藝、雜占、起居、牧養等項農業生産，重點在於記載水稻栽培與蠶桑技術，略及家庭用具的製造、整理與處置方法，疾病治療及醫藥用方等常識，『捆摭該備，大要以衣食生人爲本』（于永清序）。鄺氏廣輯文獻，資料多節錄自《多能鄙事》《種樹書》《田家五行》等，加以歸總編纂，水稻種植、蔬菜、花卉栽培等技術則源於新經驗的總結。文中對水稻生産，從耕墾、治秧田到收割、貯藏，每個生産環節都作了較全面的叙述，蔬菜栽培方面也收錄了油菜打薹摘心等第一手資料。醫藥衛生内容亦有獨到之處。可爲研究當時江南地區農業技術、經濟與社會提供珍貴史料。

該書屬於農家日用全書，圖文結合，條理清晰，文辭通俗，意在便民實用。《四庫全書總目》將其列於雜家類，指出『其書本農家者流，然旁及祈福、擇日及諸格言，不名一家，故附之雜家類焉』。然意求全備，反陷冗瑣，且有

『月占』『祈禳』内容雜入。

《明史·藝文志》農家類著録該書爲十六卷，其中圖分爲二卷。初刻於明弘治十五年（一五〇二），以後迭次翻刻，版本衆多，僅明代即刻印六次以上，有嘉靖六年（一五二七）雲南刻本，嘉靖三十一年（一五五二）貴州刻本等。一九八一年農業出版社出版石聲漢、康成懿的校注本。今據明萬曆二十一年（一五九三）于永清刻本影印。

（熊帝兵　惠富平）

序

昔漢太子家令晁錯紆籌計邊事募
民徙塞實廣虛以威匈奴先為居室
置田具器相其陰陽之和流泉之味
土地之宜草木之饒使民樂其業有
長居心無他徙之也上谷雲中壞棲三
輔康漢控胡巍然西北重鎮於今稱

絕塞馬虜欵以來烽燧無警者二十
餘年矣完固阜殷宜蓋儲蓄皆乃閑
陌耗散罄懸杼倚蒲蠶稼穡不給於
南畝而庾驌韋複告匱於北山關以北
石田敝土蕪穢污萊無耕桑林澤之
業一切機利悉倒制於借壤雁民白登
以西計文讕滿羸名規役租積逋且萬
計尺伍執殳之夫雕趨脫巾單產孱民
飴堇荼練縕不銖袷體乃啻徽習呰窳
猥云輸財効力殭腹殊共籍令方內有
數千里水旱之灾大庾之金不輦於塞
林林寄生之衆將安所哺啜褸裓魃啼
號執史遷有云貧富之道莫之予奪巧
者有餘拙者不足汜勝齊民之術顧安

李楨刻

可置弗講也鄺廷瑞氏便民圖纂凡三
卷分類凡一十有一列條凡八百六十有
六自樹藝占法以及祈消之事起居調
攝之節芻牧之宜微瑣製造之事捆撫
該備大要以衣食生人為本是故繪圖
篇首而附纂其後歌咏嗟嘆以勸勉服
習其艱難一切日用飲食治生之具展

卷臚列無煩咨諏所稱便民者非耶余
茲付剞劂俾雲谷間家置一帙寓家令
意於氾勝齊民之說即裔徼顓𪾢石田敞
土胝也鑊軌是書飭三經而勤四體然後穀
畝數盆一歲而再獲然後瓜桃棗李果核
一本數以盆鼓然後葷菜百蔬以澤量
然後六畜禽獸一切而剸車然後麻葛繭

絲之屬不可勝衣然後局志兼味秸藁欒
祲百索庶務值事知物者靡不時藏稱
數僻壤遐陬鞠爲樂土無賜爵復役
授衣廩食徙置之煩而邑里望助廣虛
完安明收實塞之効未必非是書便之也
雖然是便民者也非民所能自便者也
長民者衣食縣官受若值而數民事

不幾以穀耻乎其務宣厥心力以惠綏柎
循若人期會必審毋奪時徵發有度毋
盡力約束有章毋煩令故曰表地擅畝
剩草殖穀農夫庶衆之事也利齊百姓
使民不偷將率之事也農夫庶衆之
事圖纂既纚纚詳之矣將率之事長
人者其勗諸

萬曆癸巳仲夏之望青城于永清書
於上谷之嘉樹軒

便民圖纂目録

卷第五

樹藝類下

種諸色蔬菜

卷第六

雜占類

卷第七

月占類

卷第八

祈禳類

卷第九

治吉類

卷第十四

製造類上

卷第十五

製造類下

便民圖纂目録終

題農務女紅之圖

宋樓璹舊製耕織圖大抵與吴俗少異其為詩又非愚夫愚婦之所易曉因更易數事系以吴歌其事既易知其言亦易入用勸於民則從厥攸好容有所感發而興起焉者人謂民性如水順而導之則可有功為吾民者顧知上意嚮而克於自效也歟

浸種

竹枝詞

三月清明浸種天
去年包裹到今年
日浸夜收常看管
只等芽長撒下田

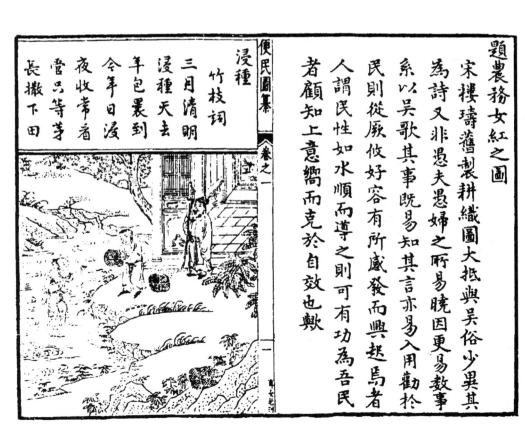

耕田

竹枝詞

翻耕須是力勤勞，纔聽雞啼便出郊。耙得了時還要耖，工程限定在明朝。

耖田

竹枝詞

耙過還須耖一番，田中泥塊要勻攤。攤得勻時秧好插，插攤都勻時插也難。

布種

竹枝詞

初發秧芽未長成，撒來田裏要均平。還愁鳥雀飛來喫，密密將灰蓋一層。

下壅

竹枝詞

稻禾全靠糞澆根，豆餅河泥下得勻。要利還須著本做，多收還是本多人。

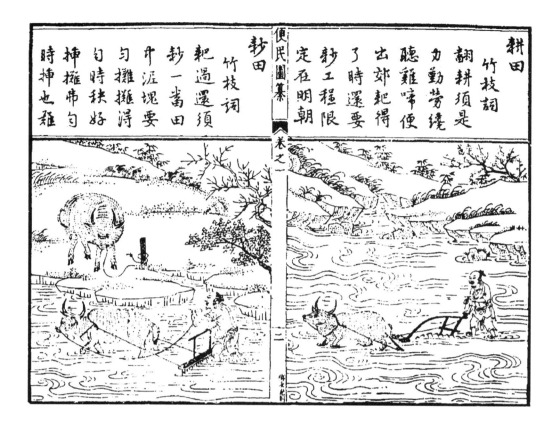

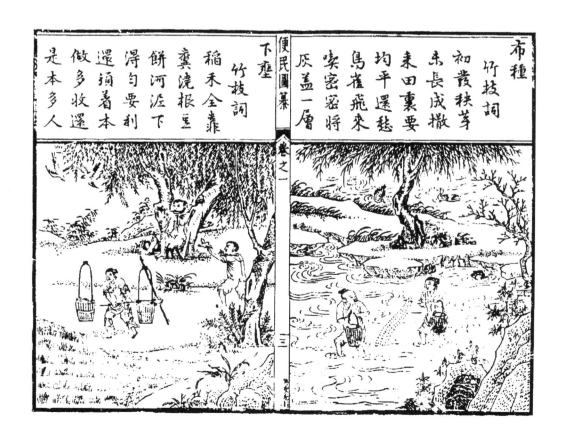

插蒔

竹枝詞

芒種纔交
插蒔完何
須勞動勸
農官今年
覺似常年
早落得全
家盡喜歡

揚田

竹枝詞

草在田中
没要留稻
根須用揚
扒搜揚過
兩遭耘又
到農夫氣
力最難偷

耘田

竹枝詞

揚過秧來
又要耘秧
邊宿草莫
留根治田
便是治民
法惡箇祛
除善箇存

車戽

竹枝詞

脚痛腰酸
曉夜忙田
頭車戽響
浪浪高田
車進低田
出只願高
低不做荒

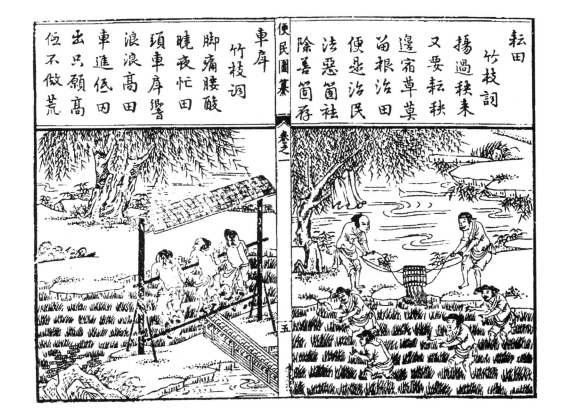

收割

竹枝詞

無雨無風
斫稻天斫
歸場上便
心寬收成
須趁晴明
好柴也乾
時米也乾

打稻

竹枝詞

連枷拍拍
稻鋪場打
落將來風
裏揚芒頭
秕穀齊揚
去粒粒琮
珠著斗量

牽礱

竹枝詞

大小人家
盡有收盤
工做米弗
停留山歌
唱起齊聲
和快活方
知在後頭

舂碓

竹枝詞

大熟之年
處處同田
家米臼弗
停舂行到
前村并後
巷只聞篩
簸鬧叢叢

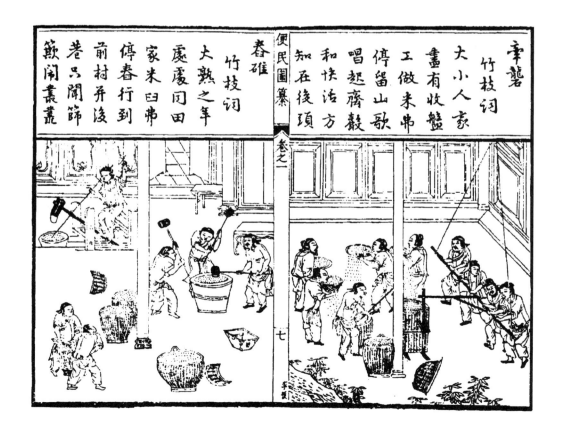

上倉

竹枝詞

秋成先要納官糧，好未將來送上倉。鋪過青由方是了，別無私債掛心腸。

田家樂

竹枝詞

今歲收成分外多，更無官府沒差科。大家喫得醺醺醉，老瓦盆邊拍手歌。

下蠶

竹枝詞

浴罷清明桃柳湯，蠶烏落紙細芒芒。阿婆把秤秤多少，設數今年養幾筐。

餵蠶

竹枝詞

蠶頭初白葉初青，餵要勻調採要勤。到得上山成繭子，弗知幾遍喫辛艱。

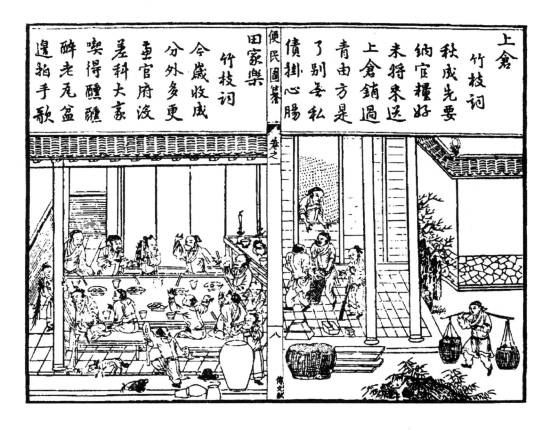

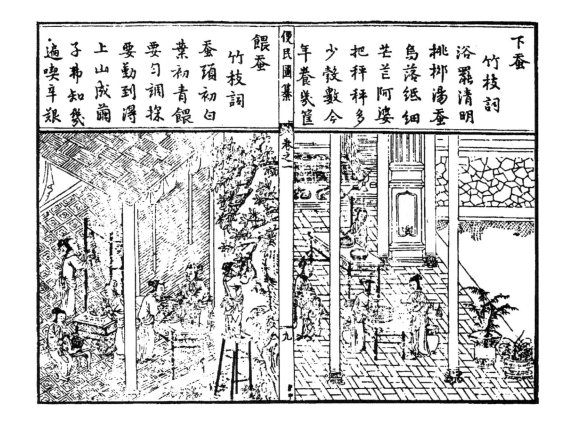

便民圖纂　卷之一　十

蚕眠

竹枝詞

一遭眠了两遭眠
蚕過三眠遭數全
食力旺時頻上葉
却除隔宿換新鮮

採桑

竹枝词

男子園中去採桑
只因女子餵蚕忙
蚕要餵時桑要採
事須分管两相當

便民圖纂　卷之一　十一

大起

竹枝词

守過三眠大起時
再擡七日費心機
老蚕正要連遭餵
半刻光陰難受饑

上簇

竹枝词

蚕上山時透體明
吐絲做繭自經營
做得繭多齊唱采
一春勞績一朝成

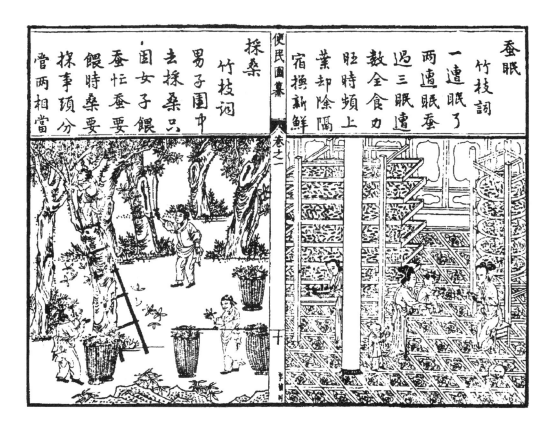

炙箔

竹枝詞

蚕性從来最怕寒筐煨靠火盆邊一心只要蚕和暖囊裡何曾惜炭錢

窖繭

竹枝詞

繭子今年收得多阿婆見了咲呵呵入来甕裏泥封好只怕風吹便出蛾

繅絲

竹枝詞

煑繭繅絲手弗停要分粗细用心情上路细絲増價買粗絲賣得價錢輕

蚕蛾

竹枝詞

一蛾雌對一蛾雄也是陰陽氣候同生下子来留做種明年出產在其中

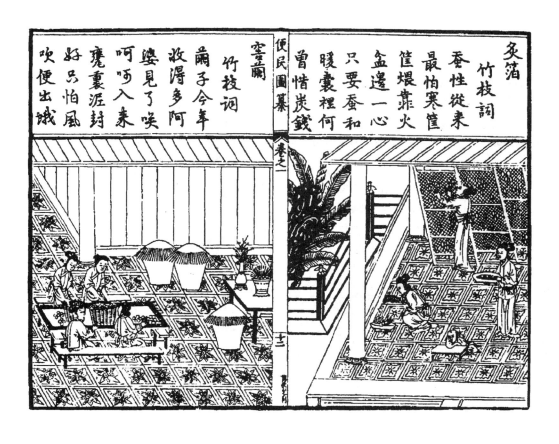

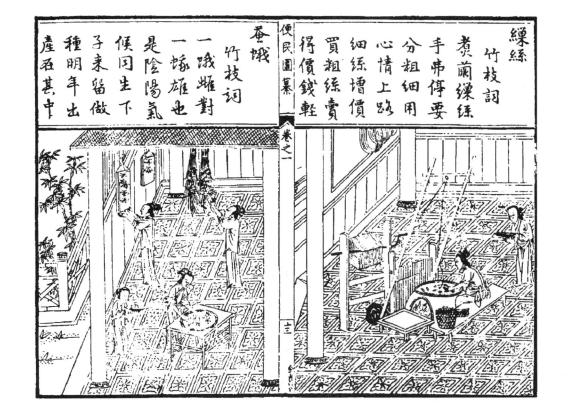

便民圖纂 卷之一 十四

祀謝

竹枝詞

新絲繰得謝蚕神，福物堆盤酒滿斟。老小一家齊下拜，纸钱便把大來焚。

絡絲

竹枝詞

络絲全在手輕便，只貴工夫带費錢。粗细高低齊有用，斷頭須要接連牵。

便民圖纂 卷之一 十五

經緯

竹枝詞

經頭成捆緯成堆，織作翻嫌無了時。只為太平年世好，带曾二月賣新絲。

織機

竹枝詞

穿筬繞完便上機，手擲梭子快如飛。早晨織到黄昏後，多少辛勤自得知。

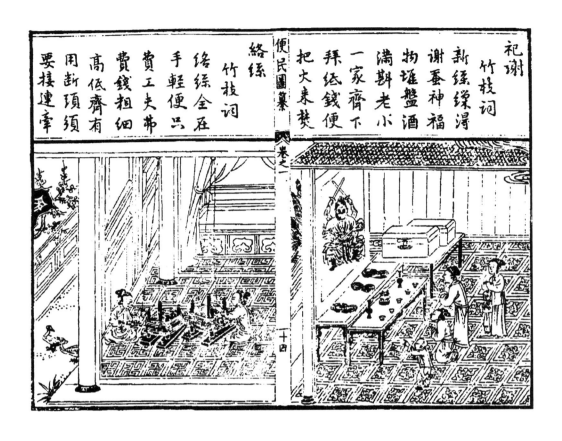

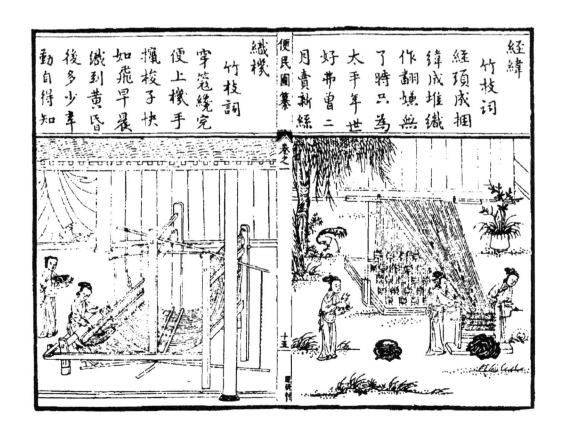

攀花

竹枝詞

機上生花第一難全憑巧手上頭攀近来挑出新花樣見一番時愛一番

剪製

竹枝詞

絹帛綾紬疊滿箱將来裁剪做衣裳公婆身上齊完備剩下方緣做與郎

便民圖纂卷第二

耕穫類 麻麥附

開墾荒田法 凡開久荒田須燒去野草犂過先種芝麻一年使草木之根敗爛後種五穀則無荒草之害蓋芝麻之於草木若錫之於五金性相制也務農者不可不知

耕田法 春耕宜遲秋耕宜早宜遲者以春凍漸解地氣始通雖堅硬强土亦可犂鋤宜早者欲乘天氣未寒將陽和之氣掩在地中故也

治秧田 須殘年開墾待氷凍過則土酥來春易平且

不生草平後必晒乾入水澄清方可撒種則種不陷土中易出

壅田 或河泥或麻豆餅或灰糞各随其地土所宜

收稻種 稻有粳糯常歲别收選好穗純色者晒乾揀去莠稗篩簸淨用稻草包裹每包二斗五升或三斗高懸屋梁以防鼠耗每畝計穀一斗然種必多留以備闕用

浸稻種 早稻清明前晚稻穀雨前將種包投河水内晝浸夜收其芽易出若未出用草盦之芽長二三分許折開抖鬆撒田内撒時必晴明則苗易竪亦

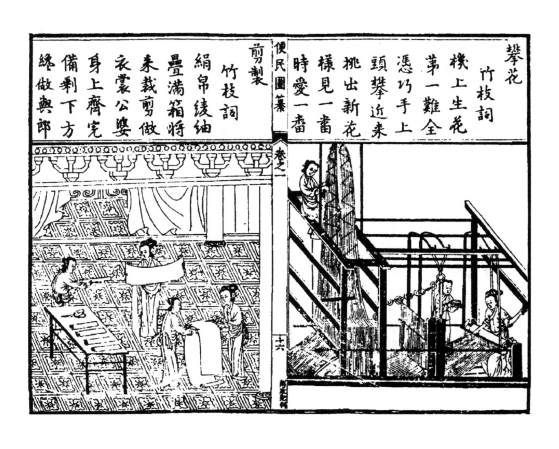

須看潮候二三日後撒稻草灰於上則易生根

挿秧 挿秧在芒種前後低田宜早以防水澇高田宜遲以防冷侵拔秧就水洗根去泥有稗草即揀出每作一小束挿蒔耕熟水田内約五六莖爲一叢六棵爲一行棵行宜直以利耘㽮又宜淺挿則易發

㽮稻 候稻初發時用㽮扒於棵行中㽮去稗草則易耘摉鬆稻根則易旺

耘稻 㽮稻後將灰糞或麻豆餅屑撒入田内用手耘去草净近秋放水將田泥塗光謂之熇稻待土迸裂車水浸之謂之還水穀成熟不可去水

收稻 寒露前後收早稻霜降前後收晚稻

牽礱 稻登場用稻床打下芒頭風颺淨以土築礱牽下簸去糠秕篩穀令淨待舂

舂米 殘年内舂白者謂之冬舂其米圓淨若來春舂則米穀發芽甚是虧折

藏米 將稻草去穀圖囤收貯白米仍用稻草蓋之以收氣米踏實則不蛀且屏熱若板倉藏米必用草薦襯板則無水氣若藏糯米勿令發熱

種大麥 早稻收割畢將田鋤成行壠令四畔溝洫通

水下種以灰糞蓋之諺云無灰不種麥須灰糞均調爲上

種小麥 須揀去雀麥草子簸去秕粒在九十月種種法與大麥同若太遲恐寒鴉至被食之則稀出少收

收麥 麥黃熟時趂天晴着緊收割蓋五月農忙無如蠶麥諺云收麥如救火若遲慢恐值雨災傷

藏麥 三伏日晒極乾帶熱收先以稻草灰鋪缸底復以灰蓋之不蛀

種蕎麥 立秋前後漫撒種即以灰糞蓋之稠密則結實多稀則結實少若種遲恐花經霜不結子

種大豆 鋤成行壠舂穴下種早者二月種四月可食名曰梅豆餘皆三四月種地不宜肥有草則削去

種黑豆 三四月間種其豆亦可作醬及馬料

種菉豆 宜四月

種豌豆 諸豆中惟此耐陳且多收早熟近城郭處摘豆角亦可賣在八月間種

種蠶豆 八月初種地尤不可肥

種豇豆 種有紅白穀雨後種六月收子收來便種再生八月又收子一年兩熟

種赤豆三月種六月旋摘遲者四月種亦可以上種法俱與大豆同

種白扁豆一名沿籬豆清明日下種以灰蓋之不宜土覆芽長分栽搭棚引上

種芝麻宜肥地種三月爲上時每畝用子二升上半月種則莢多白者油多四五月亦可種

種黄麻古云十耕蘿蔔九耕麻地宜肥熟須殘年開墾俟凍過則土酥來春鋤成行壠正月半前後下種種子取斑黑者爲上撒後以灰蓋之密則細踈則麄布葉後以水糞澆灌澆時須陰天恐葉焦死

亦不可立行壠上恐踏實不長七月間收子麻布包之懸掛則易出

種絡麻地宜肥濕早者四月種遲者六月亦可緊密處芟去則長

種苧麻正月移根分栽五月斫爲頭苧待長七月斫爲二苧又長九月斫爲三苧其根當留以灰糞壅之

種綿花穀雨前後先將種子用水浸片時漉出以灰拌勻候芽生於糞地上每一尺作一穴種五七粒待苗出時密者芟去止留旺者二三科頻鋤時常掐去苗尖勿令長太高若高則不結子至八月間收花

種紅花八月中鋤成行壠春穴下種或灰或鷄糞蓋之澆灌不宜濃糞次年花開侵晨採摘微搗去黄汁用青蒿蓋一宿捻成薄餅晒乾收用勿近濕墻壁去處

種靛正月中以布袋盛子浸之芽出撒地上用灰糞覆蓋待放葉澆水糞長二寸許分栽成行仍用水糞澆活至五六月烈日内將糞水潑葉上約五六次俟葉厚方割割離土二寸許將梗葉浸水缸内

晝夜濾淨每缸内用礦灰色清者灰八兩濃者九兩以木杴打轉澄清去水是謂頭靛其在地舊根旁須去草淨澆灌一如前法待葉盛亦如前法收割浸打謂之二靛又俟長亦復如前澆灌斫則齊根浸打法亦同前謂之三靛其濾出柤壅田亦可

種蓆草小暑後斫起晒乾以備織蓆留老根在田壅培發苗至九月間鋤起擘去老根將苗去稍分栽如插稻法用河泥與糞培壅清明穀雨時復用糞或豆餅壅之即耘草立梅後不可壅若灰壅之則生蟲退色

種燈草種法與蓆草同最宜肥田瘦則草細五月斫起晒乾以尖刀釘板㨁上劃開其心可點燈及為燭心其皮可製雨蓑

種杞柳 二月間先將田用糞壅灌厚水耕平以柳鬚斷作三寸許每人一握隨田廣狹併力一日齊種頻以濃糞澆之有草即用小刀剷出田勿令乾八月斫起刮去柳皮晒乾為器根旁敗葉掃淨則不蛀至臘月間將重長小條復斫去長者亦可為器舊根常留

便民圖纂卷第二終

便民圖纂卷第三

桑蠶類

論桑種 桑種甚多不可徧舉世所名者荊與魯也荊桑多椹魯桑少椹荊桑之葉尖薄得繭薄而絲少魯桑之葉圓厚得繭厚而絲多若葉生黃衣而皺者號曰金桑蠶不可食木亦易槁

栽桑 耕地宜熟移栽時行須要寬橫比長多一半根下埋敗龜板一箇則茂而不蛀○又法將桑根浸糞水內一宿掘坑栽之栽宜淺種以芽稀者為上臘月正月皆可種諺云臘月栽桑桑不知

修桑 削去枯枝及低小亂枝條根旁掘開用糞土培壅臘月正月皆宜若不修理則葉生遲而薄

壓桑 正二月中以長條攀下用別地燥土壓之則易生根次年鑿斷移栽或云撒子種桑不若壓條而分根莖

接桑 荊桑根固而心實能久遠魯桑根不固而心不實不能久遠荊桑以魯條接之則久遠而茂盛然接換之妙惟在時之和融手之審密封繫之固擁包之厚使不至踈淺而寒凝也春分前十日為上時前後五日為中時取其條眼襯青為時尤好此

不以地方遠近皆可準也

斫桑宜五月斫不可留觜角比及夏至開掘根下用糞或蠶沙培壅此時不斫則枝條來春不旺

摘桑桑初出時葉小如錢宜輕手採摘勿傷枝條至葉大亦然若樹高聳者用梯扶上採之採盡當修斫培養

論蠶性蠶之性子在連宜極寒成蟻宜極暖停眠起宜溫大眠後宜涼臨老宜漸暖入簇則宜極暖

收蠶種開簇時擇苦草上硬繭尖細緊小者是雄圓慢厚大者是雌另摘出於通風涼房內淨箔上單

排日數既足其蛾自出若有拳翅禿眉焦脚焦尾熏黃赤肚無毛黑紋黑身黑頭先出末後生者悉皆揀去止留完全肥好同時出者卯時取對至未時拆開用厚紙爲連候蛾生子足則移下連若生子如環及成堆者皆不可用其好者須懸掛涼處勿令煙熏日炙

浴連臘月八日用桑柴灰或稻草灰淋汁以蠶連浸之雪水尤佳

治蠶室屋宜高廣潔淨通風向陽忌西照西風至穀雨日須先泥補熏乾竪槌勿透風氣若逼蠶生旋泥墻壁則濕潤致蠶生病正門須重掛葦簾草薦槌箔四向約量頃火近兩眠則止

安槌蠶至再眠常須三箔中箔安槌上下皆空置一以障土氣一以防塵埃

下蟻穀雨前後熏暖蠶室將連暖護候蟻出齊切細葉摻淨紙上以蠶連覆之則蟻聞香自下有不下者輕輕振下不得以鵝翎掃撥

用葉蠶不可食之葉有三一承帶雨露既濕又寒食則變褐色生水瀉臨老則浸破絲囊不可抽繰製之之法芟葉實積苫席覆之少時內發蒸熱審其

得所啓苫攤之濕隨氣化葉亦不寒即可飼之二爲風日所嫣乾者生腹結三浥臭者即生諸疾斯二者皆不可製棄之可也

擘黑一云分蟻下蟻第三日巳午時間擘如小棊子大布於箔中可漸飼葉晴則畧開東窗及當日背風窗漸漸變色隨色加減食至純黃則不飼是謂頭眠

齋蠶育蠶而闌葉者以甘草水洒葉次以米粉摻之候乾與食可度一日夜謂之齋蠶

論涼暖蟻生將兩眠蠶室宜溫暖蠶母須着單衣可

知凉暖自身覺寒蠶必寒便添熟火覺熱蠶亦熱約量去火一眠後天氣晴明於巳午時捲起窻薦以通風日至大眠後天氣炎熱却要屋内清凉臨時斟酌寒暖

論飼養蠶必晝夜飼頓數多則易老少則遲老初飼蟻宜旋切細葉食盡卽飼不拘頓數頭眠起晝夜可飼六頓次日漸加停眠起撒葉宜薄晝夜可飼四頓次日漸加大眠起撒葉又宜薄晝夜可飼三頓次日加至七八頓若眠齊住食起齊投食眠起不齊而飼之老亦不齊又多損失每飼必匀葉薄

處再摻倘陰雨天寒比及飼葉先用乾桑柴或去葉稈草一把㸃火遶箔照過熇去寒濕之氣然後飼之則不生病停眠至大眠若見黃光便擡解住食候起齊慢飼葉宜薄摻如蠶白光多是困餓宜緊飼之猛則多傷如蠶青光正是蠶得食力急須勤飼

論分擡蠶住食卽分擡去其燠沙否則先眠之蠶久在燠底濕熱熏蒸變爲風蠶擡時不得堆聚若受欝熱必病損多作薄繭又蠶眠初起値煙熏卽多黒死食冷露濕葉必成白殭食舊乾熱葉則腹結

頭大尾尖倉卒開門暗値賊風必多紅殭每擡後箔上蠶宜稀布稠則强者得食弱者不得食必遶箔遊走然布蠶須手輕不得從高摻下如高摻則遍相擊撞因多不旺簇内懶老翁赤蛹是也白殭者收之亦可備藥用

簇蠶蠶老時薄布薪於箔上撒蠶訖又薄以薪覆之布蠶宜稀密則熱熱則蠶繭難成絲亦難繰

擇繭宜併手忙擇凉處薄攤蛾自遲出免使抽繰相逼宜絲宜綿者各安置一處

繰絲用小釜燃麄乾柴候水熱旋旋下繭火宜慢繭

宜少多則煮過少絲然繰絲之訣惟在細圓匀緊使無褊慢節核麄惡不匀

晚蠶自蟻至老俱宜凉吳中謂之冷蠶擘黒後須一日早晨一擡其餘並與養春蠶同然遲老多病費葉少絲不惟晚却今年蠶又且損却來年桑大抵不宜多養其沙亦可爲藥用

十體務本新書云寒熱饑飽稀密眠起緊慢

三光蠶經云白光向食青光厚飼皮皺爲饑黃光以漸加食

八宜韓氏直說云方眠時宜暗眠起後宜明蠶小併

向眠時宜暖宜暗蠶大并起時宜明宜凉向食時宜有風宜加葉緊飼新起時怕風宜薄葉慢飼蠶之所宜不可不知

三稀　蠶經云下蟻上箔入簇

五廣　蠶經云一人二桑三屋四箔五簇

雜忌　忌濕葉忌熱葉忌西照日忌當日迎風窓蠶初生時忌屋内掃塵忌煎煿魚肉忌蠶屋内哭泣叫喚未滿月產婦不宜作蠶母忌帶酒人切桑飼蚕及擡解布蚕蚕生至老忌煙熏忌孝子產婦不潔净人入蚕室忌近臭穢忌酒醋五辛羶魚麝香等物

便民圖纂卷第三　終

便民圖纂卷第四

樹藝類上

種諸果花木　修治斫伐附

梅　春間取核埋糞地待長三二尺許移栽其樹接桃則實脆若移大樹則去其枝梢大其根盤沃以溝泥無不活者

桃　於暖處爲坑春間以核埋之蒂子向上尖頭向下長二三尺許和土移種其樹接杏最大接李紅甘

杏　春間埋核於土中待長四尺許移栽

李　取根上發起小條移栽別地待長又移栽成行栽

宜稀不宜肥地肥則無實其性耐久雖枝枯子亦不細此樹接桃則生桃李以上俱臘月移

楊梅　六月間取糞池中浸過核收盦二月鋤地種之待長尺許次年三月移栽三四年後取別樹生子枝條接之復栽山地其根多留宿土臘月開溝於根旁高處離四五尺許以夾糞壅之不宜著根每遇雨肥水滲下則結子肥大

橘　正月間取核撒地上冬月須搭棚以蔽霜雪至春和撤去待長二三尺許二月移栽澆忌猪糞既生橘摘後又澆有蟲則鑿開蛀處以鐵線鈎取然橘

之種不一惟匾橘蜜橘味佳湘橘耐久

梨　春間下種待長三尺許移栽或將根上發起小科栽之亦可候榦如酒鍾大於來春發芽時取別樹生梨嫩條如指大者截作七八寸長名曰梨貼將原榦削開兩邊插入梨貼以稻草紮縛不可動用餘自發芽長大就生梨梨生用箬包裹恐象鼻蟲傷損在洞庭山用此法

花紅　將根上發起小條臘月移栽其接法與梨同摘實後有蛀處與修治橘樹同三月開花結子若八月復開花結子名曰林檎

栗　臘月或春初將種埋濕土中待長六尺餘移栽二三月間取別樹生子大者接之

棗　將根上春間發起小條移栽候榦如酒鍾大二月中以生子樹貼接之則結子繁而大○又法選味好者於二月間種之候芽生高則移栽三步一株至花開以杖擊樹振去則結實多端午日用斧於樹上斑駁敲打則實肥大

柹　酉陽雜俎云柹有七絕一壽二多陰三無鳥巢四無蟲五霜葉可愛六嘉實七落葉肥大冬間下種待長移栽肥地接及三次則全無核接桃枝則成

金桃

金橘　三月將枳棘接之至八月移栽肥地灌以糞水

銀杏　種有雌雄雄者三稜雌者二稜春初種於肥地候長成小樹來春和土移栽以生子樹枝接之則實茂

批把　一名盧橘其色寒暑無變負雪開花春間結子至夏成熟以核種之卽出待春移栽三月宜接

櫻桃　三四月間折樹枝有根鬚者栽於土中以糞澆之卽活

石榴　三月間將嫩枝條插肥土中用水頻澆則自生根

蒲萄　二三月間截取藤枝插肥地待蔓長引上架根邊以煮肉汁或糞水澆之待結子架上剪去繁葉則子得承雨露肥大冬月將藤收起用草包護以防凍損○又法宜栽棗樹邊春間鑽棗樹作一竅引蒲萄枝從竅中過候蒲萄枝長塞滿竅子斫去蒲萄根托棗以生其實如棗

藕　二月間取帶泥小藕栽池塘淺水中不宜深水待茂盛深亦不妨或糞或豆餅壅之則盛

菱　重陽後收老菱角用籃盛浸河水內待二三月發

芽隨水深淺長約三四尺許用竹一根削作火通口様箝住老菱揷入水底若澆糞用大竹打通節注之

雞頭　一名芡實秋間熟時收取老子以蒲包包之浸水中三月間撒淺水内待葉浮水面移栽深水每科離五尺許先以麻餅或豆餅拌勻河泥種時以蘆揷記根處十餘日後每科用河泥三四碗壅之

荸薺　正月留種種取大而正者待芽生埋泥缸内二三月間復移水田中至茂盛於小暑前分種每科離五尺許冬至前後起之耘擣與種稻同豆餅或

糞皆可壅之

茭菰　臘月間折取嫩芽揷於水田來年四五月如揷秧法種之每科離尺四五許田最宜肥

西瓜　清明時於肥地掘坑納瓜子四粒待芽出移栽栽宜稀澆宜頻蔓短時作綿兜每朝取螢恐其食蔓待茂盛則不用餘蔓花掐去則瓜肥大

牡丹　其種不一千葉者蜀人號爲京花謂洛陽種也单葉者爲川花一名山丹秋分前後十日或秋分日移勿斷其根上之鬚栽後用糞頻澆勿令脚踏枝上葉如針孔乃蟲所藏處花工謂之氣瘡以大針點硫黄末於内則蟲死或云以百部草塞之接時須二三月間如接花樹法

芍藥　臘月移栽用糞澆二三次

木犀　四月間將樹枝攀著地以土壓之至五月自生根一年後鑿斷八月移栽

海棠　其種不一鐵梗者色如臙脂垂絲者色淺花譜云海棠有色無香唐人以爲花中神仙春間攀其枝著地土壓之自生根二年鑿斷二月移栽

山茶　春間或臘月皆可移栽以单葉者接千葉其花盛其樹久

梔子　一名薝蔔十月選成熟者取子淘淨晒乾至來春三月斸畦種之覆以灰土如種茄法次年三月移栽第四年開花結子

瑞香　其花數種惟紫花葉靑而厚者最香惡濕畏日用小便或洗衣灰水澆之可殺蚯蚓用梳頭垢膩壅其根則葉綠梅雨時折其枝揷土中自生根臘月春初皆可移

百合　春二月取根大者擘開以瓣種畦中如種蒜法鷄糞壅之則盛

罌粟　九月九日及中秋夜種之花必大子必滿

芙蓉十月間斫舊枝條䕃稻草灰内二月初截作尺許長插土中自生根待花開分栽近水尤盛

菊其種不一清明前分種去老根先用清水澆活次用搗鷄鶖毛浸水澆之糞水亦可夏初時防黃泥蟲傷嫩枝如被傷處卽掐去二三分許則不蛀立梅後其蟲自無掐去小繁蕋則花大菴藺可接各色

蜀葵二月間漫撒種候花開盡帶青收其稭勿令枯槁水中浸一二日取皮作繩用

黃葵金鳳二月以子置手中高撒則生枝榦亦高

鷄冠坐種則矮立種則與人齊手種則花成穗用簸箕扇子種則成片可觀清明時宜種

萱草卽宜男一名合歡花春間芽生移栽栽宜稀一年自稠密矣春剪其苗若枸杞食至夏則不堪食

水仙收時用小便浸一宿晒乾懸於當火處種之無不發者亦須肥地瘦則無抱不可闕水故名水仙五月初浸九月初栽訣云六月不在土十月不在房栽向東籬下寒花朵朵香

薔薇三月八月斫取二三寸長者插土中旁須築實插時不可傷損其皮恐不生根

菖蒲梅雨時種石土則盛而細用土則麄

椒候椒熟揀大者陰乾收子不要手捻包褁地内或當時或來年二月初種濕潤肥地覆以破薦上復用泥宜頻潤之旣生芽去薦做棚逐株分開次年可移用尾屑麻餅糞灰歆斜種之三年後換嫩條方結實若種生菜或以髮纒樹根則辟蛇

茶二月間種每坑下子數粒待長移栽離三四尺許常以糞水澆灌三年可摘

椶櫚二月間撒種長尺許移栽成行至四尺餘始可剥每年四季剥之半年一剥亦可

冬青臘月下種來春發芽次年三月移栽長七尺許可放臘蟲

槐收熟槐子晒乾夏至前以水浸生芽和麻子撒當年卽與麻齊割麻留槐別豎木以繩攔定來年復種其上三年正月移種則亭亭條直可愛

楊柳順插爲柳倒插爲楊正二月間取弱枝如臂大者長尺半斫下頭二三寸埋之令沒常用水澆必數條俱生留一茂者別豎木爲依主以繩攔之一年中卽高丈餘其旁生枝葉卽掐去令直聳掐去正心則四散下垂婀娜可愛

榆類有數種葉皆相似皮與理則異臘月取葉大而榦直者盡去其枝稍用箬包裹連根埋之茂盛可以障陰

松杉檜栢俱三月下種次年三月分栽

竹五六月時舊笋已成竹新根未行之時可移齊民要術謂五月十三爲竹醉日可用馬糞和塘泥栽之忌火日西風忌脚踏只用槌打則次年出笋然種須向陽諺云種竹無時雨過便移多留宿土記取南枝若得死猶埋其下其竹尤盛諺云東家種竹西家種地此爲引笋之法若有花輙稿死結實

如稗謂之竹米一竿如此滿林皆然治之之法於初米時擇一竿稍大者截去近根三尺許通其節以糞實之則止

騸諸果樹正月間根芽未生於根旁寬深掘開尋攢心釘地根鑿去謂之騸樹留四邊亂根勿動仍用土覆蓋築實則結子肥大勝插接者

修諸果樹正月間削去低枝小亂者勿令分樹氣力則結子自肥大

嫁果樹凡果樹茂而不結實者於元日五更以斧斑駁雜斫則子繁而不落十二月晦日夜同若嫁李樹以石頭安樹丫中

治果木蠹蟲正月間削杉木作釘塞其穴則蟲立死

辟五果蟲元旦鷄鳴時以火把遍照五果及桑樹上下則無蟲如時年有桑灾生蟲照之亦免

止鴉鵲食果果熟時不可先摘如被人盜喫一枚則飛禽便來食之故宜看護

採果實法凡果實初熟時以兩手採摘則年年結實

摧花法用馬糞浸水澆之當三四日開者次日盡開

養花法牡丹芍藥插瓶中先燒枝斷處鎔蠟封之水浸可數日不萎

接花法牡丹一接便活者逐歲有花若初接不活削去再接只當年有花於芍藥根上接則易發一二年牡丹自生本根則旋割去芍藥根成真牡丹矣○黃白二菊各披去一邊皮用麻皮紮合其花開半黃半白○苦楝樹接梅則花如墨

麝香觸花凡花最忌麝香瓜尤忌之欖栽蒜薤之類則不損○又法於上風頭以艾和雄黃末焚即如初

斫竹伐木七月氣全堅韌宜辰日庚午日血忌日癸卯日佳諺云翁孫不相見子母不相離謂隔年竹

可代臘月斫者最妙六月六日亦得○凡斫松木
五更初斫倒便削去皮庶無白蟻

便民圖纂卷第四終

便民圖纂卷第五

樹藝類下

種諸色蔬菜

【薑】宜耕熟肥地三月種之以蠶沙或腐草灰糞覆蓋每隴闊三尺便於澆水待芽發後又摳去老薑上作矮棚蔽日八月收取九十月宜掘深窖以糠秕合埋暖處免致凍損以為來年之種

【芋】其種揀圓長尖白者就屋南簷下掘坑以礱糠鋪底將種放下稻草蓋之至三月間取出埋肥地待苗發三四葉於五月間擇近水肥地移栽其科行與種稻同或用河泥或用灰糞爛草壅培旱則澆之有草則鋤之若種旱芋亦宜肥地

【蘿蔔】三月下種四月可食五月下種六月可食七月下種八月可食地宜肥土宜鬆澆宜頻種宜稀密則芟之肥大

【胡蘿蔔】宜三伏內治地作畦若地肥則漫撒子頻澆肥大

【油菜】八月下種九十月治畦以石杵舂穴分栽用土壓其根糞水澆之若水凍不可澆至二月間削草淨澆不厭頻則茂盛薹長摘去中心則四面叢生

子多
藏菜七月下種寒露前後治畦分栽栽時用水澆之
待活以清糞水頻澆遇西風及九焦日則不可澆
芥菜八月撒種九月治畦分栽糞水頻灌
烏菘菜八月下種九月下旬治畦分栽
夏菘菜五月上旬撒子糞水頻澆窖則芟之
菠菜七八月間以水浸子殼軟撈出控乾就地以灰
拌撒肥地澆以糞水芽出惟用水澆待長仍用糞
水澆之則盛
甜菜即莙薘八月下種十月治畦分栽頻用糞水澆

之
白菜八月下子九月治畦分栽糞水頻澆
莧菜二月間下種三月下旬移栽於茄畦之旁同澆
灌之則茂
豆芽菜揀菉豆水浸二宿候漲以新水淘控乾用蘆
席洒濕襯地摻豆於上以濕草薦覆之其芽自長
生菜八月浸撒種待長治畦分栽糞水澆灌
苦蕒種法同上
萵苣種法亦同上
萵筍八月下種待長移栽以糞頻壅則肥大

冬瓜先將濕稻草灰拌和細泥鋪地上鋤成行隴二
月下種每粒離寸許以濕灰篩蓋河水洒之又用
糞澆蓋乾則澆水待芽頂灰於日中將灰揭下搓
碎壅於根旁以清糞澆之三月下旬治畦鋤穴每
穴栽四科離四尺許澆灌糞水須濃
王瓜二月初撒種長寸許鋤穴分栽一穴栽一科每
日早以清糞水澆之旱則早晚皆澆待蔓長用竹
引上
甜瓜種法與冬瓜同但分栽離三尺許
香瓜種法同上或於西瓜畦中夾種亦可

醬瓜種法與甜瓜同
生瓜種法亦與甜瓜同
絲瓜嫩小者可食老則成絲可洗鍋碗油膩種法與
下同
葫蘆二月間下種苗出移栽以糞水澆灌待苗長搭
棚引上
瓠種法同上
茭白宜水邊深栽逐年移動則心不果多用河泥壅
根則色白
胡荽先將子捍開四月五月七月晦日晚宜種種宜

濕地以灰覆之水澆則易長

葱種不拘時先去冗鬚微晒踈行密排種之宜糞培壅

韭二月下旬撒子九月分栽十月將稻草灰蓋三寸許又以薄土蓋之則灰不被風吹立春後芽生灰内可取食天若晴暖二月終芽長成菜以次割取舊根常留分栽更不須撒子矣

蒜於肥地鋤成溝隴隔二寸栽一科糞水澆之八月初可種

刀豆清明時鋤地作穴每穴下種一粒以灰蓋之只

用水澆待芽出則澆以糞水蔓長搭棚引上

茄二月治畦與冬瓜同種則漫撒長寸許三月移栽栽宜稀澆以糞水宜頻

天茄清明時撒於肥地蔓長則引上

甘露子宜肥地熟鋤取子稀種其葉上露珠滴地一點出一株其根皆如連珠須耘淨方盛

薄荷三月分科種之澆用糞水至六月間割晒待長尺四五再割一年共割二次

紫蘇二月間撒種長二三寸許於瓜茄畦邊種之

山藥先將肥地鋤鬆作坑揀山藥上有白粒芒刺者以竹刀切作段約二寸許相挨排臥種之覆土厚五寸旱則水澆宜牛糞麻餅壅培專忌人糞生苗以竹木扶架霜降後收子種亦得立冬後根邊四圍寬掘深取則不碎一名黄獨其味與山藥同以菉豆殼麻餅或小便草鞋包種之四畔用灰則無蟲傷

便民圖纂卷第五終

便民圖纂卷第六

雜占類

論日　日生暈主雨○日抱耳卜晴雨南耳晴北耳雨日生雙耳斷風絕雨若耳長而下垂近地又名日幢主久晴○夏秋間日沒後起青白光數道衝天主來日酷熱○日返塢曰返照主晴諺云日沒臙脂紅無雨也有風農云返照在日沒前臙脂紅在日沒後○烏雲接日主次日雨若半天原有黑雲日落雲外其雲夜必散或半天雖有雲而日沒下段無雲狀如巖洞皆主晴

論月　月生暈主風更看何方有缺風從缺處來○新月卜雨諺云月如彎弓少雨多風月如仰瓦不求自下○新月下有黑雲橫絕主來日雨諺云初三月下有橫雲初四日裏雨傾盆

論星　星光閃爍不定主有風○夏夜星密主熱○明星照爛地來日雨不住言久雨當昏黃時忽雨住雲開見滿天星斗不但明日有雨當夜亦不晴若半夜後雨止雲開而星月朗然則晴無疑○諺云一箇星保夜晴此言雨後天陰但見一兩星此夜必晴

論風　夏秋間有大風拔木揚沙謂之風潮具四方之風爲旋轉之狀名曰颶風有此主霖霪大雨如見斷虹之狀者名曰颶母航海之人甚惡畏焉○凡風単日起単日止雙日起雙日止○凡風自西南轉西北則愈大半夜及五更時起西風亦然諺云日晩風和明日愈多大抵風自日内起者必善自夜起者必毒日内息者亦和夜半後息者必大東此言陰冬○風急雨下諺云東風急備蓑笠又云風急雲起愈急必雨○牛筋風主雨以東北屬丑故云諺曰東北風雨太公○凡風春南夏北並主雨○

冬天南風三日主雪

論雨　諺云雨打五更日中必晴○晏雨不晴○雨著水面有浮泡主卒未晴○凡久雨至午少止謂之遣晝在正午遣或可晴午前遣則午後雨不可勝言○凡雨最怕天亮以久雨正當昏黑忽自明亮則是雨候也○凡雨驟易晴諺云快雨快晴老子云驟雨不終日○雨間雪難得晴諺云夾雨夾雪無休無歇

論雲　雲行占晴雨諺云雲行東車馬通雲行西馬濺泥雲行南水漲潭雲行北好曬穀○上風雲雖開

下風雲不散主雨○雲如砲車形主大風起○雲起下散四野如煙霧名曰風花主有風○雲陣自西南來雨必多諺云西南陣便過落三寸雲起自東南來必無雨雲陣自西北起黑如潑墨又如眉梁陣主大風而後雨終易晴○天河中有黑雲生謂之河作堰又謂之黑猪渡河一路對起相接亘天謂之合羅陣皆主大雨立至若久陰之餘或作或止忽雲作橋則必有掛帆雨却又是雨脚將斷之兆○凡雲陣行疾如飛或暴雨乍傾乍止其中必有神龍隱見○凡旱年雲陣起或自東引西或自西而東俗謂之沿江挑非但今日無雨必每日如之久旱之兆也潦年每至晚時雨忽至雲稍浮北似霞非霞紅光耀日雨必隨作當主夜夜如此謂之北江紅直至大暑而後已吳人嘗試多驗若是晚霽必無西北俱晴諺云西北赤好曬麥○雲起細細如魚鱗斑片或大片如鱗一云老鯉斑皆主無雨○陰雲天卜晴諺云朝要天頂穿暮要四脚懸又云朝看東南暮看西北空則無雨○秋天雲陰若無風則無雨○冬天近晚忽有老鯉斑雲起名爲護霜天雖漸合成濃陰亦無雨

論霧 莊子云騰水上溢爲霧爾雅云地氣上天不應曰霧凡重霧三日主有風諺云三朝霧露起西風若無風必主雨又云霧露不收卽是雨

論霞 諺云朝霞暮霞無水煎茶主旱○朝霞不出市暮霞走千里皆謂朝暮雨後乍晴之霞也朝霞更看顏色斷之若乾紅主晴間有褐色主雨滿天謂之霞得過若西天有浮雲稍重雨立至唐人詩云朝霞晴作雨是也

論虹 虹俗名鱟諺云東鱟晴西鱟雨○對日鱟不到晝指西鱟主何遠也若鱟便雨又主晴詩云朝隮于西崇朝其雨

論雷 諺云未雨先雷船去步歸主無雨○卯前鳴有雨○凡雷聲響烈者雨雖大易過如在水底響者主不晴○雷初發聲微和者年內主吉猛烈者凶值甲子日尤吉○雪中有雷主百日陰雨○雷自夜起主連陰或云一夜起雷三日雨

論電 夏秋之間夜晴而見遠電俗呼熱閃在南主晴在北主雨諺云南閃千年北閃眼前

論氷 氷後水長主來年水氷後水退主來年旱氷堅可履亦主有水

論霜 霜初下只一朝謂之孤霜主來歲歉連得兩朝以上主熟上有鋒芒者吉平者凶主春旱

論霰 雪自上下遇温氣而成謂之霰有霰主有雪盖天將大雪必先微温久而寒勝則大雪矣詩云如彼雨雪先集維霰此之謂也

論雪 凡雪日間不積受者謂之羞明若霽而不消者謂之等伴主再雪亦主來年多水

論地 地面濕潤甚者水珠流出如汗主暴雨若西北風可解散石磉水流四野鬱蒸亦皆主雨

論山 山色清爽主晴昏暗主雨若小山尋常無雲忽然雲生主大雨

論水 夏初水底生苔主有暴水諺云水底起青苔卒風暴雨來○水際生靛青主風雨諺云水面生青靛天公又作變○水邊經行聞水有香氣主雨水驟至極驗○河内浸成包稻種既沉復浮主有水

論草 草木萌蕩内春初雨過菌生俗呼雷驚菌多主旱無主水○草屋久雨菌生其上朝生晴暮生雨○茭草一名蕪葭鄉人剥其小白嘗之以卜水旱味甘主水味鹹主旱○麥花晝放主水○匾豆鳳仙五月開花野薇立夏前開花藕花夏至前開並主水○凡竹笋透林者多主有水○梧桐花初生時色赤主旱色白主水

論鳥獸 諺云鴉浴風鵲浴雨八歌兒洗浴斷風雨○鳩鳴有還聲爲呼婦主晴無還聲爲逐婦主雨○鵲巢低主水高主旱○鵲噪早報晴名曰乾噪○海燕成羣而來主風雨○燕巢不乾淨主田内草多○鸛鳴仰則晴俯則雨○鷗叫朝主晴暮主雨○赤老鴉合水叫雨則未晴晴亦主雨○鴉男叫早主雨多人辛苦叫晏主晴多人安閒○鬼車鳥夜聽其聲自北而南謂之出窠主雨自南而北謂

之歸窠主晴○夏秋間雨陣將至忽有白鷺飛過謂之截雨雨竟不來○吃鷀叫主晴俗謂賣蓑衣鳥○家鷄上宿遲主陰雨○母鷄負雛謂之鷄佗兒主雨○冬天雀羣飛翅聲重必有雨雪○獺窩近水主旱登岸主水甚驗○鼠咬麥苗主不見收咬稻苗亦然倒在根下主礱下米貴銜在洞口主囤頭米貴○圩塍上見野鼠爬泥主有水水必到此爬處方止○鐵鼠白日内銜尾成行而出主雨○狗爬地及眠灰堆高處並主陰雨喫青草主晴向河邊喫水主水退○絲毛狗褪毛不盡主梅水

多○猫喫青草主雨

論龍魚　龍下便雨主晴○凡黑龍下縱雨不多白龍下雨水必甚○龍下頻主旱諺云多龍多旱○龍陣雨每從一路下諺云龍行熟路○魚躍離水面謂之秤水主水漲高多少則水增多少○凡鯉鯽魚在四五月間得暴漲必散子若散不甚水勢未止若散甚水勢必定夏至前後得黃鱨魚甚散子時雨必止雖散不甚水終未定○車溝内魚來攻水逆上得鮎主晴得鯉主水諺云鮎乾鯉濕又鱨主水鱨主晴○黑鯉魚脊翼長接其尾主旱○夏

初食鯽魚脊骨有曲主水○漁者網得死鱖謂之水惡故魚着網即死口開主水立至易過口閉主水來遲卒不定○鰕籠中張得鱨魚主有風水

論雜蟲　水蛇蟠在蘆青高處主水至其處若回頭望下水即至望上稍慢○水蛇及白鰻入鰕籠中皆主大風水作○春暮暴暖屋木中飛蟻出主風雨平地蟻陣作亦然○鼈探頭南望晴北望雨○鬼螺螄浮水面上主有風雨○石蛤蝦蟇之屬叫得響亮成通主晴○田雞噴水叫主雨○蚱蜢蜻蜓黃宜等蟲小滿以前生者有水俗呼魚口中食謂

其纔經風雨俱死於水故也○黃梅三時内蝦蟇尿曲有雨大曲大雨小曲小雨○蚯蚓朝出晴暮出雨

論三旬　朔日晴則五日内晴若雨謂之交月雨主久陰雨若先連綿雨者主雨少○風吹月建方位主米貴自建方來者爲得其正晴雨亦得其宜○二十五日謂之月交日有雨主久陰○二十七日宜晴諺云交月無過二十七晴又云二十七二十八交月雨初三初四莫行船

論六甲　甲子諺云春甲子雨乘船入市夏甲子雨赤

地千里秋甲子雨禾頭生耳冬甲子雨雪飛千里蓋甲子爲干支之首猶歲旦爲節氣之先歲旦和平則一年亨利甲子無雲則兩月多晴古人詩云甲子無雲萬事宜○甲子有雌雄單日是雄雙日是雌若雙日值甲子雖雨不妨農家屢試果驗詩云老尚誇雌甲狂寧作散仙則知古人元有雌雄之說

壬子諺云春雨人無食夏雨牛無食秋雨魚無食冬雨鳥無食更須看甲寅日若晴謂之拗得過又云壬子是哥哥爭奈甲寅何一說壬子雖雨丁巳

却晴主陰晴相半二日俱晴則六十日内少雨又云壬子癸丑甲寅晴四十五日滿天星全憑丁巳作中人累試有驗

甲申諺云甲申猶自可乙酉怕殺我吳地窊下最畏此二日雨又閏中見四時甲申日有雨必閉糴主米貴若雨後有南風主水退無雨此老農經驗之言

甲戌庚必變諺云久雨久晴換甲爲真大抵甲爲天干之首故也○甲午旬中無燥土○甲雨乙拘又云甲不拘乙○甲日雨乙日晴乙日雨直到庚

○久晴逢戊雨久雨望庚晴○逢庚須變逢戊須晴○庚申日晴甲子日必晴

上火不落下火滴泡言丙丁日也或曰論納音○久雨不晴且看丙丁

巳亥庚子巳巳庚午四日謂之木主土主雨

論鶴神 巳酉日下地東北方乙卯日轉正東庚申日轉東南丙寅日轉正南辛未日轉西南丁丑日轉正西壬午日轉西北戊子日轉正北癸巳日上天一日在房癸巳甲午乙未丙申丁酉在房内北戊戌巳亥在房内中庚子辛丑壬寅在房内南癸卯日在房内西甲辰乙巳丙午丁未在房内東戊申日在房内中巳酉復下週而復始諺云纔逢癸巳上天堂巳酉還歸東北方若上天下地之日晴主久晴雨主久雨轉方稍輕值大旱之年則又不應諺云荒年無六親旱年無鶴神

論喜神 訣云甲巳寅卯喜乙庚戌亥强丙辛申酉上戊癸辰巳艮丁壬午未好此是喜神方

論潮汛 候潮訣云午午未未申寅卯卯辰辰亥亥子子半月從頭數○每月十三日二十七日名曰水起是爲大汛各七日初五日二十日名曰下岸

是爲小汛亦各七日○諺云初一月半午時潮又云初五二十下岸潮天亮白遥遥又云下岸三潮登大汛○凡天道久晴雖大汛水亦不長諺云晴乾無大汛雨落無小汛

便民圖纂卷第六

便民圖纂卷第七

月占類

正月歲旦值立春人民大安諺云百年難遇歲朝春
○是日晴明主歲豐民安犧牲旺冦賊息○日有
暈主小熟○有雷主一方不寧○有電主人殃○
有霜主七月旱禾苗好○有霧主人疫桑葉賤○
有雪夏旱秋水若未交立春則穀麥蕃盛人民六
畜俱安○大風雨米貴蠶傷○微風細雨主梅天
水大秋旱○四方有黃氣主大熟白氣凶青氣蝗
赤氣旱黑氣大水○東方有青雲人病春多雨白

雲八月凶赤雲春旱黑雲春多雨○南方有赤雲
夏旱米貴○東風夏米平○南風米貴主旱○西
風春夏米貴桑葉貴○北風水澇○東北風水旱
調大熟○東南風禾麥小熟○西北風有水桑葉
賤○西南風春夏米貴蠶不利○值甲米平人疫
○值乙米麥貴人病○值丙四月旱○值丁絲綿
貴○值戊米麥魚鹽貴○值巳米貴蠶傷多風雨
○值庚田熟○值辛麻麥貴禾平○值壬絹布豆
貴米麥平○值癸禾傷人厄多雨○是日秤水起
至十二日止以卜十二月水旱每朝取水一瓶

秤之重則雨多輕則雨少如初一管正月初二管
二月之類○立春日風色晴雨雷電大率與元日
同○上正三即初三日東北風主水旱調東南風
晴主旱西北風主水○五日後雨水多主蠶不收
人多疫○八日爲穀旦無風晴暖主高田大熟此
夜若雨元宵如之○是日午立丈竿量日影過丈
竿主年內大水九尺同八尺瘟六尺七尺雨水四
尺五尺風損木三尺蝗一二尺旱飢○是夜量月
影立一丈竿於平地候月光纔有影即量之據其
長短移於水面就橋柱或船坊畫痕記之梅水必

到所記之處而止水鄉取影短爲吉○是夜看參
星在月西主大水夏中一節晴在東對月口主高
田半收在南大旱高田無收在北主大惡風人疫
有雲掩星月主春多雨○以五子日斷歲事詩括
云甲子豐年丙子旱戊子蝗蟲庚子散惟有壬子
水滔滔只在正月上旬看○上旬內值甲乙日雨
主春雨多丙丁戊巳日雨主夏雨多庚辛日雨主
秋雨多壬癸日雨主冬雨多年內但逢是日便雨
○上元日晴主一春少水詩括云上元無雨多春
旱○十六謂之落燈夜晴主旱宜於水鄉最喜東

南風謂之入門風低田大熟有雨主低田沒○二十日爲秋收日晴主秋成○雨水後陰多主水少高下皆吉○月内日食人疫夏旱○月食主粟貴盜多○虹見主七月穀貴○月内有三子葉少蠶多無則葉多蠶少○有甲寅米賤○有三卯早豆有收無則少收○有三亥主大水在正月節氣内方准

二月朔日值驚蟄主蝗春分主歲歉風雨主米貴○二日東作興諺云土工日宜雨見薄氷主旱○八日東南風主水西北風主旱○十二日爲花朝晴

則百果實夜尤宜晴若雨則四十日夜雨而乆陰也諺云十二晴徹夜夜雨却不怕○驚蟄日雷在上旬主春寒黃梅水大中旬主禾傷末旬主蟲侵禾初發聲在艮主米賤震主歲稔巽坤主蝗離主旱兊主五穀長價乾主民灾坎主水○春分日東風主麥賤歲豐西風主麥貴南風主五月先水後旱北風主米貴一倍前後一日内雷主歲稔○十五日爲勸農日晴明主豐風雨主歉○春社日晴明主六畜大旺○月内虹見東主秋米貴西主蠶貴霜多主旱月無光有灾異事○乙卯甲寅日雨

入地五寸米小貴若不貴至夏大貴甲子日雷主大熟○有三卯宜豆無則早種禾

三月朔日值清明主草木榮穀雨主年豐○上巳即三日陰雨主葉賤天晴主葉貴諺云三月初三雨桑葉生苔錇三月初三晴桑樹上掛銀瓶○是日聽蛙聲卜水旱諺云上晝叫上鄉熟下晝叫下鄉熟終日叫上下鄉齊熟聲啞水少聲響水大唐詩云田家無五行水旱卜蛙聲○寒食即清明前二日吳人專尚此日墓祭謂之掃松取介子推故事其日多值風雨諺云雨打墓頭錢今年好種田○

清明日喜晴惡雨諺云簷前插柳青農夫休望晴門前插柳焦農夫好作驕午前晴早蠶好午後晴晚蠶好○是日雷電主小麥貴夜雨主秧種多東北風桑葉末市貴東南風中市貴末市賤西南風蠶多損葉末市賤西北風中市貴○若清明寒食前後有水而渾主高低田禾大熟四時雨水調○穀雨日雨主魚生諺云一點雨一箇魚○十六日西南風主旱○月内電多歲稔○虹見九月米魚鹽貴○日食米貴人飢○月食絲綿米皆貴人飢○有暴水爲桃花水主多梅雨○有三卯宜豆無

則宜麻麥

四月朔日值立夏主地動小滿主凶災大風雨主大水小則小水晴主旱老農咸謂此日最要緊此日雨主有重種田之患○立夏日日有暈主水有風主熟是夜觀老人星明朗則一歲大熟稍黑則一歲不登半明半減則半熟○八日看陰晴卜水旱諺云四月八日晴料掉高田好張釣四月八烏漉禿不論上下一齊熟是夜有雨損小麥蓋麥花夜吐雨多則損其花故麥粒浮秕薄收○十四日晴主歲稔得東南風尤妙諺云有利無利只看四月十四○十六日看月上卜水旱諺云有穀無穀且看四月十六又云月上早低田收好稻月上遲高田剩者稀若黃昏時日月對照主夏秋旱月上遲有白色主大水有雲主草多雲黑主有蟹○是夜月當午立一丈竿量月影若過竿主雨水多沒田夏旱人飢長九尺主三時雨水八尺主六月雨水七尺主低田大熟高田半收五尺主夏旱四尺主蝗三尺主人飢○二十日爲小分龍日晴主旱雨主水○月內寒主旱諺云黃梅寒井底乾大抵立夏後到至前不宜熱熱則有暴水有東南風謂之

烏兒信諺云稻秀雨澆麥秀風搖○有三卯宜麻無則麥不收○虹見主米貴

五月朔日值芒種主六畜凶夏至主米大貴諺云初一雨落井泉浮初二雨落井泉枯初三雨落連太湖一日晴一年豐一日雨一年歉○五月五日晴田稻好收成諺云端午逢乾農夫喜歡又主絲綿賤是日值夏至主米貴諺云夏至連端午家家賣兒女若值天陰日無光稻有高低若有霧露雨主有大水若曙色分時有雨東來主人災若至七月七日有雨則此災解若有大風則蝗生水果內生蟲○芒種日宜晴是日後逢壬爲立梅前半月爲梅後半月爲三時立梅日有雨主旱諺云雨打梅頭無水飲牛風土記云夏至前芒種後雨爲黃梅雨最畏半月內西南風有一日西南風主時裏三日雨諺云梅裏西南時裏潭潭又畏雷諺云梅裏雷低田拆舍歸大抵芒種後半月謂之禁雷天又云梅裏一聲雷時中三日雨○冬青花關係水旱其花不落濕地諺云黃梅雨未過冬青花未破冬青花巳開黃梅便不來○夏至日在月初諺云夏至端午前坐了種年田言雨水調也有雨謂之淋

時雨主久雨年稔怕西南風諺云急風急沒慢風慢沒立驗無雲主三伏熱日暈主有雨水○至後半月謂之三時首三日爲頭時次五日爲中時又次七日爲末時時雨最怕在中時前二日來謂之中時頭必大凶若到得末時縱有雨亦善○吃井水禽也在夏至前叫主旱○鵜鶘一名淘河湖泊中鵞鸛之屬其狀異常水恠也每來必主大水甚驗諺云夏至前來謂之犂湖夏至後來謂之犂途以其觜之形狀似犂湖言水漲途言水退也占候者勿泥一途而取之○二十日爲大分龍日占候

與小分龍日同○月内日食主大旱人飢○月無光有火灾○虹見有小水主米麥貴○有三卯種稻爲上無則宜種旱豆

六月 朔日值大暑主人灾夏至主荒小暑主山崩河水溢遇甲主飢風雨主米貴○三日有雨難稿稻諺云六月初三晴竹篠盡枯零○小暑日雨名倒黄梅主水有東南風及成塊白雲主有半月舶艕風退水兼旱諺云舶艕風雲起旱魃深歡喜○初六日晴主收乾稻雨謂之湛轄耳主有秋水○三伏中宜熱諺云六月不熱五穀不結盖適當稿稻

天氣又當下壅之時晴則熱熱則苗旺涼則雨雨則田沒○伏裏西北風臘裏船不通主秋稻秋冬水堅○六月無蠅新舊相登言米價平也○夏秋之交稿稻還水最喜雨○月内日食主旱○有南風主蟲傷稻○虹見主米貴

七月 朔日值立秋及處暑主人多疾風雨主人不安○立秋日大雨主傷禾有雷主損晚稻西南風主禾倍收○七夕有雨小麥麻豆賤○中元日雨俗謂之覩鏖生日主撈稻○十六日月上早好收稻月上遲秋雨徐言多也○月内虹見主米貴○日

月食人灾牛馬貴○有三卯田禾有收無則宜晚麥

八月 朔日晴主連冬旱宜蕎麥得雨宜麥主布絹綿及麻子貴○白露日晴主稻有收雨主萬物傷損白露雨爲苦雨主瓜果菜生蟲稻禾沾之則白颯蔬菜沾之則味苦若雙日白露前後有雨不損苗若单日白露前後有雨則損苗若連陰之雨不爲害○秋分日有雨或陰主來年高低田大熟若晴明主不熟西方有白雲起如羣羊爲分氣至年大稔有黒雲相雜者兼宜麻豆若赤雲主來年旱

東北風主來年大小麥熟風急不利西北風主來
年陰雨高低田熟風急不利惟西風主來年民安
歲豐○十五日爲中秋晴主來年高田成熟低田
水傷有雨主來年低田成熟高田薄收○月內虹
見主春米貴秋和平○有三卯主低田稻麥有收
無不宜種麥
九月朔日值寒露主冬寒嚴凝霜降主歲歉風雨主
春旱夏水東風半日不止主米麥貴○重陽日晴
則冬晴雨則冬雨故曰重陽無雨一冬晴及冬至
元日上元清明四日皆然重陽有雨則柴薪貴諺

之竈荒故曰九月一日晴不如九日明又不如十
三日靈○上卯日風從北來主來年三七月米貴
三倍東來同西來平平○月內有雷米穀貴○虹
見主人災○霜不下來年三月多陰寒
十月朔日值立冬主有災異晴則一冬多晴雨則一
冬多雨又多陰寒值小雪有東風主春米賤西風
主春米貴○立冬日西北風主來年大熟晴主多
魚雨主多無魚冬前霜多主來年早禾好冬後霜
多主來年晚禾好○十六日晴主冬暖極准○月
內虹見主麻穀貴○月食主魚鹽貴○有雷主人

死稻薄收○有霧俗呼涞霧主來年大水
十一月朔日值大雪與冬至皆主凶災有風雨宜麥
○冬至風南來穀貴北來歲稔東來乳母多死西
來禾傷○是日觀雲並須子時至平旦占之有雀
青雲北起歲熟民安赤雲旱黑雲水白雲人災黃
雲大熟無雲大凶○是日雷有大賊橫行若前後
有雪主來年大水人飢有兵革○是日取諸粟等
種各平量一升以布囊盛之埋窖陰地候五十日
取驗多寡則知來歲所宜○月內雪多主冬春米
賤○有雷主春米貴至前米價長以後不貴落則

反貴○有霧主來年旱○月食米貴○月無光魚
鹽貴○晦日風雨主春少雨
十二月朔日值大寒主人災虎爲患小寒主有祥瑞
東風半日不止主六畜災風雨主春旱夏雨米貴
○至後逢第三戌爲臘臘前後三兩番雪謂之歲
前三白大宜菜麥諺云若要麥見三白主來年豐
稔又主殺蝗蟲子○月內上旬有雪主來年黃梅
內有雨水中旬有雪亦然○若酉日有雪主冬連
春六十日陰雨若有霧主來年早稻有傷諺云臘
月有霧露無水做酒醋有雷主來年夏秋旱澇不

均若雷鳴雪裏主陰雨百日方晴○虹見主八月穀貴○立春在殘年內主冬暖○柳眼青主來年夏秋米賤○除夜五更視北斗所主占五穀美惡其星明則成熟暗則有損貪狼主蕎麥巨門主粟祿存主黍文曲主芝蔴廉貞主麥武曲主粳糯米破軍主赤豆輔星主大豆

便民圖纂卷第七　終

便民圖纂卷第八

祈禳類

正月元日寅時飲屠蘇酒免疫癘其方用大黃一錢六分　桔梗去蘆　川椒去核各一錢五分　桂心去皮一錢八分　烏頭炮去皮臍六分　白朮一錢八分　茱萸一錢二分　防風一兩去蘆　作咀片以絳囊盛之懸井中或水缸中至寅時取出用無灰酒煎四五沸飲則自幼及長○是日四更時取葫蘆藤煎湯浴小兒則終身不出痘瘡其藤須八九月收下○是日平旦以麻子二七粒投井中辟瘟○是日服小赤豆二七粒面東以虀汁下一年無疾家人悉宜服之○是日服桃湯桃者五行之精能厭伏邪氣制服百鬼○是日爆竹俗云能辟山魈邪鬼○是日進椒柏酒椒是玉衡星精服之身輕耐老柏是仙藥然進酒次第必當從小者起○是日取五香煮湯浴令人至老鬚髮黑徐諸註云道家謂青木香爲五香○立春日鞭土牛庶民爭之得牛肉者宜蠶○是日食生菜不可過多取迎新之意及進漿水粥以導和氣○入春宜晚脫綿衣不然令人傷寒霍亂○上元日爆孛婁燒乾鍋以糯穀爆之占稻色自早禾至晚禾皆爆一握比分數斷

高下占人口亦然○是月每朝梳頭一二百下至夜欲臥盪熱塩湯一盆從膝下洗至足方臥以通泄風毒脚氣勿令壅滯○是月上辰日幷遂月庚寅日壬辰日及滿日塞鼠穴又三月庚午日斬鼠尾取血塗屋梁可永辟鼠又云清明日取戊方上土剪狗毛作泥塗房戶內孔穴則蛇鼠諸蟲永不入

二月月初須灸兩脚三里絶骨對穴各七壯以泄毒氣至夏初卽無脚氣衝心之疾○二日取枸杞菜煑湯沭浴令人光澤不老不病○上丑日泥蠶室

則宜蠶○上卯日沭髮愈疾○丁亥日收桃杏花陰乾爲末戊子日和井水服方寸七日三服治婦人無子大驗○是月春分後宜佩神明散其方用蒼术桔梗各二兩附子炮一兩烏頭炮四兩細辛一兩共爲散絳囊盛帶方寸七日人帶之一家無病

三月二日鷄鳴時以隔宿冷炊湯澆洗瓶口及飯甑飯籮一應厨物則永無百蟲遊走爲害○三日收苦楝花鋪床竈上辟蚤虱蟲蟻○是日採艾掛戶牖間以備一年之灸凡灸宜避人神所在○寒食日以紙袋盛麪掛當風處中暑者以水調服○是日水浸糯米逐日換水至小滿漉出曬乾炒黃爲末水調治打撲傷損及諸瘡腫處○是日前一百五日採大蓼曬乾能治氣痢用時爲末食前米飲湯下一錢極效○清明前二三日用螺螄浸水中至清明日人未起時以水灑壁上不生蜒蚰仍將螺螄放之吉○清明日日未出時採薺菜花枝候乾夏作燈杖護蚊蛾○是日三更時以稻草縛樹上則不生刺毛蟲○是日所插簷柳可止醬醋潮溢○是月取桃花未開者陰乾百日與赤桑椹等分搗和臘月猪脂塗秃瘡神效

四月八日宜取枸杞菜煎湯沭浴○是月每朝空心飲葱頭酒令人血氣通暢○是月甲子日將蠶沙三斗埋亥地宜蠶○是月宜用五枝湯澡浴浴訖以香粉傅身畔除瘴毒疏風氣滋血脉五枝方用桑枝槐枝穀樹枝柳枝桃枝各一把麻葉二斤以水一石煎八斗許去柤香粉方用粟米一斤作粉無則以葛粉代之青木香麻黃根附子炮甘松霍香零陵香牡礪各二兩爲末以生絹袋盛之○是月宜飲桑椹酒其方用椹汁三斗白蜜二合酥油一兩生薑汁一合以重湯煑椹汁至斗五升少些

方入塩酥等令得所每服一合称酒服理百種風

五月五日日未出時採百草頭唯藥苗多者尤佳不拘多少搗濃汁和石灰作餅曬乾治一切金瘡及小兒惡瘡○是日午時於韭畦面東勿語收蚯蚓泥遇魚刺鯁者以少許擦喉外其刺即消謂之六一泥○用熨斗燒一棗子於床下辟狗蚤○寫白字倒貼于柱脚上四處則無蚊子○書儀方二字倒貼于柱脚上辟蛇蟲○取獨頭蒜五箇和黃丹二兩搗爛丸如雞頭大曬乾心痛者以醋磨一丸服即效○取葛根爲屑治金瘡斷血亦治瘧○取

青蒿和石灰搗至午時丸作餅子有金瘡之患爲末傅之立效○取浮萍午時投厠中絕青蠅○取露草一百種陰乾燒灰和井花水重煉過以好醋爲餅有腋氣者挾於腋下乾取易之當抽一身臭氣腋間瘡出以小便洗之○採莧菜和馬齒莧等分爲末與孕婦服之易產○取晩蠶蛾生投竹筒中竹筒須兩頭有節者一頭錐破一穴放蛾入塞之令自乾死遇有竹木刺入肉不能出者取少許爲末唾津調塗刺上即出○取白礬一塊自早曬至晩收之凡百蟲咬者傅之立効○收赤白葵花

各陰乾治婦人赤白帶下赤者治赤白者治白爲末酒服○取猪牙治小兒驚癇燒灰服之兼治蛇咬○取桑樹上木耳白如魚鱗者若患喉閉搗碎綿包如彈丸大水浸含之立効○採艾治百病○取浮萍燒烟辟蚊○以五綵繩繫臂令人辟邪不瘟○夏至日採暎日果即無花果也能治咽喉疾○是月戊辰日以猪頭祀竈令人所求如意○是月宜服五味子湯其方取五味子一大合用木杵臼擣之置小瓷瓶内以白沸湯投之入少蜜即封安火邉良久堪服

六月六日清晨汲井花水以白塩淘於水中用新鍋還煎作塩每早以此塩擦牙畢却以水嗽吐于手心洗眼日日如此雖老猶能燈下寫書○伏日食湯餅辟惡○是月二十四日忌遠行水陸俱不宜

七月七日取苦瓠瓤白絞取汁一合以醋一升古錢七文和清微火煎之減半抹眼眥中治眼暗○是日取赤小豆男吞一七粒女吞二七粒終歲無病○是夕取百合根熟搗用新瓦器盛之密封於門上陰乾百日拔去白髮用此摻之即生黑髮又法取螢火蟲二七枚撚髮髮自黑○立秋日人未起

時汲井水長幼皆少飲之却病○是日服赤豆七粒面西井花水下一秋不犯痢疾○是日日未出時取楸葉熬爲膏傅瘡瘍立愈

八月一日取栢葉上露拭目能明目○是日清晨以瓦器於百草頭收露水濃磨墨頭疼者點太陽穴勞瘵者點膏肓穴謂之天灸十日以朱點小兒頭亦名天灸以厭疾也○十九日拔白髮則永不生

九月九日登高佩茱萸飲菊花酒令人壽○是日天欲明時以片糕搭小兒頭上乳母祝云自此百事皆高○是日以菊花釀酒飲之治人頭風以枸杞

浸酒飲之令人不老亦不白髮蕪去諸風○是日收菊花曬乾用糯米一斗蒸熟以菊花末五兩搜拌如常醞法多用麩麯候酒熟壓之每暖一小盞服治頭風頭旋

十月上巳日採槐子服之槐者虛星之精去百病○上亥日採枸杞子二升採時須面東摘生地黃取汁三升以好酒二升盛甕瓶内二十一日取出研爛入地黃汁同煎攪之却以油紙三重封其口更浸候至立春前三日開逐日空心飲一盃至立春後髭髮變黑補益精氣服之奈老身輕無比○十

四日宜取枸杞作湯沐浴○是月宜進棗湯其方取大棗除皮核中破之於文武火日翻覆炙令香然後煮作湯服之

十一月冬至日宜於北壁下厚鋪草而臥以受元氣○是日鑽燧取火可去瘟疫○是日以赤小豆煮粥食可辟疫氣

十二月八日取猪板油四兩懸于厠上則一家入夏無蝇子○癸丑日作門令賊不敢入○水日晒薦蓆能去蚤虱○上亥日取猪肪脂安甕罐内埋亥地上一百日治癰疽内加鷄子白十四枚水銀二

三錢極妙○臘日持椒三七粒臥于井旁勿與人言投于井中除瘟○臘後遇除日取鼠一枚燒灰埋于子地上則一家永無鼠耗○是日田夫牧竪候昏時爭執竿燎火于野名曰點田蠶看火色占來年水旱白主水紅主旱猛烈主豐萎衰主歉風亦取東北爲上○二十五日夜煮赤豆粥大小人口皆食之家人在外亦必留其口分以俟其歸謂之口數粥○除夜燒生盆爆竹看火色大率與田蠶同○是夜宜於富家田内取土泥竈招吉○是夜空房中宜燒皂角令烟謂之辟瘟氣○是夜四

更取麻子赤小豆各二十七粒并家人髮少許投井中終年不患傷寒瘟疫○是夜取長流水秤之明朝又易水秤之比輕重以較兩年之水占法見正月○是夜安靜爲上吉諺云除夜犬不吠新年無疫癘宜謹守之○是月收雪水尤佳蓋雪者五穀之精若浸五穀之種則耐旱不生蟲淋猪亦可治小兒瘢疹調蛤粉可搽痱子極妙用大瓮盛貯埋氷窨內無氷窨則埋於背陰高阜地下稻草蓋之勿令雨水流入○是月雄狐膽若有人暴亡未移時者急以溫水徹研灌入喉中卽治宜常預備救

人移時即無及矣○是月取青魚膽陰乾如患喉閉及骨鯁者以此膽少許口中含咽津則解

便民圖纂卷第九

涓吉類

入學 巳巳戊寅甲戌乙亥丙子巳丑辛巳癸未甲申丁亥庚寅辛卯壬辰乙未丙申巳亥壬寅癸卯甲辰乙巳丙午丁未戊申庚戌辛亥甲寅乙卯丙辰庚申辛酉癸亥天月二德三合六合成定開日 忌建破魁罡勾絞離窠受死九土鬼荒無正四廢伏斷及乙丑孔子死日

赴舉 黃道天官天成貴人吉人上官玉堂榮官旺日天月二德三合 忌黑道官符死炁滅沒十惡無祿天休廢四不祥猖鬼路亡陰陽錯

上官到任 甲子乙丑丙寅巳丑庚午辛未癸酉甲戌

乙亥丙子丁丑癸未甲申丙戌庚寅壬辰乙未丁酉庚子癸卯丙午丁未癸丑甲寅丙辰巳未天赦天恩月恩黃道上吉天月二德及合活曜吉期戊動旺日相日天貴天慶吉慶成開日 忌天休廢受死赤口氷消瓦陷陰陽錯牢日獄日徒隸死別伏罪不舉刑獄荒蕪伏斷九土鬼滅沒猖鬼敗亡上朔四不祥日

天遷圖

逐月下起初一○大月順行小月逆行

○數去遇遷則吉

○自如平罪失亡凶

冠笄 甲子丙寅丁卯戊辰辛未壬申丙子戊寅壬午丙戌辛卯壬辰癸巳甲午丙申癸卯甲辰乙巳丙

午丁未庚戌甲寅乙卯丁巳辛酉壬戌天月德天
月恩生炁福生益後續世成定日忌魁罡勾絞月厭受死九土鬼
陰錯陽錯丑日破日入月定日

結姻送禮 乙丑丙寅丁卯庚午辛未丙子丁丑戊寅
巳卯壬寅癸卯丙午壬子癸丑甲寅乙卯庚寅辛
卯壬午忌建破魁罡月厭氷消瓦陷受死人隔陰錯陽錯

嫁娶納壻同 乙丑丁卯丙子丁丑辛卯癸卯六日有不
將以爲全吉外有壬子癸丑乙卯癸巳壬午乙未
丙寅戊寅巳卯庚寅黃道生炁益後續世陰陽合
人民合成日忌歸忌月厭厭對天賊月破受死天寡地寡紅沙殺披麻殺天罡勾絞河魁勾絞吟神天雄地雌往亡無翘陰醋陽醋荒無伏斷四離四絕日

嫁娶周堂

夫姑堂翁弟竈婦厨　婦竈弟翁堂姑夫厨

大月
初一初二初三初四初五初六初七初八
初九初十十一十二十三十四十五十六
十七十八十九二十廿一廿二廿三廿四
廿五廿六廿七廿八廿九三十

小月
初一初二初三初四初五初六初七初八
初九初十十一十二十三十四十五十六
十七十八十九二十廿一廿二廿三廿四
廿五廿六廿七廿八廿九

納壻周堂

夫姑弟翁門竈厨戶　戶厨竈門翁弟姑夫

大月
初一初二初三初四初五初六初七初八
初九初十十一十二十三十四十五十六
十七十八十九二十廿一廿二廿三廿四
廿五廿六廿七廿八廿九三十

小月
初一初二初三初四初五初六初七初八
初九初十十一十二十三十四十五十六
十七十八十九二十廿一廿二廿三廿四
廿五廿六廿七廿八廿九

斬草破土甲子乙丑丙寅丁卯戊辰庚午壬申癸酉

丙子戊寅巳卯壬午甲申乙酉庚寅辛卯壬辰乙
未丙申丁酉壬寅癸卯丙午壬子癸丑巳酉甲寅
乙卯庚申辛酉忌天瘟土瘟重喪重復天窮地破四時大墓陰陽錯日

安葬 壬申癸酉壬午甲申乙酉丙申丁酉壬寅丙午
巳酉庚申辛酉庚午庚寅鳴吠對鳴吠戊開日忌建破魁罡勾絞重喪重復重日人展月建專殺地中白虎人皇人建四大墓氷消瓦陷陰錯陽錯日

大月初一起父向男順行○小月初一
起母向女夫逆行日移一位值亡人吉
如值人則出外少避惟停喪在家須論
葬日周堂如喪在外則不論此其法只論月分不論節氣

葬日周堂

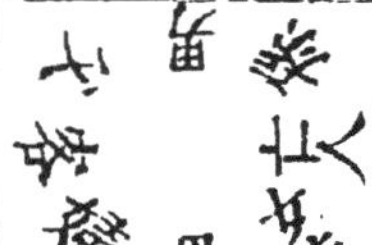

祈禱 丁卯巳巳壬申巳卯甲申乙酉庚申忌風伯死日

祭祀 甲子乙丑丁卯戊辰辛未壬申癸酉甲戌丁丑
巳卯庚辰壬午甲申乙酉丙戌丁亥巳丑辛卯甲
午乙未丙申丁酉乙巳丙午丁未戊申巳酉庚戌
乙卯丙辰丁巳戊午巳未辛酉癸亥此皆神在之
日更宜福生普護敬心陰德忌天罡滅門河魁大禍龍虎受死鬼隔神
隔天狗滿破日及天狗下食時

祈福 乙亥丙子丁丑壬午癸未辛卯甲午乙未壬寅
乙卯丙辰壬戌癸亥福生黃道天恩天赦天德月
德母倉上吉忌魁罡建破龍虎受死天神鬼隔滿破戌日

永嗣定執成開益後續世生炁日忌同上
剃胎頭世俗以滿月日剃若值丁日破敗惡星當移
前後一日
斷乳伏斷卯日
會客乙丑丙寅丁卯庚午甲戌戊子丙午庚寅辛卯
癸卯甲午乙未丙午壬子甲寅乙卯忌赤口上朔酉日破日
過房養子益後續世天月二德及天月二德合成開
日忌建破魁罡歸忌受死天賊死別徒隷伏罪荒無人隔
學伎藝滿成開日忌正四廢赤口破日
立契交易同辛未丙子丁丑壬午癸未甲申辛卯乙未

壬辰庚子戊申壬子癸卯丁未己未甲寅乙卯辛
酉執成日忌空亡長短星破日赤口荒蕪日
求財丙子丁丑己卯滿日
出財丁丑乙酉丙戌癸巳庚戌辛亥乙卯丙辰丁巳
辛巳辛酉甲申
納財乙丑丙寅壬午庚寅庚子丙午甲寅天月德天
恩上吉次吉收閉日忌月虛赤口天賊荒蕪破日小耗大耗財離勾絞受死忌
同前出財
開庫店肆甲子乙丑丙寅己巳庚午辛未甲戌乙亥
丙子己卯壬午癸未甲申庚寅辛卯乙未己亥庚

子癸卯丙午壬子甲寅乙卯己未庚申辛酉黃道
天月二德三合六合要安滿成開日忌建破魁罡勾絞陰陽錯
空亡滅沒九焦空亡財離歲空荒蕪五虛小耗大耗天賊天窮受死日流財亡嬴四方耗伏斷四耗
虛敗四忌五窮正四廢九土鬼
入宅歸火甲子乙丑丙寅丁卯己巳庚午辛未甲戌
乙亥丁丑癸未甲申庚寅壬辰乙未庚子壬寅癸
卯丙午丁未庚戌癸丑甲寅乙卯己未庚申辛酉
滿成開日忌家主本命日對衝日天空亡日水消瓦陷子午頭日披麻殺揚公忌日荒無
滅沒伏斷受死歸忌天賊正四廢天瘟九醜建破收平日
移居甲子乙丑丙寅庚午丁丑乙酉庚寅壬辰癸巳

乙未壬寅癸卯丙午庚戌癸丑乙卯丙辰丁巳
未庚申忌與上同
出行甲子乙丑丙寅丁卯戊辰己巳庚午辛未甲戌
乙亥丁丑己卯甲申丙戌庚寅辛卯甲午乙未庚
子辛丑壬寅癸卯丙午丁未己酉壬子癸丑甲寅
乙卯丁巳庚申辛酉滿成開日忌建破魁罡勾絞天賊受死九空財
離歸忌九醜歲池小耗五不歸月厭五鬼離窠滅沒亡嬴破敗九土鬼正四廢陰陽錯人民離日
開荒田同動土天福豐旺母倉生炁黃道上吉忌地火焦坎空
亡〇大月初六初八二十二十三日小月初八十一十三十七亦然開爲田痕後凡田事悉
忌之

耕田乙丑己巳庚午辛未癸酉乙亥丁丑戊寅辛巳壬午乙酉丙戌己丑甲午己亥辛丑甲辰丙午癸丑甲寅丁巳己未庚申辛酉成收開日忌土瘟天賊月殺焦坎大耗小耗月建轉殺滿日

浸穀種甲戌乙亥壬午乙酉壬辰乙卯成開日

下種辛未癸酉壬午庚寅甲午甲辰乙巳丙午丁未戊申己酉乙卯辛酉

插秧庚午辛未癸酉丙子己卯壬午癸未甲申甲午己亥庚子癸卯甲辰丙午戊申己酉己未辛酉成收開日

耘田丙寅丁卯庚午辛未丙子丁丑庚辰辛巳丙戌丁亥庚寅辛卯丙申丁酉庚子丙午辛丑丁未庚戌辛亥丙辰丁巳庚申辛酉戊子又丙丁庚辛日成收開日

割禾庚午壬申癸酉己卯辛巳壬午癸未甲午癸卯甲辰己酉

開場打稻丙寅丁卯庚午己卯壬午癸未庚寅甲午乙未癸卯戊午己未癸丑

種麥庚午辛未辛巳庚戌庚子辛卯及八月三卯日

種蕎麥甲子壬申壬午癸未辛巳

種麻己亥辛亥辛巳壬申庚申戊申及正月三卯日

種豆甲子乙丑壬申丙子戊寅壬午及六月三卯日

種瓜甲子乙丑庚子甲寅乙卯辛巳

種薑甲子乙丑壬申壬午辛巳辛未辛卯

種菜庚寅辛卯壬戌戊寅忌秋社前逢庚秋社後逢巳住此十日

種葱甲子甲申己卯辛未辛巳辛卯

種蒜戊辰辛未丙子壬辰癸巳辛丑戊申

種芋壬申壬午壬戌辛巳戊申庚子辛卯

種果樹丙子戊寅己卯壬午癸未己丑辛卯戊戌庚子壬子癸丑戊午己未己亥丙午丁未乙卯戊申

己巳

栽木甲戌丙子丁丑己卯癸未壬辰

移接花木滿成開日

種作無蟲正三五月壬日四月丁壬日六月丁巳日八月癸日九十二月丙日十月庚日

天地不收日丙戌壬辰辛亥 天地不成日乙未

浴蠶甲子丁卯庚午壬午戊午忌庚戌蠶姑死日

出蠶甲子庚午癸酉庚辰乙酉甲午乙巳甲申壬午乙未癸卯丙午丁未戊申甲寅戊午生旺開日忌同上

安蠶架箔甲子庚午癸酉丙子戊寅己卯丙戌庚寅
甲午乙未丙午甲寅戊午生炁滿成開及卯巳午
未日
作繰絲竈子寅申酉成收開日
安機經絡同
甲子乙丑丁卯癸酉甲戌丁丑己卯癸未
甲申辛巳壬申丁亥戊子己丑壬辰癸巳甲午丙
申丁酉戊戌己亥壬寅甲辰乙巳辛亥壬子癸丑
甲寅丙辰經絡宜滿成開日安機宜平定日忌天賊受
死荒無大耗小耗勾絞九土鬼正四廢建破收平日
開倉庚午己卯辛巳壬午癸未乙酉己丑庚寅及天

月二德成開滿日忌建破魁罡勾絞天賊受死九空財離歲空五虛破敗虛敗小
耗大耗四耗日流財亡羸四忌五窮九土鬼正四廢陰陽錯日長短星赤口空亡咸池十惡大敗
五穀入倉庚午己卯辛巳壬午癸未乙酉己丑庚寅
癸卯天德月德母倉平滿成收穴天狗日忌同上
起工動土甲子癸酉戊寅己卯庚辰辛巳甲申丙戌
甲午丙申戊戌己亥庚子甲辰癸丑戊午庚午辛
未丙午丙辰丁未丁巳辛酉黃道月空成開日忌建
破魁罡勾絞玄武黑道天賊受死天瘟土瘟土忌土府土痕地破轉殺九土鬼正四廢大殺入中宮
口
造地基甲子乙丑丁卯戊辰庚午辛未己卯辛巳甲

申乙未丁酉己亥丙午丁未壬子癸丑甲寅乙卯
庚申辛酉忌同上
起工破木己巳辛未甲戌乙亥戊寅己卯壬午甲申
乙酉戊子庚寅乙未己亥壬寅癸卯丙午戊申己
酉壬子乙卯己未庚申辛酉成開日忌刀砧殺木馬斧頭殺天
賊受死月破荒蕪破敗次破敗獨火月火雷火魯般殺建破魁罡勾絞月建轉殺九土鬼正四廢陰
陽錯荒蕪赤口大小空亡
定磉扇架同
甲子乙丑丙寅戊辰己巳庚午辛未甲戌
乙亥戊寅己卯辛巳壬午癸未甲申丁亥戊子己
丑庚寅癸巳乙未丁酉戊戌己亥庚子壬寅癸卯

丙午戊申己酉壬子癸丑甲寅乙卯丙辰丁巳己
未庚申辛酉黃道天月二德成定日忌朱雀黑道建破魁罡天
瘟天賊受死轉殺土鬼土瘟天火獨火災地火火星正四廢荒無陰陽錯
豎造己巳辛未甲戌乙亥乙酉己酉壬子乙卯己未
庚申十日全吉又有戊子乙未己亥己卯甲申庚
寅癸卯黃道天月二德諸吉星成開日外有戊寅
丙寅壬寅月家吉神多亦可用忌家主本命對衝日朱雀黑道獨火
月火天火狼藉荒蕪次地火冰消瓦陷天瘟天賊建破魁罡受死魯般刀砧殺忌削血刃殺魯般跌
蹼殺陰陽錯楊公忌正四廢伏斷九土鬼火星
上梁並同上

拆屋甲子乙丑丙寅戊辰巳巳辛未癸酉甲戌丁丑
戊寅巳卯癸未甲申壬辰癸巳甲午乙未巳亥辛
丑癸卯甲辰乙巳巳酉庚戌辛亥癸丑丙辰丁巳
庚申辛酉除破日忌正四廢赤口天賊

蓋屋甲子丁卯戊辰巳巳辛未壬申癸酉丙子丁丑
巳卯庚辰癸未甲申乙酉丙戌戊子庚寅丁酉癸
巳乙未巳亥辛丑壬寅癸卯甲辰乙巳戊申巳酉
庚戌辛亥癸丑乙卯丙辰庚申辛酉忌天火入風獨火朱雀黑
道天瘟天賊月破受死虫尤九土鬼正四廢轉殺火星午日

泥屋甲子乙丑巳巳甲戌丁丑庚辰辛巳乙酉丁亥

庚寅辛卯壬辰癸巳甲午乙未丙午戊申庚戌辛
亥丙辰丁巳戊午庚申建平日忌同上

偷修壬子癸丑丙辰丁巳戊午巳未庚申辛酉以上八日
凶神朝天併工造作無妨雖此八日在土王用事日内不可用

修造門甲子乙丑辛未癸酉甲戌壬午甲申乙酉戊
子巳丑辛卯癸巳乙未巳亥庚子壬寅戊申壬子
甲寅丙辰戊午天德月德滿成開日忌朱雀黑道歲破魁罡勾
絞天瘟天賊受死九空財離耗絕九醜死氣官符雖窯轉殺水消瓦陷天火獨火交地火火星四忌五窮九土鬼正四廢大殺入中宮門大夫死日

修門忌年九良星巳卯丁亥癸巳甲辰在大門壬寅巳未庚申在門丁巳在前門

丁卯癸酉巳卯後門

修門忌月丘公殺甲巳年九月乙庚年十一月丙辛年正月丁壬年三月戊癸年五月以上並在門牛黃五七十一月在門牛胎三九月在門豬胎二四月在門六甲孕神三九月在門土公春夏在門大小耗星正七月在門

作門忌春不作東門夏不作南門秋不作西門冬不作北門庚寅日門大夫死

門光星大月從下數至上逆行小月從上數至下順行一日一位遇白圈大吉黑圈損六畜人字損人不利

○○●●●○○人人人○○○●●●○○人人人○○●●●○○

塞門塞路築堤塞水同伏斷閉日忌丙寅巳巳庚午丁巳

開路天德月德黃道建平日忌月建轉殺天賊正四廢破日

造橋梁起造宅舍同其法以水來處爲坐水去處爲向忌寅申巳亥日時

造倉庫乙丑巳巳庚午丙子巳卯壬午庚寅壬辰甲
午乙未庚子壬寅丁未甲寅戊午壬戌滿成開日
忌建破魁罡勾絞天瘟天賊受死月虛五虛十惡九空財離小耗大耗天火獨火次地火火星轉殺四忌五窮九土鬼正四廢冰消瓦陷四耗朱雀天牢黑道天地離日荒無

修倉庫丙寅丁卯庚午巳卯壬午癸未庚寅甲午乙
未癸卯戊午巳未癸丑滿成開日忌同上

造廚丙寅巳巳辛未戊寅巳卯甲申乙酉戊申巳酉
壬子甲寅乙卯巳未庚申豎造通用

作竈甲子乙丑己巳庚午辛未癸酉甲戌乙亥癸未
甲申壬辰乙未辛亥癸丑甲寅乙卯己未庚申黃
道天赦月空正陽五祥定成開日忌朱雀黑道天瘟土瘟天賊受
死天火獨火十惡四部轉殺毀敗豐至微衡九土鬼正四廢建破丙丁火星秋作大吉
春作次吉夏不宜作　戊子戊午年不宜修換鼎
新作之無妨
作廁修廁同己卯庚辰壬午丙戌癸巳壬子乙卯戊午
己未天乙絕氣伏斷土閉天聾地啞日忌正月二十九日
穿井修井同甲子乙丑癸酉庚子辛丑壬寅乙巳辛亥
辛酉癸亥丙子壬午癸未甲申乙酉戊子癸巳庚

子辛丑戊戌癸丑丁巳戊午己未庚申黃道天月
二德及合生炁成日忌黑道天瘟土瘟天賊受死土忌血忌飛廉九空大小耗
水隔九土鬼正四廢刀砧天地轉殺水痕伏斷三六七月及卯日泉竭泉閉日
辛巳己丑庚寅壬辰戊申已上係泉竭日戊辰辛巳己丑庚寅甲寅已上係泉閉日
開池甲子乙丑甲申壬午庚子辛丑辛亥癸巳癸丑
辛酉戊戌乙巳丁巳癸亥成閉日忌玄武黑道天賊土瘟受死小
耗大耗龍口伏龍咸池四部黑帝死冬壬癸日大殺入中宮日土鬼天瘟荒無水痕水隔正四廢
開溝渠甲子乙丑辛未己卯庚辰丙戌戊申開平日
作陂塘甲子己丑庚午癸酉甲戌戊寅己卯辛巳癸
未甲申乙酉乙巳庚寅丙申己亥戊申庚戌壬子

癸丑乙卯伏斷土閉成日忌滿破開日冬壬癸日
築墻動土通用
造酒醋丁卯癸未庚午甲午己未春氐箕夏亢秋奎
冬危直日星滿成開日忌天牢黑道天獄勾絞天賊受死小耗大耗月厭死
氣天瘟九土鬼正荒無滅沒上下弦月破月忌晦日
造麯辛未乙未庚子
造醬丁卯
醃藏瓜菜初一初三初七初九十一十三十五日
醃臘下飯黃道生炁天月二德及合滿成開日忌同上四條
修製藥餌戊辰己巳庚午壬申乙亥戊寅甲申丙戌

辛卯壬辰乙未丙午丁未辛亥戊午己未除開破
日
求醫服藥針灸同丁卯庚午甲戌丙子丁丑壬午甲申
丙戌丁亥辛卯壬辰丙申戊戌己亥庚子辛丑甲
辰乙巳丙午戊申己酉壬子癸丑乙卯丙辰壬戌
天醫天巫天解要安生氣活曜天月二德天月德
合忌病禍日氷日辛未扁鵲死日針灸忌白虎黑道月厭月殺獨火死別血支血忌火隔男忌除
日女忌破日
造桔槔黃道天月二德生炁三合平定日忌黑道虛耗焦坎地
火上火土鬼水隔水痕破日

造器皿染顏色同天成天庫祿庫天財地財月財金石合

福厚天月德忌六不成破敗日

造床造牀奩同黃道生氣要安吉期活曜天慶天瑞吉慶

天月二德合天喜金堂玉堂益後續性三合成日

忌天瘟四廢土鬼建破魁罡勾絞火星離窠危日

安床帳甲子乙丑丙寅丁卯庚午辛未甲戌丙子庚

辰辛巳丙戌丁亥癸巳丁酉戊戌乙未己亥庚子

癸卯甲辰乙巳丙午甲寅乙卯丙辰丁巳戊午己

未辛酉壬戌丁丑乙酉戊子壬寅閉日忌天瘟受死天賊卧

尸津破魁罡勾絞荒蕪九空空亡離窠正四廢土鬼陰陽錯申危日火星

裁衣合帳甲子乙丑丙寅丁卯戊辰己巳癸酉甲戌

乙亥丙子丁丑己卯庚辰辛巳癸未甲申乙酉丙

戌丁亥戊子己丑庚寅壬辰癸巳甲午乙未丙申

戊戌庚子辛丑癸卯甲辰乙巳戊申己酉癸丑甲

寅乙卯丙辰辛酉壬戌裁衣成開日合帳水閉日

裁衣吉星角亢房斗牛虛壁奎婁鬼張翼軫忌天賊朱

雀黑道月破小耗大耗天火月火大星正四廢受死長短星

造船破木修造起工同

成造定舭起造同

新船下水出行同天德月德天月德合要安定成日忌風

波河伯白浪天賊受死月破咸池招搖四激殃敗九坎䟱龍水隔水痕危日張宿觸水龍江河離子

腎死河伯死日八風土鬼建破魁罡勾絞正四廢

安碓磑安磨碾油榨同庚午辛未甲戌乙亥庚寅庚子庚申

忌牛胎正七月

結網黑道月殺飛廉受死執危收日

捕魚戊辰庚辰己亥魚會日

畋獵月殺飛廉執危收十干上朔日

作牛欄甲子戊辰己巳庚午甲戌乙亥丙子庚辰壬

午癸未庚寅庚子戊午己未辛酉忌建破魁罡勾絞牛大血血忌

牛飛廉牛腹脹牛刀砧天賊天瘟九空受死小耗大耗九土鬼正四廢

作馬坊甲子丁卯辛未乙亥己卯甲申戊子辛卯壬

辰庚子壬寅乙巳壬子天德月德成開日忌戊寅庚寅戊

午飛廉刀砧血忌天瘟大賊建破魁罡勾絞受死九空土鬼正四廢小耗大耗

作猪圈甲子戊辰壬申甲戌庚辰戊子辛卯癸巳甲

午乙未庚子壬寅癸卯甲辰乙巳戊申壬子忌天瘟天

賊九空受死飛廉刀砧血忌土鬼破日正四廢並小耗大耗

作羊棧丁卯戊寅己卯辛巳甲申庚寅壬辰甲午庚

子壬子癸丑甲寅庚申辛酉忌同上

作雞鵞鴨棲窩乙丑戊辰癸酉辛巳壬午癸未庚寅

辛卯壬辰乙未丁酉庚子辛丑甲辰乙巳壬子丙

辰丁巳戊午壬戌滿成開日（忌刀砧大耗小耗天賊正四廢受死天瘟魁罡勾絞月破飛廉血忌土鬼正四廢）

〔買牛〕丙寅丁卯庚午癸未甲申辛卯丁酉戊戌庚子庚戌辛亥戊午壬戌成收開日及正月寅午戌六月亥卯未日（忌血支血忌刀砧破群日）

〔納牛〕丙寅壬寅乙巳辛亥戊午（忌同上）

〔奈牛鼻〕戊辰巳巳辛未甲戌乙亥辛巳乙酉戊子乙巳乙卯戊午巳未（忌刀砧血忌）

〔教牛〕庚午壬午甲午庚子辛亥壬子甲寅

〔買馬〕乙亥乙酉戊子壬辰乙巳壬子巳未收成日（忌戊寅戊申甲寅日）

〔納馬〕乙亥巳丑乙巳（忌戊午并破群日天賊正四廢）

〔伏馬習駒〕乙丑巳巳甲戌乙亥丁丑壬午丙戌戊子巳丑癸巳乙未丙申壬寅丁未巳酉甲寅丙辰丁巳辛酉癸亥建收日

〔買豬〕甲子乙丑癸未乙未甲辰壬子癸丑丙辰壬戌（忌破群日）

〔買羊〕甲子丙寅庚午丁丑庚辰辛巳壬午癸未甲申巳丑甲午庚子丁巳戊午

〔取貓〕甲子乙丑丙子丙午丙辰壬午庚午庚子壬子

天德月德生炁日（忌飛廉日鶴神方飛廉大殺方）

〔取犬〕辛巳壬午乙酉壬辰甲午乙未丙午丙辰戊午龍虎日（忌戊日并鶴神方）

〔納六畜〕戊寅壬午辛卯甲午戊戌巳亥壬子成收日（忌破群日）

〔諸吉神〕

日吉	月正七	二八	三九	四十	五十一	六十二
青龍黄道	子	寅	辰	午	申	戌
明堂黄道	丑	卯	巳	未	酉	亥
金匱黄道	辰	午	申	戌	子	寅
天德黄道	巳	未	酉	亥	丑	卯
玉堂黄道	未	酉	亥	丑	卯	巳
司命黄道	戌	子	寅	辰	午	申

日吉	月正	二	三	四	五	六	七	八	九	十	十一	十二
天德	丁	申	壬	辛	亥	甲	癸	寅	丙	乙	巳	庚
月德	丙	甲	壬	庚	丙	甲	壬	庚	丙	甲	壬	庚
天德合	壬	巳	丁	丙	寅	巳	戊	亥	辛	庚	申	乙
月德合	辛	巳	丁	乙	辛	巳	丁	乙	辛	巳	丁	乙
月恩	丙	丁	庚	巳	戊	辛	壬	癸	庚	乙	甲	辛
天喜	戌	亥	子	丑	寅	卯	辰	巳	午	未	申	酉

生炁		子	丑	寅	卯	辰	巳	午	未	申	酉	戌	亥
要安		寅	申	卯	酉	辰	戌	巳	亥	午	子	未	丑
王堂		卯	酉	辰	戌	巳	亥	午	子	未	丑	申	寅
金堂		辰	戌	巳	亥	午	子	未	丑	申	寅	酉	卯
福生		酉	卯	戌	辰	亥	巳	子	午	丑	未	寅	申
益後		子	午	丑	未	寅	申	卯	酉	辰	戌	巳	亥
續世		丑	未	寅	申	卯	酉	辰	戌	巳	亥	午	子
月財		午	乙	巳	未	酉	亥	午	乙	巳	未	酉	亥
貴人	吉人同	丑	卯	巳	未	酉	亥	丑	卯	巳	未	酉	亥
天財	天慶同	辰	午	申	戌	子	寅	辰	午	申	戌	子	寅
上官	地財同	巳	未	酉	亥	丑	卯	巳	未	酉	亥	丑	卯
天庫	天成同	未	酉	亥	丑	卯	巳	未	酉	亥	丑	卯	巳
天官	祿庭同	戌	子	寅	辰	午	申	戌	子	寅	辰	午	申
吉慶		酉	寅	亥	辰	丑	午	卯	申	巳	戌	未	子
榮官		卯	卯	卯	午	午	午	酉	酉	酉	子	子	子
豐旺	福厚同	寅	寅	寅	巳	巳	巳	申	申	申	亥	亥	亥
戌動		午	午	午	酉	酉	酉	子	子	子	卯	卯	卯
吉期		卯	辰	巳	午	未	申	酉	戌	亥	子	丑	寅
三合		午戌	未亥	子申	丑酉	寅戌	卯亥	子辰	丑巳	寅午	卯未	辰申	巳酉
六合		亥	戌	酉	申	未	午	巳	辰	卯	寅	丑	子

月空	壬	庚	丙	甲	壬	庚	丙	甲	壬	庚	丙	甲
天巫	辰	巳	午	未	申	酉	戌	亥	子	丑	寅	卯
天醫	丑	寅	卯	辰	巳	午	未	申	酉	戌	亥	子
天解	午	申	戌	子	寅	辰	午	申	戌	子	寅	辰
敬心	未	丑	申	寅	酉	卯	戌	辰	亥	巳	子	午
普護	申	寅	酉	卯	戌	辰	亥	巳	子	午	丑	未
陰德	酉	未	巳	卯	丑	亥	酉	未	巳	卯	丑	亥
穴天狗	辰	巳	午	未	申	酉	戌	亥	子	丑	寅	卯

日吉 \ 月	春	夏	秋	冬
天赦	戊寅	甲午	戊申	甲子
母倉（季月土王後用巳午日）	亥子	寅卯	辰戌丑未	申酉
旺日	甲乙寅卯	丙丁巳午	庚辛申酉	壬癸丑子
相日	丙丁巳午	戊己辰戌丑未	壬癸亥子	甲乙寅卯
天貴	甲乙	丙丁	庚辛	壬癸

天恩日甲子乙丑丙寅丁卯戊辰己卯庚辰辛巳壬午癸未己酉庚戌辛亥壬子癸丑

天瑞日戊寅己卯辛巳庚寅壬子

天福日辛巳庚寅辛卯壬辰癸巳己巳己亥庚子辛丑乙巳丁巳庚申

五合日丙寅丁卯合陰陽　戊寅己卯合人民　庚寅辛卯

金石合壬寅癸卯江河合甲寅乙卯日月合

鳴吠日 庚午壬申癸酉壬午甲申乙酉庚寅丙申丁酉壬寅丙午己酉庚申辛酉

鳴吠對日 丙寅丁卯丙子辛卯甲午庚子癸卯壬子甲寅乙卯

諸凶神 四廢 春庚申辛酉夏壬子癸丑秋甲寅乙卯冬丙午丁巳

日凶	正七	二八	三九	四十	五十一	六十二
天刑黑道	寅	辰	午	申	戌	子
朱雀黑道	卯	巳	未	酉	亥	丑

日凶	正七	二八	三九	四十	五十一	六十二
白虎黑道	午	申	戌	子	寅	辰
天牢黑道	申	戌	子	寅	辰	午
玄武黑道	酉	亥	丑	卯	巳	未
勾陳黑道	亥	丑	卯	巳	未	酉

日凶	正	二	三	四	五	六	七	八	九	十	十一	十二
建日 人皇人后上府同	寅	卯	辰	巳	午	未	申	酉	戌	亥	子	丑
破日 福	申	酉	戌	亥	子	丑	寅	卯	辰	巳	午	未
河魁 大禍及勾絞同	亥	午	丑	申	卯	戌	巳	子	未	寅	酉	辰
天罡 滅門及勾絞同	巳	子	未	寅	酉	辰	亥	午	丑	申	卯	戌
月殺月虛	丑	戌	未	辰	丑	戌	未	辰	丑	戌	未	辰

天火狼籍	子	卯	午	酉	子	卯	午	酉	子	卯	午	酉
氷消瓦陷	巳	子	丑	申	卯	戌	亥	午	未	寅	酉	辰
披麻殺	子	酉	午	卯	子	酉	午	卯	子	酉	午	卯
獨火月火	巳	辰	卯	寅	丑	子	亥	戌	酉	申	未	午
天地荒無	巳	酉	丑	申	子	辰	亥	卯	未	寅	午	戌
死炁官符	午	未	申	酉	戌	亥	子	丑	寅	卯	辰	巳
飛廉大殺	戌	巳	午	未	寅	卯	辰	亥	子	丑	申	酉
天賊	辰	酉	寅	未	子	巳	戌	卯	申	丑	午	亥
天瘟	未	戌	辰	寅	午	子	酉	申	巳	亥	丑	卯
小耗	未	申	酉	戌	亥	子	丑	寅	卯	辰	巳	午

大耗	申	酉	戌	亥	子	丑	寅	卯	辰	巳	午	未
九空焦坎 時離歲空同	辰	丑	戌	未	卯	子	酉	午	寅	亥	申	巳
陰錯	庚戌	辛酉	庚申	丁未	丙午	丁巳	甲辰	乙卯	甲寅	癸丑	壬子	癸亥
陽錯	甲寅	乙卯	甲辰	丁巳	丙午	丁未	庚申	辛酉	庚戌	癸亥	壬子	癸丑
牢日	辰	辰	辰	未	未	未	戌	戌	戌	丑	丑	丑
獄日	未	未	未	戌	戌	戌	丑	丑	丑	辰	辰	辰
徒隸	申	申	申	亥	亥	亥	寅	寅	寅	巳	巳	巳
死別	戌	戌	戌	丑	丑	丑	辰	辰	辰	未	未	未
伏罪	亥	亥	亥	寅	寅	寅	巳	巳	巳	申	申	申
不舉	子	子	子	卯	卯	卯	午	午	午	酉	酉	酉

刑獄	丑	丑	丑	辰	辰	辰	未	未	未	戌	戌	戌
月厭	戌	酉	申	未	午	巳	辰	卯	寅	丑	子	亥
厭對	辰	卯	寅	丑	子	亥	戌	酉	申	未	午	巳
天寡	卯	卯	卯	午	午	午	酉	酉	酉	子	子	子
地寡	酉	酉	酉	子	子	子	卯	卯	卯	午	午	午
紅沙殺	酉	酉	酉	酉	巳	巳	巳	巳	丑	丑	丑	丑
吟神	酉	巳	丑	酉	巳	丑	酉	巳	丑	酉	巳	丑
天雄	戌	亥	子	丑	寅	卯	辰	巳	午	未	申	酉
地雌	辰	巳	午	未	申	酉	戌	亥	子	丑	寅	卯
往亡	寅	巳	申	亥	卯	午	酉	子	辰	未	戌	丑
無翅	亥	戌	酉	申	未	午	巳	辰	卯	寅	丑	子
刀砧殺	亥子	亥子	亥子	寅卯	寅卯	寅卯	巳午	巳午	巳午	申酉	申酉	申酉
木馬殺	巳	未	酉	申	戌	子	亥	丑	卯	寅	辰	午
斧頭殺	辰	辰	辰	未	未	未	酉	酉	酉	子	子	子
	正	二	三	四	五	六	七	八	九	十	十一	十二
魯般殺	子	子	子	卯	卯	卯	午	午	午	酉	酉	酉
月建轉殺		卯			午			酉			子	
四部	午	午	午	卯	卯	卯	子	子	子	酉	酉	酉
地破	亥	子	丑	寅	卯	辰	巳	午	未	申	酉	戌
破敗	申	戌	子	寅	辰	午	申	戌	子	寅	辰	午
太地火	巳	午	未	申	酉	戌	亥	子	丑	寅	卯	辰

毀敗	寅	寅	辰	辰	午	午	申	申	戌	戌	子	子
豐至	申	申	戌	戌	子	子	寅	寅	辰	辰	午	午
徵衝	酉	酉	亥	亥	丑	丑	卯	卯	巳	巳	未	未
地火	戌	酉	申	未	午	巳	辰	卯	寅	丑	子	亥
鬼火	戌	亥	子	丑	寅	卯	辰	巳	午	未	申	酉
土瘟	辰	巳	午	未	申	酉	戌	亥	子	丑	寅	卯
五虛	丑	丑	丑	子	子	子	未	未	未	寅	寅	寅
臥尸	子	酉	未	申	巳	辰	卯	寅	丑	午	戌	亥
楊公忌	十三	十一	初九	初七	初五	初三	初一廿九	二十七	二十五	二十三	二十一	十九
血忌（牛火血同）	丑	未	寅	申	卯	酉	辰	戌	巳	亥	午	子
天窮	子	寅	午	酉	子	寅	午	酉	子	寅	午	酉
日流財	亥	申	巳	寅	卯	午	子	酉	丑	未	辰	戌
亡嬴	甲寅	甲午	甲戌	丁卯	丁巳	庚辰	庚寅	庚子	戊辰	癸亥	癸巳	癸亥
四方耗	初二	初三	初四	初五	初二	初三	初四	初五	初二	初三	初四	初五
土忌	寅	巳	申	亥	卯	午	酉	子	辰	未	戌	丑
入座	亥	子	丑	寅	卯	辰	巳	午	未	申	酉	戌
地中白虎	巳	辰	卯	寅	丑	子	亥	戌	酉	申	未	午
重喪	甲庚	乙辛	戊巳	丙壬	丁癸	戊巳	甲庚	乙辛	戊巳	丙壬	丁癸	戊巳
龍虎	巳	亥	午	子	未	丑	申	寅	酉	卯	戌	辰
受死	戌	辰	亥	巳	子	午	丑	未	寅	申	卯	酉

歸忌	丑	寅	子	丑	寅	子	丑	寅	子	丑	寅	子
游禍	巳	寅	亥	申	巳	寅	亥	申	巳	寅	亥	申
血支	丑	寅	卯	辰	巳	午	未	申	酉	戌	亥	子
咸池伏口伏龍同	卯	子	酉	午	卯	子	酉	午	卯	子	酉	午
白浪	寅	卯	辰	巳	午	未	申	酉	戌	亥	子	丑
招搖	辰	卯	寅	丑	子	亥	戌	酉	申	未	午	巳
四激	丑	丑	丑	戌	戌	戌	辰	辰	辰	未	未	未
殃敗	卯	寅	丑	子	亥	戌	酉	申	未	午	巳	辰
蛟龍	未	申	戌	申	戌	丑	辰	未	辰	申	子	巳
天隔	寅	子	戌	申	午	辰	寅	子	戌	申	午	辰

便民圖纂　卷之九　三十四

人隔	酉	未	巳	卯	丑	亥	酉	未	巳	卯	丑	亥
神隔	巳	卯	丑	亥	酉	未	巳	卯	丑	亥	酉	未
鬼隔	申	午	辰	寅	午	戌	申	午	辰	寅	午	戌
火隔	午	辰	寅	子	戌	申	午	辰	寅	子	戌	申
水隔	戌	申	午	辰	寅	子	戌	申	午	辰	寅	子
長星	初七	初四	初一	初九	十五	初十	初八	初二初五	初三初四	初一	十二	初九
短星	二十一	十九	十六	二十五	二十五	二十	二十二	十八十九	十六十七	十四	二十二	二十五
天乙絶氣	初六	初七	初八	初九	初十	十一	十二	十三	十四	十五	十六	十七
牛飛廉	午	午	申	申	戌	戌	子	子	寅	寅	辰	辰
牛腹脹	申	申	申	丑	丑	丑	辰	辰	辰	未	未	未

天狗　子丑寅卯辰巳午未申酉戌亥

天狗下食時　子日亥　丑日子　寅日丑　卯日寅　辰日卯　巳日辰　午日巳　未日午　申日未　酉日申　戌日酉　亥日戌

日凶　年　子丑寅卯辰巳午未申酉戌亥

風波日　子丑寅卯辰巳午未申酉戌亥

河伯日　亥子丑寅卯辰巳午未申酉戌

四離日　春分秋分夏至冬至前一日

四絶日　立春立夏立秋立冬前一日

天休廢日　正四七十月初四初九　二五八十一月十八十三　三六九十二月二十二二十七

赤口日　正七月初三初九十五二十一二十七　二八月初二初八十四二十二十六　三九月初一初七十三十九二十五　四十月初六十二十八二十四三十　五十一月初五十一十七二十三二十九　六十二月初四初十十六二十二二十八

便民圖纂　卷之九　三十五

九土鬼日　乙酉癸巳甲午辛丑壬寅己酉庚戌丁巳戊午（其日與建破魁罡相併者大凶餘日無妨）

伏斷日　子虛　丑斗　寅室　卯女　辰箕　巳房　午角　未張　申鬼　酉觜　戌胃　亥壁

天空亡日　丁丑戊寅丁未戊申壬辰癸巳壬戌癸

亥
大小空亡日正月初六十四二十二三十大初二
初十十八二十六小二月初五十三二十一二
十九大初一初九十七二十五小三月初四十
二三十二十八大初八十六二十四小四月初
三十一十九二十七大初七十五二十三小五
月初二初十十八二十六大初六十四二十二
三十小六月初一初九十七二十五大初五十
三二十一二十九小七月初八十六二十四大
初四十二三十二十八小八月初七十五二十

三大初三十一十九二十七小九月初六十四
二十二三十大初二初十十八二十六小十月
初五十三二十一二十九大初一初九十七二
十五小十一月初四十二二十二十八大初八
十六二十四小十二月初三十一十九二十七
大初七十五二十三
大殺入中宮日戊辰丁丑丙戌乙未甲辰癸丑壬
戌非辰戌丑未月則不忌
十惡大敗日甲辰乙巳壬申丙申丁亥庚辰戊戌
癸亥辛巳己丑

四時大墓日春乙未夏丙戌秋辛丑冬壬辰
滅沒日虛爲滅盈爲沒
猖鬼敗亡日丁卯戊辰壬申戊寅辛巳戊子己丑
戊戌己亥辛丑戊申庚戌辛亥戊午庚申壬戌
上朔日甲年癸亥乙年己巳丙年乙亥丁年辛巳
戊年丁亥己年癸巳庚年己亥辛年乙巳壬年
辛亥癸年丁巳
九醜日己卯壬午乙酉戊子辛卯己酉壬子戊午
辛酉
天地離日丙申丁酉　人民離日戊申己酉

黑帝死日甲戌
天聾日丙寅戊辰丙子丙申庚子壬子丙辰
地啞日乙丑丁卯己卯辛巳乙未丁酉己亥辛丑
辛亥癸丑辛酉
四耗日春壬子夏乙卯秋戊午冬辛酉
四不祥日每月初四初七十六十九
虛敗日春己酉夏甲子秋辛卯冬庚午
四忌五窮日春甲子乙亥夏丙子丁亥秋庚子辛
亥冬壬子癸亥
五不歸日己卯辛巳丙戌壬辰丙申己酉辛亥壬

子丙辰庚申辛酉
離窠日丁卯戊辰巳巳壬申戊寅辛巳壬午戊子巳丑戊戌巳亥辛丑辛亥戊午壬戌癸亥
火星日子午卯酉月甲子癸酉壬午辛卯庚子巳酉戊午寅申巳亥月乙丑甲戌癸未壬辰辛丑庚戌巳未辰戌丑未月壬申辛巳庚寅巳亥戊申丁巳
水痕日大月初一初七十一十七二十三三十小月初三初七十二二十六
土痕日大月初三初五初七十五十八小月初一

初二初六二十二二十六二十七
田痕日大月初六初八二十二二十三小月初八十一十三十七十九
重復日每月巳亥
破羣日每月庚寅甲寅戊辰壬申庚申
張宿日丙子癸未戊戌癸丑乙卯
觸水龍日丙子癸未癸丑　江河離日壬申癸酉
八風日春丁丑巳酉夏甲申甲辰秋辛未丁未冬甲戌甲寅　風伯死日甲子
子胥死日壬辰　河伯死日庚辰

黃黑道時

子午日子丑卯午申酉爲黃道餘爲黑道　丑未日寅卯巳申戌亥爲黃道餘爲黑道　寅申日子丑辰巳未戌爲黃道餘爲黑道　卯酉日子寅卯午未酉爲黃道餘爲黑道　辰戌日寅辰巳申酉亥爲黃道餘爲黑道　巳亥日丑辰午未戌亥爲黃道餘爲黑道

便民圖纂卷第九

便民圖纂卷第十

起居類

起居格言 起居不節用力過度則脉絡傷傷陽則衄傷陰則下○久視傷神久立傷骨久行傷筋久坐傷血久臥傷氣○春宜夜臥早起以使志生逆之則傷肝夏爲寒變○夏宜夜臥早起使志無怒使氣得泄逆之則傷心秋爲痎瘧○秋宜早臥早起使志安寧收斂神氣逆之則傷肺冬爲飧泄○冬宜早臥晚起去寒就温無泄皮膚逆之則傷腎春爲痿厥○大喜墜陽大怒破陰大怖生狂大恐傷腎○有所失忘求而不得則發爲肺鳴肺鳴則肺熱其肺葉焦而爲痿躄○悲哀太甚則胞絡絶而心下崩數溺血而爲肌痺○思想無窮而所願不得意淫於外入房太甚則發爲筋痿及爲白淫○心有所憎不用深憎心有所愛不用深愛不然則損性傷神○談笑以惜精氣爲本多笑則腎轉腰疼○眼者身之鏡視多則鏡昏耳者身之牖聽多則牖閉面者神之庭心悲則面焦髮者腦之華腦減則髮素○氣清則神暢氣濁則神昏氣亂則神勞氣衰則神去○起晏則神不清

省心法言 天道遠人道邇順人情合天理○身閑不如心閑藥補不如食補○富貴不知止殺身飲食不知節損壽○戒酒後語忌食時嗔忍難耐事順不明人○無事當貴無災當福調攝當藥蔬食當肉○富貴不儉貧時悔見事不學用時悔醉後狂言醒時悔安不將息病時悔○務德莫如滋去惡莫如盡○嘉穀不早實大器當晚成○大富由命小富由勤○一年之計在春一日之計在寅一生之計在勤一家之計在和○欲成家置兩犂欲破家娶兩妻○安分身無辱知幾心自閑○起家之子惜糞如金敗家之子棄金如糞○得意處早回頭力到處行方便○避色如避仇避風如避箭○作福不如避罪服藥不如忌口○服藥千朝不如獨宿一宵飲酒千斛不如飽飡一粥○麄茶淡飯飽卽休補綴遮寒暖卽休○得忍且忍得戒且戒不忍不戒小事成大○知足常足終身不辱知止常止終身不恥○舌存以軟齒亡以剛○百戰百勝不如一忍萬言萬當不如一默○教子嬰孩教婦初來○至樂莫如讀書至要莫如教子○遺子千金不如教子一經養身百計不如隨身一藝○

養子如虎猶恐如鼠養女如鼠猶恐如虎○至富不造屋至貧莫賣屋○君子之交淡若水小人之交甘若醴○君子擇而後交故寡尤小人交而後擇故多怨○結朋須勝已似我不如無○相識圖相益濟人須濟急○施恩勿求報與人勿追悔

起居之宜 五更時以兩手摩擦令極熱熨面及腮去皺紋熨眼明目○早起以左右手摩腎次摩脚心則無脚氣諸疾○鷄鳴時扣齒三十六遍舐唇嗽口舌撩上齶三過能殺蟲補虛損○齒宜朝暮扣會神○卒遇凶惡事當扣左齒三十六名撞天鐘

辟邪氣扣右齒名搥天磬扣中央齒名擊天鼓則凶變爲吉○早行含煨生薑少許不犯霧露若腹實及飲酒能解瘴氣○大寒冷早出喻真酥油則耐寒○行路劳倦骨疼宜在暖處睡○行路多夜向壁角拳足睡則明日足不劳○入山山精老魅多來試人或作人形當懸明鏡九寸於背後以辟衆惡蓋鬼魅雖能變形而不能使鏡中之形變其形在鏡中則銷亡退走不敢爲害○渡江河朱書禹字佩之能免風濤之厄○凡食訖以温水嗽口則無齒疾○食後以小紙撚打噴嚏數次使氣通

而脾胃明痰自化○晚飯少及臥不覆面皆得壽○晚飯後徐步庭下無病○臨睡宜服去痰藥○將睡叩齒則牙牢○睡宜拳足覺宜伸舒○枕内放麝香一臍能辟邪惡安决明子菊花能明目○夜臥或側或仰一足伸一足屈勿令並則無夢泄之患○夜臥以鞋一覆一仰則無魘與惡夢○夜魘者取梁上塵吹鼻中即醒○夜起用氊作鞋或以氊襯則足温不受寒邪○夜起坐以手攀脚底則無轉筋之疾○不語唾塗瘡則腫消搽大拇指節背塗眼則目至老不昏○未語時服補藥入腎

經

起居雜忌 用炊湯洗面則無精神○水過夜面上有五色光彩者不可洗手若磨刀水洗手則生癬○遠行觸熱及醉後用冷水洗面則生黑䵟成目疾○有目疾者沐浴及房事則目盲○凌霄花露入眼則失明○久視雲漢及日光損目○燒甘蔗柤及夏月枕鐵石等物目暗○諸禽獸油點燈令人目盲○馬尾作刷牙損齒○頻浴熱氣壅腦血凝而氣散○飢忌浴飽忌沐晦日浴朔日沐吉○沐浴未乾不可睡○猛汗時河内浴成骨痺○坐臥

沐浴勿當簷風及窗隙風皆成病○大汗偏脱衣
得偏風半身不遂醉後汗出脱衣靴當風取凉成
脚氣○汗出及醉時不可令人扇生偏枯疾○空
心茶加塩直透腎經又冷胃○食飽不宜洗頭洗
頭不宜冷水淋○嗅臘梅花生鼻痔○橘花上有
蠆毒及凌霄金錢花亦皆有毒不可近鼻聞○麝
香鹿茸皆有細蟲聞之則蟲入腦○虎豹皮上睡
驚神毛入瘡有大毒○夏月不宜坐日晒石上熱
則成瘡冷則成疝○夏月遠行不宜用冷水濯足
雪寒草履不可用熱湯洗足○夏月并醉時不可

露臥生風癬冷痺○食飽卽睡成氣疾○凡睡覺
飲水更眠成水癖○雷鳴時不可仰臥○星月下
不可裸形○向星辰日月神堂廟宇不可大小便
○夜間不宜朝西北小便○夜行勿歌唱大叫○
夜間不宜說鬼神事○口吹燈則損氣○停燈行
房損壽○本命日及風雨雷電日月薄蝕庚申甲
子并朔望晦日四時二社二分二至並忌房事○
朔不可哭晦不可歌
人事防閑　夜飲之家多生奸盜○夜間臥處停燈與
賊爲眼○夜間犬吠宜密喚醒同伴不可自解說

云不是盜賊○夜獨起必喚知同伴○出門向外
必回身掩門恐盜乘隙而入○起逐盜賊防改易
元路○賊以物入探不可用手拏○夜覺盜入直
叫有賊令自竄不可輕易趕逐○遇賊不可乘暗
擊之恐誤擊自家人○夜遇物有聲只言有賊不
可指言鼠及猫犬○獲得盜賊卽便解官不可久
留恐有他變及不可先自將賊打傷○臨睡吹燈
時須剔落燈花剔起燈草剔去燭燼然後吹滅有
警急時易爲點上○上床時鞋子頭須向外倉卒
易穿○睡人不宜戲畫其面或致魘死○竈前不

可有積薪竈邊水缸夜須汲滿以備不虞○宿火
不可蓋烘籃低屋不宜灸蠶簇○暮年不宜置寵
○蓄妾不宜太慧○婦人奴婢之言不可輕信○
別宅不可置寵○奴僕當防私通○奴婢不可自
撻○婢妾不可遽遣○有子勿置乳母○親鄰不
宜假借○養義子當別嫌養親戚慮後患○同居
不必私藏分財不可輕重○幹人須擇淳謹狡猾
不可任用○親賓戒虐以酒○背後不可譏議○
恤鄰里防緩急○置便門防寇盜○失物便宜急
尋○小兒當謹其出入不可衣以金珠○棺中不

宜厚歛墓中不宜厚葬○起造須是預備陂塘及時修治○賦稅早當輸納逋債不可輕舉○凡事須自區處○言語切戒暴厲○見人富貴不可妬見人貧賤不可欺見人之善不可掩見人之惡不揚

營造避忌人家居處宜高燥潔淨○造屋不宜作兩間四間兩家門不宜正相對○造屋不可先築墻及外門○凡門以栗木爲門者可以遠盜○東北開門多招恠異之事○門口不宜有水坑大樹不宜當門○門前青草多愁怨門外垂楊并吉祥○墻頭衝門直路衝門神社對門與門中水出並凶○房門不可對天井厨房門不可對房門○桑樹不宜作屋料死樹不宜作棟梁○屋後不可種芭蕉○中庭不宜種樹○大樹不宜近軒○廳内房前後堂俱不宜開井○古井及深穽中有毒氣不可入○窺古井損壽○塞古井令人耳聾○井畔不宜栽桃○井竈不宜相見○作竈不宜用壁泥○刀斧不宜安竈上簸箕不宜安竈前○女子不宜祭竈○婦人不宜跂竈坐○竈前不宜歌笑罵詈吟哭呪咀無禮○竈灰不宜棄厠中○上厠不

可唾○上厠之時咳嗽兩三聲吉

飲食宜忌古云善養性者先渴而飲飲不過多多則損氣渴則傷血先飢而食食不過飽飽則傷神飢則傷胃○飲食務取益人者仍節儉爲佳若過多覺膨了短氣便成疾○陶隱居云食戒欲麤并欲速寧可少食相接續莫教一飽頓充腸損氣傷心非爾福○又云生冷粘膩筋韌物自死牲牢皆勿食饅頭閉氣莫過多生膾偏招脾胃疾鮓醬胎卵蕪油膩陳臭淹藏盡陰類老人朝暮更飡之是借寇兵無以異○侵晨食粥能暢胃氣生津液○老人常以生牛乳煮粥食之有益○茶宜漱口不宜多啜○空心茶卯時酒申時飯皆宜少○諺云上床蘿蔔下床薑蓋夜食蘿蔔則消酒食清晨食薑則能開胃芻蕘之言亦不可忽也如是○多種鷄頭蔆米可以代食山藥鳧茨可以充飢○麪不宜過水以滚湯候冷代水用之○食麪後如欲飲酒須先以酒嚥去目漢椒三二粒則不爲病○食蓮子宜蒸熟去心生則脹膓不去心則成霍亂○食生藕除煩渴解酒藕箸蒸熟食之甚補五臟實下焦與蜜同食令腹臟肥不生諸蟲○生果停久有

處者不可食○甜瓜沉水者殺人雙蒂者亦然○蕈無紋有毛及煑不熟者不可食○酒漿上不見人物影者不可食○暑月磁器如日晒太熱者不可便盛飲食○銅器内盛酒過夜者不可食○盛蜜缾作鮓不可食○凡肉汁藏器中氣不泄者有毒以銅器蓋之汗滴入者亦有毒○肉經宿并熟鷄過夜不再煮不可食○凡肉生而斂墮地不粘塵煑而不熟者皆有毒○祭神肉自動及祭酒自耗者皆不可食○諸肉脯貯米中及晒不乾者皆不可食○凡禽獸肝青者不可食○諸禽獸腦子

滑精不可食○凡鳥死口目不閉脚不伸者不可食○黒鷄白首并四距者不可食○馬生角及白馬黒頭白馬青蹄者皆不可食○黒牛白頭并獨肝者不可食○羊肝有竅及羊獨角黒頭者皆不可食○兎合眼者皆不可食鼠殘物食之生瘰癧○凡魚目能開閉或無腮無膽及有角白背黒點者皆不可食○鮎魚赤鬚赤目者有毒○魚頭有白連脊者不可食○河豚魚浸血不盡及子與赤斑者皆不可食○鯉魚頭腦有毒○魚鮓内有頭髮者不可食○鰕無鬚及復下黒者有毒○鱉目相向有獨螯者不可食○鼈腹有蛇蟠痕者不可食○一應簷下雨滴菜有毒○笋屋漏水入諸脯中食之生癥瘕○陶缾内挿花宿水及養臘梅花水飲之能殺人○吐多飲水成消渴○髮落飲食中食之成瘕○飲食於露天飛絲墮其中食之咽喉生泡○多食鹹則凝注而色變多食苦則皮枯而毛落多食辛則筋急而爪枯多食酸則肉胝䐢而脣揭多食甘則骨痛而齒落○食炙煿宜待冷不然則傷血損齒

飲酒宜忌 凡醉後慎勿即睡必成眼昏目盲之疾待

醒方睡最佳○酒後行房事則五臟翻覆宜爲終身之戒○飲白酒忌食生韭菜及諸甜物○食生菜飲酒者莫炙腹令人膓結○醉後不宜食羊豕腦○醉後不可食芥辣緩人筋骨亦不可食胡桃令人吐血○蒲萄架下不宜飲酒○醉中飲冷水成手顫○醉不可强食嗔怒生癰疽○醉人大吐不以手緊掩其面則轉痛○醉中大小便不可忍成癃閉瘍痁等疾○醉飽後不宜走馬及跳躑○久飲酒者腐膓爛胃潰脂蒸筋傷神損壽及多成血痺之疾若燒酒尤能殺人宜深戒之○飲燒酒

不醒者急用菉豆粉盪皮切片挑開口牙用冷水
送粉片下喉卽醒○飲酒之法自温至熱若於席
散時須飲熱酒一杯則無中酒之患欲醒酒多食
橄欖治病酒煮赤豆汁飲之○凡晦日不宜大醉
蓋人之血脉隨月盈虧方月滿時則血氣實肌肉
堅至月盡則月全晦經絡虛肌肉減衞氣去矣當
是時也又大醉以傷之是以重虛故云晦夜之醉
損一月之壽也

飲食反忌 猪肉與生薑同食發大風○猪肝與鵪鶉
同食面生黑點又不宜與魚子同食○猪血與黄

豆同食悶人○猪肉不與羊肝同食○牛肉與薤
同食生疣又不宜與栗子蘿蔔同食○牛肝不與
鮎魚同食○羊肝與生椒同食傷五臟栗小豆梅
子同食傷人○犬肉不與蒜同食○麋鹿不與鰕
同食○兎肉與白鷄同食發黄與鼈同食則血氣
不行與鷄橘同食則成霍亂○鷄肉與胡荽同食
氣滯○野鷄與鮎魚同食生癩與蕎麪同食生蟲
又不宜與鯽魚猪肝蘑菰菌子同食○鯽魚與芥
菜同食令人黄腫○鯉魚與紫蘇同食發癰疽○
鼈肉與莧菜同食生蟲○鱔魚不與白犬肉同食

○黄魚不與蕎麪同食○螃蟹不與芥湯及軟棗
紅柹同食○蜆子不與油餅同食○楊梅不與生
葱同食○李子不與雀肉同食○桃李與蜂蜜同
食五臟不和○糖蜜與小鰕同食暴下○茶與韭
同食耳聾○粥內入白湯成淋

解飲食毒 黄鱔魚鯉魚忌荆芥地漿解之○中河豚
毒青黛水藍靑汁或槐花末三錢新汲水解之○
中牛肉毒者甘草湯解之或猪牙燒灰水調服○
食馬肉中毒者搗蘆根汁或嚼杏仁或飲好酒解
之○食馬肝中毒者水浸豉絞汁解之○食猪肉

中毒飲大黄汁或杏仁汁朴硝汁皆可解○中羊
肉毒者甘草湯解之○食狗肉中毒者以杏仁三
兩搗爲泥熱湯調作三服○中鴨肉毒者煮糯米
湯解之○食鷄子毒者飲醋解之○中蟹毒煎紫
蘇湯飲一二盞或生藕汁解之○凡中魚毒煎橘
皮湯或黑豆汁或大黄蘆根朴硝汁皆可解○中
諸肉毒壁土水一錢服又方燒白扁豆末可解○
食諸肉過傷者燒其骨水調服或芫荽汁生韭菜
汁解之○中草毒連服地漿水解之○諸菜毒甘
草貝母胡粉等分爲末水服及小兒溺○野菜毒

飲土漿解之○瓜毒瓜皮湯或鹽湯解之○柑毒柑皮湯解鹽湯亦可○諸果毒燒猪骨爲末水調服○悞食閉口花斑飲醋解之○悞食桐油熱酒解之乾柿及甘草亦可○凡飲食後心煩悶不知中何毒者急煎苦參汁飲之令吐【又方】煮犀角湯飲之或以苦酒或以好酒煮飲之○飲酒毒大黑豆一升煮汁二升服立吐即愈【又方】生螺螄莗澄茄並解之○凡諸般毒以香油灌之令吐即解

【病忌】有風疾者勿食胡桃有暗風者勿食櫻桃食之立發猪頭猪觜亦不宜食○時行病後勿食魚鱠及蟶與鱔魚又不宜食鯉魚再發必死○時氣病後百日之内忌食猪羊肉並腸血及肥魚油膩乾魚犯者必大下痢不可復救又禁食麪及胡蒜韭薤生菜蝦等食此多致傷發則難治又令他年頻發○患瘧者勿食羊肉恐發熱即死○病眼者禁冷水冷物挹眼不忌則作瘡○牙齒有病者勿食棗○患心痛心恙者食獐心及肝則迷亂無心緒○患脚氣者食甜瓜其患永不除蕪不可食鯽魚及瓠子○黄疸病忌麪肉醋魚蒜韭熱食犯者即死○患咯血吐血者忌酒麪煎煿淹藏海味硬冷

難化之物其鼻衄齒衄諸血病皆放此○有痼疾者勿食鹿與雉肉○患瘋者不可食薑及鷄肉○癩者不可食鯉魚○瘦弱者不可食生棗○病瘥者勿食薄荷令人虚汗不止○傷寒得汗後不可飲酒○熱病瘥後勿食羊肉○久病者食李子加重○産後忌生冷物惟藕不爲生冷爲其能破血

【服藥忌食】服茯苓忌醋○服黄連桔梗忌猪肉○服細辛遠志忌生菜○服水銀硃砂忌生血○服常山忌生葱生菜並醋○服天門冬忌鯉魚○服甘草忌菘菜海藻○服半夏菖蒲忌餳糖羊肉○服术忌桃李雀肉胡荽蒜鮓○服杏仁忌粟米○服乾薑忌兎肉○服麥門冬忌鯽魚○服牡丹皮忌胡荽○服商陸忌犬肉○服地黄何首烏忌蘿蔔○服巴豆忌蘆笋野猪肉○服烏頭忌豉汁○服鼈甲忌莧菜○服藜蘆忌狸肉○服丹藥空青硃砂不可食蛤蜊併猪羊血及菉豆粉○凡服藥皆忌食胡荽蒜生菜肥猪犬肉油膩魚鱠腥臊生冷不臭陳滑之物

【妊娠所忌】産書云一月足厥陰肝養血不可縱怒疲極筋力冐觸邪風二月足少陽膽合於肝不可驚

動三月手心主右腎養精不可縱慾悲哀觸冒寒冷四月手少陽三焦合腎不可勞逸五月足太陽脾養肉不可妄思飢飽觸冒卑濕六月足陽明胃合脾不可雜食七月手太陽肺養皮毛不可憂鬱叫呼八月手陽明太陽合肺以養氣勿食燥物九月足少陰腎養骨不可懷恐房勞觸冒生冷十月足太陽膀胱合腎以太陽爲諸陽主氣使兒脉縷皆成六腑調暢與母分氣神氣各全候時而生不言心者以心爲五臟之主故也

孕婦食忌 食兎肉子鈌唇○食山羊肉子多疾○食團魚子項短○食鷄子乾鯉子多瘡○食鷄肉糯米子生寸白蟲○食羊肝子多厄○食鱔魚子胎疾○食螃蟹子橫生○食驢馬肉子過月○食騾肉子難産○食雀肉豆醬子生黚黷○食鴨卵子倒生○食田鷄子壽夭○食雀肉及酒子淫亂○食氷漿絶産

乳母食忌 食寒凉發病之物子有積熱驚風瘍證○食濕熱動風之物子有疥癬瘡病○食魚鰕鷄馬之肉子有癖疳瘦疾

嬰兒所忌 古云兒未能行母更有娠兒飲妊乳必作魃病黄瘦骨立發熱髮落○小兒多因乳鈌喫物太早又母喜嚼食餵之致生疳病羸瘦腹大髮堅萎困○養子直訣云喫熱莫喫冷喫軟莫喫硬喫少莫喫多○瑣碎錄云小兒勿令指月生月蝕瘡勿令就瓢及瓶中飲水令語納又衣服不可夜露

便民圖纂卷之第十 終

便民圖纂卷第十一

調攝類上

風

消風養榮湯　當歸（酒洗）　白芍藥　川芎（各二錢）　防風（一錢一分）　黃連（一錢五分酒炒）　生地黃（一錢酒炒）　熟地黃（一錢五分酒炒）　羌活（七分）　蟬蜕（六分）　荆芥（一錢二分）　連翹（一錢二分）　白术（一錢五分）　陳皮（一錢二分）　黃芩（一錢五分酒炒）　甘草（六分）　水二鍾煎服

通聖散　防風　川芎　當歸　白芍藥　大黃　麻黃　薄荷　連翹　芒硝（各半兩）　黃芩　桔梗　石膏（各六兩）　滑石（三錢）　甘草（二錢炙）　荆芥　白术　山梔（各二錢半）　有汗去麻黃　有瀉去大黃芒硝　神志不寍加辰砂　氣不順加木香磨碗內　同前藥煎服　兼治赤痢

愈風湯　羌活　甘草　防風　蔓荆子　川芎　細辛　枳殼　麻黃　甘菊　枸杞　薄荷　當歸　知母　地骨　黃耆　獨活　杜仲　秦艽　香白芷　柴胡　半夏　前胡　厚朴　熟地黃　防已（各二兩）　茯苓　芍藥　黃芩（各三兩）　石膏　蒼术　生地黃（各四兩）　桂（一兩）　每服一兩　水二鍾　生薑三片　煎　空心一服　臨臥煎渣服　若內邪已除　外邪已盡　當服此藥以通諸經　久服大風悉去　縱有微邪　以此加減

加味茶調散　川芎（一兩五錢）　白芷（一兩）　細辛（七錢）　防風（一兩）　荆芥（一兩）　甘草（七錢）　薄荷（一兩）　羌活（七錢）　槀本（七錢）　蔓荆子（一兩）　共為末　每服三錢　食後茶清調下　治偏正頭風

治中風方　荆芥穗為末以酒調下二三錢立愈

祛風和中丸　陳皮（一兩）　甘草（七錢）　半夏（七錢）　防風（一兩）　川芎（一兩）　荆芥（一兩）　枳殼（七錢）　烏藥（七錢）　蒼术（一兩）　香附（一兩）　當歸（一兩）　草烏（五錢）　白芷（七錢）　殭蠶（五錢）　蟬蜕（五錢）　南星（七錢）　羌活（七錢）　苦參（五錢）　共為細末　酒糊為丸如梧桐子大　每服五十丸　用酒或椒湯或葱湯　食遠送下　治諸風

牛黃清心丸　羚羊角（一兩作末）　人參（二兩五錢）　茯苓（一兩二錢五分）　芎藭（一兩二錢五分）　防風（一兩五錢）　乾薑（七錢五分炮）　阿膠（一兩七錢五分炒）　白术（一兩五錢）　牛黃（一兩二錢研）　麝香（一兩研）　犀角（二兩作末）　雄黃（八錢研飛）　龍腦（一兩研）　金箔（一千二百箔內四百箔為衣）　白芍藥（一兩五錢）　柴胡（一兩二錢三分去苗）　甘草（五錢炙）　乾山藥（七兩）　麥門冬（一兩五錢去心）　桔梗（一兩二錢五分）　黃芩（一兩五錢）　杏仁（一兩二錢五分去皮尖麸炒黃研）　神麴（二兩五錢研）　大豆（卷一兩七錢五分）　白歛（七錢五分）　大棗（一百箇蒸熟去皮核研成膏）　蒲黃（二兩炒）　肉桂（一兩七錢五分去皮）　當歸（一兩五錢）　除杏仁　大棗　金箔二角末　及牛黃　麝香　雄黃　龍腦四味　別為末　入餘藥和勻　煉蜜棗膏為丸　每兩作十丸　以金箔為衣　每服一丸　食後溫水化下　治諸風緩縱　語言蹇澁　痰涎壅盛　心怔忡　健忘　或發顛狂

寒

薑附湯乾薑一兩附子去皮臍一箇生每服三錢水煎服若挾
氣攻刺加木香半錢挾氣不仁加防風一錢挾溼
者加白术筋脉牽急加木瓜肢節痛加桂二錢治
中寒身體強直口噤不語逆冷

五積散陳皮六兩去白茯苓三兩去皮枳殼六兩去穰麸炒桔梗十二兩去
蘆厚朴四兩去皮薑製麻黃六兩去根節當歸三兩去蘆白芍藥白
芷各三兩甘草三兩炙蒼术炙十四兩去皮米汁浸半夏二兩湯洗七次
川芎官桂各三兩乾薑四兩炮每服四錢水一盞半姜
三片葱白三根煎七分熱服治感冒寒邪

暑

清暑益氣湯黃耆升麻蒼术各一錢人參白术神麯澤
瀉陳皮各半錢甘草炙黃蘗酒炒麥門冬當歸各三分五
味九箇青皮葛根各二錢剉作一服水煎

十味香薷散香薷一兩人參陳皮白术白茯苓匾豆炒
黃耆木瓜厚朴薑製甘草炙各半兩共為末服二錢熱湯
或冷水調服

溼

除溼舒飲湯蒼术一錢五分陳皮一錢一分半夏一錢茯苓一錢五分
枳實一錢二分羌活八分防風一錢三分烏藥一錢二分木香七分澤
瀉一錢二分芍藥一錢二分當歸一錢五分酒洗木瓜七分秦艽一錢三分

牛膝一錢酒洗葳靈仙六分甘草五分防風三分酒焙姜三片水
二鍾煎服

术活散陳皮半夏羌活防風甘草蒼术香附子獨活
南星葳靈仙各等分薑五片煎服

傷寒

十神湯川芎甘草炙麻黃去根乾葛紫蘇升麻赤芍藥
白芷陳皮香附子各等分每服三錢水一鍾半生姜
五片煎七分去柤熱服治陰陽兩感

芎蘇散川芎七錢紫蘇葉乾葛各半兩桔梗生二錢五分柴胡
去蘆茯苓各半兩甘草二錢炙半夏六錢湯洗枳殼三錢去穰陳皮

三錢五分每服三錢姜棗煎服治四時傷寒

參蘇飲木香紫蘇乾葛半夏湯泡七次薑製前胡去蘆人參去蘆
茯苓去皮各七錢五分枳殼去穰麸炒桔梗去蘆甘草炙陳皮去白
各半兩每服四錢水一鍾半薑七片棗一枚煎六分
熱服治感冒風邪

參胡清熱飲人參一錢五分柴胡一錢陳皮一錢五分白术一錢茯
苓一錢黃連一錢麥門冬八分知母一錢炒黃芩一錢甘草五分
炙白芍藥一錢炒水二盞薑三片煎七分溫服治發
熱不止

小柴胡湯半夏湯洗七次二兩五錢柴胡去蘆八兩黃芩人參去蘆甘

草(炙各三兩)每服三錢水一盞薑五片棗一枚煎七分
熱服治發熱如瘧

人參三白湯 人參白朮白芍藥白茯苓(各等分)水二鍾
生薑三片煎七分熱服治傷寒手足通身發熱

大柴胡湯 枳實(去穰麸炒五錢)柴胡(去蘆一兩)大黃(二兩)赤芍藥黃
芩(各三兩)每服五錢水一盞半薑五片棗一枚煎七
分溫服治熱盛煩燥

痿痺

清燥湯 黃耆(一錢五分)蒼朮(一錢)白朮橘皮澤瀉(各五分)五味
子(九箇)人參白茯苓升麻(各三分)麥門冬當歸身生地

黃麴末猪苓酒黃蘗柴胡黃連甘草(炙各一分)每服半
兩水煎空心熱服治表裏有濕熱痿厥癱瘓不能
行走或足踝膝上腫痛口乾瀉痢

烏藥順氣散 烏藥(去尖)麻黃(去節)橘皮甘草(炙)白殭蠶(炒去絲)
川芎枳殼(麸炒)桔梗白芷(各一兩)白薑(炮半兩)共為末
每服二錢水一盞薑三片薄荷七葉煎七分空心
服治氣去薄荷用棗二枚同煎治濕毒進襲腿膝
攣痺筋骨疼痛并風氣不順手足偏枯流注經絡

水腫

大橘皮湯 陳皮(一兩五錢)木香(二錢五分)滑石(六兩)檳榔(三錢)茯苓
(一兩)猪苓白朮澤瀉肉桂(各五錢)甘草(二錢)生薑五片水
煎服治濕熱內攻腹脹水腫小便不利大便滑泄

金匱越脾湯 麻黃石膏生薑大棗甘草(各等分)水煎服
惡風加附子治裏水加白朮

蘇苓散 猪苓紫蘇澤瀉蓬朮薑黃白朮陳皮甘草芍
藥砂仁茯苓香附厚朴滑石木通(各等分)薑五片燈
心一結煎服

鼓脹

紫蘇子湯 蘇子(一兩)大腹皮草菓厚朴半夏木香陳皮
木通白朮枳實人參甘草(各半兩)水煎薑三片棗一

枚治憂思過度致傷脾胃心腹脹滿喘促煩悶腸
鳴氣走大小便不利脉虛緊而澁

廣茂潰堅湯 厚朴黃芩益智草豆蔻當歸(各五錢)黃連
(六錢)半夏(七錢)廣茂升麻紅花(炒)吴茱萸(各二錢)甘草(生)
柴胡澤瀉神麴(炒)青皮陳皮(各三分)渴者加葛根(四錢)
每服七錢生薑三片煎服治中滿腹脹內有積塊
堅硬如石坐臥不安大小便澁滯上氣喘促通身
虛腫

中滿分消丸 黃芩枳實(炒)半夏黃連(炒各五錢)薑黃白朮
人參甘草猪苓(各一錢)茯苓乾生薑砂仁(各二錢)厚朴

製一兩 澤瀉陳皮各三錢 知母四錢 共爲末水浸蒸餅丸
如桐子大每服百丸焙熱白湯下食後寒因熱用
故焙服之治中滿鼓脹水氣脹大熱脹

癇證

續命湯 竹瀝一升二合 生地黃汁一升 龍齒末生薑防風
麻黃去節各四兩 防巳石膏桂各二兩 用水一斗煮取三
升分三服有氣加紫蘇陳皮各半兩 治癇發煩悶無
知口吐沫出四體角弓反張目反上口噤不言

易簡方 用生白礬一兩研 好臘茶五兩 煉蜜丸如桐子大
每服三十丸再用臘茶湯下久服其涎自大便出

寧神丹 天麻人參陳皮白朮當歸身茯神荊芥殭蠶炒
獨活遠志去心 犀角麥門冬去心 酸棗仁炒 辰砂另研
生地黃黃連各五錢 守田南星石膏各一兩 甘草炙 白
附子川芎玉金牛黃珎珠各三錢 金箔三十片 共爲末
酒糊丸空心服五十丸白湯下清熱養氣血不時
潮作者可服

血證

犀角地黃丸 犀角生地黃白芍藥牡丹皮各等分 每服
五錢水煎溫服實者可服治吐血衄血

三黃補血湯 熟地黃一錢 生地黃五分 當歸七分半 柴胡五分
升麻白芍藥二錢 牡丹皮五分 川芎七分半 黃耆五分 水煎
服血不止加桃仁五分 酒大黃酌量虛實用之內去
柴胡升麻

聖惠湯 側柏葉生荷葉汁生茅草根汁生地黃汁生
藕汁四味汁共紐一鍾入蜜一匙井水少許常服
之立効

臟毒

平胃地榆湯 白朮陳皮茯苓厚朴乾薑葛根各五分 地
榆七分 甘草炙 當歸炒麴白芍藥人參益智各三錢 蒼
朮升麻附子炮各一錢 剉碎作一服水煎加薑棗

槐花散 蒼朮厚朴陳皮當歸枳殼各一兩 槐角三兩 甘草
烏梅各半兩 用水煎服治腸胃不調脹滿下血

經驗方 用夏月曬乾茄子炒如黑色碾爲細末連服
十日不止再用數年陳槐花炒如前爲末服之數
日永不發俱空心煮酒送下一錢

槐角丸 地榆黃芩當歸槐角防風枳殼各三兩 共爲末
酒糊丸如梧桐子大每服八十丸空心米湯送下
治五種腸風下血

三黃丸 黃檗黃連黃芩各等分 爲丸治糞後有血點兼
治鼻衄

痰飲

導痰湯 南星橘紅赤茯苓枳殼甘草半夏（各等分） 生薑五片水煎食前服

天竹黃餅子 牛膽南星（三錢） 薄荷（一錢） 天竹黃（二錢） 硃砂（二錢） 片腦（三錢） 茯苓（三錢） 甘草（三錢） 天花粉（一錢） 共爲末煉蜜入生地黃汁和藥作餅子每服一餅夜睡時噙化下 治一切痰上焦有熱心神不寧

潤下丸 南星黃芩甘草（炙） 黃連（各一兩） 半夏（二兩） 橘紅（八兩 以水化塩五錢拌令得所煮乾炒） 共爲末蒸餅丸如菉豆大每服五七十丸白湯下

咳嗽

人參清肺飲 阿膠杏仁（去皮炒） 桑白皮地骨皮人參知母烏梅（去核） 罌粟殼（去蒂蓋蜜炙） 甘草根（各分） 每服三錢水一盞半生薑棗子各一煎至八分治咳嗽不止

平肺飲 陳皮（一兩） 半夏（湯洗七次） 桔梗（炒） 薄荷（各七錢半） 紫蘇烏梅（去核） 紫菀知母桑白皮（蜜炒） 杏仁（炒） 五味子（各七錢半） 甘草（炙五分） 罌粟殼（七錢半蜜炒） 每服五錢水一盞半薑三片煎六分食後溫服治咳嗽痰喘寒熱

保肺丸 人參紫菀天門冬麥門冬桑白皮陳皮貝母（各四兩） 五味子黃芩桔梗杏仁（各三兩） 加款冬花（四兩） 共爲末生蜜丸每服八十丸夜睡時白熱湯下治上焦熱痰嗽

人參化痰丸 人參白茯苓南星薄荷藿香黃連（各五兩） 半夏白礬寒水石乾薑（各十兩） 黃蘗蛤粉（各二十兩） 共爲末薑糊爲丸如桐子大每服八十丸淡薑湯下治嗽有痰

清氣化痰丸 黃芩黃連黃蘗皂角末蘿蔔子枯礬（各三兩） 蒼朮（十二兩） 瓜蔞仁南星陳皮（各三兩） 蛤粉（六兩） 香附（十二兩） 製服如前

耳目

桂星散 辣桂川芎當歸細辛石菖蒲木通白蒺藜（炒） 木香麻黃（去節） 甘草（炙各一錢五分） 南星（煨） 白芷梢（各四錢） 紫蘇（一錢） 葱二莖水煎每服二錢治風虛耳聾

益腎散 磁石（火燒醋淬七次研末飛一錢八分半） 巴戟（去皮） 川椒（炒各一兩） 沉香石菖蒲（各半兩） 共爲末每服二錢用猪腎一枚細切和葱白炒塩并藥溼紙十重裹煨令熟空心嚼以酒送下治腎虛耳聾

紅綿散 白礬（炮一錢） 胭脂（一字） 麝香（半錢） 入胭脂一字研勻用綿纒去耳中膿水送藥入耳令到底一方加龍骨

[illegible]

撥雲散羌活防風柴胡甘草炒各等分共爲末每服二錢煎食後温服薄荷清明茶并菊花苗煎湯皆可服治男子婦人風毒上攻眼目翳膜遮睛怕日羞明一切風毒

還睛丹羌活蜜蒙花蒼术木賊草白芷川芎大麻子當歸細辛黄連枸杞子桔梗梔子仁甘草荆芥穗菊花薄荷連翘藁本川椒石膏烏藥黄芩已上各等分一兩五錢爲細末煉蜜丸如彈子大每服二丸細嚼温酒送下爲末每服二錢蜜水調下治遠乆眼疾

經驗方用草麻子四十九粒棗肉十箇入人乳擣成膏子石上略曬乾丸如桐子大綿裹塞耳中鼠膽滴入尤妙且開痰散風熱

點藥方黄連去鬚黄蘗去皮甘黄芩山梔子川芎防風去蘆羌活荆芥七八梗當歸去鬚大黄赤芍藥甘草各五錢蘆甘石四兩川白色者共剉碎用水十五椀煎至七八椀去渣將甘石煆紅夾入藥水内淬之又煆又淬至七次或九次藥水將乾却將童便二三椀又將甘石依前法煆淬將石研極爛入剩下藥水内浸一宿次日傾去清水將石末用好紙盛曬再研爛羅過

[illegible]

入片腦一錢硼砂一錢三分用口噙吐水二三口晾乾麝香三分硃砂研細水飛過碟内晾乾一錢五分與石末攪匀再研再羅瓷罐收貯勿令出氣治一切眼疾

咽喉

荆桔湯荆芥桔梗升麻鼠粘子防風黄芩黄連山梔連翘甘草各等分剉碎水煎食遠服治喉痺塞痛

奪命丹紫蝴蝶根南方多栽護墻頭甘草生桔梗黄芩各等分蝴蝶根多用共爲末椀内頓服立愈治喉痺

碧雪丹硼砂一錢馬牙硝一錢五分氷片二分半硃砂三錢寒水石二錢共爲細末吹一字於患處三兩次即愈治喉疼

甘桔湯桔梗甘草各等分水煎服治喉急痛

治纒喉風方用明礬一兩入銅杓内煎化水放巴豆肉數粒在内同煎至乾伐飛礬在巴豆肉研硝礬點在患處痰涎壅痛出即愈

心腹

扶傷助胃湯乾薑一錢炮揀參草豆蔻甘草炙官桂白芍藥陳皮白术吴茱萸各五分附子炮二錢益智五分剉作一服水煎生薑三片棗二箇温服治寒氣客於

腸胃胃脘當心疼痛得熱則已

易簡方治絞腸沙用好明礬末調服或用猪欄上乾糞燒灰調服亦可若陰沙腹痛而手足冷看其身上紅點以燈草蘸油點火燒之陽沙則腹痛而手足暖以針刺其十指近爪甲處一分半許出血即安仍先自兩臂將下其惡血令聚指頭刺出血若痛不可忍用塩一兩熱湯調灌塩氣到腸其疼即止

齊生愈痛散五靈脂玄胡索炒莪术良薑當歸各等分爲末每服二錢熱醋湯調下不拘時治急心痛

胃脘痛

海上方治牙關緊急心疼欲死者用隔年老葱白三五根去根鬚葉擂爲膏將口斡開用銀銅匙將葱膏送入喉中以香油四兩灌送葱膏油不可少但得葱膏下喉即甦少時腹中所停蟲病等物化爲黃水微利爲佳除根永不再發

又方杏仁棗子烏梅各七箇搗匀用艾醋湯服七次

導氣枳殼丸三稜草紙四五層裹浸溼灰火中煨蓬术用三稜製法用醋拌青皮陳皮桑皮茴香炒枳殼蘿蔔子炒木通各八兩黑牽牛一箇爲末水丸每服八十丸食遠白湯下治氣結不散心胷痞痛逆氣上攻

腰脅

川芎白桂湯羌活一錢五分柴胡肉桂桃仁當歸尾甘草炙蒼术川芎各一錢獨活神麯炒各五分漢防巳酒製防風各三分剉碎作一服好酒三盞煎一盞食前暖處温服治冬月露卧感寒溼腰疼

獨活湯羌活防風獨活桂大黃煨澤瀉各三錢甘草炙連翹各半兩防巳黃蘗各酒製一兩桃仁二十箇共剉碎每半兩酒水各半盞煎空心熱服治因勞役濕熱日甚腰痛如折沉重如山

秘方破故紙一兩炮木香二錢爲末好酒調服二錢治腰疼

脚氣

建盌丸生地黃一兩五錢當歸一兩芍藥陳皮蒼术各一兩吳茱萸黃芩牛膝各九錢大腹子桂枝各九錢共爲末糊丸如桐子大每服百丸空心煎白术木通湯下

應痛丸赤芍藥煨去皮草烏煨去皮尖各半兩爲末酒糊丸空心服十丸白湯下

諸虚

十全大補湯人參肉桂川芎熟地黃茯苓白术甘草

黃耆當歸白芍藥等分水煎姜三片棗一箇治男
子婦人諸虛不足五勞七傷

人參養榮湯 白芍藥(三兩)當歸陳皮黃耆桂心人參白
朮甘草(各一兩炙)熟地黃五味子茯苓(各七錢半)遠志(五錢)水
煎生姜三片棗一箇遺精加龍骨咳嗽加阿膠

無比山藥丸 赤石脂白茯苓巴戟(去心)牛膝(酒浸)澤瀉山
茱萸(各二兩)肉蓯蓉(四兩)五味子(二兩)杜仲(去絲炒)兔絲子
熟地黃(各三兩)共為末煉蜜丸如桐子大每服五十
丸空心溫酒下

固本丸 生地黃(洗)熟地黃(洗再蒸)天門冬(去心)麥門冬(去心)

(各一兩)人參(五錢)共為末煉蜜丸如桐子大每服五十
丸空心溫酒或鹽湯下

滋血百補丸 地黃(八兩酒浸)兔絲(八兩酒浸)當歸(四兩酒洗)杜仲(四兩
酒炒)知母(二兩酒炒)黃蘗(二兩酒炒)沉香(一兩)共為末酒糊為丸
照前服

烏雞煎丸 胡黃連人參(各一兩)白朮(炒)補骨脂茯神茯
苓(去皮)谷精草赤芍藥(炒)知母貝母黃耆(酒浸)黃蘗(炒)
前胡銀州軟柴胡五味子杏仁(去皮尖)地骨皮秦艽
蘆(去)當歸(酒浸)淮慶山藥乾熟地黃(酒浸)石蓮肉肉蓯蓉
(酒浸)天門冬(去心酒洗淨)麥門冬(去心酒洗)小茴香(炒)白芍藥
(炒)川椒(去核已上各五錢)各味如法精製剉細用白毛烏
骨雞重二斤許男雌女雄肋下去腸入藥縫好用
無灰白麪酒二大瓶煮一晝夜將骨肉并藥擣碎
爲末酒糊丸如桐子大每服五十丸日進三服俱
食前或米湯或淡鹽湯送下

加味虎潛丸 熟地黃(四兩酒洗蒸九次微蜜酥乾)乾山藥(二兩)肉蓯
蓉(二兩酒浸蒸九次)牛膝(二兩)杜仲(二兩去皮)白朮(四兩)虎脛骨(二兩
酥炙重微黃色)敗龜板(四兩酥炙)當歸(二兩)黃蘗(四兩去皮酒浸春五夏二秋七
冬十日炒褐色為度)川芎(二兩)知母(二兩)白芍藥(二兩)為末煉蜜丸
如桐子大每服百丸空心酒下

補陰丸 熟地黃(六兩酒浸)人參當歸(酒浸)白芍藥(炒)乾山藥
破故紙(炒)兔絲子(酒浸)枸杞子牛膝(俱酒浸)杜仲(姜汁炒斷
絲)敗龜板(酥炙黃色)虎骨(酥炙)知母(酒炒各三兩)黃蘗(酒炒褐色)鎖
陽(二兩酥炙)黃耆(二兩蜜炙)精滑加龍骨(火煅)牡礪(火煅各一兩半)爲
末煉蜜丸如桐子大每服七十丸空心鹽湯送下

諸瘧

丹溪方 川芎紅花當歸黃蘗(炒)白朮蒼朮甘草(各等分)
水煎露一宿次早服無汗要汗散邪爲主帶補有
汗要無汗扶正氣爲主帶散治老瘧

又方 青皮桃仁紅花神麴麥芽鱉甲三稜蓬朮海粉

香附(並醋煮)共爲末丸如梧桐子大每服五七十丸白湯下

又方川山甲草果知母檳榔烏梅甘草常山水煎露一宿臨發日早服得吐爲順

截瘧丹檳榔陳皮白术常山茯苓烏梅厚朴作二服水酒各二鍾煎至一鍾當發前一服臨發早一服

消渴

麥門冬飲子知母甘草(炒)瓜蔞五味子人參葛根生地黄茯神麥門冬(去心各等分)水煎入竹葉十四片

加味錢氏白术飲人參白术茯苓甘草(炙)枳殼(炒各五分)

藿香乾葛(各一錢)木香五味子柴胡(二分)水煎作一服

地黄飲子甘草(炒)人參生地黄熟地黄黄耆天門冬麥門冬(去心)澤瀉石斛枇杷葉(炒)水煎每服五錢

積聚

分氣紫蘇飲五味桑皮茯苓甘草(炙)草果腹皮陳皮桔梗紫蘇各等分每服五錢水二鍾薑三片煎七分空心服

勝紅丸三稜(草紙四五層浸濕灰火中煨)蓬术(如前製)青皮陳皮乾薑(炒)良薑(各一斤)香附山查神麴(各二斤)爲末水發丸每服八十丸食遠白湯下

阿魏丸山查南星(皂角水浸)半夏(皂角水浸)麥芽(炒)神麴(炒各一兩)黄連(一兩)連翹阿魏(醋浸)瓜蔞貝母(各半兩)風化硝石醶蘿蔔子胡黄連(二錢五分如無以宣連代)爲末薑汁浸蒸餅丸

一方加蛤粉治嗽

香稜丸三稜(六兩醋炒)青皮陳皮蓬术(炮或炒)枳殼枳實蘿蔔子香附子(俱炒各三兩)黄連神麴麥芽(炒)鼈甲(醋炙)乾漆(炒煙盡)桃仁(炒)硼砂砂仁當歸稍木香甘草(炙各一兩)檳榔(六兩)山查(四兩)共爲末醋糊丸每服三五十丸白湯下

黄疸

治穀疸用苦參(五兩)龍膽草(一兩)爲末牛膽(一箇)以蜜微煉丸如桐子大每服五十丸空心熱水下或用生薑甘草湯

治食勞疸用皂角不拘多少砂鍋內炒赤用米醋點之赤紅色研細棗肉爲丸如桐子大每服三十丸薑湯下

治酒疸枳實(去白麩炒)梔子葛根(各二兩)豆豉(一兩)甘草(炙五錢)水一鍾煎溫服

治女勞疸滑石(二兩五錢)枯白礬(一兩)爲末每服二錢

治熱疸茵陳(一兩去莖)大黄(五錢)梔子(七箇)每服水二鍾半煎

至一鍾去柤取汁調五苓散溫服

瀉痢

丹溪方治泄瀉身疼麻木　陳皮白朮白荳蔻澤瀉猪苓白芍藥川芎神麯砂仁吳茱萸藿香木香各等分水煎食前服

香連芍藥湯白朮白茯苓猪苓澤瀉各一錢半木香五錢厚朴一錢蒼朮一錢一分陳皮一錢白芍藥一錢五分檳榔七分黃連六分甘草四分水二鍾陳米一撮煎食前服治初痢紅白

真人養臟湯人參當歸各六錢去蘆罌粟殼去蒂蓋二兩六錢肉

桂去皮八錢柯子皮去核一兩二錢木香一兩火煨肉荳蔻五錢白朮焙六錢白芍藥一兩六錢甘草一兩八錢每服四錢水一盞煎治久痢赤白

白朮木香散白朮二錢人參一錢五分茯苓陳皮各一錢半木香五分砂仁七分蒼朮一錢米泔水浸炒厚朴一錢薑汁製炒猪苓一錢澤瀉一錢肉桂四分白芍藥一錢五分半夏湯泡八分甘草炙四分薑棗煎食前服治禁口痢

戊己丸黃連炒白芍藥吳茱萸湯泡七次各八兩為末糊丸每服八十丸空心水飲下治泄瀉

五苓散加木香柯子肉荳蔻白芍藥藿香附子各五錢

[illegible]

[illegible]

水煎服治脾泄

諸淋

經驗方黃連十二兩人參四兩右用好黃連陳酒煮乾再剉再炒為末治便血并痢疾增咳逆變黑

二神散海金砂七錢五分滑石五錢為末每服一錢半多用燈心木通麥門冬煎入蜜少許調下治諸淋急痛

五淋散赤茯苓赤芍藥山梔子仁生甘草各一錢半當歸黃芩各五錢每服五錢水煎空心服治諸淋

車前子飲車前子五錢淡竹葉荊芥穗赤茯苓燈心各二錢半分作二服水煎空心服治諸淋小便痛

清心蓮子飲黃耆石蓮肉白茯苓人參各二錢半黃芩麥門冬甘草地骨皮車前子各五錢每服五錢水煎治上盛下虛心火炎上口苦咽乾煩渴微微小便赤澁或欲成淋發熱加柴胡薄荷

疝氣

蟠葱散蓬朮檳榔茯苓肉桂玄胡索青皮丁皮乾薑白芨三稜宿砂各等分水一盞半煎七分食前服

橘核散橘核桃仁梔子川烏吳茱萸各等分研末煎服

噎塞

丹溪方韭菜汁每早半盞冷飲之盡韭汁一斤為度

好酒調服效

治血在胃口安食欝而成痰

逆氣湯 桂去皮三錢 生薑六錢 吴茱萸炒四錢 半夏湯洗入錢 大棗四箇 用水一升煎四合分作三服治胃膈氣逆

翻胃

桂香散 水銀 黒錫各三錢 硫黄五錢 入銚内用柳木槌過微火上細研爲灰取出後入丁香末二錢 生薑末三錢 調匀每服三錢黄米飲下一服取放病甚者再服

治膈氣翻胃

丁香附子散 丁香五錢 檳榔一箇重三錢 黒附子一箇重五錢炮 船上硫黄去石研 胡椒各二錢 爲末入研藥和匀每服二錢用飛硫黄一箇去毛翅足腸肚塡藥在内温紙五七重裹定慢火焼熟取嚼食後温酒送下日三服如不食葷酒粟米飲下不拘時治膈氣吐食

阿魏散治骨蒸傳尸勞寒熱羸弱喘嗽方阿魏三錢研青蒿一握細切向東桃枝一握細剉甘草如病人中指許大男左女右童便二升半先以童便隔夜浸藥明旦煎一大升空心温服服時分爲三次吹服調檳榔末三錢如人行十里時再一服丈夫病婦人煎婦人病丈夫煎合藥時忌孝子孕婦病人及腥穢之物勿令雞犬見服藥後忌油膩濕麪諸冷硬食物服一二劑即吐出蟲或泄瀉更不須服餘藥若平吐利即盡服之或吐或利出蟲皆如人髮馬尾之狀即差　又方吐利後虚羸魂魄不安以茯苓湯補之白茯苓茯神各一錢人參三錢遠志去心三錢龍骨二錢防風二錢甘草三錢麥門冬去心四錢犀角五錢剉爲末生乾地黄四錢大棗七枚水二大升煎八分分三服温下如人行五里許時更一服謹避風寒若未安隔日再作一劑已上二方須連服之

便民圖纂卷第十一

立秋日日未出採楸葉熬膏傅瘡瘍立愈　治瘰多相起百般即子用線繫住一孔兩頭道雄黄二錢研細入之内以蠟香搽同孔入紙内之蟲食之甘之鼓神效

便民圖纂卷第十二

調攝類下

瘡腫

諸腫毒 凡癰疽發背用大蘇根洗淨切碎研如膏塗瘡上其冷如氷初發者能消散已發者速潰或用大蒜切片子如錢厚安腫上以艾灸之蒜熟更換新者初灸覺痛灸至不痛乃止初灸不痛灸至極痛方止 又方 不問老少初發時以紙一片水浸溼搭腫上一點先乹者即是正頂以大筆管一箇安頂上用大馬黄一條安其中頻以冷水灌之馬黄當吮其穴血出毒散如毒大用三四條始見功若吮正穴馬黄必死用水救活其瘡即愈累試奇方乃去毒之一端也血不止以藕節研爛塗上○癰疽成膿不用針者取出蛾繭一枚焼灰酒調服即破○凡惡瘡不收口者用荛花陰乹爲末先用槐枝葱白湯洗過摻之立効灸瘡不收者更效○多年惡瘡用馬齒莧擣爛傅之瘡形如翻花者焼灰猪脂調傅○毒瘡無頭者用蛇蜕皮貼腫處 又方 槐花二兩微炒好酒二碗煎一碗上發背食後服下發背食前服○無名腫毒用野菊花連根擣爛

以好酒二碗煎至一碗乘熱服之○鬓邊軟癤數年不愈者用猪頸猫頸上毛各一撮燒灰鼠屎一粒為末清油調傅○附骨疽乆不瘥膿汁敗壞或骨從瘡孔出用大蝦蟆一箇亂頭髮一握如雞子大猪油四兩煎藥濾去滓凝如膏貼之凡貼先以桑根皮烏豆煎湯淋洗拭乾煅龍骨末摻瘡四畔令易收斂○便癰用皂莢燒過隂乾為末酒調服或用皂莢子七粒水服○便毒初發時用生薑一大塊米醋一盞薑蘸醋磨取千步峰泥（即人家行步地上高墩）塗腫處〔又方〕用核桃七箇連殼燒存性為末好

酒調服三五次愈○疔瘡用蒼耳子根梗苗燒灰和醋靛如泥塗乾再換上不十次即拔出根或用白梅肉荔枝肉同擣成膏捻作餅子依瘡大小安上根即出若垂死者用甘菊花葉一把擣汁一鍾入口即活冬月用根此方神効○魚臍疔瘡用絲瓜葉連鬚葱韭菜同入石鉢擣爛以酒和服租貼腋下如病在左手貼左腋下在右貼右腋下在左足貼左胯在右貼右胯在中則貼心臍並用布帛包住候向下紅絲處皆白則可如有潮熱亦用此法却令人抱住恐其顛倒倒則難救若瘡頭黑深

破之黃水出四畔淫漿用蛇殼燒存性細研用雞子清調傅

〔瘰癧〕用萆麻子炒熟去皮爛嚼臨卧服三二枚漸加至十數枚甚效〔又方〕已潰未潰者用蝸牛以竹絲串尾曬乾燒存性入輕粉少許猪骨髓調用紙花量瘡大小貼之一法以帶牧酒牛七箇生取肉入丁香七粒於殼內燒存性與肉同研成膏用紙花貼之〔又方〕用大田螺并殼肉燒存性為末破者乾貼未破者清油調服〔又方〕不分男婦用猫兒眼草一二綑井水二桶五月五日午時鍋內熬至一桶

盆內澄清再下鍋熬至一碗盛放磁瓶內另用川椒葱槐枝三件放在一處熬湯將瘡洗淨用藥膏搽二三次即愈〔又方〕專治婦人用檳榔黑牽牛斑猫麝香郁李仁甘草防風白术蜜陀僧各等分斑猫去翅足用糯米炒如粟米色攤地上去火性郁李仁亦用糯米炒令黑色黑牽牛將一半用浮麥炒令黑色各為末以人年歲大小體貌肥瘦用藥五更時煎木香檳榔湯調服或止用井花水調服亦得待藥行四五度巳時分以白米粥補之病根從小便出即愈

瘤癭凡皮膚頭面上生瘤大者如拳小者如栗或軟或硬不疼不消痛者用大南星一枚細研稠粘用米醋五七滴爲膏如無生者用乾者爲末醋調如膏先將小針刺痛處令氣透以藥攤紙上貼之又方兼去鼠妳痔用芫花根淨洗帶溼不得犯鐵氣於木石器中擣取汁用線一條浸半日或一宿以線繫瘤經宿即落如未落再換一二次自落後以龍骨訶子末傅瘡口即合繫鼠妳痔依上法累用之效如無根用花泡濃水浸線

面瘡用鍬子底黑煤和小油調一匙打成膏子攤紙上貼之或用水調平胃散塗之

鼻瘡用杏仁研乳汁和傅或用烏牛耳垢搽之

口舌瘡用玄胡索一兩黄蘗黄連各半兩蜜陀僧二錢青黛一錢爲末傅貼口内有津即吐又方用杏仁七箇去皮尖輕粉少許同嚼吐涎即好

走馬疳瘡用天南星一箇剜去心以通明雄黄一粒入南星内仍以剜下南星片掩之麵裹煨以折爲度爲細末乾用清油調塗溼乾搽三日全愈

天疱瘡用防風通聖散末及蚯蚓略炒蜜調傅若從肚上起者是内發熱服通聖散

禿瘡用温熱泔水洗見血將松香一兩猪板油半兩同研爛傅瘡上三日後仍如前法洗傅不三五次即愈蓋二味能引蟲出故也須時常用温水洗過菜油擦之不發

臁瘡用虀汁洗淨挹乾刮虎骨傅上又方用韭地上蚯蚓泥乾末入輕粉清油調傅白犬血亦可又方用白墡土煅紅數多爲妙研細生油好粉調塗或用真百藥煎填之或以五倍子末摻之若臭爛久不愈者用黑龜煅一箇酸醋一碗炙醋盡爲度仍煅令白烟盡存性碗合地上一宿出火氣入輕粉麝香拌匀先以葱湯洗拭乾傅藥

人面瘡用貝母爲末搽之

疥瘡水銀大風子輕粉樟腦杏仁枯礬各等研細柏油調搽

頭癬雄黄硫黄剪草枯礬寒水石輕粉滑石各等分爲末用香菜油調匀先用荆芥防風黄蘗等藥煎湯熏洗次用藥搽傅

痔瘡用馬齒莧苦蕒各一斤枳殼一兩連鬚葱一握川椒一合煎湯熏之候稍温方洗不二次永除

又方取鰻魚焙乾燒烟熏之又方以土中繡釘無鐵

者擣爛醶醋調醮三五次即愈
洗痔方晋礬寒水石各一兩雄黃三錢共爲末每次三錢以滚水泡過攪匀碗盛放淨桶内熏之候水温洗又方用不見水新磚一塊燒紅以好醋潑上却用艾葉鋪了三四層乘熱以布褁定令坐上蒸熏三五次即愈或用煮鱉湯或退雞湯洗即愈
漏瘡惡水自大腸出用黑牽牛研細去皮入猪腰子内以線紥青荷葉包褁火煨熟細嚼温塩酒下
又方肛門周匝有孔數十諸藥不效用熟犬肉蘸濃塩汁空心食之七日自愈

脱肛地龍一撮壁上白蜂窠研細搽上又方五倍子爲末每用三錢入白礬一塊水二碗煎洗又方木賊燒灰存性爲末搽上又方浮萍草爲末乾貼
下部溼瘡熱痒而痛寒熱大小便澁飲食亦減身面微腫用馬齒莧四兩研爛入青黛一兩再研匀傅上又方用紅椒開口者七粒連根葱白七箇同煮水洗淨用絹衣挹乾即愈
外腎瘡用菉豆粉一分蚯蚓屎二分水研塗上乾又傅如男子陰頭生瓥用鼈甲爲末雞子白調傅治蛀榦瘡用黑油傘紙燒灰合地上一宿出火氣傅瘡上便結靨治下疳瘡用白礬一兩黃丹八錢熬飛紫色研爲末以溝渠中惡水洗過挹乾傅上
凍瘡用乾茄根煎湯洗即愈凍脚者熱醋湯洗研藕貼之
漆瘡用磨鐵槽中泥或蟹黃塗之
杖瘡以防風荆芥大黃黃連黃蘗用水煮却以油紙包乳香没藥線紥定置所煮藥於水中再煮久之取出洗下油紙内二藥和藥汁中洗瘡油紙貼瘡一日一次
痱子用淨水揶青蒿汁調蛤粉傅雪水尤妙又方用

芙菰葉陰乾爲末傅之
腮腫一名痄腮用赤小豆爲末醋調傅立效
手指頭腫用烏梅槌碎去核肉取仁研碎水醋調入漬之自愈○惡指欲成瘡痛極者用生黑豆嚼爛罨上以緧帛縛住痛即止○手背腫痛用苔脯浸研細傅之又以手按地足踏碾即散

諸傷 救急附

破傷風用病人耳中膜并爪甲上刮末唾調傅○牙關口緊四肢强直用鼠一頭連尾燒灰研臘猪脂調傅○浮腫用蟬殻爲末葱涎調傅破處即時取

去惡水或用魚膠二錢溶化封之又酒服一錢
撲打墜損惡血攻心悶亂疼痛用乾荷葉五斤燒烟盡空腹以童便溫一盞調下三錢日三服○從高墜下及墜馬傷損取淨土和醋蒸熱布裹熨之痛即止○跌撲有傷口嚼燈心罨之血即止或用冬青葉曬乾為末摻傷處或細嚼傳上或用薑汁和酒等分拌生麪貼之或用霜梅槌碎罨瘡口免破傷風○傷肢折臂者即將拆處接上掷定用好酒一碗旋熱將雄雞一隻刺血在內攪勻乘熱飲之仍將連根葱擣爛炒熱傳上包縛冷再換亦治刀

刃傷痛與血隨止
接骨方用無名異甜瓜子各一兩乳香沒藥各一二錢許共為細末每服五錢熱酒調服小兒三錢服訖以紙攤黃米粥於上摻左顧牡礪末裹傷處竹篦夾之
人咬傷用龜板或鱉甲燒灰為末香油調塗
虎傷用生薑汁服并洗傷處白礬末傳瘡上
馬咬及踏傷用艾灸瘡上并腫處又用人屎或用馬屎鼠屎燒為末和猪脂調傳若人身先有瘡因乘馬為馬汗或馬毛入瘡中或為馬氣熏蒸皆致腫

痛宜數易冷水漬之難漬處以布浸溼搨之
猘犬咬傷用屋霤中泥塗之即今之承溜也
犬咬傷用萆麻子五十粒去殼井水研成膏先以鹽洗咬處貼上或用蚯蚓泥和鹽研傳或以砂糖塗之
風犬傷急於無風處嗍去瘡孔血若孔乾則針刺血小便洗淨用胡桃殼半瓣人糞塡滿掩瘡孔艾灸一百壯後一日灸一壯百日止急用蝦蟆乾一箇斑猫二十一箇去頭翅足用糯米炒黃只用斑猫蝦蟆為末分作四服酒調或水調服以小便瀉下

惡物為度未見惡物量輕重再服常服者韭汁一盞常敷者虎骨末和石灰臘猪脂調傳禁酒雞魚猪肉油膩終身忌食犬肉蠶蛹被咬者無出於灸七日當一發二七日不發可全免如痛定瘡合為愈不治者必死
猫咬傷用薄荷汁塗之或浸椒水調莽草末傳
鼠咬傷用猫毛燒灰麝香少許津唾調傳
毒蛇惡蟲傷毒氣入腹者用蒼耳草嫩葉擣汁灌之將柤厚罨傷處若犬咬煮汁服之○惡蛇傷不可療者香白芷為末麥門冬去心濃煎湯調下頃刻

咬處出黃水盡腫消皮合仍用藥楦塗傷處【又方】急於無風處先以麻皮縛咬處上下重者刀剜去傷肉小便洗淨燒鐵烙之然後塡蚯蚓泥次塡陳年石灰末絹紮住輕者針刺瘡口并四旁出血小便洗淨以蒜片著咬處艾灸三五壯

【蜈蚣傷】用燈草蘸油點燈以煙熏之凡毒蟲傷皆可治【又方】用蚯蚓泥挹之或刺雞冠血塗之或以桑樹汁傅之

【蜂子毒】用野芋葉擦之或急以手爬頭上垢膩傅之或用鹽擦或用人尿洗之

【湯火傷】用青椀爲細末水飛過以桐油調傅不兩次瘥或用五倍子爲末摻之或用饅頭燒灰油調傅之或用麻油浸黃葵花搽之【又方】用菉豆粉小粉俱炒過爲末和勻以香油調傅

【蚯蚓傷】地上坐卧不覺外腎陰腫鹽湯溫洗數次甚效

【針刺】折在肉中者用瓜蔞根擣爛傅上一日換三次自出【又方】用臘姑腦子即螻蛄硫黃研勻攤紙上貼瘡候痒時針出

【竹木刺】入肉者用[redacted]糞爲末水調塗刺上候疼搔自出或嚼栗子傅之亦妙

【自縊】不可割斷繩以膝頭或手厚裹衣緊抵穀道抱起解繩放下揉其項痕搐鼻及吹其兩耳待氣回方可放手若泄氣不可救

【溺水】救起放大櫈上卧着櫈脚襯高以鹽擦臍中待水自流出不可倒提出水但心下溫者可救【又方】急解去衣帶艾灸臍中仍令兩人以蘆管吹其耳中即活

【旅途中暑】不可用冷水灌沃急就道間掬熱土於臍上擁開作竅尿其中次用生薑大蒜細嚼熱湯送

下

【凍死】冬月凍死及落水凍死微有氣者脫去溼衣解活人熱衣包之用米炒熱熨心上或炒竈灰令熱以囊盛熨心上冷即換之令暖氣通溫以熱酒或薑湯或粥飲少許灌之

【一應卒死】心頭熱者用菖蒲根生擣絞汁灌鼻中或口中即活○目閉者擣薤汁灌耳中吹皂莢末入鼻立效○口張者灸兩手足大指甲後各十四壯○四肢不收遺便者馬尿一升水三斗煮取汁二斗洗之又取牛糞一升溫酒和灌口中灸心下一

寸臍下二寸臍下四寸各一百壯○脉動而無氣者用菖蒲屑納耳鼻孔中吹之及着舌底

壓死凡壓死及墜跌死心頭温者先扶坐起將手提其髪用半夏末急吹入鼻中如活以生薑汁香油打勻灌之若取藥不便急擘開其口以熱小便灌之

魘死不得近前叫喚但咬痛其脚根及足拇指甲際多唾其面不省者移動些少卧處徐徐喚之原有燈則存無燈不可點照又方用皂莢爲末吹入鼻中或用蘆管吹兩耳或以塩湯灌之或擣韭汁半

盞灌鼻中皆可

中砒毒用白匾豆一合爲末冷水調下又方用旱禾稈燒灰新汲水淋汁絹濾過冷服一碗又方用寒水石菉豆粉末以藍根研水調服或菉豆擂水或醬調水服皆可

中蠱毒用白礬一塊嚼之覺甜不澁次嚼黒豆不腥者便是有蠱用梳齒上垢膩服之吐出又方用蠶退紙撚紙條蘸麻油燒存性爲末水調一錢頻服若面青脉絶昏迷如醉口噤吐血服之即蘇又方治百蠱不愈者取鵓鴿熱血隨多少服之又方取胡荽擣成汁用半盞不拘時服其蠱立下和酒服更妙

雜治

妙應散白伏苓遼參細辛(去葉)香附子(炒去毛)川芎白蒺藜(炒去角)宿砂(各五錢)龍骨(研)石膏(煅)百藥煎白芷(各七錢)麝香(少許研)共爲細末臨卧早晨温水刷之牢牙踈風理氣黒髭髪

烏髭髪方生胡桃皮生石榴皮生柹子皮(各等分)先將生酸石榴剜去穰子揀丁香好者装滿通秤分兩復將胡核柹子皮與所裝石榴丁香等分擣乾同

爲末用生牛乳和勻盛鉛盒内密封埋馬糞中四十九日取出或魚泡或猪膽裝指蘸撚髭髪即黒又方鉛(二兩)石灰(一兩半)粉(二錢)黄丹(一錢半)入廣鍋同炒千萬遍色要黒紅出鍋置地上出火氣加芸香一錢清茶調傅鬚上菜葉裹之再用帕包次早肥皂湯淨洗又方針砂一兩新鐵鍋炒紅入好醋浸之再炒再浸共七次訶子白芨各四錢百藥煎六錢綠礬二錢各爲末先淨洗鬚用好醋調令牵線搭鬚上以菜葉包護再用手帕緊纏次早温酸泔洗去後用肥皂湯洗

五神還童丹訣云堪嗟髭髮白如霜要黑元來有異方不用揩牙并染髮都來五味配陰陽赤石脂與川椒炒辰砂一味最爲良茯神能養心中血乳香分兩要相當棗肉爲丸桐子大空心温酒十五雙十服之後君休摘嘗教華髮黑加光兼能明目并延壽老翁變作少年郎内五味各一兩乃仙家傳授老少皆可服

刷牙藥訣云猪牙皂角及生薑西國升麻及地黄木律旱蓮槐角子細辛荷蔕用相當青塩等分同燒煆研細將來用最良明目牢牙鬚鬢黑誰知世上有仙方

菊花散甘菊花二兩 蔓荊子乾柏葉川芎桑白皮淨 白芷細辛去苗 旱蓮草根梗花葉並用各一兩 每次用藥二兩漿水五大碗煎至三碗去滓洗治頭髮脫落

追風散貫仲鶴虱荊芥穗各等分 每用二錢加川椒五十粒水一大碗煎至七分去滓熱嗽吐去藥諸般牙疼立效又方用青塩煆過香附同爲末擦之即愈

蒺藜散用蒺藜根燒灰貼牙齒打動處即牢

白附丹白附子白芨白斂白茯苓蜜陀僧研 白石脂研 定粉各研等分 共爲末先用洗面藥洗淨臨睡用人乳汁或牛乳或雞子清調丸如龍眼大窨乾逐旋用温漿水磨開傳之治面生黑點

檳榔散雞心檳榔船上硫黄各等分 片腦少許 共爲末用糨絹包裹常於鼻上揩磨鼻聞其臭效又加萆麻子肉爲末酥油調臨睡少搽鼻上終夜得聞鼻赤自除又方枇杷葉一兩去毛陰乾新者佳 梔子五錢 爲末每服二三錢温酒調下早晨服先去左邊臨卧服去右邊其效如神治酒皶鼻用白塩常擦或馬雞黄白礬塩爲末用水先淫以藥傳上

唇面皴裂用臘月猪脂煎熟夜傳面卧遠行野宿亦不損

頭生白屑側栢葉三片胡核七箇訶子五箇消梨一箇共爲末同研爛用井花水浸片時擦頭上則永不生白屑

不落髮方側栢葉兩大片榧子肉三箇胡桃肉二箇同研細擦頭皮或浸油或水内常擦則梳頭自不落髮

乾洗頭方用藁本白芷等分爲末夜摻髮内明早梳之垢自去

手足開裂用清油半兩以慢火煎沸入黃蠟一塊同煎候鎔入官粉五味子末少許熬令稠紫色爲度先以熱湯洗烘乾用藥傅薄紙貼之

脚指縫爛用鵞掌黃皮燒存性爲末摻之若指縫搔痒成瘡有竅血不止用多年糞桶箍燒灰傅之○闘甲痛甚者用橘皮濃煎湯洗浸良久足甲與肉自離輕手剪去研虎骨末傅之痛即止

脚生鷄眼取黑白虱各一枚先挑破患處以虱置其所縛之即愈若手指傷成瘡爲鷄眼者用地骨皮紅花研細傅之即結靨而痊

腿轉筋取松木節剉爲骰子大以酒煎服

腰肢軟用二蠶沙炒熨之

飛蟲入耳用兩刀臨耳邊相磨敲作聲即出或用鷄冠血滴入耳中或用麻油灌之若蜈蚣入耳用炙猪肉掩之即出

骨鯁用象牙屑以新汲水一盞浮牙屑水上吸之其骨自下或用鳳仙花子爲末吹入喉中自化又方訣云宿砂威靈仙砂糖令水煎請君進一服諸骨軟如綿一法不用人見將本色骨插髻上倒轉筋仍舊飲食其骨自下

悞吞銅鐵悞吞銅錢用生茨菰汁呷飲自消○悞吞金銀用石灰一塊如杏核大硫黃一塊如皂角子大同研末酒調服○悞吞竹木用舊鋸子燒赤投酒中熱飲或用貫衆煎湯呷之則漱○悞吞稻麥芒取鵞口中涎水嚥之○悞吞鐵針諺云木炭燒紅急擣灰米湯調下兩三杯不然熟艾蒸汁飲便是鐵釘也解摧

中酒瓜蔞貝母山梔炒石膏煆香附南星薑製神麯炒山查各一兩枳實炒葍黃蘿蔔子蒸連翹石鹹各五錢升麻二錢五分爲末薑汁炊餅丸白湯送下

體氣用大田螺一枚水中養之侯靨開以巴豆一粒去殼將針挑巴豆放在內取出拭乾仰頓盞內夏月一宿冬月五七宿自然成水取擦腋下

汗斑用白附子硫黃各等分爲細末以茄蒂蘸醋粘末擦之又用枯草濃煎水日洗數次

婦人

四物湯當歸川芎白芍藥熟地黃各等分水煎服治衝妊虛損月水不調臍腹疼痛一切疾病皆可主此隨證加減

全生茯苓散赤茯苓葵子各等分每服五錢水煎溫服

治妊娠小便不通

大全良方 枳殼（麩炒三兩）防風（去蘆二兩）甘草（炙一兩）每服二錢白湯調下空心食前日三服治孕婦大便秘澁

地黃當歸湯 熟地黃（三兩）當歸（一兩）爲末作一服水三升煎一升溫服治有孕胎痛

治妊娠心氣痛

火龍散 艾葉末（鹽炒一兩五錢）茴香（炒）川練子（炒各五錢）水煎服

驅邪散 高良薑（炒）白朮草果仁橘紅藿香葉砂仁白茯苓（去皮各一兩）甘草（炙半兩）每服四錢水一盞薑三片棗一枚煎不拘時服治妊娠停食感冷發爲瘧症

黃芩湯 白朮黃芩（各等分）每服三二錢水二盞入當歸一根同煎溫服治孕胎不安

枳殼湯 枳殼（去穰麩炒）黃芩（各五錢）白朮（一兩）水煎食前溫服治胎漏下血及因事下血

立效散 川芎當歸（各等分）每服二錢水煎食前溫服治胎動不安如重物所墜冷如氷

全生白朮散 白朮（一兩）生薑皮大腹皮陳皮茯苓皮（各五錢）爲末每服二錢不拘時米飲調下治妊娠面目虛浮如水腫狀

簡易方 粉草（炙一兩半）商州枳殼（五兩去白麩皮炒赤）爲末每服一錢空心白湯服加香附子尤佳治妊娠七八月者常宜服之活胎易産

經驗方 黃連末酒調一錢日三服治胎動出血産門痛

良方 黃連濃煎汁呷之治兒在腹哭

催生如聖散 黃葵花焙乾爲末二錢熟湯調下神效

白芷散 百草霜（一兩）香白芷（五錢）爲末每服一錢水一盞煎至七分加童便稍熱服治産難母子保全

秘方 肉桂（爲末三錢）麝香（另研五分）和勻作一服酒一盞童便半盞熱調服治胎死腹中不下

又方 治生産五七日不下及矮小女子交骨不開者取自死龜殼或占卜廢殼酥炙或醋炙取婦人生男女多者頭髮燒存性爲末以川芎當歸同煎服

産後消血塊方 滑石（三錢）沒藥（二錢）血竭（二錢如無以牡丹皮代之）醋糊爲丸如惡露不下以五靈脂爲末神麯丸白朮陳皮湯下

抓鳳散 白礬（一錢）熟水調下治産後閉目不語

獨行散 五靈脂（炒）爲末水酒童便調下一二錢治産後血暈

秘方 紫葳（一兩）乾漆（炒二錢五分）芍藥蓬莪朮當歸稍（各五錢）

治室女月經不通

小兒

【生地黃湯】生乾地黃　當歸　赤芍藥　川芎　天花粉各等分　每服五錢，水一盞煎服。治胎熱胎寒，生下遍體皆黃，狀如金色，身上壯熱，大小便不通，乳食不進，啼哭不止，此胎黃候，皆因母受熱而傳於胎也。凡有此證，乳母亦宜服之。

【至寶丹】安息香一兩五錢，為末，無灰酒飛過，濾去沙石，約取一兩，慢火熬成膏，入藥內用　琥珀研　朱砂　雄黃各一兩，研水飛　銀箔五十片，研　龍腦　射香各二錢五分　牛黃五錢，各研　生烏犀角　生玳瑁屑各一兩　金箔五十片，一半為衣　生犀、玳瑁擣羅為細末，研入餘藥令勻，將安息香膏以湯煮凝成，和搜為劑，如乾，入少熟蜜，丸如桐子大。二歲服二丸，人參湯化下。大小以意加減。治諸癇急驚、卒中客忤。

【黑龍丸】牛膽南星　青礞石煅一兩　天竺黃　青黛各五錢　硃砂三錢　蜈蚣二錢五分，燒存性　蘆甘石一錢五分　殭蠶五分　為末，煎甘草湯為丸，如鷄頭大。服一丸至二丸。治急慢驚風。急驚，薑蜜薄荷湯下；慢驚，桔梗白朮湯下。

【辰砂丸】辰砂別研　水銀砂子各一分　牛黃　龍腦各五分，別研　天麻　白殭蠶酒炒　蟬殼去土頭足　乾蝎去毒炒　麻黃去節　天南星酒浸十次，焙乾，各一錢　為末，再研勻，熟蜜丸如菉豆大，硃砂為衣。每服一二丸或五七丸，食後薄荷湯送下。

【抱龍丸】雄黃一分，水飛　辰砂五分，別研　天南星臘月於牛膽中釀乾，如無，生者去皮臍，剉炒熟用，四兩　天竺黃一兩　射香五錢，別研　為末，煮甘草湯為丸，如皂角子大，溫水化服。百日者每丸分作三四服，五歲一二丸，大者三五丸。亦治室女白帶。伏暑用鹽少許，嚼一二丸，新水下。臘月雪水煮甘草和藥尤佳。一法：用漿水浸天南星三日，候透軟，煮三五沸，取出，乘軟去皮，只取白軟者，薄切，焙乾黃色，取末八兩；以甘草二兩半拍破，用水二碗浸一宿，慢火煮至半碗，去滓，旋洒入天南星末，慢研令甘草水盡，入餘藥。治傷風瘟疫，身熱昏睡，氣麤風熱，痰實壅嗽，驚風潮搐，蟲毒中暑，沐浴後並可服。壯實者宜時與服之。

【異功散】人參一錢五分　木香　官桂去麤皮　當歸　茯苓　陳皮　厚朴姜製　白朮　半夏姜製　肉荳蔻　丁香各一錢　附子五分　水一盞半，薑三片，煎服。治痘瘡元氣虛弱，不能升發，裏虛泄瀉。病有大小，以意加減。

【四聖散】紫草　木通　甘草炙　枳殼炒，各等分　每服一錢，水煎。治瘡疹出不快。

惺惺散白茯苓細辛桔梗瓜蔞根人參甘草炙白朮川芎各等分爲末每服一錢水煎入薄荷三葉治風熱及傷寒時氣瘡疹發熱

無價散人猫猪犬糞臘月内燒灰爲末蜜湯調服治斑瘡不出黑陷欲死者量大小與之

丹溪方硃砂爲末蜜水調服治痘瘡已出未出皆可服

大蘆會丸蘆會蕪荑木香青黛檳榔黃連炒各二錢五分蟬殼二十四枚胡黄連五分射香少許爲末猪膽二枚取汁浸

糕爲丸如麻子大每服二十丸白湯送下治諸疳

瘡

枳朮丸枳殼麸炒黄色去穰一兩白朮二兩爲末荷葉裹燒飯爲丸如梧桐子大每服五十丸白湯送下治痞消食強胃

皮硝入雞腹中煮食消痞

便民圖纂卷第十二終

便民圖纂卷第十三

牧養類

相牛法相耕牛要眼去角近眼欲大眼中有白脉貫瞳子脛骨長大後脚股闊並快使毛欲短密踈長者不耐寒角欲得細身欲得龐尾稍長大者吉尾梢亂毛轉者命短

相母牛法毛白乳紅者多子乳踈而黑者無子生犢時子卧面相向者吉相背者生子踈一夜下糞三堆者一年生一子一夜下糞一堆者三年生一子

治牛瘴用安息香於牛欄中焚之○又方用石硫藤

和芭蕉舂自然汁五升灌之

治牛噎用皂角末吹鼻中以鞋底拍其尾停骨下

治牛疥癩用蕎麥穰燒灰淋洗牛馬同治○又方用藜蘆爲末水調塗甚妙

治牛爛肩以舊絮三兩燒存性麻油調傅忌水五日

瘥

治牛漏蹄以紫礦爲末猪脂和塡漏蹄中燒鐵烙之

治牛咳嗽用塩一兩豉汁一升相和灌之

治牛尿血用當歸紅花爲末酒煎一合灌之

治牛身上生蟲當歸搗爛醋浸一宿塗之

治牛傷熱用胡麻葉搗汁灌之立瘥

治牛尾焦牛尾焦不食水草用大黃黃連白芷各半兩為末以鷄子清一箇酒調灌之

治牛觸人牛忽肚脹狂走觸人用大黃黃連各半兩鷄子清一箇酒一升和勻灌之

治牛腹脹牛喫雜蟲非時腹脹用燕子屎一合水調灌之

治牛卒疫牛卒疫頭打肱用巴豆去皮搗爛入生麻油和灌之仍用皂角末一撮吹入鼻中更用鞋底於尾停骨下拍之

治牛患眼牛生白膜遮眼用炒鹽并竹節燒存性細研一錢貼膜上

治水牛患熱白朮二兩半 蒼朮四兩二錢 紫苑藁本各三兩三錢 牛膝三兩二錢 麻黃三兩去節 厚朴三兩一分 當歸三兩半 共為末每服二兩以酒二升煎放溫草後灌之

治水牛氣脹白芷一兩 茴香官桂細辛各一兩一錢 桔梗一兩 芍藥蒼朮各一兩三錢 橘皮九錢五分 共為末每服一兩加生薑一兩鹽水一升同煎候溫灌之

治水牛水瀉青皮陳皮各二兩一錢 白礬一兩九錢 蒼朮橡斗子乾薑各二兩二錢 枳殼一兩九錢 芍藥細辛各二兩五錢 茴香二兩三錢 共為末每服一兩用生薑一兩鹽三錢水二升同煎灌之

治水牛瘟疫水牛患熱瘟疫用人參芍藥黃柏各二兩五錢 貝母知母白礬黃連防風各二兩二錢 山梔鬱金黃芩各二兩四錢 瓜蔞桔梗各一兩 大黃一兩九錢 共為末每服二兩以蜜二兩砂糖一兩生薑五錢水二升同調灌之

看馬捷法頭欲高峻○面欲瘦而少肉○耳欲得小○耳小則肝小而識人意緊短者性最快○鼻大則肺大而能奔○眼欲得大眼大則心大而猛利不

驚眼下無肉多咬人○腎欲得小○腸欲厚則腹下廣方而平○膁欲得小膁小則脾小而易養○胸堂欲闊○肋骨過十二條者[illegible]三山骨欲平則易肥○四蹄欲注實則能負重○腹下兩邊生逆毛到膁者良○望之大就之小筋馬也望之小就之大肉馬也至瘦欲見其肉至肥欲見其骨○今之買馬且看眼鼻大筋骨麄行立好便是好馬

相馬毛旋歌括云項上須生旋有之不用誇還緣不利長所以號騰蛇後有喪門旋前兼有挾尸勸君不用畜無事也須疑牛額并銜禍非常害長多古

人如是說此事不虛歌帶劒渾閑事喪門不可當的盧如入口有禍也須防黒色耳全白從來號孝頭假饒千里足奉勸不須留背上毛生旋驢騾亦有之只惟鞍貼下此者是駞尸銜禍口邊銜時間禍必逢古人稱是病馬敢不言凶眼下毛生旋逕看是淚痕假饒福也病無禍亦防侵毛病深知害妨人不在占大都知此類無禍也宜嫌檐耳馳纍項雖然毛病殊若然兼豹尾有實不如無

養馬法馬者火畜也其性惡濕利居高燥之地忌作房於午位上日夜餵飼仲春群蓋順其性也季春必啗恐其退也盛夏午間必牽於水侵之恐其傷於暑也季冬稍遮蔽之恐其傷於寒也啗以猪膽犬膽和料餵之欲其肥也○餵料時須擇新草篩簸豆料若熟料用新汲水浸淘放冷方可餵飼一夜須二三次起餵草料若天熱時不宜加熱料止可用豌豆大麥之類生餵夏月自早至晚宜飲水三次秋冬只飲一次可也飲宜新水宿水能令馬病冬月飲畢亦宜緩騎數里卸鞍不宜當簷下風吹則成病

治馬諸病用白鳳仙花連根葉熬成膏抹於馬眼角上汗出即愈

治馬諸瘡用夜合花葉黄丹乾薑檳榔五倍子爲末先以鹽漿水洗瘡後用麻油加輕粉調傅

治馬傷料用生蘿蔔三五箇切作片子啖之

治馬傷水用葱鹽油相和搓作團納鼻中以手掩其鼻令氣不通良久淚出即止

治馬錯水緣馳驟喘息未定即與水飲須臾兩耳并鼻息皆冷或流冷涕即此證也先燒人亂髮燻兩鼻後用川烏草烏白芷猪牙皂角胡椒各等分麝香少許爲細末用竹筒盛藥一字吹入鼻中立效○又法葱一握鹽一兩同杵爲泥罨兩鼻内須臾打通清水流出是其效也

治馬患眼青鹽黄連馬牙硝蕤仁各等分同研爲末用蜜煎入磁瓶内盛貯點時旋取多少以井水浸化

治馬頰骨脹用羊蹄根草四十九箇燒灰熨骨上冷即換之如無羊蹄根以楊柳枝如指頭大者炙熱熨之

治馬喉腫螺青川芎知母川鬱金牛蒡炒薄荷貝母同爲末每服二兩蜜二兩用水煎沸候温調灌之

○又方取乾馬糞置瓶中以頭髮覆蓋燒烟熏其兩鼻

治馬舌硬 款冬花瞿麥山梔子地仙草青黛硼砂朴硝油煙墨等分爲細末每用五錢許塗舌上立瘥

治馬膈痛 羌活白芍藥甜瓜子當歸沒藥爲末春夏漿水加蜜秋冬小便調療膈痛低頭難不食草

治馬傷脾 川厚朴去麄皮爲末同薑棗煎灌一應脾胃有傷不食水草褰唇似笑鼻中氣短宜速與此藥治之

治馬心熱 甘草芒硝黄柏大黄山梔子瓜蔞爲末水調灌一應心肺壅熱口鼻流血跳蹲煩燥宜急與此藥治

治馬肺毒 天門冬知母貝母紫蘇芒硝黄芩甘草薄荷葉同爲末飯湯入少許醋調灌療肺毒熱極鼻中噴水

治馬肝壅 朴硝黄連爲末男子頭髮燒灰存性漿水調灌一應邪氣衝肝眼目似睡忽然眩倒此方治

治馬卒熱肚脹 用藍汁二升井花水二升和灌之

治馬腎搐 烏藥芍藥當歸玄參山茵蔯白芷山藥杏仁秦艽每服一兩酒一大升同煎溫灌隔日再灌

治馬流沫 當歸菖蒲白术澤瀉赤石脂枳殼厚朴甘草爲末每服一兩半酒一升葱白三握同水煎溫灌之

治馬氣喘 玄參葶藶升麻牛蒡兜苓黄耆知母貝母同爲末每服二兩漿水調草後灌之

治馬啌喘毛焦 用大麻子揀淨一升餵之大效

治馬尿血 黄耆烏藥芍藥山茵蔯地黄兜苓枇杷葉爲末漿水煎沸候冷調灌之

治馬結尿 滑石朴硝木通車前子爲末每服一兩溫水調灌隔時再服結甚則加山梔子赤芍藥

治馬結糞 皂角燒灰存性大黄枳殼麻子仁黄連厚朴爲末清米泔調灌若腸突加蔓荆子末同調

治馬傷蹄 大黄五靈脂木鼈子去油海桐皮甘草土黄芸薹子白芥菜子爲末黄米粥調藥攤帛上裹之

治馬發黄 黄栢雄黄木鼈子仁等分爲末醋調塗瘡上紙貼之初見黄腫處便用針遍卽塗藥

治馬急起卧 取壁上多年石灰細杵羅用酒調二兩灌之

治馬疥癆 馬疥癆及瘙痒用川芎大黄防風全蝎各一

兩荆芥穗五兩為細末分作五服白湯調令灌之

治馬染脊破 成瘡不能騎坐如未破將馬脚下濕稀泥塗上乾卽再易濕者三五次自消或只用溝中青臭泥亦可已破成瘡者用黃丹枯白礬生薑燒存性人天靈蓋燒存性各等分為末入麝香少許瘡乾用麻油調若瘡濕有膿用漿水同葱白煎湯洗淨傳之立效

治馬中結 川山甲炒黃色大黃郁李仁各一兩風化石灰一合如無灰以朴硝四兩代之共為細末作一服用麻油四兩釅醋一升調勻灌之立效如灌藥不通用猪牙皂角

為細末同麻油各四兩和勻塡糞門中再灌前藥一服卽透

常啖馬藥 鬱金大黃甘草貝母山梔子白藥黃藥欵花黃栢黃連知母桔梗各等分為末每服二兩以油蜜和灌之若駒則隨其大小量為加減

養羊法 羊者火畜也其性惡濕利居高燥作棚宜高常除糞穢若食秋露水草則生瘡凡羊種以臘月正月所生之羔為上十一月及二月生者次之大率十口二羝羝少則不孕多則亂群羝無角者更佳有角者喜相觸傷胎所由也

棧羊法 向九月初買膘羯羊多則成百少則不過數十羫初來時與細切乾草少著糟水拌經五七日後漸次加磨破黑豆稠糟水拌之每羊少餇不可多與與多則不食可惜草料又羔不得肥勿與水與水則退膘溺多可一日六七次上草不可太飽太飽則有傷少則不飽不飽則退膘欄圈常要潔淨一年之中勿餵青草餵之則減膘破腹不肯食枯草矣

治羊火跡 以殺羊脂煎熟去滓取鐵篦子燒令熱將脂勻塗篦上烙之勿令入水次日卽愈

治羊疥癩 藜蘆根不拘多少搥碎以米汁浸之瓶盛塞口置竈邉令暖數日味酸可用先以瓦片刮疥處令赤用温湯洗去瘡甲拭乾以藥塗上兩次卽愈若疥多宜漸塗之徧塗恐不勝痛○又方用鍋底煤及塩與桐油各二兩調勻塗之

治羊中水 先以水洗眼及鼻中膿汙令淨次用塩一大撮就將沸湯研化候冷澄清汁注鷄子清少許灌鼻內五日後漸愈

治羊敗羣 羊膿鼻及口頰生瘡如乾癬者相染遂致絕羣治法取長竿豎於棧所竿頭置一小板繋獼

猴於竿令可上下又辟狐狸而益羊瘥病

養猪法 母猪取短喙無柔毛者良喙長則牙多一廂三牙已上者不可養爲其難得肥也牝者子母不同胃子母若同胃喜相聚而不食牡者同胃則無害矣

肥猪法 麻子二升搗十餘杵塩一升同煮和糠三升飼之立肥

治猪病 割去尾尖出血卽愈若瘟疫用蘿蔔或[redacted]及梓樹華與食之不食難救

養犬法 凡人家勿養高脚狗彼多喜上卓櫈竈上養矮脚者便益純白者能爲㹇勿畜之○凡黒犬四足白者凶後二足白頭黄者吉足黄招財尾白者大吉一足白者益家白犬黄頭吉背白者害人帶虎斑者吉黄犬前二足白者吉胸白者吉口黒者招官事四足俱白者凶青犬黄耳者吉○犬生三子俱黄四子俱白八子俱黄五子六子俱青吉

治狗病 用水調平胃散灌之加赤斂巴豆尤妙

治狗卒死 用葵根塞鼻内卽活

治狗癩 狗遍身膿癩用百部濃煎汁塗之○狗蝇多者以香油遍身擦之立去

相猫法 猫兒身短最爲良眼用金銀尾用長面似虎威聲要㖮老鼠聞之自避藏○露爪能翻瓦腰長會走家面長鷄絶種尾大懶如蛇○又法口中三坎者捉一季五坎者捉二季七坎者捉三季九坎者捉四季花朝口咬頭牲耳薄不畏寒毛色純白純黒純黄者不須揀若看花猫身上有花又要四足及尾花纏得過方好

治猫病 凡猫病用烏藥磨水灌之○若偎火疲悴用硫黄少許入猪湯中炮熟餵之或入魚湯中餵之亦可○小猫悞被人踏死用蘇木濃煎湯濾去柤灌之

相鵞鴨法 鵞鴨母其頭欲小口上齒有小珠滿五者生卵多滿三者爲次

選鵞鴨種 凡鵞鴨並選再伏者爲種大率鵞三雌一雄鴨五雌一雄抱時皆一月量雛欲出之時四五日間不可震響大鵞抱十子大鴨十五子小者量減之數起者不任爲種其貪伏不起者爲種須五六日一與食起

棧鵞易肥者 稻子或小米大麥不計煑熟先用磚蓋成小屋放鵞在内勿令轉側門中木棒簽定只令

出頭喫食日餵三四次夜多與食勿令住口如此
五日必肥

養雛鴨法每年五月五日不得放棲只乾餵不得與水則日日生卵不然或生或不生土硫黄飼之易肥

養鷄法鷄種取桑落時者良春夏生者不佳鷄春夏雛二十日内無令出窠飼以燥聚若聦飯則臍上生膿不宜燒柳木柴大者盲小者死餵小麥易大
○作棲不宜用桃李木安棲宜四極中星之處子午卯酉方爲四極甲丙庚壬爲中星

棧鷄易肥法以油和麵捻成指尖大塊日與十數枚食之又以做成硬飯同土硫黄研細每次與五分許同飯拌勻餵數日即肥

養鷄不菢法母鷄下卵時日逐食内夾以麻子餵之則常生卵不菢

養生鷄法鷄初來時即以淨温水洗其脚自然不走

治鷄病凡鷄雜病以真麻油灌之皆立愈若中蜈蚣毒則研茱萸解之

治鬬鷄病以雄黄末攙飯飼之可去其胃蟲此藥性熱又可使其力健

養魚法陶朱公曰治生之法有五水畜第一魚池是也池中作九洲求鯉魚二月上庚日納池中令水無聲魚必生至四月納一神守六月二神守八月三神守神守者鼈也所以納鼈者鱗蟲三百六十蛟龍爲之長而將魚飛去有鼈則魚不去在池中周遶九洲無窮自謂江湖也養鯉者鯉不相食易長又貴也

治魚病凡魚遭毒翻白急疏去毒水別引新水入池多取芭蕉葉擣碎置新水來處使吸之則解或以溺澆池面亦佳

治鹿病宜用鹽拌豆料餵之常餵以豌豆亦佳

治猿病小猿宜餵以人參黄耆若大猿則以蘿蔔餵之

治鶴病用蛇鼠及大麥並宜煮熟餵之

治鸚鵡病以柑欖餘甘飼之愈預收作乾以備緩急之用

治鴿病用古墻上螺螄殻并續隨子銀杏擣爲丸每餵十丸若爲鷹所傷宜取地黄研汁浸米飼之

治百鳥病百鳥喫惡水臭凹生爛瘡甜瓜蒂爲末傅之愈

便民圖纂卷第十三

便民圖纂卷第十四

製造類上

辟穀救荒法　千金方云用白蜜二斤白麵六斤香油二斤茯苓四兩甘草二兩生薑四兩（去皮）乾薑二兩（炮）共爲細末拌勻擣爲塊子蒸熟陰乾爲末以絹袋盛每服一匙冷水調下可待百日雖太平時亦不可不知此

取蟾酥法　捉大癩蝦蟆先洗淨用繩縛住以小枝鞭眉上兩道高處須臾有白膏自出便刮在淨器內收貯乃真蟾酥也

法煎香茶　上春嫩茶芽每五十兩重以菉豆一升去殼蒸焙山藥十兩一處細磨別以腦麝各半錢重入盤同研約二千杵納罐內密封窨三日後可以烹點愈久香味愈佳

腦麝香茶　腦子隨多少用薄紙裹置茶合上密蓋定點供自然帶腦香其腦又可別用取麝香殼安罐底自然香透尤妙

百花香茶　木犀茉莉橘花素馨等花依前法熏之

煎茶法　用有焰炭火滾起便以冷水點住伺再滾起再點如此三次色味兼美

天香湯　白木犀盛開時清晨帶露用杖打下花以布被盛之揀去蒂萼頓在淨瓷器內候積聚多然後用新砂盆擂爛一名山桂湯一名木犀湯用木犀一斤炒鹽四兩炙粉草二兩拌勻置瓷瓶中密封曝七日每用沸湯點服

宿砂湯　縮砂仁（四兩）烏藥（二兩）香附子（一兩炒）粉草（二兩炙）共爲末每用二錢加鹽沸湯點服中酒者服之妙常服快氣進食

須問湯　東坡歌括云半兩生薑（乾用）一升棗（乾用去核）三兩白鹽（炒黄）二兩草（炙去皮）丁香木香各半錢約量陳皮（去白）一處擣煎也好點也好紅白容顏直到老

熟梅湯　樹頭黄大梅蒸熟去皮核每斤用甘草末五錢炒鹽四兩薑絲二兩青椒五錢待秋間入木犀不拘多少

鳳髓湯　松子仁胡桃肉（湯浸去皮各一兩）蜜（半兩）共研爛入蜜和勻每用沸湯點服能潤肺療咳嗽

香橙湯　大橙子（三斤去核切作片子連皮用）檀香末（半兩）生薑（五兩切作片焙乾）甘草末（一兩）內二件用淨砂盆研爛次入檀香甘草末和作餅子焙乾碾爲細末每用一錢鹽少許沸湯點服能寬中快氣消酒

造酒麯白麪一百斤菉豆五斗辣蓼末五兩杏仁十兩去皮研爲泥先用蓼汁浸菉豆一宿次日煮極爛攤冷和麪次入杏泥蓼末拌勻踏成餅稻草包裹約四十餘日去草曬乾收起須三伏中造

菊花酒酒醅將熟時每缸取黃英菊花去蔕甘者只取花英二斤擇淨入醅内攪勻次早搾則味香美但一切有香無毒之花倣此用之皆可

收雜酒法如人家賀客携酒味之美惡必不能齊可共聚一缸澄清去渾將陳皮三兩許撒入缸内浸三日漉去再如前撒入如此三次自成美醖

抝酸酒法若冬月造酒打扒遲而作酸卽炒黑豆一二升石灰二升或三升量酒多少加減却將石灰另炒黃二件乘熱傾入缸内急將扒打轉過一二日榨則全美矣○又方每酒一大瓶用赤小豆一升炒焦袋盛放酒中卽解

治酒不沸釀酒失冷三四日不發者卽撥開飯中傾入熟酒醅三四碗須臾便發如無酒醅將好酒傾入一二升便有動意不爾則作甜

造千里醋烏梅去核一斤以釅醋五升浸一伏時曝乾再入醋浸再曝乾以醋盡爲度擣爲末以醋浸蒸餅和爲丸如雞頭大投一二丸於湯中卽成好醋

造七醋黃陳倉米五斗浸七宿每日換水一次至七日做熟飯乘熱入甕按平封閉第二日番轉至第七日再番轉傾入井水三擔又封一七日攪一遍再封二七日再攪至三七日卽成好醋此法簡易尤妙

收醋法將頭醋裝入瓶内燒紅炭一小塊投之摻入炒小麥一撮箬封泥固則永不壞

造醬三伏中不拘黃黑豆揀淨水浸一宿漉出煮爛

用白麪拌勻攤蘆蓆上用楮葉或蒼耳葉蓋一日發熱二日作黃衣三日後翻轉曬乾黃子一斤用塩四兩爲率井水下水高黃子一拳曬須不犯生水

治醬生蛆用草烏五七箇切作四半撒入其蛆自死

治飯不餿用生莧菜鋪蓋飯上則飯不作餿氣

造酥油取牛乳下鍋滚二三沸舀在盆内候冷定結成酪皮取酪皮又煎油出去粗舀在盆内卽是酥油

造乳餅取牛乳一斗絹濾入鍋煎三五沸先將好醋

以水解淡俟乳沸點入則漸結成漉出用絹布之
類包盛以石壓之
收藏乳餅取乳餅安鹽甕底則不壞用時取出蒸軟
則如新
煮諸肉牛肉猛火煮至滚便當退作慢火不可蓋蓋
則有毒若老牛肉入碎杏仁及蘆葉一束同煮易
軟爛○馬肉冷水下入葱酒煮不可蓋○羊肉滚
湯下蓋定慢火養熟若老羊同瓦片煮則易爛羝
羊同核桃煮則不臊○猪羊肉以舊籬上篾一把
入鍋同煮立軟○獐肉冷水下煮不宜過過則乾

燥無味加葱椒山藥其味珍美○鹿肉宜與肥猪
羊肉同煮以鹿肉乾燥借其油味浸入令肉性滋
潤煮不宜過滚水下○兎肉鹽醃一宿冷水下加
葱椒宜蘿蔔製亦可與肥肉同煮若煮太熟則肉
乾無味○老鷄鵞鴨取猪胰一具切爛同煮以盆
蓋定不得揭開約熟爲度則肉軟而汁佳或用櫻
桃葉數片煮老鵞赤餳糖兩塊煮老鷄皆能易軟
○煮陳臘肉同
燒肉猪羊鵞鴨等先用鹽醬料物醃一二時將鍋洗
淨燒熱用香油遍澆以柴棒架起肉盆令紙封慢

火燒熟
四時臘肉收臘月内醃肉滷汁淨器收貯泥封頭如
要用時取滷一碗加臘水一碗鹽三兩將猪肉去
骨三指厚五寸闊段了同塩料末醃半日却入滷
汁内浸一宿次日其肉色味與臘肉無異若無滷
汁每肉一斤用塩半斤醃二宿亦妙煮時先以米
泔清者入塩二兩煮三沸換水煮
收臘肉法新猪肉打成段用煮小麥滚湯淋過控乾
每斤用塩一兩擦拌置瓮中三二日一度翻至半
月後用好糟醃一二宿出瓮用元醃汁水洗淨懸

於無煙淨室二十日以後半乾半濕以故紙封裹
用淋過淨灰於大瓮中一重灰一重肉埋訖盆合
置之凉處經歲如新煮時米泔浸一炊時洗刷淨
下清水中鍋上盆合土擁慢火煮候滚即撤薪停
息一炊時再發火再滚住火良久取食此法之妙
全在早醃須臘月前十日醃藏令得臘氣爲佳稍
遲則不佳矣牛羊馬等肉並同此法如欲色紅須
纔宰時乘熱以血塗肉即顏色鮮紅可愛
夏月收肉凡諸般肉大片薄批每斤用塩二兩細料
物少許拌匀勤番動醃半日許榨去血水香油抹

過蒸熟竹簽穿懸烈日中曬乾收貯
夏月煑肉停久 每肉五斤用胡荽子一合醋二升塩三兩慢火煑熟透風處放若加酒葱椒同煑尤佳
淹鵞鴨等物 撏淨於胷上剖開去腸肚每斤用塩一兩加川椒茴香蒔蘿陳皮等擦淹半月後曬乾爲度
醃鴨卵 不拘多少洗淨控乾用竈灰篩細二分塩一分拌勻却將鴨卵於濃米飲湯中蘸濕入灰塩滚過收貯
造脯 歌括云不論猪羊與犬牢一斤切作十六條大

盞醇醪小盞醋馬芹蒔蘿入分毫揀淨白塩秤四兩寄語庖人慢火煮酒盡醋乾方是法味甘不論孔聞韶
牛腊鹿脩 好肉不拘多少去筋膜切作條或作段每二斤用塩六錢半川椒三十粒葱三大莖細切酒一大盞同淹三五日日翻五七次曬乾猪羊倣此
蒸猪肉法 淨撏猪訖更以熱湯遍洗之毛孔中即有垢出以草痛揩如此三遍刷洗令淨四破於大釜煑之以杓接取浮脂則著甕中稍稍添水數數接脂脂盡漉出破爲四方寸臠易水更煑下酒二升以殺腥臊清白皆得若無酒以酢漿代之㳖水接脂一如上法脂盡無復腥氣漉出板初於銅鍋中蒸之一行肉一行擘葱渾豉白塩薑椒如是次弟布訖下水蒸之肉作琥珀色乃止恣意飽食亦不餌（烏驛切）乃勝煠肉欲得着冬瓜甘瓠者於銅器中布肉時下之其盆中脂練白如珂雪可以供餘用者焉
撏鵞鴨 大者一隻撏淨去腸肚以榆仁醬肉汁調先炒葱油傾汁下鍋入椒數粒後下鴨子慢火煑熟折開另盛湯共鵞鴨鷄同此製造

造鵞鮓 肥者二隻去骨用淨肉每五斤細切入塩三兩酒一大盞淹過宿去滷用葱絲四兩薑絲二兩橘絲一兩椒半兩蒔蘿茴香馬芹各少許紅麴末一合酒半升拌勻入罐實捺箬封泥固猪羊精者皆可似此治造
造魚鮓 每大魚一斤切作片臠不得犯水以布拭乾夏月用塩一兩半冬月一兩待片時醃魚水出再漉乾次用薑橘絲蒔蘿紅麴饋飯并葱油拌勻入磁罐捺實箬蓋竹簽插覆罐去滷盡即熟或用箬水浸則肉緊而脆

醃藏魚 臘月將大鯉魚去鱗雜頭尾劈開洗去腥血布拭乾炒塩醃七日就用塩水刷洗淨當風處懸之七七日魚極乾取下剁作大方塊用臘酒脚和糟稍稀相魚多少下炒茴香蒔蘿葱塩油拌匀塗魚逐塊入淨罈一層魚一層糟罈滿即止以泥固口過七七日開開時忌南風恐致變壞

糟魚 大魚片每斤用塩一兩先醃一宿拭乾別入糟一斤半用塩一分半和糟將魚大片用紙裹以糟覆之

酒麯魚 大魚淨洗一斤切作手掌大用塩二兩神麯末四兩椒百粒葱一握酒二升拌匀密封冬七日夏一宿可食

去魚腥 薄荷葉白礬江茶爲末拌匀醃一宿至次日早漉去腥水再以新汲水洗淨任意用之○一法煮魚用些少木香在內則不腥

糟蟹 歌括云三十團臍不用尖（水洗控乾布拭）糟塩十二五斤鮮（糟五斤塩十二）好醋半斤並半酒（拌匀糟內）可飡七日到明年（七日熟可食藏至明年）

酒蟹 九月間揀肥壯者十斤用炒塩一斤四兩好白礬末一兩半先將蟹洗淨用稀篾籃封貯懸於當風處以蟹乾爲度好醅酒五斤拌和塩礬令蟹入酒內良久取出每蟹一隻以花椒一顆納臍內入磁瓶實捺收貯更用花椒糝其上包瓶紙花上用部粉一粒箬紮泥固取時不許見燈或用好酒破開臘糟拌塩礬亦得糟用五斤

醬蟹 團臍百枚洗淨控乾臍內滿填塩用線縛定仰疊入磁器中法醬二斤研渾椒一兩好酒一斗拌醬椒匀澆浸令過蟹一隻酒少再添密封泥固冬月十日可食

酒鰕 大鰕每斤用塩半兩醃半日瀝乾入瓶中一層鰕入椒十餘粒層層下訖以好酒化塩一兩半澆之密封五七日熟冬十餘日每鰕一斤用塩三兩

煮蛤蜊 用枇杷核煮則釘易脫

煮蘞笋 如猫頭笋之類蘞而不可食者先以薄荷葉數片入鍋同塩煮熟則無蘞氣

造芥辣汁 芥菜子淘淨入細辛少許白蜜醋一處同研爛再入淡醋濾去柤極辣

造脆薑 嫩生姜去皮甘草白芷零陵香少許同煮熟切作片子則脆美異常

糟薑 社前嫩薑去蘆揩淨用煮酒和糟塩拌匀入磁

罈上用沙糖一塊箬紮泥封

醋薑 炒塩醃一宿用元滷入醎醋同煎數沸候冷入薑箬紮瓶口泥封固

醬茄 將好嫩茄去蒂酌量用塩醃五日去水別用市醬醃五七日其水去盡揩乾曬一日方可入好醬內

糟茄 八九月間揀嫩茄去蒂用河水煎湯冷定和糟塩拌勻入罈箬紮泥封訣云五茄六糟塩十七更加河水甜如蜜

蒜茄 深秋摘小茄去蒂揩淨用常醋一碗水一碗合

和煎微沸將茄煠過控乾搗蒜并塩和冷定醋水拌勻納磁罈中

香茄 取新嫩者切三角塊沸湯煠過稀布包榨乾塩醃一宿曬乾用薑絲橘絲紫蘇拌勻煎滾糖醋潑曬乾收貯

香蘿蔔 切作骰子塊塩醃一宿曬乾薑絲橘絲蒔蘿茴香拌勻煎滾常醋潑用磁器盛曝乾收貯

收藏瓜茄 用淋過灰曬乾埋王瓜茄子於內冬月取食如新

收藏梨子 揀不損大梨有枝柯者插不空心大蘿蔔內紙裹暖處至春深不壞帶梗柑橘亦可依此法

收藏林檎 每一百顆內取二十顆搥碎入水同煎候冷納淨甕浸之密封甕口久留愈佳

收藏石榴 選大者連枝摘下用新瓦缸安排在內以紙十餘重密封蓋

收藏柿子 柿未熟者以冷塩湯浸之可令周歲顏色不動

熟生柿法 取麻骨插生柿中一夜可熟

收藏桃子 以麥麪煮粥入塩少許候冷傾入新甕取桃納粥內密封甕口冬月如新桃不可熟但擇其

色紅者佳

收藏柑橘 揀光鮮不損者將有眼竹籠先鋪草襯底及護四圍勿令露出重疊裝滿安於人不到處勿近酒氣可至四五月若乾了用時於柑橘頂上用竹針針十數孔以溫蜜湯浸半日其漿自充滿如舊

收藏金橘 安錫器內或芝麻雜之經久不壞若橙橘之屬藏菉豆中極妙勿近米邊見米即爛

收藏橄欖 用好錫有蓋罐子揀好橄欖裝滿紙封縫放淨地上至五六月猶鮮

收藏藕好肥白嫩者向陰濕地下埋之可經久如新若將遠以泥裹之不壞

收藏栗子霜後初生栗投水盆中去浮者餘漉出布拭乾曬少時令無水脉爲度用新小瓶先將沙炒乾放冷以栗裝入一層栗一層沙約八九分滿每瓶盛二三百箇用箬一重蓋覆以竹簽按定掃一淨地將瓶倒覆其上畧以黄土封之不宜近酒氣可至來春不壞

收藏核桃以麄布袋盛掛當風處則不膩収松子亦可用此法

收乾荔枝以新瓮甕盛每鋪一層用塩白梅二三箇以箬葉包如粽子狀置内密封甕口則不蛀壞

收藏柿子以舊盛茶瓮甕收之經久不壞

收藏諸青果十二月間盪洗潔淨瓶或小缸盛臘水遇時果出用銅青末與青果同入臘水收貯顔色不變如鮮凡青梅枇杷林檎小棗蒲萄蓮蓬菱角甜瓜梨子柑橘香橙橄欖孛薺等果皆可收藏

收藏諸乾果以乾沙相和入新甕内盛之密封其口或用芝麻拌和亦可

收藏餳糖以燈草寸剪重重間和收之雖經雨不潤

造蜜煎果凡煎果須隨其酸苦辛硬製之以半蜜半水煮十數沸乘熱控乾別換純蜜入沙銚内用文武火再煮取其色明透爲度新甕盛貯緊密封固勿令生蟲須時復看視覺蜜酸急以新蜜煉熟易之

收藏蜜煎果黄梅時換蜜以細辛末放頂上蟣蟲不生

大料物法官桂良薑蓽撥草荳蔻陳皮宿砂仁八角茴香各一兩川椒二兩杏仁五兩甘草一兩半白檀香半兩共爲細末用如帶出路以水浸蒸餅丸

如彈子大用時旋以湯化開

素食中物料法蒔蘿茴香川椒胡椒乾薑（炮）甘草馬芹杏仁各等分加榧子肉一倍共爲末水浸蒸餅爲丸如彈子大用時湯化開

省力物料法馬芹胡椒茴香乾薑（炮）官桂花椒各等分爲末滴水爲丸如彈子大每用調和撚破即入鍋内出外尤便

一了百當甜醬一斤半臘糟一斤麻油七兩塩十兩川椒馬芹茴香胡椒杏仁良薑官桂等分爲末先以油就鍋内熬香將料末同糟醬炒熟入器收貯

遇修饌隨意挑用料足味全甚便行厨

便民圖纂卷第十四 終

便民圖纂卷第十五

製造類下

造雨衣 茯苓狼毒與天仙貝母蒼术等分全半夏浮萍加一倍九升水煮不須添騰騰慢火熬乾淨雨下隨君到處穿莫道单衫元是布勝如披着幾重氊

治塵衣 用大蒜搗碎擦洗塵處卽淨

去墨汙衣 用棗嚼爛搓之仍用冷水洗無迹或用飯擦之或嚼生杏仁旋吐旋洗皆可

去油汙衣 用蛤粉厚摻汙處以熱熨斗坐粉上良久

卽去或用蕎麥麵鋪上下紙隔定熨之無迹或用白沸湯泡紫蘇擺洗若牛油汙者用生粟米洗之羊油汙者用石灰湯洗之皆淨

洗黃泥汙衣 以生薑挼過用水擺去

洗蟹黃汙衣 用蟹中腮措之卽去

洗青黛汙衣 嚼杏仁洗之

洗血汙衣 用冷水洗卽淨若瘡中膿汙衣用牛皮膠洗之

洗皂衣 用梔子濃煎洗之如新

洗白衣 取豆稭灰或茶子去殻洗之或煮蘿蔔湯或

煑芋汁洗之皆妙

洗絲衣用牛膠水浸半日以温湯洗之○又法用豆豉湯熱擺油去色不動

洗葛蕉清水揉梅葉洗之不脆或用梅葉搗碎泡湯洗之亦可

洗竹布竹布不可揉洗須褶起以隔宿米泔浸半日次用温水淋之用手輕按曬乾則垢膩盡去

洗毛衣用猪蹄爪煎湯乘熱洗之

洗黄草布以肥皂水洗取清灰汁浸壓不可揉

漂苧布用梅葉搗汁以水和浸次用清水漂之帶水

鋪曬未白再浸再曬

洗羅絹衣凡羅絹衣服稍有垢膩卽摺置桶内温皂角湯洗之移時頻頻翻覆且浸且拍覺垢膩去盡却别用温湯又浸又拍不必展開逕搭竹竿上候滴盡方展開穿眼候乾止之

治漆汙衣用油洗或以温湯畧擺過細嚼杏仁接洗又擺之無迹或先以麻油洗去用皂角洗之亦妙

治糞汙衣埋土中一伏時取出洗之則無穢氣

練絹帛先用醲桑灰或豆稭等灰煑熟絹帛次用猪胰練帛之法伺灰水大滚下帛須頻提轉不可過熟亦不可夾生若扭住不散則帛方熟○用胰法以猪胰一具同灰搗成餅陰乾用時量帛多寡剪用稻草一莖摺作四指長搓湯浸帛如無胰瓜蔞去皮將穰剁碎入湯化開浸帛亦可

漿衣用新松子去殼細研以少水煑熟入漿内或加木香同煑尤佳凡漿以熟麪湯調生豆粉爲之極好若用白墡土夾漿垢膩易洗

燻衣除虱用百部秦艽搗爲末依焚香樣以竹籠覆蓋放衣在上燻之虱自落若用二味煑湯洗衣尤妙

去蠅矢汙凡巾帽上取蟾酥一蜆殼許用新汲水化開淨刷牙蘸水遍刷過候乾則蚊蠅自不作穢或用大燈草成束捲定堅擦其迹自去

絡絲不亂木槿葉揉汁浸絲則不亂

收氊物不蛀用芫花末摻之或用曬乾黄蒿布撒收捲則不蛀

收皮物不蛀用芫花末摻之則不蛀或以艾捲置甕内泥封甕口亦可

收翠花用漢椒雜茱萸盒中收貯收時防蟻曬時防猫若曬其羽則色昏

洗玳瑁魚魫以肥皂挼冷水洗清水滌過再用塩水
出色最忌熱水
洗珎珠用乳浸一宿次日以塩母草燒灰淋汁入麩
少許以絹袋盛珠輕手揉洗其色鮮明忌近麝香
能昏珠色○被油浸者用鵞鴨骨晒乾燒灰熱湯澄
汁絹袋盛洗○色焦赤者以槵子皮熱湯浸水洗
研蘿蔔淹一宿即白淨○赤色者以芭蕉水洗蕉
浸一宿潔白○犯尸氣者以一斂草煎汁麩炭灰
揉洗潔淨 珠色昏暗拌珠納鵝口中覺咽下即殺鵝取珠其色鮮明如初
洗象牙等物用阿膠水刷之以水再滌○又法水煮

木賊令軟擦以甘草水滌之○又法煎盤貯水浸
之烈日中曬候瑩白爲度
煮骨作牙取驢骨用胡葱爛擣著水和骨煮勿令火
歇兩伏時候骨軟以細生布裹用物壓實令堅白
如牙紋
染木作花梨色用蘇木濃煎汁刷三次後一次摻石
灰在上良久拭去其紋如花梨若梅木只用水濕
以灰摻之
刷紫斑竹蘇木二兩剉碎用水二十盞煎至一盞以
下去柤入鐵漿三兩同熬少時以磁器或石器收

用時點之
硬錫凡錫器用硇砂白砂砒塩同煑其硬如銀
點鐵爲鋼羊角亂髮俱煆灰細研水調塗刀口燒紅
磨之
磨鏡藥鹿骨角燒灰枯白礬銀母砂共爲細末等分
和匀先磨淨後用此藥磨光則久不昏
補磁碗先將磁碗烘熱用鷄子清調石灰補之甚牢
○又法用白芨一錢石灰一錢水調補之
補缸缸有裂縫者先用竹篾箍定烈日中曬縫令乾
用瀝青火鎔塗之入縫內令滿更用火略烘塗開

水不滲漏勝於油灰
綴假山生羊肝研爛和麪擦石甚牢
穿井凡開井必用數大盆貯水置各處俟夜氣明朗
觀所照星何處最大而明則地必有甘泉試之屢
驗
補磚縫草官桂末補磚縫中則草不生
浸炭不爆米泔浸炭一宿架起令乾燒之不爆
留宿火用好胡桃一箇燒半紅埋熱灰中三日尚不
燼
造衣香甘松藿香茴香零陵香各一兩暴焙 檀香擣碎酒浸蒸過

焙乾丁香（各半兩） 共爲麄末紙包近肉或枕中放七日入腦麝少許則香透衣内

作香餅 用堅硬木炭三斤杵細黄丹定粉針砂牙硝各半兩入炭末爛煮棗一升去皮核共拌勻作餅子若棗肉少以煮棗汁和之一餅可燒一日

煅爐炭 用松毛杉木燒灰以稠米湯搜和成劑曬乾煅紅取出候冷再研細依上和搜再煅三四次其白如雪其體甚輕置香爐中養火不滅

長明燈 雄黄硫黄乳香瀝青大麥麵乾漆胡蘆頭牙硝等分爲末漆和爲丸如彈子大穿一孔用鐵線懸繫陰乾一丸可點一夜

點書燈 用麻油炷燈不損目每一斤入桐油二兩則不燥又辟鼠耗若菜油每斤入桐油三兩以鹽少許置盞中亦可省油以生薑擦盞不生滓暈以蘇木煎燈心曬乾炷之無燼

收書 於未梅雨前曬極燥頓櫥櫃中厚以紙糊門及小縫令不通風即不蒸古人藏書多用芸香辟蠹即今之七里香是也麝香亦可辟蠹樟腦又佳

收畫 未梅雨前曬眼令燥緊捲入匣厚以紙糊縫過梅月方開則不蒸匣須用楸梓杉椒之類内不用漆

背畫不瓦 用蘿蔔少許入糊不瓦若入白礬椒末黄蠟則鼠不侵

造墨 清麻油十斤先取三斤以蘇木一兩半宣黄連二兩半杏仁二兩槌碎同煎候油變色放温濾去滓傾入餘油攪勻隨盞大小掘地作坑深淺令與盞平滿添油炷燈置坑内以瓦盆子約面闊八九寸底深二寸許者覆之仍用方寸瓦片搘起三面不可太高又不可太低每一炊久即掃一度只打作十盞盞多則掃不徹每取煙須即剪燈花勿抛油内仍勿頻揭見風恐致煙落○合膠凡煙四兩用黄牛皮乾膠一兩二分打作小片以水浸軟漉出入藥汁内同熬切忌膠少少則不堅多又着筆不宜添減○搜煙每煙四兩半用宣黄連半兩蘇木四兩各槌碎水二盞同煎五七沸候色變用熟絹濾去淨別同沉香一錢半煎留水四兩許再濾次用腦半錢麝一錢輕粉一錢半以藥汁半合研化先將藥汁入膠同熬不住手攪令鎔後入腦麝汁攪勻乘熱傾入煙内就無風處速搜和次就案上團揉候光照人方印作錠子無以滑石爲末塗

墨上灰池頓無風處窨五七日候乾取出刷淨收貯

修壞墨 墨蒸過者用爐灰燒過却燒炭火於上待灰熱去火安墨以灰蓋之少時取出如新

收筆 搗薤汁或苦賣汁蘸筆曬乾又蘸如此三五次曬極乾收過則不蛀○東坡以黃連煎湯調輕粉蘸筆頭候乾收之山谷以蜀椒黃栢煎湯磨松煤染筆藏之不蛀尤佳

洗筆 以器盛熱湯浸一飯久輕輕擺洗次用冷水滌之若有油膩以皂角湯洗甚佳

修破硯 瀝青鎔開調石屑補之則無痕或用黃蠟亦

可

洗硯 凡硯須日滌之過二三日即墨色差減縱未能滌亦須易水春夏蒸温之時墨久留其間則膠力滯而不可用尤宜頻滌滌時不得用熱湯亦不得用氈片故紙唯蓮房枯炭最佳端溪自有洗硯石或挼皂角水洗之亦得半夏切平洗硯大去滯墨

造印色 真麻油半兩許入萆麻子十數粒搥碎同煎令黃黑色去萆麻皮將油拌挼熟艾令乾濕得所後入銀硃以色紅為度不須用帽紗生絹之類襯隔自然不黏塞印文又不生白醭雖十年不熾

調朱點書 銀硃入藤黃或白芨水研則不落

透巡碑 用白芨白礬各等分細粉倍之先研芨礬細後入粉再同研羅過用好醋調如濃墨寫字晾乾用筆蘸濃墨滿紙塗之再晾乾然後去粉用蠟打之如碑上書之

去差寫字 用蔓荊子二錢 龍骨一錢 栢子霜五分 定粉少許 同為末先點水字上次用藥末摻之候乾拂之

造油紙 訣云桐三油四不須煎百粒萆麻細細研定粉一錢相合和太陽一點便鮮研用桐油三兩香油四兩萆麻仁百粒研極細入定粉一錢相和以

柳枝頻攪後用鵞毛刷紙上搥透曬乾自然光明

燒輕粉 明礬三斤白塩一斤同篩過和勻大漆盤盛之以鷄翎蘸米醋約小半盞灑塩礬上令微潤安小口鉢頭中用碗蓋定先將竈鍋內以草灰鋪底置鉢在內再用草灰填滿四圍及頂以烏盆蓋鍋紙條封口竈內燒火覺烏盆底熱住火仍用炭火數塊埋竈內令常熱次日開之看藥黃色為度如未甚黃再温一伏時此謂倉麯○每用麯二兩安瓷碗內火上畧頓温入汞一兩鐵匙拌勻不見星為度先用磚疊地爐一箇四向留風門爐內先以

炭五斤燒紅將淨煎盤放爐上急以鐵匙挑藥於中烏盆蓋之四邊用紙錢灰如稀糊頻塗口縫勿令拆裂炭過一半卽將煎盤安地上候冷開之粉皆升於盤底烏盆須磨極淨筆蘸白墡漿塗過尤妙初升一爐未甚白向後自白每一盤止可升汞一兩炭須候一半過卽起起早升未盡遲則粉體重矣

乾蜜法 地丁花皂角花百合花共陰乾等分爲末黃蠟丸如彈子大收之每十斤蜜砂鍋內煉沸滚搥碎一丸在蜜候滚乾滴在水内如凝不散成蠟得

三十兩

袪寒法 用馬牙硝爲細末唾調塗手及面則寒月迎風不冷

護足法 用防風細辛草烏爲末摻鞋底若着靴則水調塗足心若草鞋則以水濕草鞋之底沾上藥末雖遠行不疼不趼

拶脚方 凡女兒拶脚軟足先用瓶水煎杏仁桑白皮訖旋下朴硝乳香架足瓶口熏之待水温便洗

挹汗香 用丁香一兩爲末川椒六十粒碎和香内絹袋盛佩汞絶汗氣

除頭虱 用百部藜蘆擣爲末摻髮内擦揉動虛縮起待三二時篦去其虱皆死

治壁虱 用蕎麥稈作薦可除或蜈蚣萍曬乾燒煙熏之

辟蟻 凡器物用肥皂湯洗抹布抹之則蟻不敢上

辟蠅 臘月内取楝樹子濃煎汁澄清泥封藏之用時取出些少先將抹布洗淨浸入楝汁内扭乾抹宴用什物則蠅自去

辟蚊蠹諸蟲 用鰻鱺魚乾於室中燒之蚊蟲皆化爲水若熏氈物斷蛀蟲若置其骨於衣箱中則斷蠹

魚若熏屋宅免竹木生蛀及殺白蟻之類

治菜生蟲 用泥礬煎湯候冷灑之蟲自死

解魘魅 凡所房内有魘魅捉出者不要放手速以熱油煎之次投火中其匠不死卽病○又法起造房屋於上梁之日偷匠人六尺竿幷墨斗以木馬兩箇置二門外東西相對先以六尺竿横放木馬上次將墨斗線横放竿上不令匠知上梁畢令衆匠人跨過如使魘魅者則不敢跨

逐鬼魅法 人家或有鬼恠害用水一鍾研雌黃一二錢向東南桃枝縛作一束濡雌黄水洒之則絶跡

矣所用物件切忌婦女知之有犯再用新者

祛狐貍法　妖貍能變形惟千百年枯木能照之可得年久枯木擊之其形自見

便民圖纂卷第十五　終

出版後記

早在二〇一四年十月，我們第一次與南京農業大學農遺室的王思明先生取得聯繫，商量出版一套中國古代農書，一晃居然十年過去了。

十年間，世間事紛紛擾擾，今天終於可以將這套書奉獻給讀者，不勝感慨。

當初確定選題時，經過調查，我們發現，作爲一個有著上萬年農耕文化歷史的農業大國，我們整理的農業古籍叢書只有兩套，且規模較小，一是農業出版社自一九五九年開始陸續出版的《中國古農書叢刊》，收書四十多種；一是農業出版社一九八二年出版的《中國農學珍本叢刊》，收書三種。其他點校整理的單品種農書倒是不少。基於這一點，王思明先生認爲，我們的項目還是很有價值的。

經與王思明先生協商，最後確定，以張芳、王思明主編的《中國農業古籍目録》爲藍本，精選一百五十二種中國古代最具代表性的農業典籍，影印出版，書名初訂爲『中國古農書集成』。接下來就是正常的流程，先確定編委會，確定選目，再確定底本。看起來很平常，實際工作起來，卻遇到了不少困難。

古籍影印最大的困難就是找底本。本書所選一百五十二種古籍，有不少存藏於南農大等高校圖書館。但由於種種原因，不少原來准備提供給我們使用的南農大農遺室的底本，當時未能順利複製。最後所有底本均由出版社出面徵集，從其他藏書單位獲取。

本書所選古農書的提要撰寫工作，倒是相對順利。書目確定後，由主編王思明先生親自撰寫樣稿，副主編惠富平教授（現就職於南京信息工程大學）、熊帝兵教授（現就職於淮北師範大學）及編委何彥超博士（現就職於江蘇開放大學）及時拿出了初稿，爲本書的順利出版打下了基礎。

本書於二〇二三年獲得國家古籍整理出版資助，二〇二四年五月以『中國古農書集粹』爲書名正式出版。

二〇二二年一月，王思明先生不幸逝世。没能在先生生前出版此書，是我們的遺憾。本書的出版，或可告慰先生在天之靈吧。

是爲出版後記。

鳳凰出版社

二〇二四年三月

《中國古農書集粹》總目

六

七

八

九

十

十一

十二

十三

十四

十五

養魚經　（明）黄省曾　撰
異魚圖贊　（明）楊慎　撰
閩中海錯疏　（明）屠本畯　撰　（明）徐𤊹　補疏
蟹譜　（宋）傅肱　撰
糖霜譜　（宋）王灼　撰
酒經　（宋）朱肱　撰
飲膳正要　（元）忽思慧、常普蘭奚　撰

十八

救荒活民補遺書　（宋）董煟　撰　（元）張光大　增
（明）朱熊　補遺
荒政叢書　（清）俞森　撰
荒政輯要　（清）汪志伊　纂
救荒簡易書　（清）郭雲陞　撰

十九

孚惠全書　（清）彭元瑞　撰

二十

欽定康濟録　（清）陸曾禹　原著　（清）倪國璉　編録
救荒本草　（明）朱橚　撰
野菜譜　（明）王磐　撰
野菜博録　（明）鮑山　撰

二十一

全芳備祖　（宋）陳詠　撰
南方草木狀　（晉）嵇含　撰

二十二

植物名實圖考（全二册）　（清）吴其濬　撰